全新版

二级建造师执业资格考试 名师讲义

市政公用工程管理与实务

建造师考试研究中心 编
李 莹 特邀主编

通关极速 快人一步

内 容 简 介

本书根据二级建造师执业资格考试大纲编写，分为技术、管理和法规三大部分。技术部分包括城镇道路工程、城市桥梁路工程、城市轨道交通工程、城镇水处理场站工程、城市管道工程、生活垃圾填埋处理工程、施工测量与监控量测。管理部分为市政公用工程项目施工管理，主要讲解了市政公用工程施工招标投标管理、造价管理、安全管理、职业健康安全与环境管理，各项工程质量检查与检验、安全事故预防等。法规部分为市政公用工程项目施工相关法规与标准。本书的主要特点：有名师导学、考情分析、考点讲解，图文并茂；有名师点拨、重点提示、实战演练、免费考点视频精讲、免费视频课程和题库兑换，讲练并重。

本书主要面向从事工程类相关专业职务工作，有一定的专业基础和实践经验，对二级建造师执业资格考试缺少知识梳理和系统学习的考生，可作为二级建造师执业资格考试的复习备考用书。

图书在版编目（CIP）数据

二级建造师执业资格考试名师讲义．市政公用工程管理与实务/建造师考试研究中心编．—哈尔滨：哈尔滨工业大学出版社，2023.9

ISBN 978-7-5767-1066-3

Ⅰ．①二… Ⅱ．①建… Ⅲ．①市政工程—工程管理—资格考试—自学参考资料 Ⅳ．①TU99

中国国家版本馆 CIP 数据核字（2023）第 177890 号

政公用工程管理与实务
ZHENG GONGYONG GONGCHENG GUANLI YU SHIWU

辑　王桂芝
辑　王　爽　林均豫　陈雪巍
哈尔滨工业大学出版社
哈尔滨市南岗区复华四道街 10 号　邮编 150006
0451-86414749
ttp://hitpress.hit.edu.cn
河市中晟雅豪印务有限公司
mm×1 092 mm　1/16　印张 27.5　字数 690 千字
年 9 月第 1 版　2023 年 9 月第 1 次印刷
978-7-5767-1066-3
元

版社
PRESS

师者寄语

亲爱的考生：

您好，欢迎加入市政公用工程复习备考大家庭，我是大莹，很荣幸成为各位的“战友”。身为工程人，二级建造师执业资格证书是我们岗位任职或晋升必不可少的敲门砖，通过执业资格考试也是对工程人理论基础掌握程度的一次有效检验。让我们一起做好充足的准备，迎接这次挑战吧！

市政公用工程管理与实务是建造师执业资格考试中难度最高的专业课，具有知识量大、难度高、实践性强等特点，具体表现如下。

知识量大：市政实务涉及道路、桥梁、地铁、水池、管道、垃圾填埋六大类工程，一般从事现场施工的技术人员大多只有一至两类工程实践经验，因此考试难度对于考生来说是非常大的。除此之外，市政实务还涉及“施工管理”与“法律法规”科目的概念性内容，需背诵记忆内容较多，是考生们共同的痛点。

难度高：从最近几年的真题趋势来看，二级建造师执业资格考试的试题难度正在逐年升高。选择题的考查越来越灵活，综合分析类选择题的比例正在逐渐升高；实务操作和案例分析题几乎每题带图，并且出题形式也非常灵活，考查内容也不局限于考点原文，需要考生有扎实的工程识图理论基础，并且要适度拓展考点之外的内容。

实践性强：近几年的实务操作和案例分析题非常注重对现场操作的考查，我们看到的案例题基本都是有工程原型的。以实际存在的施工方案为依托，融入考点内容，贴合施工现场的操作过程、发生的各类异常情况或缺陷事故等进行考查。考生在自己不熟悉的工程类型学习中，一定要注意理解操作过程与施工操作的基本原理，不能拘泥于知识点条文内容。

针对市政公用工程管理与实务考试的上述特点，本书在内容编写上按照以下模式进行：对章节框架进行分析，使考生在对各个模块复习备考前先明晰重点，有的放矢；在考点中配置对应的结构图或现场图，同时穿插相应的施工规范或技术标准内容，对重要内容进行重点提示或补充说明，方便理解；在考点后对应配置练习题目，需要考生在复习备考中完成对应训练。同时针对相对较难理解的考点，本书也会对应配置讲解视频，通过扫描二维码即可完成学习。

很多参与二级建造师执业资格考试的考生都有自己的工作、家庭，在繁忙的工作中挤压时间来复习备考确实是非常辛苦的。我们也深切感受到考生的不易，希望通过科学合理的学习规划与建议，帮助大家提高复习效率，花最少的时间与精力来通过考试。

首先，要做好心态的调节，做到“战略上藐视对手、战术上重视对手”。二级建造师执业资格考试的难度并没有想象中那么高，所以只要付出努力，按照正确的路径复习备考，大概率是没有问题的；但过分轻敌，轻信“裸考都能过”这种说辞，万万不可取，仅裸考或简单复习一下知识点就能通过考试的试题难度已经一去不复返了。

其次，在复习备考过程中，一定要理清思路，把握每类工程的基本工艺原理及各个部件结构的施工程序。只有对施工过程理解到位，才能将零星的散点串联起来，最终形成牢不可破的知识网络。学习时切忌死记硬背，不仅浪费大量时间精力，题目稍作变形也无法做到变通理解。

最后，题目的训练是非常重要的，本书每个考点后都有针对性的题目练习，除完成练习外，还需要考生对近五年的真题进行学习与训练，以把握考查趋势，了解出题套路。

相信通过系统的学习与备考，考生除了通过本科目的考试，还能够形成很好的学习习惯和逻辑思维能力。二级建造师执业资格考试证书不是终点，只是我们职业发展中的一个起点。二级建造师与一级建造师执业资格考试大纲相似度极高，希望考生能将本书作为一级建造师的基础内容进行学习，这对我们冲击一级建造师执业资格证书以及后续的职业发展帮助是非常大的。

了解了本科目的特点和基本复习思路，那我们就一起开始学习吧！

2023 年 8 月

目　　录

第一篇　市政公用工程施工技术

第二篇　市政公用工程项目施工管理

第三篇　市政公用工程项目施工相关法规与标准

第一篇

市政公用工程施工技术

第一章

城镇道路工程

名师导学

本章是市政公用工程基础内容，一共包括4节，第二、三、四节都是针对施工技术的内容，考查频率高。在本章复习中，城镇道路路基施工、城镇道路基层施工、城镇道路面层施工均为考查分值较高的内容，应当重点学习，注意在学习过程中梳理清楚施工工艺流程，加强对“压实”等关键工序的学习，而城镇道路工程结构与材料可以作为次重点，一般多考查选择题。

考情分析

近四年考试真题分值统计表（单位：分）

节序	节名	2023年			2022年			2021年			2020年		
		单选	多选	案例	单选	多选	案例	单选	多选	案例	单选	多选	案例
第一节	城镇道路工程结构与材料	1	0	4	3	0	0	3	2	0	1	2	15
第二节	城镇道路路基施工	0	0	0	0	2	0	0	0	3	0	0	0
第三节	城镇道路基层施工	0	2	0	0	4	0	0	2	0	1	2	0
第四节	城镇道路面层施工	1	0	8	0	0	0	1	0	5	1	0	0
合计		2	2	12	3	6	0	4	4	8	3	4	15

注：2020—2023年每年有多批次考试真题，此处分值统计仅选取其中的一个批次进行分析。

第一节　城镇道路工程结构与材料

考点 1 城镇道路工程设计★★

一、城镇道路工程设计基本规定

（一）道路分级

根据《城市道路工程设计规范（2016 年版）》（CJJ 37—2012）可知：城市道路应按道路在道路网中的地位、交通功能以及对沿线的服务功能等，分为快速路、主干路、次干路和支路四个等级。经分析整理，各种等级道路的功能和作用应符合表 1-1-1 的规定。

表 1-1-1　各种等级道路的功能和作用

分级	功能	作用
快速路	完全为交通功能服务	实现交通连续通行，解决大交通容量、长距离及快速通行问题
主干路	以交通功能为主	连接城市主要分区，是交通网主要骨架
次干路	以集散交通功能为主，兼有服务功能	结合主干路组成干路网
支路	以服务功能为主	解决局部地区交通问题

需注意的是，快速路应中央分隔、全部控制出入、控制出入口间距及形式，单向设置不应少于两条车道，并应设有配套的交通安全与管理设施。快速路及主干路两侧不应设置吸引大量车流、人流的公共建筑物的出入口。

在规划阶段确定道路等级后，当遇特殊情况需变更级别时，应进行技术经济论证，并报规划审批部门批准。

（二）设计速度

各种等级道路的设计速度应符合表 1-1-2 规定。

表 1-1-2　各种等级道路的设计速度

道路等级	快速路			主干路			次干路			支路		
设计速度/（$km \cdot h^{-1}$）	100	80	60	60	50	40	50	40	30	40	30	20

快速路和主干路的辅路设计速度宜为主路的 40%～60%。

➤ **概念补充：**（1）主路：快速路或主干路中与辅路分隔，供机动车快速通过的道路。

（2）辅路：集散快速路或主干路交通，设置于主路两侧或一侧，单向或双向行驶交通，可间断或连续设置的道路。

（三）设计年限

道路交通量达到饱和状态时的道路设计年限：快速路、主干路应为 20 年；次干路应为 15 年；支路宜为 10～15 年。

各种等级道路不同路面结构的设计使用年限应符合表 1-1-3 的规定。

表 1-1-3　各种等级道路不同路面结构的设计使用年限（单位：年）

等级	路面结构类型		
	沥青路面	水泥混凝土路面	砌块路面
快速路	15	30	—
主干路	15	30	—
次干路	15	20	—
支路	10	20	10（20）

注：砌块路面采用混凝土预制块时的设计年限为 10 年；采用石材时的设计年限为 20 年。

二、城镇道路断面结构

（一）横断面布置

城镇道路横断面宜由机动车道、非机动车道、人行道、分车带、设施带、绿化带等组成，特殊断面还可包括应急车道、路肩和排水沟等，标准横断面示例图如图 1-1-1 所示。

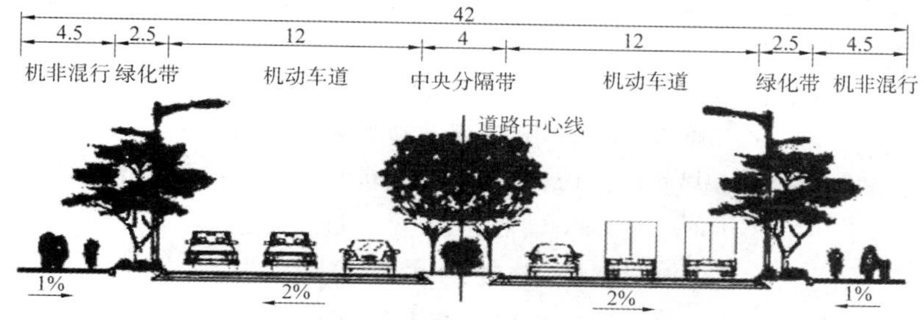

图 1-1-1　城镇道路标准横断面示例图（单位：m）

横断面可分为单幅路、两幅路、三幅路、四幅路及特殊形式的断面，如图 1-1-2 所示。

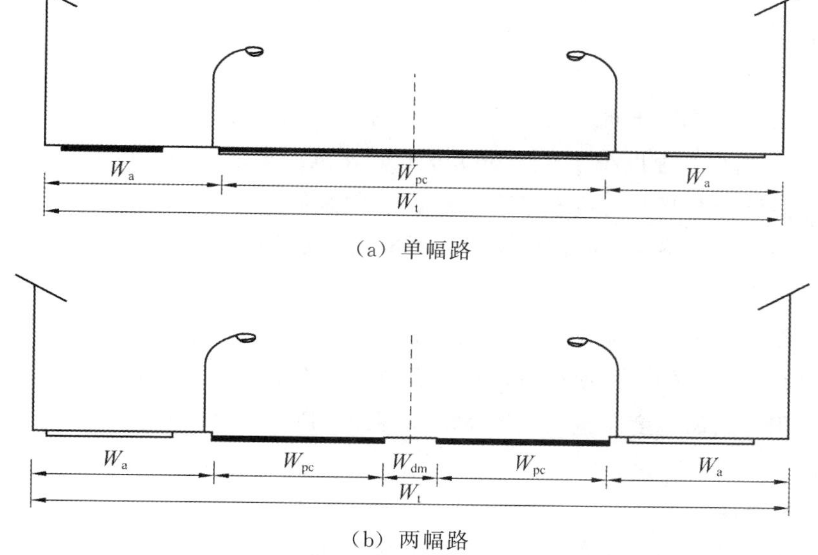

图 1-1-2　横断面形式（无特殊形式）

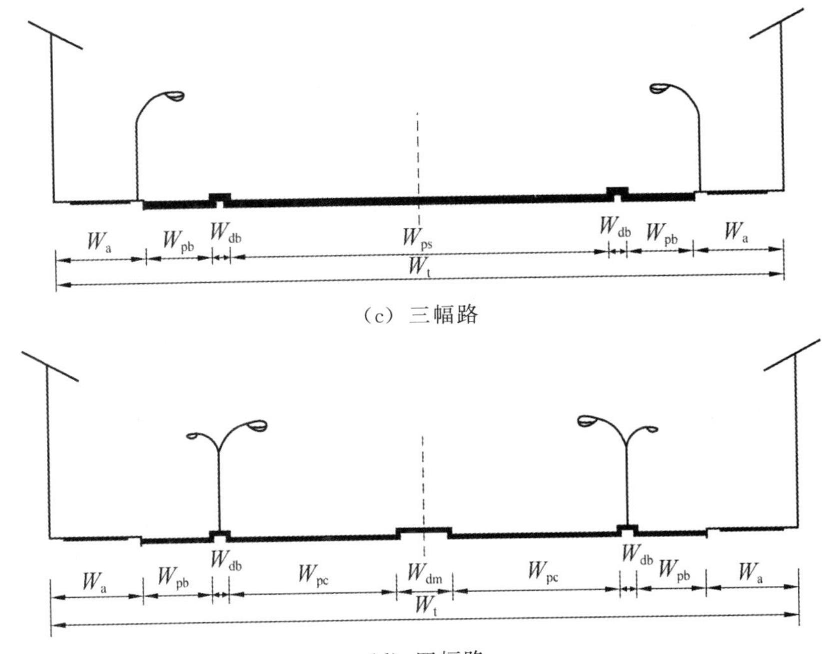

（c）三幅路

（d）四幅路

W_a—路侧带宽度；W_{pb}—非机动车道的路面宽度；

W_{db}—两侧分隔带宽度；W_{pc}—机动车道或机非混行车道的路面宽度；

W_{dm}—中间分隔带宽度；W_t—红线宽度

续图 1-1-2

当快速路两侧设置辅路时，应采用四幅路；当两侧不设置辅路时，应采用两幅路。

主干路宜采用四幅路或三幅路；次干路宜采用单幅路或两幅路，支路宜采用单幅路。

同一条道路宜采用相同形式的横断面。当道路横断面变化时，应设置过渡段。

（二）横断面宽度

1. 机动车道宽度

当设计速度大于 60 km/h 时，小客车专用车道最小宽度为 3.50 m，大型车或混行车道最小宽度为 3.75 m。当设计速度小于等于 60 km/h 时，机动车道最小宽度应为 3.25 m。机动车道路面宽度应包括车行道宽度及两侧路侧带宽度，单幅路及三幅路采用中间分隔带或双黄线分隔对向交通时，机动车道路面宽度还应包括分隔带或双黄线的宽度。

2. 非机动车道宽度

自行车道宽度宜为 1.0 m，三轮车道宽度宜为 2.0 m。

与机动车道合并设置的非机动车道，车道数单向不应少于 2 条，宽度不应小于 2.50 m。

非机动车专用道路面宽度应包括车道宽度及两侧路侧带宽度，单向不宜小于 3.5 m，双向不宜小于 4.5 m。

（三）路拱与横坡

道路横坡应根据路面宽度、路面类型、纵坡及气候条件确定，宜采用 1.0%～2.0%。快速路及降雨量大的地区宜采用 1.5%～2.0%；严寒积雪地区、透水路面宜采用 1.0%～1.5%。保护性路肩横坡度可比路面横坡度增加 1.0%。

单幅路应根据道路宽度采用单向或双向路拱横坡；多幅路应采用由路中线向两侧的双向路

拱横坡，人行道宜采用单向横坡，坡向应朝向雨水设施设置位置的一侧。

（四）路肩

路肩位于车行道外缘至路基边缘，主要为保持车行道的功能和临时停车使用，并作为路面的横向支承，可以分为硬化路肩和土路肩两部分。道路结构拆解示意图如图 1-1-3 所示。

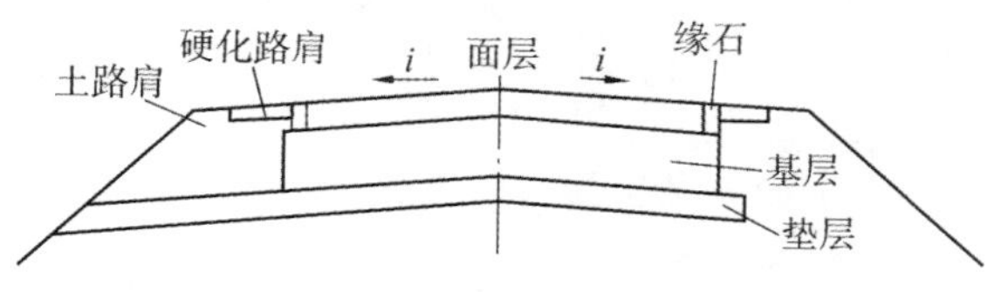

图 1-1-3　道路结构拆解示意图

注：横断面图中垫层宽度不宜小于基层底面宽度；与路基顶面宽度相同时，厚度不得小于 150 mm。

路肩应与路基、基层、面层等各层同步施工。路肩应平整、坚实，直线段肩线应直顺，曲线段应顺畅。

（五）缘石

缘石应设置在中间分隔带、两侧分隔带及路侧带两侧，缘石可分为立缘石和平缘石。

立缘石宜设置在中间分隔带、两侧分隔带及路侧带两侧，顶面高出路面。当设置在中间分隔带及两侧分隔带时，外露高度宜为 15～20 cm；当设置在路侧带两侧时，外露高度宜为 10～15 cm。排水式立缘石尺寸、开孔形状等应根据设计汇水量计算确定。

平缘石宜设置在人行道与绿化带之间，以及有无障碍要求的路口或人行横道范围内。顶面与路面平齐，常在两侧采用明沟排水时设置。

➤ **重点提示：**（1）本考点属于道路基本分类，要求掌握不同等级道路的名称及主要特点，做到有所区分；四类等级道路的交通功能和服务功能存在一定的渐变趋势。

（2）四类道路的技术指标应重点掌握分隔带和横断面形式，延伸至案例题可以通过道路的横断面图来区分道路等级，近些年案例题考查频率增高。

实战演练

［**2021 真题·单选**］城镇道路横断面常采用三、四幅路形式的是（　　）。

A. 快速路

B. 主干路

C. 次干路

D. 支路

［**解析**］当快速路两侧设置辅路时，应采用四幅路；当两侧不设置辅路时，应采用两幅路。主干路宜采用四幅路或三幅路；次干路宜采用单幅路或两幅路，支路宜采用单幅路。

［**答案**］B

[经典例题·多选] 下列属于快速路的特征的有（　　）。

A. 设计车速最高可达 120 km/h

B. 车道数一般至少设 2 车道

C. 必须设置分隔带

D. 横断面可采用双幅或四幅路形式

E. 设计使用年限一般为 20 年

[解析] 本题考查的是快速路的各项性能指标。选项 A 应为 100 km/h；选项 B 应为 4 车道。

[答案] CDE

考点 2 城镇道路工程结构与性能要求★★

一、城镇道路工程结构

城镇道路工程结构由路基和路面组成，其中路面可分为沥青路面和水泥混凝土路面两类，两类路面结构均由垫层、基层和面层组成。

城镇道路工程结构组成示意图如图 1-1-4 所示。

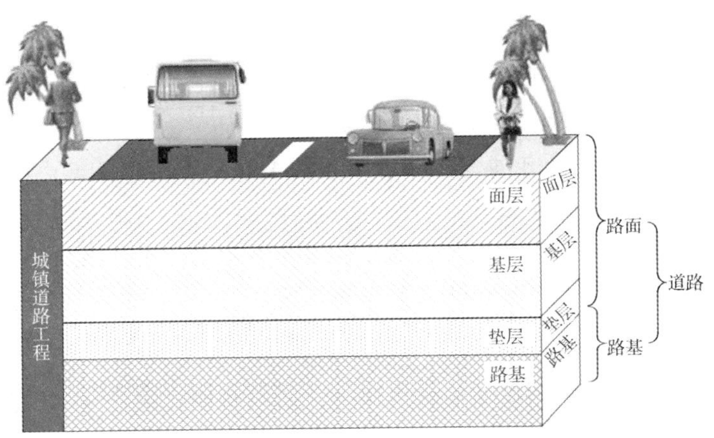

图 1-1-4　城镇道路工程结构组成示意图

注：本图内容为道路工程结构，包含沥青路面和水泥混凝土路面。路面结构和道路结构概念不同，道路结构包括路基与路面，因此考生做题的时候需要注意区分概念大小关系。本图展示的是道路结构，如果考查的是路面结构，回答时应扣除路基层次。

二、路基分类、结构组成、性能要求与路基选材

根据《城市道路路基设计规范》（CJJ 194—2013）可知：路基是按照道路路线位置和横断面要求修筑的带状结构物，是路面结构的基础，承受由路面传来的行车荷载。路基对路面结构提供均匀支撑。

（一）路基分类

1. 按横断面形式分类

路基按横断面形式的分类如图 1-1-5 所示。

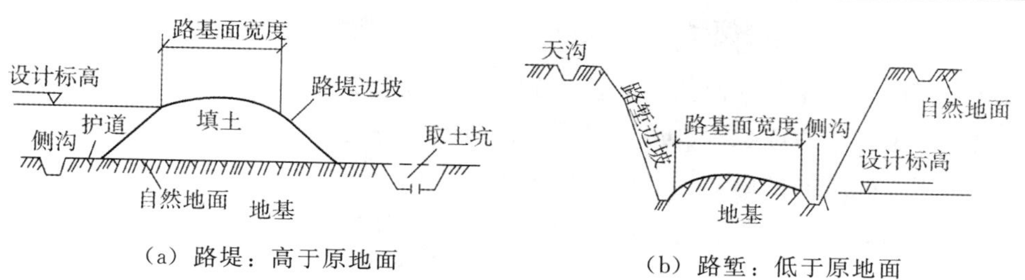

（a）路堤：高于原地面　　（b）路堑：低于原地面

图 1-1-5　路基按横断面形式的分类

2. 按材料分类

填土路基：用石料含量（注：书中无特殊说明的“含量”一词的含义均为“质量分数”）小于 30％的土料填筑的路基。

填石路基：用粒径大于 40 mm、含量超过 70％的石料填筑的路基。

（二）路基结构组成

路基结构包含路堤和路床，其中路面结构底面以下 0.8 m 深度范围内的路基部分，又可分为上路床（0～0.3 m）和下路床（0.3～0.8 m），其结构如图 1-1-6 所示。

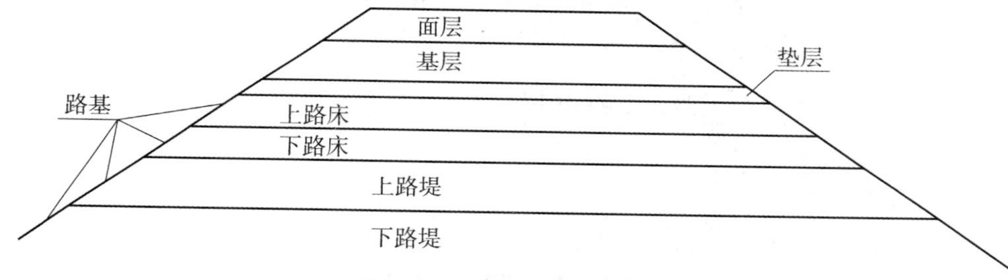

图 1-1-6　路床和路基的关系

（三）路基性能要求

路基设计应保证其具有足够的强度、整体稳定性、抗变形能力和耐久性。

（四）路基填料

（1）路床应处于干燥或中湿状态。对于快速路和主干路，路基应处于干燥或中湿状态；对于次干路和支路，路基宜处于干燥或中湿状态。否则，应采取翻晒、换填、改良或设置隔水层、降低地下水位等措施。

（2）路床填料最大粒径应小于 100 mm，最小强度应符合表 1-1-4 的规定。

表 1-1-4　路床填料最小强度

路床顶面以下深度/m	填料最小强度（CBR）		
	快速路、主干路	次干路	支路
0～0.3	8％	6％	5％
0.3～0.8	5％	4％	3％
0.8～1.5	4％	3％	3％
>1.5	3％	2％	2％

注： CBR 值也称加州承载比，是表征路基填料抵抗局部荷载压入变形能力的一种强度指标，即标准击实试件在水中浸泡 4 昼夜后，在规定贯入量时所施加的单位压力与标准碎石在相同贯入量时所施加的单位压力之比值，以百分数表示。其用来评估土壤的结构承载力，CBR 值越高土壤表面越硬。

（3）岩石或填石路基顶面应铺设整平层，整平层可采用未筛分碎石和石屑或低剂量水泥稳定粒料，其厚度应根据路基顶面的不平整情况确定，宜为100～200 mm。

（4）填方取土应不占或少占良田，尽量利用荒坡、荒地。

①优先选用级配较好的砾类土、砂类土等粗粒土作为填料。

②不适宜使用高液限黏土、高液限粉土及含有机质细粒土。如因条件限制必须采用时，应掺加石灰或水泥等结合料。

③不应使用淤泥、沼泽土、泥炭土、冻土、有机土及含生活垃圾土。

④不得含有草、树根等杂物；粒径超过100 mm的土块应打碎。

⑤不得直接采用强膨胀土、泥炭、淤泥、有机质土、冻土及含冰的土、易溶盐超过允许含量的土以及液限大于50%、塑性指数大于26的细粒土等。

⑥需经试验使用房渣土、粉砂土、工业废渣等，且应经建设单位、设计单位同意后方可使用。

（5）当采用石料填筑路基时，最大粒径应小于摊铺层厚的2/3，过渡层碎石料粒径应小于150 mm。易溶性岩石、膨胀性岩石、崩解性岩石、盐化岩石等均不得用于路堤填筑。

三、路面分类与性能要求

沥青路面结构与水泥混凝土路面结构均由面层、基层和垫层组成。路面结构直接接受行车荷载，并保证行车舒适与安全。

（一）路面结构分类

（1）路面按结构类型的分类见表1-1-5。

表1-1-5　路面按结构类型的分类

路面分类	适用范围	适用交通等级
沥青混凝土（沥青混合料）	快速路、主干路、次干路、支路、城市广场、停车场	各交通等级
水泥混凝土		
贯入式沥青碎石、沥青表面处治和稀浆封层	支路、停车场	中、轻交通道路
砌块路面	支路、城市广场、停车场、人行道与步行街	—

（2）路面按力学特性的分类见表1-1-6。

表1-1-6　路面按力学特性的分类

路面分类	变形特征	破坏原因	主要代表
柔性路面	弯沉变形较大、抗弯强度小	取决于极限垂直变形和弯拉应变	各种沥青类路面
刚性路面	抗弯拉强度大、弯沉变形很小、呈现出较大刚性	取决于极限弯拉强度	水泥混凝土路面

（二）路面性能要求

路面结构层所选材料应满足强度、稳定性和耐久性的要求，并应符合下列规定。

（1）垫层应满足一定的强度和良好的水稳定性的要求。

（2）基层应满足强度、扩散荷载的能力以及水稳定性和抗冻性的要求。

（3）面层应满足结构强度、稳定性（高温稳定、低温抗裂）、抗疲劳、抗水损害及耐磨、平整、抗滑、低噪声等表面特性的要求。

四、路面结构组成与各结构层选材

（一）垫层

1. 应在基层下设置垫层的情况

（1）季节性冰冻地区的中湿或潮湿路段。

（2）地下水位高、排水不良，路基处于潮湿或过湿状态。

（3）水文地质条件不良的土质路堑，路床土处于潮湿或过湿状态。

2. 垫层结构要求

排水垫层应与边缘排水系统相连接，厚度宜大于 150 mm，宽度不宜小于基层底面的宽度（图 1-1-3）。

3. 垫层分类及选材

垫层宜采用砂、砂砾等颗粒材料，粒径小于 0.075 mm 的颗粒质量分数不宜大于 5%。

垫层分类及适用条件见表 1-1-7。

表 1-1-7　垫层分类及适用条件

分类	材料选择	适用条件
排水垫层	砂、砂砾等颗粒材料（柔性）	水文地质条件不良，路基土湿度较大
半刚性垫层	含低剂量水泥、石灰或粉煤灰等的稳定粒料或土	路基可能产生不均匀沉降或变形
防冻垫层	同排水垫层	季节性冰冻地区，道路结构设计总厚度小于最小防冻厚度要求时

（二）基层

（1）基层按力学特性的分类见表 1-1-8。

表 1-1-8　基层按力学特性的分类

基层分类	类型列举
刚性基层	贫混凝土或碾压混凝土基层、多孔混凝土排水基层
柔性基层	水泥稳定类基层、石灰稳定类基层、水泥粉煤灰稳定类基层、石灰粉煤灰稳定类基层
半刚性基层	沥青稳定碎石基层（ATB）、半开级配沥青碎石基层（AM）、沥青稳定碎石排水基层（ATPB）、级配碎石、级配砾石

（2）在水泥混凝土路面结构的基层材料选择中，应按该道路所承受的交通荷载等级和结构层的抗冲刷能力来匹配，可参考表 1-1-9 选取。

表 1-1-9　不同交通荷载对应的基层选材及类型

道路交通等级	基层选材及类型
特重交通	刚性基层（贫混凝土、碾压混凝土等）或可作为面层的沥青混凝土
重交通	半刚性基层（无机结合料稳定粒料类）或承载能力好的沥青稳定碎石
中、轻交通	柔性基层（级配类等）或无机结合料稳定类基层

➢ **概念补充：** 贫混凝土、素混凝土、碾压混凝土概念区分如下。

(1) 贫混凝土胶结料含量少，空隙率一般较大，有利于界面水的排放；具有较高的强度和刚度，水稳定性好、抗冲刷能力强；能缓和土基的不均匀变形，可消除对路面的不利影响。

(2) 素混凝土是由无筋或不配置受力钢筋的混凝土制成的结构。

(3) 碾压混凝土是一种干硬性贫水泥的、无坍落度的混凝土，采用与土石坝施工相同的运输及铺筑设备，用振动碾分层压实。

(3) 当路基较薄弱、容易发生沉降变形，且交通超出承受范围时，可将基层配置为双层结构，具体要求见表 1-1-10。

表 1-1-10　道路双层结构基层材料

道路交通等级	基层材料	
特重或重交通	未设垫层且路基为细粒土、黏土质砂或级配不良砂时	应设置底基层
中等交通	路基为细粒土时	
湿润和多雨地区	宜采用排水基层	

(4) 在无机结合料基层中，基层厚度一般控制在 100～200 mm 内即可。

①在沥青路面结构中，基层应作为承重层。

②在水泥混凝土路面结构中，基层作用有防止唧泥、错台、底板脱空，控制或减少路基不均匀冻胀或体积变形的不利影响，为面层施工提供稳定坚实工作面、改善路面接缝的传荷能力。

③基层的宽度应比混凝土面层每侧至少宽出 300 mm（小型机具施工面层时）、500 mm（轨模式摊铺机施工时）或 650 mm（滑模式摊铺机施工时）。

④碾压混凝土基层应设置与混凝土面层相对应的接缝。

（三）面层

1. 沥青面层结构基本规定

(1) 双层式沥青面层结构分为表面层、下面层。三层式沥青面层结构分为表面层、中面层、下面层。单层式面层应加铺封层或铺筑微表处作为抗滑磨耗层。

(2) 沥青表面层应选用优质混合料铺设，并根据道路交通等级选材，见表 1-1-11。

表 1-1-11　沥青表面层选材

道路交通等级	沥青表面层选材
轻交通道路	密级配细型 AC—F 混合料
中交通道路	密级配粗型 AC—C 混合料
特重交通和重交通道路	SMA 混合料或密级配粗型 AC—C 混合料，结合料应使用改性沥青
支路	沥青表面处治、沥青封层或沥青贯入式

（3）中面层和下面层应采用密级配 AC 混合料。在特重交通和重交通道路上，宜使用 SMA 混合料或改性沥青密级配 AC 混合料。

（4）在年平均降雨量大于 800 mm 的地区，快速路宜选用开级配沥青混合料 OGFC 作为沥青表面磨耗层或者排水路面的表面层。

2. 水泥混凝土面层结构基本规定

水泥混凝土面层应满足强度和耐久性的要求，表面应抗滑、耐磨、平整。水泥混凝土的强度以 28 d 龄期的抗弯拉强度控制。水泥混凝土面层抗弯拉强度标准值不得低于表 1-1-12 的规定。

表 1-1-12　水泥混凝土面层抗弯拉强度标准值

交通等级	特重、重	中	轻
水泥混凝土的抗弯拉强度标准值/MPa	5.0	4.5	4.5
钢纤维混凝土的抗弯拉强度标准值/MPa	6.0	5.5	5.0

快速路、主干路和重交通的其他道路面层的抗弯拉强度不得低于 5.0 MPa，其他等级及交通情况道路面层的抗弯拉强度不得低于 4.5 MPa。

➤ **重点提示：**（1）城镇道路结构与路面结构的组成需从识图角度区分。

（2）路基应重点把握干湿状态及选材要求。

（3）路面按结构类型划分易考查适用范围，按力学特性划分易考查客观题目，此分类内容考查概率较高，需作为重点。

（4）垫层、基层及面层应侧重记忆三者在不同交通等级中选材的要求，并应将材料与特性及结构图片与施工过程，进行联系学习。

实战演练

[2021 真题 · 单选] 根据《城市道路工程设计规范（2016 年版）》（CJJ 37—2012），以 28 d 龄期为控制强度的水泥混凝土快速路、主干路、重交通道路面层的抗弯拉强度不得低于（　　）MPa。

A. 5.0　　B. 4.5

C. 4.0　　D. 3.5

[解析] 快速、主干、重交通道路面层的设计抗弯拉强度不得低于 5.0 MPa。

[答案] A

[2014 真题·单选] 与沥青混凝土路面相比，水泥混凝土路面在荷载作用下强度与变形的特点是（　　）。

A. 弯拉强度大，弯沉变形大
B. 弯拉强度大，弯沉变形小
C. 弯拉强度小，弯沉变形大
D. 弯拉强度小，弯沉变形小

[解析] 弯拉强度大，弯沉变形小符合刚性路面即水泥混凝土路面的特点，选项B正确。

➤ **名师点拨：** 按力学特性区分刚、柔性路面时，一定要注意对变形的描述。对于柔性路面来说，变形被描述为"弯沉变形较大"，严格意义来讲，较大和大是不一样的。虽然柔性路面容易发生变形，但是为了保证基本的道路面层施工功能，这个变形量不是字面意义上的大量变形，只是相对刚性面层来说，变形相对大一些。

[答案] B

[经典例题·单选] 水文地质条件不良的土质路堑，路床土湿度较大时，宜设置（　　）。

A. 防冻垫层
B. 排水垫层
C. 半刚性垫层
D. 刚性垫层

[解析] 水文地质条件不良的土质路堑，路床土湿度较大时，宜设置排水垫层。

[答案] B

[2018 真题·多选] 特重交通水泥混凝土路面宜选用（　　）基层。

A. 水泥稳定粒料
B. 级配粒料
C. 沥青混凝土
D. 贫混凝土
E. 碾压混凝土

[解析] 特重交通水泥混凝土路面宜选用贫混凝土、碾压混凝土或可作为面层的沥青混凝土基层。

[答案] CDE

考点 3　道路面层材料——沥青混合料与水泥混凝土★

一、沥青混合料与材料要求

（一）沥青混合料组成与分类

沥青混合料主要是由沥青、粗集料、细集料、矿粉组成，有的还加入聚合物和木质素纤维。按级配原则构成的沥青混合料，其结构组成可分为三类，如图 1-1-7 所示，其特点见表 1-1-13。

(a) 悬浮一密实结构

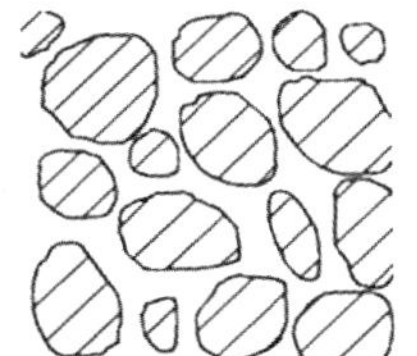
(b) 骨架一空隙结构

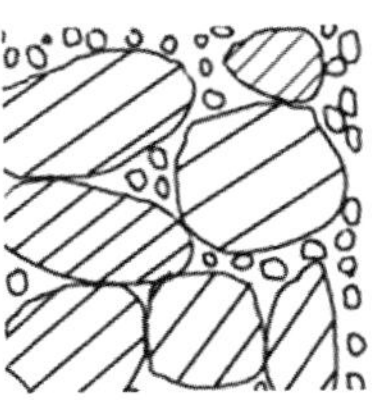
(c) 骨架一密实结构

图 1-1-7　沥青混合料结构分类图

表 1-1-13　沥青混合料结构分类及特点

类型	特点	代表
悬浮—密实结构	内摩擦角 φ 较小，黏聚力 c 较大，高温稳定性较差	AC
骨架—空隙结构	内摩擦角 φ 较高，黏聚力 c 较低	AM，OGFC
骨架—密实结构	内摩擦角 φ 较高，黏聚力 c 较高	SMA

注：AC 指普通沥青混合料，OGFC 指排水降噪路面混合料，SMA 指沥青玛琋脂碎石混合料，AM 指沥青碎石混合料。

沥青混合料按材料组成可以分为连续级配和间断级配；按照矿料级配及空隙率可以分为密级配、半开级配和开级配。其分类关系与典型代表材料见表 1-1-14。

表 1-1-14　沥青混合料分类关系与典型代表材料

混合料类型	密级配			开级配		半开级配	公称最大粒径/mm
	连续级配		间断级配	间断级配			
	沥青混凝土	沥青稳定碎石	沥青玛琋脂碎石	排水式沥青磨耗层	排水式沥青碎石基层	沥青碎石	
特粗式	—	ATB—40	—	—	ATPB—40	—	37.5
粗粒式	—	ATB—30	—	—	ATPB—30	—	31.5
	AC—25	ATB—25	—	—	ATPB—25	—	26.5
中粒式	AC—20	—	SMA—20	—	—	AM—20	19.0
	AC—16	—	SMA—16	OGFC—16	—	AM—16	16.0
细粒式	AC—13	—	SMA—13	OGFC—13	—	AM—13	13.2
	AC—10	—	SMA—10	OGFC—10	—	AM—10	9.5
砂砾式	AC—5	—	—	—	—	—	4.75
设计空隙率	3%～5%	3%～6%	3%～4%	>18%	>18%	6%～12%	—

注：本表中仅需掌握表头的分类关系与材料代表、空隙率、各类材料的字母代号，数字无须记忆。

（二）沥青混合料各原材料性能要求

1. 沥青

（1）沥青材料品种与标号的选择应根据道路等级、气候条件、交通量及其组成、面层结构与层次、施工工艺等因素，结合当地使用经验确定，其适用范围应符合表 1-1-15 的规定。

表 1-1-15 沥青材料的适用范围

沥青材料类型	适用范围
道路石油沥青	中交通的表面层、重交通的中下面层以及特重交通的下面层
改性沥青	特重交通、重交通、交叉口进口道、公交车专用道与停靠站、长大纵坡、气候严酷地区的沥青路面
乳化沥青	透层、粘层、稀浆封层、冷拌沥青混合料与表面处治
改性乳化沥青	交通量较大或重要道路的粘层、稀浆封层、桥面铺装的粘层、表面处治、冷拌沥青混合料、微表处等

道路面层宜优先采用 A 级沥青。B 级沥青可作为次干路及其以下道路面层使用。当缺乏所需标号的沥青时，可采用不同标号沥青掺配，掺配比应经试验确定。出于对环保的考虑，不宜采用煤沥青作为混合料基质沥青。

(2) 在高温条件下宜采用黏度较大的乳化沥青，寒冷条件下宜使用黏度较小的乳化沥青。双层或多层式面层的上层一般宜用黏度较大、较稠的沥青，下层或连接层宜用黏度较小、较稀的沥青。

(3) 沥青应具有适当的稠度，较大的塑性（变形不开裂），较好的温度稳定性、大气稳定性及较好的水稳性。

2. 粗集料与细集料

(1) 粗集料应洁净、干燥、表面粗糙。粗集料可选用碎石或轧制的碎砾石，支路可选用经筛选的砾石。城市快速路、主干路的粗集料中集料对沥青的黏附性应大于等于 4 级；次干路及以下道路应大于等于 3 级。粗集料压碎值应符合表 1-1-16 的规定。

表 1-1-16 粗集料压碎值

指标	单位	城市快速路、主干路		其他等级道路	试验方法
		表面层	其他层次		
石料压碎值	%	≤26	≤28	≤30	T0316

注：重点记忆快速路、主干路表面层压碎值≤26%的指标数字。试验方法中的 T0316 指利用石料压碎值试验仪、金属棒、天平、标准筛、压力机及金属桶进行的粗集料压碎值试验，该试验吨位可取 40 t。

(2) 细集料应洁净、干燥、无风化、无杂质，并应具有一定的棱角性。细集料可选用机制砂、天然砂（宜中砂、粗砂）、石屑。天然砂的用量不宜超过集料总量的 20%，SMA 和 OGFC 不宜使用天然砂。

3. 矿粉

矿粉应采用石灰岩、石灰石等碱性、憎水性石料磨细而成的石粉。城市快速路与主干路的沥青面层不宜采用粉煤灰作为填料。

4. 纤维稳定剂

纤维稳定剂应在 250 ℃条件下不变质。不宜使用石棉纤维作为纤维稳定剂。

(三) 不同粒径沥青混合料适宜层位选择

沥青混凝土面层依据材料粒径分为五类，其集料粒径及适宜层位见表 1-1-17。

表 1-1-17　沥青混凝土面层分类集料粒径及适宜层位

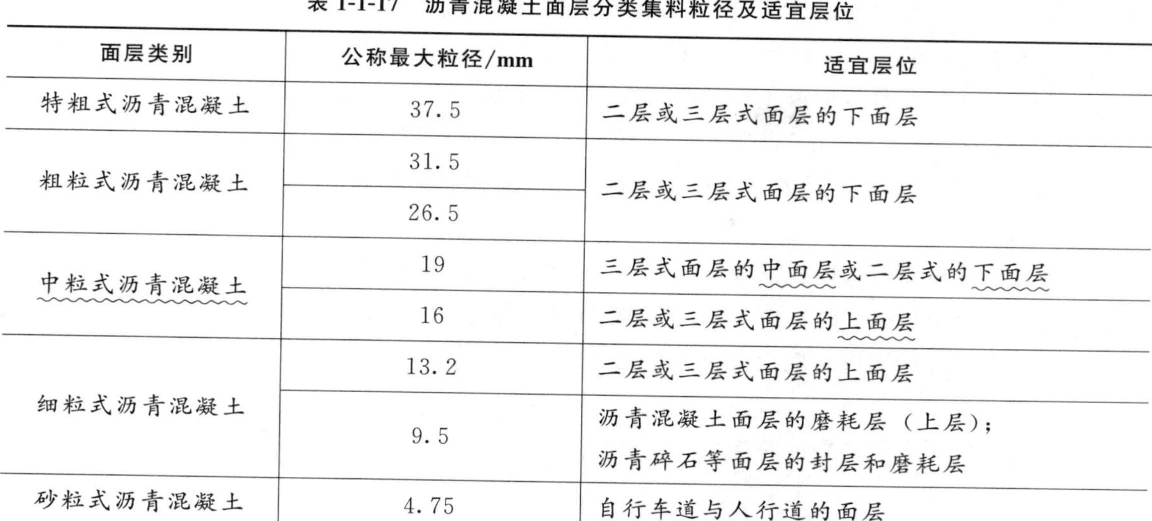

面层类别	公称最大粒径/mm	适宜层位
特粗式沥青混凝土	37.5	二层或三层式面层的下面层
粗粒式沥青混凝土	31.5	二层或三层式面层的下面层
	26.5	
中粒式沥青混凝土	19	三层式面层的中面层或二层式的下面层
	16	二层或三层式面层的上面层
细粒式沥青混凝土	13.2	二层或三层式面层的上面层
	9.5	沥青混凝土面层的磨耗层（上层）； 沥青碎石等面层的封层和磨耗层
砂粒式沥青混凝土	4.75	自行车道与人行道的面层

注：中粒式沥青混凝土可以作为分界岭，适用于各个层位，需要考生重点记忆。

（四）热拌沥青混合料主要类型

热拌沥青混合料主要类型、特点及适用范围见表 1-1-18。

表 1-1-18　热拌沥青混合料主要类型、特点及适用范围

主要类型	特点及适用范围
普通沥青混合料	适用于城镇次干路、辅路或人行道等
改性沥青混合料	适用于城镇快速路、主干路
沥青玛琋脂碎石混合料	（1）沥青玛琋脂结合料：由沥青、矿粉及纤维稳定剂组成； （2）属于间断级配，具有粗骨料比例高、矿粉用量高、沥青用量高的特点； （3）适用于城镇快速路、主干路
改性沥青玛琋脂碎石混合料	适用于交通流量和行驶频度急剧增长的城镇快速路、主干路

二、水泥混凝土与材料要求

（一）水泥混凝土原材料性能要求

水泥混凝土主要由水泥、粗集料、细集料、矿物掺合料、外加剂和水组成。

1. 水泥

（1）重交通及以上交通等级道路、城市快速路、主干路应采用强度等级 42.5 级以上的道路硅酸盐水泥或普通硅酸盐水泥；中、轻交通等级的道路可采用矿渣水泥，其强度等级不宜低于 32.5 级。

（2）不同等级、厂牌、品种、出厂日期的水泥不得混存、混用。

（3）出厂期超过三个月或受潮的水泥，必须经过试验，合格后方可使用。

2. 粗集料

（1）粗集料应采用质地坚硬、耐久、洁净的碎石、砾石、破碎砾石。城市快速路、主干路、次干路以及有抗冻（盐）要求的次干路、支路混凝土路面使用的粗集料级别不应低于Ⅰ

级。粗集料宜采用人工级配。

（2）粗集料的最大公称粒径：碎砾石不应大于26.5 mm，碎石不应大于31.5 mm，砾石不宜大于19.0 mm；钢纤维混凝土粗集料最大粒径不宜大于19.0 mm。

（3）当厚度大于280 mm的普通混凝土面层分上、下两层连续铺筑时，上层宜为总厚度的1/3，可采用高强、耐磨的混凝土材料，集料公称最大粒径宜为19.0 mm。

3. 细集料

细集料宜采用质地坚硬、细度模数在2.5以上、符合级配规定的洁净粗砂、中砂。海砂不得直接用于混凝土面层。淡化海砂不应用于城市快速路、主干路、次干路，可用于支路，使用经过净化处理的海砂应符合现行行业标准规定。

4. 外加剂

外加剂宜使用无氯盐类的防冻剂、引气剂、减水剂等。使用外加剂应经掺配试验，并应符合现行国家标准规定。

5. 接缝材料

（1）传力杆（拉杆）、滑动套材质和规格应符合规定。可采用镀锌铁皮管、硬塑料管等制作滑动套。

（2）胀缝板宜采用厚为20 mm、水稳定性好、具有一定柔性的板材制作，且应经防腐处理。

（3）填缝材料宜采用树脂类、橡胶类、聚氯乙烯胶泥类、改性沥青类填缝材料，并宜加入耐老化剂。

（二）各类水泥混凝土面层适用范围

面层混凝土板常分为普通（素）混凝土板、碾压混凝土板、连续配筋混凝土板、预应力混凝土板和钢筋混凝土板等。面层宜采用设置接缝的普通水泥混凝土，各类水泥混凝土面层适用范围见表1-1-19。

表1-1-19 各类水泥混凝土面层适用范围

面层类型	适用范围
连续配筋混凝土面层	特重交通的快速路、主干路
碾压混凝土面层	次干路以下道路、停车场、广场
钢纤维混凝土面层	标高受限制路段、收费站、混凝土加铺层和桥面铺装
普通水泥混凝土路面	各级道路、停车场、广场

➢ **重点提示：**（1）沥青混合料的材料组成及分类为高频考点，应着重把握。

（2）沥青混合料各组成材料的要求考频较低，大多以客观题目形式考查，重点把握高等级类别材料要求。

（3）各类沥青混合料的适用范围应重点把握，除普通沥青混合料外，其余三类均可用于城镇快速路、主干路。

（4）水泥混凝土各组成材料的要求的考查模式同沥青混合料一致。

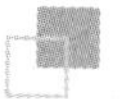

实战演练

[2020 真题 · 单选] AC 型沥青混合料结构具有（　　）的特点。

A. 黏聚力低，内摩擦角小　　B. 黏聚力低，内摩擦角大

C. 黏聚力高，内摩擦角小　　D. 黏聚力高，内摩擦角大

[解析] 悬浮一密实结构具有较大的黏聚力 c，但内摩擦角 φ 较小，高温稳定性较差，如 AC 型沥青混合料。

[答案] C

[经典例题 · 单选] 关于水泥混凝土上面层原材料使用的说法，正确的是（　　）。

A. 主干路可采用 32.5 级的硅酸盐水泥

B. 重交通以上等级道路可采用矿渣水泥

C. 碎砾石的最大公称粒径不应大于 26.5 mm

D. 宜采用细度模数 2.0 以下的砂

[解析] 重交通及以上交通等级道路、城市快速路、主干路应采用强度等级 42.5 级以上的道路硅酸盐水泥或普通硅酸盐水泥。粗集料应采用质地坚硬、耐久、洁净的碎石、砾石、破碎砾石，技术指标应符合规范要求，碎砾石的最大公称粒径不得大于 26.5 mm，碎石不得大于 31.5 mm，砾石不宜大于 19.0 mm；钢纤维混凝土粗集料最大粒径不宜大于 19.0 mm。细集料应选择质地坚硬，细度模数在 2.5 以上的洁净粗砂、中砂。

[答案] C

[2021 真题 · 多选] SMA 混合料是一种以沥青、矿粉、纤维稳定剂组成的沥青玛瑞脂结合料。下列说法正确的有（　　）。

A. SMA 是一种连续级配的沥青混合料

B. 5 mm 以上的粗集料比例高达 70%～80%

C. 矿粉用量达 7%～13%

D. 沥青用量较少

E. 宜选用针入度小、软化点高、温度稳定性好的沥青

[解析] 选项 A、D 错误，SMA 是一种间断级配的沥青混合料，粗骨料比例高、矿粉用量高、沥青用量高。

[答案] BCE

考点 4　挡土墙结构组成、分类及施工要求★★

一、挡土墙结构组成及基本规定

（1）挡土墙基础地基承载力必须符合设计要求，且经检测验收合格后方可进行后续工序施工。

（2）施工中应按设计规定施作挡土墙的排水系统、泄水孔、反滤层和结构变形缝，其结构如图 1-1-8 所示。

第一章

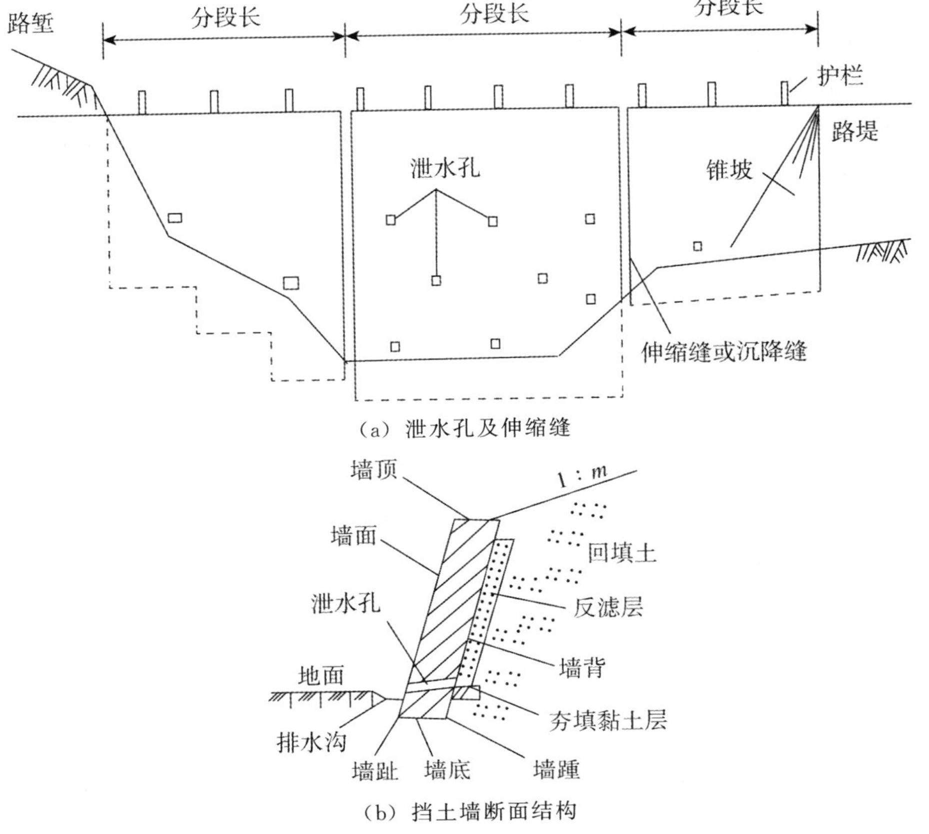

(a) 泄水孔及伸缩缝

(b) 挡土墙断面结构

图 1-1-8　挡土墙结构示意图

(3) 墙背填土应采用透水性材料或设计规定的填料。

(4) 挡土墙顶设帽石时，帽石安装应平顺、坐浆饱满、缝隙均匀。

(5) 墙面需采用土体绿化时，应报请建设单位补充防止基础浸水下沉的设计。

二、挡土墙分类及施工要求

(一) 重力式挡土墙

重力式挡土墙可按设置位置分类，其分类示意图如图 1-1-9 所示。

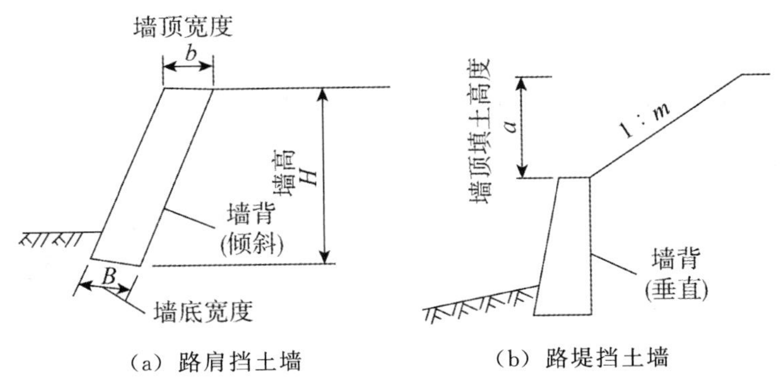

(a) 路肩挡土墙　　(b) 路堤挡土墙

图 1-1-9　重力式挡土墙按设置位置分类示意图

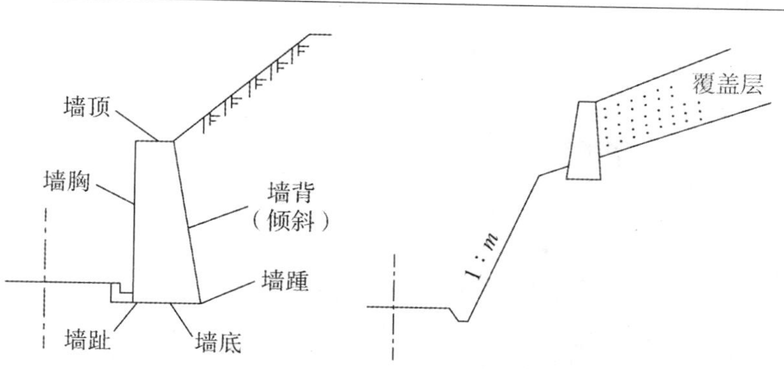

（c）路堑挡土墙　　（d）山坡挡土墙

续图 1-1-9

重力式挡土墙为挡土墙结构中最常见的形式，依靠墙体自重抵挡土压力作用。可采用现浇混凝土（缺乏石料时）或浆砌石材（常用、造价低）作为材料进行结构施工。

现浇重力式挡土墙的基础结构下应设混凝土垫层。混凝土垫层宜为 C15 级，厚度宜为10～15 cm。混凝土宜由集中拌和站供应，混凝土浇筑前，钢筋、模板应经验收合格，模板内污物、杂物应清理干净，积水排干，缝隙堵严。浇筑后应振捣至混凝土不再下沉、无显著气泡上升、表面平坦一致，开始浮现水泥浆为度。

（二）衡重式挡土墙

衡重式挡土墙结构如图 1-1-10 所示。在衡重式挡土墙后设置有衡重台，衡重台上下压的填土可起到稳定墙身的功能。该类挡土墙墙胸坡陡，下墙倾斜，可降低墙高，有效减少基础开挖量。

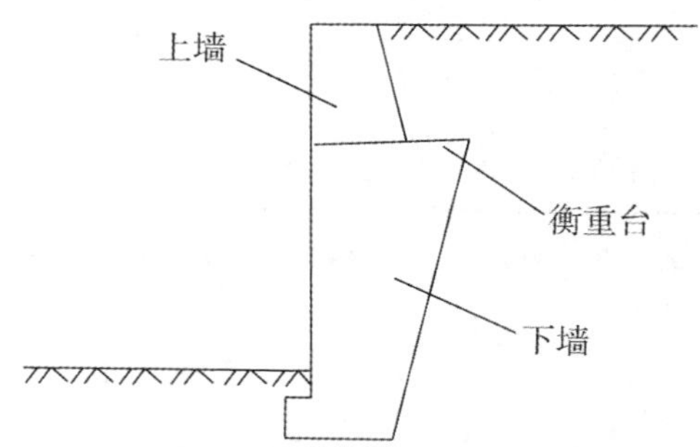

图 1-1-10　衡重式挡土墙结构示意图

（三）悬臂式挡土墙与扶壁式挡土墙

悬臂式挡土墙由立壁、墙趾板、墙踵板组成，其结构如图 1-1-11 所示。扶壁式挡土墙由立壁、墙趾板、墙踵板、扶壁组成，其结构如图 1-1-12 所示。两类挡土墙均依靠墙踵板上的填土重量来维持挡土墙的稳定。

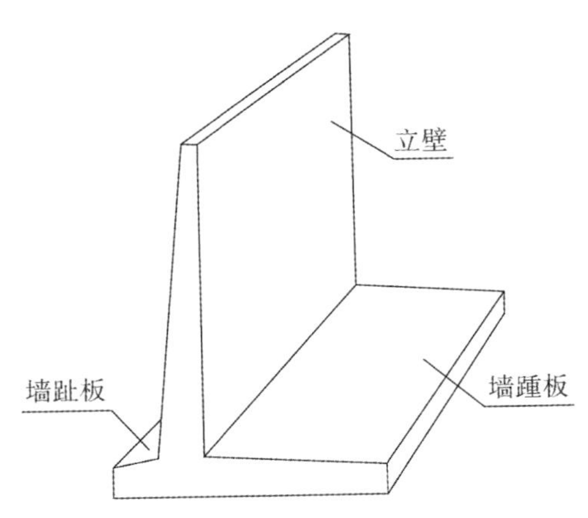

图 1-1-11　悬臂式挡土墙

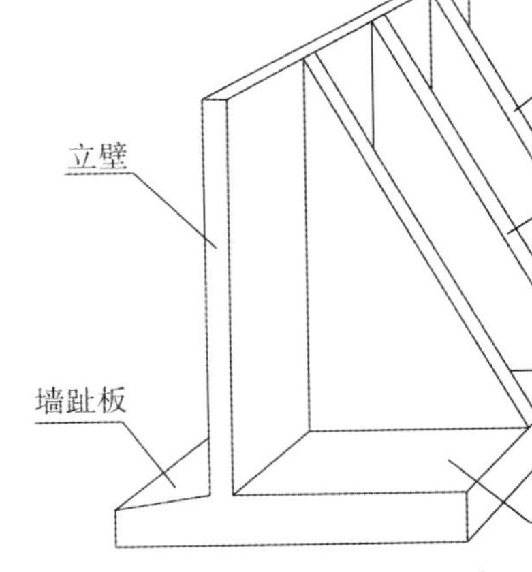

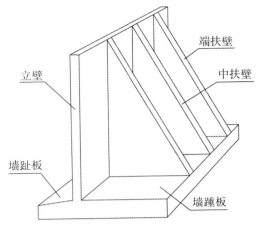

图 1-1-12　扶壁式挡土墙

当挡土墙较高时，悬臂式挡土墙立壁下部弯矩大、配筋多、不经济。相比之下扶壁式挡土墙受力条件较悬臂式更好，可有效减少配筋，较经济。

三、挡土墙受力

挡土墙结构承受的土压力有静止土压力、主动土压力和被动土压力三种，三种土压力的特点及大小见表 1-1-20。

表 1-1-20　三种土压力的特点及大小

土压力	特点	大小
主动	挡土墙与填土的移动方向一致	最小
静止	挡土墙保持静止不动	中
被动	挡土墙与填土的移动方向相反	最大

注：土压力为挡土墙墙背受到土体的侧压力，根据挡土墙的移动趋势和土压力的方向是否一致判断土压力类型，侧重记忆大小关系。

➢ **重点提示：**挡土墙部分近几年考频较高，主要集中在不同挡土墙结构名称（要求能够达到识图的水平）及其挡土原理。而三种土压力是只与土体自身性质有关的指标，能够比较其大小即可。

实战演练

［**2021 真题·单选**］当刚性挡土墙受外力向填土一侧移动，墙后土体向上挤出隆起，这时挡土墙承受的压力被称为（　　）。

A. 主动土压力　　B. 静止土压力

C. 被动土压力　　D. 隆起土压力

［**解析**］挡土墙与填土的移动趋势相反时，挡土墙承受的压力为被动土压力。

［**答案**］C

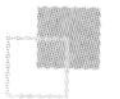

[经典例题·单选] 图 1-1-13 所示挡土墙的结构形式为（　　）。

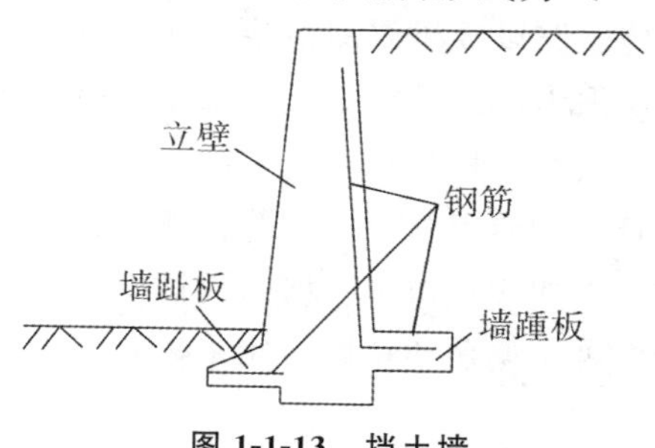

图 1-1-13　挡土墙

A. 重力式

B. 悬臂式

C. 扶壁式

D. 柱板式

[解析] 图 1-1-13 所示挡土墙结构为悬臂式。

[答案] B

第二节　城镇道路路基施工

考点 1　城镇道路路基施工准备★★

一、各类基础资料

施工单位应根据建设单位提供的资料，组织有关人员对施工现场进行全面、深入的调查；应熟悉现场地形、地貌等环境条件；应掌握水、电、劳动力、设备等资源供应条件；应核实施工影响范围内的管线、构筑物、水体、绿化、杆线、文物古迹等情况。

二、施工图与施工组织设计、施工方案

（1）开工前，施工技术人员应对施工图进行认真审查，发现问题应及时与设计人员联系，进行变更，并形成文件。

（2）开工前施工单位应编制施工组织设计。

（3）应根据政府有关安全、文明施工生产的法规规定，结合工程特点、现场环境条件，搭建现场临时生产、生活设施，并应制定施工管理措施；结合施工部署与进度计划，做好安全、文明生产和环境保护工作。

三、准备阶段涉及的交底

（1）开工前，建设单位应向施工、监理、设计等单位有关人员进行交底，并应形成文件。

（2）开工前应结合工程特点对现场作业人员进行技术安全培训，对特殊工种进行资格培训。

（3）必须建立安全技术交底制度。开工前，施工项目技术负责人应依据获准的施工方案向施工人员进行技术安全交底。

四、施工现场准备（施工测量、导行措施）

（1）开工前，建设单位应组织设计，勘测单位应向施工单位移交现场测量控制桩、水准点。施工单位应进行现场踏勘、复核，制定施工测量方案，建立测量控制网、线、点。

（2）施工单位开工前应对施工图规定的基准点、基准线和高程测量控制资料进行内业及外业复核。当发现不符或与相邻施工路段或桥梁的衔接有问题时，应向建设单位提出。

施工单位应在合同规定的期限内向建设单位提交测量复核书面报告。经监理工程师签字确认批准后，方可作为施工控制桩放线测量和建立施工控制网、线、点的依据。

（3）测量仪器、设备、工具等在使用前应进行符合性检查，确认其符合要求。严禁使用未经计量检定、校准及超过检定有效期或检定不合格的仪器等。

（4）施工测量用的控制桩应进行保护并校测。测量控制网应做好与相邻道路、桥梁控制网的联系。

（5）测量记录应使用专用表格，记录应字迹清楚，严禁涂改。施工中应建立施工测量的技术质量保证体系，建立健全测量复核制度。从事施工测量的作业人员应经专业培训，考核合格后持证上岗。

（6）施工前，应对道路中线控制桩、边线控制桩及高程控制桩等进行复核，确认无误后方可施工。

（7）施工前，应根据现场与周边环境条件、交通状况，与道路交通管理部门研究制定交通疏导或导行方案。若施工会影响或阻断既有人行交通，应在施工前采取措施，保障人行交通畅通、安全。

五、质量验收要求

（1）开工前，施工单位应会同建设单位、监理工程师确认构成建设项目的单位工程、分部工程、分项工程和检验批，报监理工程师批准后执行，作为工程施工质量检验和验收的基础。

（2）工程采用的主要材料、半成品、成品、构配件、器具和设备应按相关专业质量标准进行进场检验和使用前复检。现场验收和复检结果应经监理工程师检查认可。凡涉及结构安全和使用功能的，监理工程师应按规定进行平行检测或见证取样检测，并确认是否合格。

（3）各分项工程应按相关规范进行质量控制，各分项工程完成后应进行自检、交接检验，并形成文件，经监理工程师检查签字确认后，方可进行下个分项工程施工。施工中，若前一分项工程未经验收合格，严禁进行后一分项工程施工。

（4）隐蔽工程在隐蔽前，应由施工单位通知监理工程师和相关单位人员进行隐蔽验收。隐蔽工程应由专业监理工程师负责验收。

（5）检验批及分项工程应由专业监理工程师组织施工单位项目专业质量（技术）负责人等进行验收。

（6）关键分项工程及重要部位应由建设单位项目负责人组织总监理工程师、施工单位项目负责人和技术质量负责人、设计单位专业设计人员等进行验收。

（7）分部工程应由总监理工程师组织施工单位项目负责人和技术质量负责人等进行验收。

六、附属构筑物

道路的路基施工除路基结构本身外，还包含路基的附属结构，比如路基内涵洞、管线、路肩、边坡防护、挡土墙等项目。

（1）开工前，建设单位应向施工单位提供施工现场及其毗邻区域各种地下管线等构筑物现

况的翔实资料和地勘、气象、水文观测资料，相关设施管理单位应向施工、监理单位的有关技术管理人员进行详细交底；应研究确定施工区域内地上、地下管线等构筑物的拆移或保护、加固方案，并应在形成文件后实施。

（2）附属结构应配合路基结构的施工进度，与道路同期施工，敷设于城镇道路下的新管线等构筑物，应按先深后浅的原则与道路配合施工。施工中应保护好既有及新建地上杆线、地下管线等构筑物，如图 1-2-1 所示。

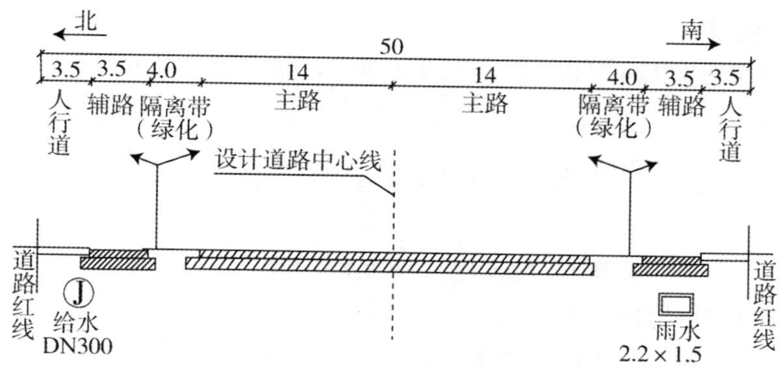

图 1-2-1　地下管线与上部道路的施工顺序安排示意图（单位：m）

注： 本图为真题图片，道路横断面中可见两侧辅路下有给水和雨水管道。在施工顺序的安排中，应先进行地下管线的施工，再进行上部道路的建设；在管线施工顺序的安排中，应先施工标高较低的管线。

（3）城镇道路施工范围内的新建地下管线、人行地道等地下构筑物宜先行施工。对埋深较浅、作业中可能受损的既有地下管线，应向建设单位、设计单位提出加固或挪移措施，并在办理手续后实施。

七、试验内容

城镇道路路基施工的试验包括天然含水量、液限、塑限、标准击实、CBR 等，必要时应做颗粒分析、有机质含量、易溶盐含量、冻胀和膨胀量等试验。

（一）天然含水量

通过含水率试验确定路基土中的天然含水量。

土体由三相构成，分别为固相、液相和气相，其各自质量与体积如图 1-2-2 所示。

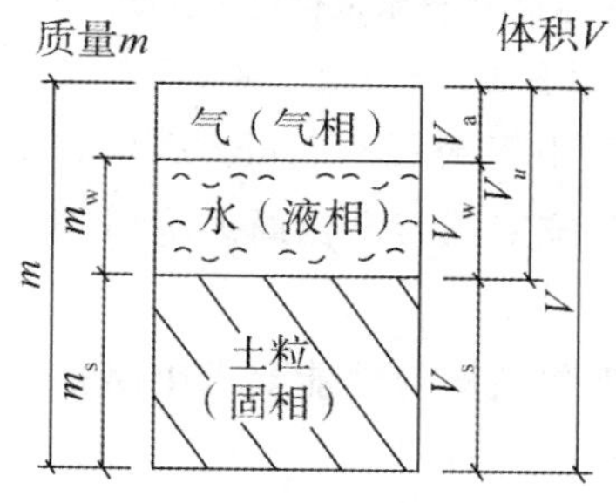

图 1-2-2　土的三相图

土的天然密度按下式计算：

$$\rho=m/V$$

土的天然含水量按下式计算：

$$\omega=m_w/m_s$$

在土的三相中，通过气相所占的体积也可以得知土体的疏松状况。其中，孔隙比表示孔隙与土颗粒所占空间的比值，可按下式计算：

$$e=V_a/V_s$$

孔隙率表示孔隙占总土体体积的百分比，按下式计算：

$$n=V_a/V$$

通过土中被水充满的孔隙体积与孔隙总体积之比还可以表达土体的饱和度。

（二）液限与塑限

液限与塑限是表达土体可塑状态的界限含水量，液限、塑限与土体状态的关系如图 1-2-3 所示。

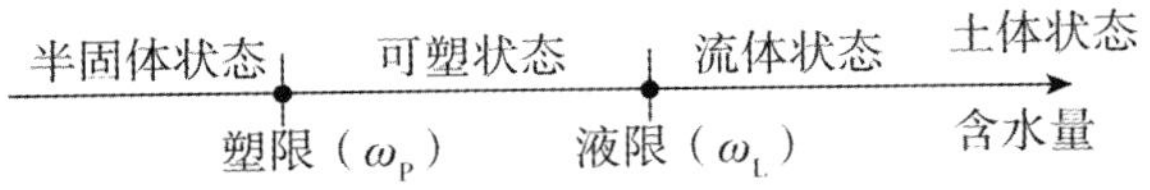

半固体状态　可塑状态　流体状态　土体状态

塑限（ω_P）　液限（ω_L）　含水量

图 1-2-3　液限、塑限与土体状态的关系

通过液限指数 I_L 可以表示土的软硬程度，如图 1-2-4 所示。

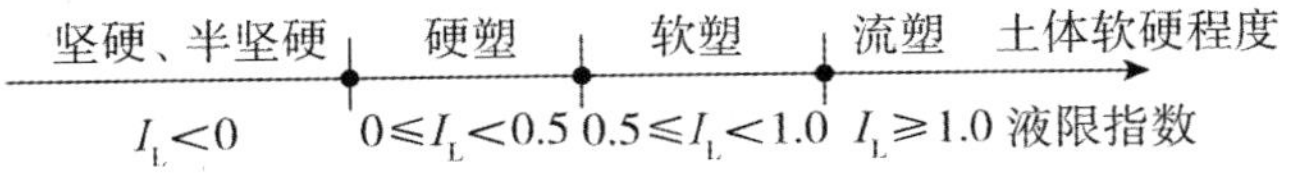

坚硬、半坚硬　硬塑　软塑　流塑　土体软硬程度

$I_L<0$　$0\leq I_L<0.5$　$0.5\leq I_L<1.0$　$I_L\geq 1.0$　液限指数

图 1-2-4　液限指数与土体状态的关系

（三）标准击实

标准击实试验应侧重掌握：通过击实试验可以确定土基达到最大干密度所对应的含水量。不同含水试件对应密度的击实曲线如图 1-2-5 所示，在施工中以最佳含水量作为施工控制关键点。

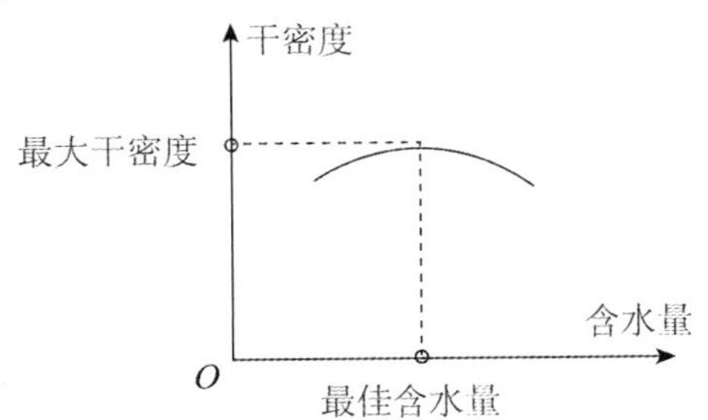

图 1-2-5　不同含水试件对应密度的击实曲线

注：在试验试件中可测得的密度为湿密度，干密度＝湿密度/（1＋含水量）。

击实试验方法可分为轻型（适用于粒径＜5 mm）和重型（适用于粒径≤20 mm）两种。重型击实试验由建设单位或监理单位委托与承包商无隶属关系、资质合格的试验单位进行。

（四）CBR 值

参考第一节考点 2 城镇道路工程结构与性能要求中路基分类、结构组成、性能要求与路基选材中路基填料对 CBR 值的解释。

（五）颗粒分析

在土体颗粒分析中，通过过筛、称重、确定级配指标等方法确定颗粒状态与范围、颗粒质量的分布比例。一般土可分为巨粒土（包含漂石土和卵石土）、粗粒土（包含砾类土和砂类土）和细粒土（粉质土、黏质土和有机质土）。一般路基用填料的粒径控制区间为：0.075 mm＜粒径≤60 mm，具体划分如图 1-2-6 所示。

	200	60	20	5	2	0.5	0.25	0.075	0.002
巨粒组		粗粒组						细粒组	
漂石（块石）	卵石（小块石）	砾（角砾）			砂			粉粒	黏粒
		粗	中	细	粗	中	细		

图 1-2-6　土的粒组划分图（单位：mm）

➢ **重点提示：** 本考点中有关施工基本规定与准备工作的内容较多，建议考生仔细阅读，并对标记重点进行记忆。本考点内容通用性较强，后续各类工程施工的准备工作（除道路工程特有的分项工程项目划分、试验内容外）均可参考。因此，对于后续章节中准备工作的内容不做详细展开，仅对特征内容进行重点讲解。

实战演练

[经典例题·单选] 下列选项中，不属于城镇道路路基工程施工准备工作的是（　　）。

A. 修筑排水设施　　B. 安全技术交底

C. 临时导行交通　　D. 施工控制桩放线测量

[解析] 城镇道路路基工程施工准备工作包括：①设置围挡，临时导行交通；②安全技术交底；③施工控制桩放线测量；④根据地质勘察报告进行试验等。修筑排水设施为路基施工过程中的分项工程。

[答案] A

[经典例题·多选] 路基正式施工前，应进行天然含水量、液限、塑限、（　　）等试验。

A. 标准击实　　B. 压碎值　　C. CBR　　D. 颗粒分析

E. 抗压强度

[解析] 路基施工准备中，应进行试验内容包括天然含水量、液限、塑限、标准击实、CBR 等。根据《城镇道路工程施工与质量验收规范》（CJJ 1—2008），必要时应做颗粒分析、有机质含量、易溶盐含量、冻胀和膨胀量等试验。

[答案] ACD

考点 2　填土路基施工技术★★★

填土路基施工流程如图 1-2-7 所示。

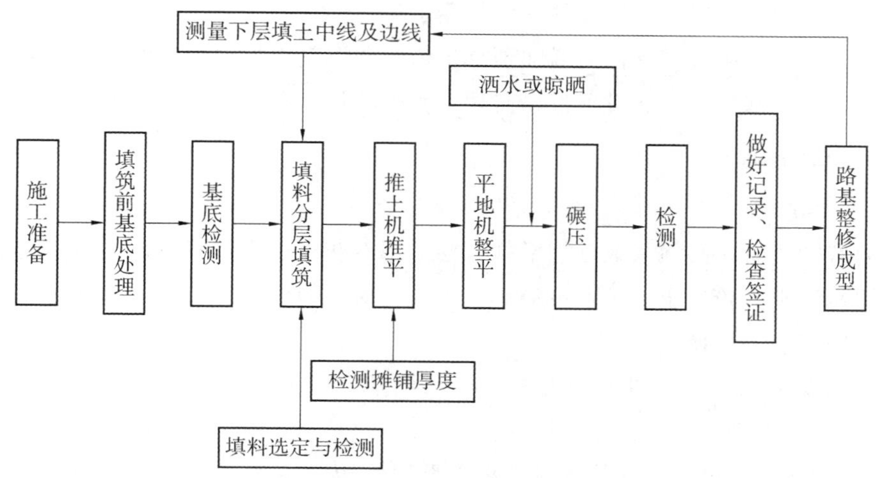

图 1-2-7　填土路基施工流程

一、原地面处理

(1) 路基施工前，应将现状地面上的积水、积雪（冰）和冻土层、生活垃圾等排除、疏干、清理干净，将树根、坑、井穴、坟坑等进行技术处理，并将地面整平。

(2) 路基范围内遇有软土地层或土质不良、边坡易被雨水冲刷地段，当设计未做处理规定时，应按施工规范办理变更设计，并据以制定专项施工方案。

(3) 原地面横向坡度在 1∶5～1∶10 时，应先翻松表土再进行填土；原地面横向坡度陡于 1∶5 时应做成台阶形，每级台阶宽度不得小于 1 m，台阶顶面应向内倾斜；在沙土地段可不作台阶，但应翻松表层土。坡面路基台阶处理如图 1-2-8 所示。

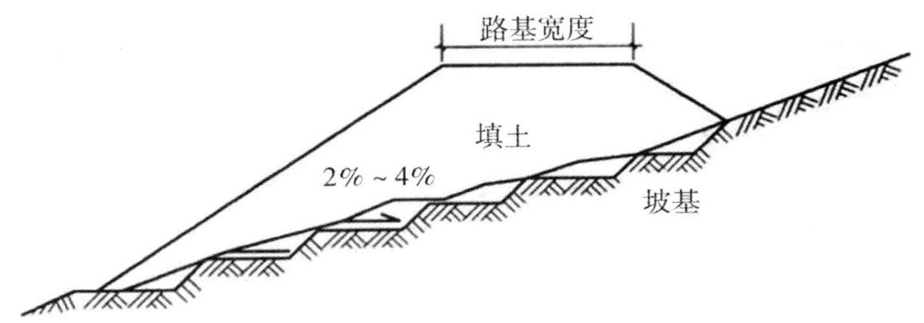

图 1-2-8　坡面路基台阶处理

➤ **重点提示：** 原地面处理可以依据“清”（清理）“填”（填平）“坡”（挖设台阶）“压”（承载能力检验）四字口诀记忆。

二、路基试验段

(1) 在正式施工前，为确定施工参数、检验施工质量、确定施工现场人员与机具的组织安排，应施作试验段。试验段所用机械、设备、方法应与正式施工一致，并提前报监理工程师批准。

(2) 通过试验段确定的施工参数可以依据“‘沉’（预沉量值）‘积’（压实机具）是‘变’（压实遍数）‘厚’（虚铺厚度）的‘方式’（压实方式）”的口诀进行记忆。试验段后质量检验若合格，则该施工参数可以用于后续的施工作业。

(3) 路基填方高度应按设计标高增加预沉量值。预沉量应根据工程性质、填方高度、填料种类、压实系数和地基情况与建设单位、监理工程师、设计单位共同商定确认。

三、填料分层填筑

(一) 填料要求

(1) 当遇有翻浆时，必须采取处理措施。当采用石灰土处理翻浆时，土壤宜就地取材。

(2) 使用房渣土、粉砂土、工业废渣等作为填料时，应经试验确定，确认可靠并经建设单位、设计单位同意后方可使用。

(3) 对液限大于 50%、塑性指数大于 26、可溶盐含量大于 5%、700℃有机质烧失量大于 8%的土，未经技术处理不得用作路基填料。

(4) 填料的 CBR 值要求及其他选材要求参照本章第一节考点 2 城镇道路工程结构与性能要求中路基分类、结构组成、性能要求与路基选材中路基填料的要求。

(5) 旧路加宽时，填土宜选用与原路基土壤相同的土壤或透水性较好的土壤。

（二）填筑范围画线

填筑前用石灰画好方格，用专人指挥倒土，填筑时全幅施工，设置摊铺层厚度控制标杆，然后按照灰格及计算量卸料，如图 1-2-9 所示。

（a）用石灰画好方格

（b）设置摊铺层厚度控制标杆

（c）填料运输

（d）按灰格及计算量卸料

图 1-2-9　填筑范围画线及施工

（三）填筑要求

（1）不同性质的土应分类、分层填筑，不得混填，填土中粒径大于 10 cm 的土块应打碎或剔除。透水性较大的土壤边坡不宜被透水性较小的土壤所覆盖。受潮湿及冻融影响较小的土壤应填在路基的上部（可以理解为“好料上移”）。正确与错误的填筑方案如图 1-2-10 所示。

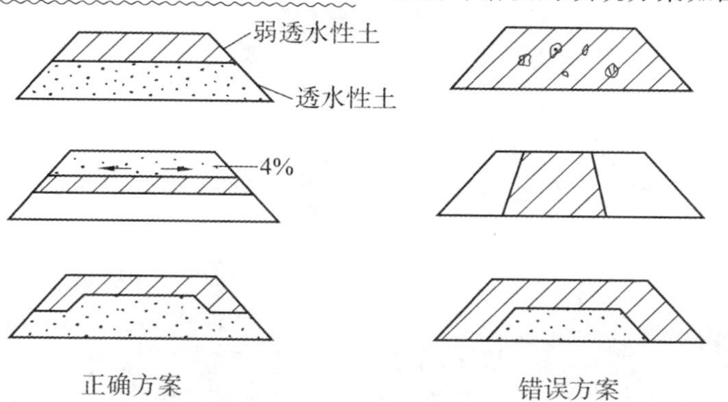

图 1-2-10　正确与错误的填筑方案

注：右侧错误方案中第一个为不同材料混合填筑，第二个为路基单层使用不同填料，第三个为边坡被透水性较小材料覆盖。

（2）填土应分层进行。下层填土验收合格后，方可进行上层填筑。路基填土宽度每侧应比设计规定宽 50 cm。超宽填筑如图 1-2-11 所示。

图 1-2-11　超宽填筑（注意超宽部分不能计入工程量）

（3）路基填筑中宜做成双向横坡，一般土质填筑横坡宜为 2%～3%，透水性小的土质填筑横坡宜为 4%。

（4）在路基宽度内，每层虚铺厚度应视压实机具的功能确定。机械压实时虚铺厚度应小于 30 cm，人工夯实的虚铺厚度应小于 20 cm。

（5）人机配合土方作业，必须设专人指挥。机械作业时，配合作业人员严禁处在机械作业和走行范围内。配合作业人员在机械走行范围内作业时，机械必须停止作业。

（6）路基填土中断时，应对已填路基表面土层压实并进行维护。

（7）路基填、挖接近完成时，应恢复道路中线、路基边线，进行整形，并碾压成活。

四、填筑层整平与质量初检

（1）整平作业可分为粗整平（利用推土机）和精整平（利用平地机），如图 1-2-12 所示。

（a）推土机粗整平

（b）平地机精整平

图 1-2-12　整平作业

（2）质量初检内容包括铺筑层厚度、铺筑层宽度、路基含水量。确认符合要求才能进行压实作业。

（3）压实应在土壤含水量接近最佳含水量值时进行，其含水量偏差幅度应经试验确定。对过湿土进行翻松、晾干或对过干土均匀加水，使其接近最佳含水量控制范围，控制方法如图 1-2-13所示。

（a）含水量不足洒水

（b）含水量过大翻晒

图 1-2-13　路基土含水量控制方法

注：路基压实作业应在最佳含水量±2%范围进行，因此初检中的含水量控制非常重要，最佳含水量可以在本节考点 1 城镇道路路基施工准备内容中通过标准击实试验确定。

五、路基压实作业

（一）压实方法

压实方法按照作用原理可分为静压压实（依靠机械自重）、振动压实（依靠机械自重及振动）及夯实（依靠冲击作用），按照施工方式分为分层压实和压实三阶段，如图 1-2-14 所示。

（a）分层压实

（b）压实三阶段

图 1-2-14　压实方法

一般压实分三阶段进行。初压阶段主要为使材料稳定，无须选择体量过大机械，一般以轻量级压路机静压为主；复压阶段是核心密实度的生成阶段，需要重型压实设备碾压才能达到要求；终压阶段的任务是消除轮迹，应选择光轮压路机静压成型。

（二）压实机械

（1）常用压实机械按照碾压轮形状分为光轮压路机（也称钢筒式压路机，根据轮数和作用原理分为单轮/双轮/三轮和静压/振动）、胶轮压路机（揉搓效果好，适宜于密级配材料）、凸块压路机（也称羊足碾，主要用于细粒压实层表层处理，增强与上层咬合效果）、Z 型压路机（主要用于压实层材料的进一步破碎，如旧水泥混凝土道路破碎加铺改造）、梅花压路机（利用突出梅花瓣在行进中对压实层的冲击效果进行压实，主要用于碎石等粗粒材料的压实）等，如图 1-2-15 所示。

（a）光轮压路机

（b）胶轮压路机

（c）凸块压路机

（d）Z 型压路机

（e）梅花压路机

图 1-2-15　压实机械

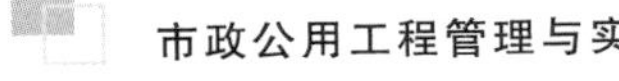

（2）填土路基与开挖路堑机械：最后碾压应采用不小于 12 t 级压路机。

（三）压实原则

（1）压实应先轻后重、先慢后快、均匀一致。压路机最快速度不宜超过 4 km/h。在施工机械形式的配置上应遵循先静压再振压的原则。

（2）碾压方向应沿道路纵向进行，在直线和不设超高的平曲线段（缓和转弯）应由路基两侧边缘（路边）向中心（路中）过渡碾压，如图 1-2-16 所示；在设置超高的平曲线段（急转弯）应由弯道内侧向弯道外侧过渡碾压，如图 1-2-17 所示。

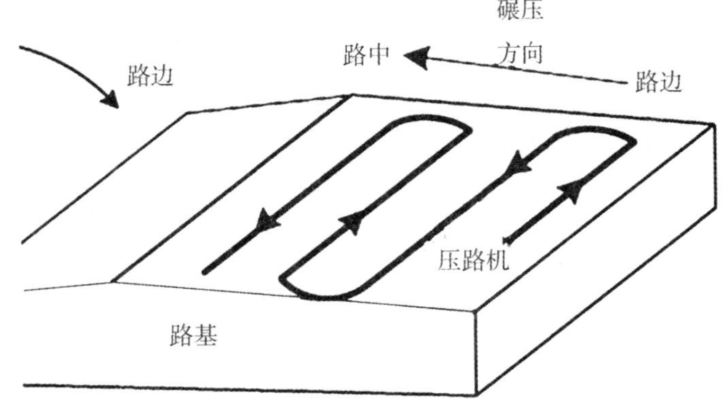

图 1-2-16　直线和不设超高的平曲线段（缓和转弯）碾压示意图

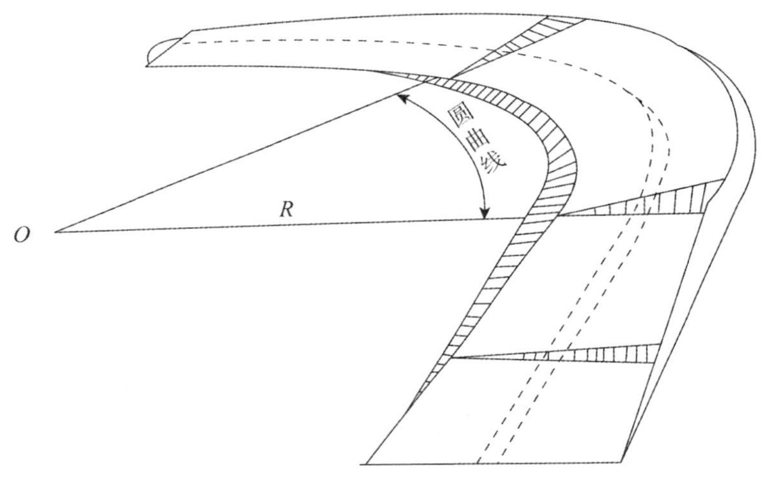

图 1-2-17　设置超高的平曲线段（急转弯）碾压示意图

（3）压实过程中应采取措施保护地下管线、构筑物安全。当管道位于路基范围内时，其沟槽的回填土压实度应符合相关规定，且管顶以上 50 cm 范围内不得用压路机压实。当管道结构顶面至路床的覆土厚度不大于 50 cm 时，应对管道结构进行加固。当管道结构顶面至路床的覆土厚度在 50～80 cm 时，路基压实过程中应对管道结构采取保护或加固措施。路基范围内管涵回填范围示意图如图 1-2-18 所示。

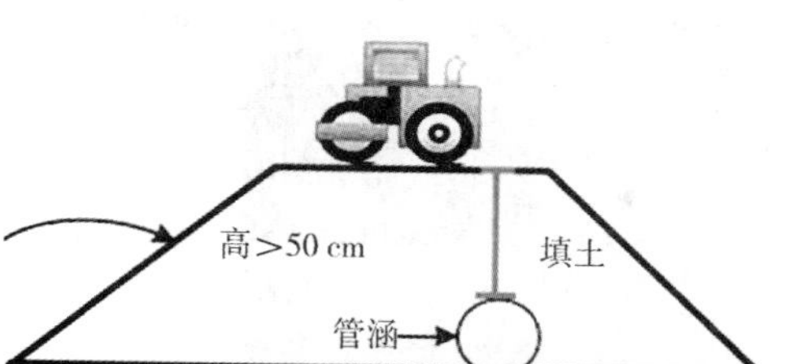

图 1-2-18　路基范围内管涵回填范围示意图

（4）压路机轮外缘距路基边应保持安全距离。压实度应达到要求，且表面应无显著轮迹、翻浆、起皮、波浪等现象。

六、质量检验与整修成型

（1）土方路基检测主控项目见表 1-2-1。

表 1-2-1　土方路基检测主控项目

检测项目	方法	检测频率	合格率
压实度	环刀法、灌砂法	每 1 000 m^2、每层抽检 3 点	100%
弯沉值	弯沉仪检测	每车道、每 20 m 测一点	

注：①环刀法适用于细粒土及无机结合料稳定细粒土的密度检测；灌砂法适于土质路基的密度检测，不适用于填石路堤，在路面工程中适用于基层、砂石路面、沥青表面处治及贯入式路面的密度检测。

②压实度为现场实测最大干密度与试验室最大干密度的比值，再将比值转化为百分比。

环刀法测定过程如图 1-2-19 所示。

（a）将环刀切入结构层

（b）取出环刀

（c）取出土块

（d）装袋进试验室测定

图 1-2-19　环刀法测定过程

灌砂法测定过程如图 1-2-20 所示。

(a) 过筛取用标准砂

(b) 标准砂称重

(c) 标准砂现场备用

(d) 压实层挖除圆柱体并将土收集送试验室

(e) 灌入标准砂并振实

(f) 剩余标准砂称重

图 1-2-20 灌砂法测定过程（标准砂的灌入）

①压实度。

路基压实度应符合表 1-2-2 的规定。

表 1-2-2 土基与路基压实质量标准

类型	路床顶面以下深度/cm	道路类型	压实度	检验频率	
				范围	点数
挖方	0～30	快速路、主干路	≥95%	每 1 000 m^2	每层一组（3 点）
		次干路	≥93%		
		支路	≥90%		
填方	0～80	快速路、主干路	≥95%		
		次干路	≥93%		
		支路	≥90%		
	>80～150	快速路、主干路	≥93%		
		次干路	≥90%		
		支路	≥90%		
	>150	快速路、主干路	≥90%		
		次干路	≥90%		
		支路	≥87%		

②弯沉值。

特征：回弹弯沉越大，承载能力越小。

试验荷载：标准轴载 BZZ100。

检验数量：每车道、每 20 m 测 1 点。

方法：贝克曼梁法（传统方法如图 1-2-21 所示）、自动弯沉仪、落锤弯沉仪。

单位：0.01 mm，满足设计指标要求。

图 1-2-21　贝克曼梁法测定弯沉值（传统方法）

（2）土方路基检测的一般项目为土路基允许偏差，包括路床纵断高程、中线偏位、平整度、宽度、横坡及路堤边坡等。具体要求见表 1-2-3。

表 1-2-3　土路基允许偏差

项目	允许偏差	检验频率			检验方法
		范围/m	点数		
路床纵断高程/mm	−20 +10	20	1		用水准仪测量
路床中线偏位/mm	≤30	100	2		用经纬仪、钢尺量取最大值
路床平整度/mm	≤15	20	路宽<9 m	1	用 3 m 直尺和塞尺连续量两尺，取较大值
			路宽 9～15 m	2	
			路宽>15 m	3	
路床宽度/mm	不小于设计值+B	40	1		用钢尺量
路床横坡	±0.3%且不反坡	20	路宽<9 m	2	用水准仪测量
			路宽 9～15 m	4	
			路宽>15 m	6	
路堤边坡	不陡于设计值	20	2		用坡度尺量，每侧 1 点

注：B 为施工时必要的附加宽度。本表中应注意每种项目的检验方法，其余数字均作参考，无须记忆。

（3）路床应平整、坚实，无显著轮迹、翻浆、波浪、起皮等现象，路堤边坡应密实、稳定、平顺等。该内容检查频率为全数检查，检验方法为观察。

七、路基质量缺陷及防治

（一）边缘压实不足

边缘压实不足原因分析及治理措施见表 1-2-4。

表 1-2-4　边缘压实不足原因分析及治理措施

原因分析	治理措施
（1）填筑宽度不足，未超宽填筑； （2）碾压不到边； （3）边缘漏压或压实遍数不够； （4）边缘带碾压频率低于行车带	校正坡脚线位置，填筑宽度不足时返工至满足要求（注意：亏坡补宽时应开蹬填筑，严禁贴坡），控制碾压顺序和碾压遍数

（二）行车带压实不足

行车带压实不足原因分析及治理措施见表 1-2-5。

表 1-2-5 行车带压实不足原因分析及治理措施

原因分析	治理措施
(1) 压实遍数不合理； (2) 压实机械质量偏小； (3) 松铺厚度过大； (4) 碾压不均匀； (5) 含水量大于最佳含水量（弹簧土）； (6) 未对前层表面浮土或松软层处置； (7) 异类土壤混填（弹簧土）； (8) 颗粒过大导致颗粒间空隙过大或采用不符合要求的填料	(1) 清除碾压层下软弱层，换填良性土壤后重新碾压； (2)“弹簧土”部位： 过湿土翻晒、拌和均匀后重新碾压或挖除换填含水量适宜的良性土壤后重新碾压； (3)“弹簧土”赶工： 可掺生石灰翻拌，待其含水量适宜后重新碾压

（三）路基开裂

路基开裂的原因分析见表 1-2-6。

表 1-2-6 路基开裂的原因分析

项目	原因分析
纵向开裂	(1) 清表不彻底、回填不均匀； (2) 压实不均； (3) 新路路基处理不当或新旧接合部、半填半挖处未挖台阶或台阶宽度不足； (4) 纵向分幅填筑； (5) 边坡过陡、行车渠化、交通频繁振动而产生滑坡； (6) 路基排水处理不当； (7) 路基内管道、涵洞等附属结构处压实不到位
横向开裂	(1) 路基填料选择不当； (2) 同一填筑层路基填料混杂，塑性指数相差悬殊； (3) 路基顶填筑层作业段衔接施工工艺不符合规范要求； (4) 路基顶下层平整度填筑层厚度相差悬殊； (5) 暗涵结构物基底沉降或涵背回填压实度不符合规定
网裂	(1) 土的塑性指数偏高或为膨胀土； (2) 碾压时土含水量偏大，且成型后未能及时覆土； (3) 压实后养护不到位，表面失水过多； (4) 路基下层土过湿

➢ **重点提示：**(1) 填土路基施工程序及技术要求非常重要，为案例高频考点，要求考生以工序为依据，重点记忆各关键步骤中的操作要点。

(2) 内容中总结的口诀及质量检验项目、检验方法等需从概念知识点出发，灵活运用到程序控制中，如将试验段、质检作为施工节点。

(3) 路基压实作业要求为填土路基施工程序核心，需重点记忆。

实战演练

[**2022 真题 · 多选**] 土路基压实度不合格的主要原因有（　　）。

A. 压路机质量偏大

B. 填土松铺厚度过大

C. 压实遍数偏少

D. 前一层松软层未处治

E. 不同土质分层填筑

［解析］可能导致土质路基压实度不能满足要求的情况有压实遍数不合理、压路机质量偏小、填土松铺厚度过大、碾压不均匀、含水量大于最佳含水量、没有对前层表面浮土或松软层进行处治、出现异类土壤混填、填土颗粒过大等。

［答案］BCD

［2016 真题·案例节选］

背景资料：

某项目混凝土浇筑前，项目技术负责人和施工员在现场进行了口头安全技术交底。

［问题］

项目部的安全技术交底方式是否正确？如不正确，给出正确做法。

［答案］

（1）不正确。

（2）正确做法：混凝土浇筑施工前，施工项目技术负责人应根据获准的施工方案向施工人员进行技术安全交底，强调工程难点、技术要点、安全措施，使作业人员掌握要点、明确责任。交底应当书面签字确认并归档。

［2015 真题·案例节选］

背景资料：

某公司中标北方城市道路工程，道路全长 1 000 m……

施工过程中发生如下事件：

事件一：部分主路路基施工突遇大雨，未能及时碾压，造成路床积水，土料过湿，影响施工进度。

［问题］

针对事件一，写出部分路基雨后土基压实的处理措施。

［答案］

部分路基雨后土基压实的处理措施：如土质过湿，应将其翻松、晾晒、风干后重新夯实。雨后如路基表面含水量过大无法压实时，应先挖出受雨淋湿土料，然后换填石灰土压实。如个别地段仍有反弹，可采用路拌法，将反弹地段用重型铧犁和重型旋耕机粉碎 1～2 遍，并经过夯实整平后，将全部反弹地段用生石灰粉均匀撒布其上，再用上述机械粉碎拌和 4～6 遍，然后用两轮压路机全面碾压，直至达到压实度要求。

考点 3 填石路基与开挖路堑施工要求★

一、填石路基施工要求

（1）施工前应先修筑试验段，以确定能达到最大压实干密度的松铺厚度、压实机械组合、压实遍数、沉降差等施工参数。

（2）修筑填石路基应进行地表清理，先码砌边部，然后逐层水平填筑石料，确保边坡稳定。

（3）填石路基宜选用 12 t 以上的振动压路机、25 t 以上的轮胎压路机或 2.5 t 以上的夯锤压（夯）实。

（4）路基范围内管线、构筑物四周的沟槽宜回填土料。

(5) 石方路基主控项目：压实密度、沉降差（水准仪测量）。

二、开挖路堑施工

开挖路堑施工流程如图 1-2-22 所示。

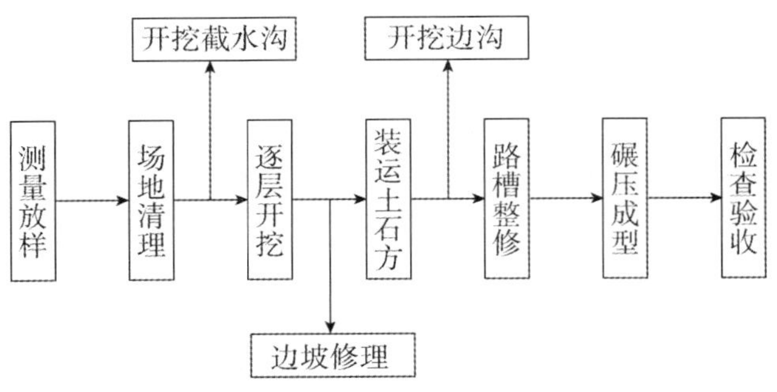

图 1-2-22　开挖路堑施工流程

开挖路堑施工要求：

(1) 土方开挖应根据地面坡度、开挖断面、纵向长度及出土方向等因素，结合土方调配，选用安全、经济的开挖方案。

(2) 挖土时应自上而下分层开挖，严禁掏洞开挖。作业中断或作业完成后，开挖面应做成稳定边坡。

(3) 路堑边坡的坡度应符合设计规定，如地质情况与原设计不符或地层中夹有易塌方土壤时，应及时办理设计变更。

(4) 机械开挖时，必须避开构筑物、管线。在距管道边 1 m 范围内应采用人工开挖；在距直埋缆线 2 m 范围内必须采用人工开挖。开挖路堑中，过街雨水支管沟槽及检查井周围应用石灰土或石灰粉煤灰砂砾填实。

(5) 严禁挖掘机等机械在电力架空线路下作业。需在其一侧作业时，垂直及水平安全距离应符合表 1-2-7 的规定。

表 1-2-7　挖掘机、起重机（含吊物、载物）等机械与电力架空线路的最小安全距离

电压/kV		<1	10	35	110	220	330	500
安全距离/m	沿垂直方向	1.5	3.0	4.0	5.0	6.0	7.0	8.5
	沿水平方向	1.5	2.0	3.5	4.0	6.0	7.0	8.5

(6) 弃土、暂存土均不得妨碍各类地下管线等构筑物的正常使用与维护，且应避开建筑物、围墙、架空线等。严禁占压、损坏、掩埋各种检查井、消火栓等设施。

三、路基冬雨期施工措施

（一）雨期施工措施

1. 通用要求

(1) 各地区的防汛期，宜作为雨期施工的控制期。

(2) 雨期施工应充分利用地形与既有排水设施，做好防雨和排水工作。

(3) 施工中应采取集中工力、设备，分段流水、快速施工的方式，不宜全线展开。

(4) 雨中、雨后应及时检查工程主体及现场环境，发现雨患、水毁必须及时采取处理措施。

2. 挖方施工规定

(1) 路基土方宜避开主汛期施工。

(2) 易翻浆与低洼积水地段宜避开雨期施工。

(3) 路基因雨产生翻浆时，应及时进行逐段处理，不应全线开挖。

(4) 挖方地段每日停止作业前应将开挖面整平，保持基面排水与边坡稳定。

3. 填方地段应符合的要求

(1) 低洼地带宜在主汛期前填土至汛期水位以上，且做好路基表面、边坡与排水防冲刷措施。

(2) 填方宜避开主汛期施工。

(3) 当日填土应当日碾压密实。填土过程中遇雨，应对已摊铺的虚土及时碾压。

(二) 冬期施工措施

1. 通用规定

当施工现场环境日平均气温连续 5 d 稳定低于 5 ℃或最低环境气温低于－3 ℃时，应视为进入冬期施工。

2. 挖土施工规定

(1) 施工中遇有冻土时，应选择适宜的破冻土机械与开挖机械设备。

(2) 施工严禁掏洞取土。

(3) 路基土方开挖宜每日开挖至规定深度，并及时采取防冻措施。当开挖至路床时，必须当日碾压成活，成活面应采取防冻措施。

(4) 路堑的边坡应在开挖过程中及时修整。

3. 路基填方规定

(1) 铺土层应及时碾压密实，不应受冻。

(2) 填方土层宜用未冻、易透水、符合规定的土。气温低于－5 ℃时，每层虚铺厚度应较常温施工规定厚度小 20%～25%。

(3) 城市快速路、主干路的路基不应用含有冻土块的土料填筑。次干路以下道路填土材料中冻土块最大尺寸不应大于粒径 10 cm，冻土块含量应小于 15%。

➤ **重点提示：** 填石路基与挖土路堑的规范要求较少，考查频率较低，此处以客观题目为主进行复习，重点记忆规范要求即可。

实战演练

[经典例题·多选] 关于石方路基施工的说法，正确的有（　　）。

A. 应先清理地表，再开始填筑施工

B. 先填筑石料，再码砌边坡

C. 宜用 12 t 以下振动压路机

D. 路基范围内管线四周宜回填石料

E. 碾压前应经过试验段，确定施工参数

[解析] 修筑填石路基应进行地表清理，先码砌边部，然后逐层水平填筑石料，选项B错误。填石路基宜选用12 t以上的振动压路机、25 t以上轮胎压路机或2.5 t以上的夯锤压（夯）实，选项C错误。路基范围内管线、构筑物四周的沟槽宜回填土料，选项D错误。

[答案] AE

[经典例题·多选] 关于挖方路基施工的做法，错误的有（　　）。

A. 路基施工前，应将现况地面上积水排除、疏干

B. 挖土时应自上而下分层开挖

C. 在距直埋缆线1 m范围内必须采用人工开挖

D. 压路机不小于12级

E. 过街雨水支管沟槽周围应用素混凝土填实

[解析] 机械开挖作业时，必须避开构筑物、管线，在距管道1 m范围内应采用人工开挖；在距直埋缆线2 m范围内必须采用人工开挖，选项C错误。过街雨水支管沟槽及检查井周围应用石灰土或石灰粉煤灰砂砾填实，选项E错误。

[答案] CE

考点 4 构筑物处理与特殊土路基处理★★★

一、构筑物处理

（1）路基范围内存在既有地下管线等构筑物时，施工应符合下列规定。

①构筑物拆改或加固保护处理措施完成后，应由建设单位、管理单位参加进行隐蔽验收，确认符合要求、形成文件后，方可进行下一道施工工序。

②施工中，应保持构筑物的临时加固设施处于有效工作状态。

③对构筑物的永久性加固，应在达到规定强度后，方可承受施工荷载。

（2）新建管线等构筑物间或新建管线与既有管线、构筑物间有矛盾时，应报请建设单位，由管线管理单位、设计单位确定处理措施，并形成文件，据以施工。

（3）沟槽回填土施工应符合下列规定。

①回填土应保证涵洞（管）、地下构筑物结构安全和外部防水层及保护层不受破坏。

②涵洞两侧应同时回填，两侧填土高差不得大于30 cm。盖板涵涵洞两侧回填如图1-2-23所示。

图 1-2-23　盖板涵涵洞两侧回填

③对有防水层的涵洞靠防水层部位应回填细粒土，填土中不得含有碎石、碎砖及粒径大于10 cm的硬块。

二、特殊土路基处理

（一）特殊土路基在加固处理施工前的准备工作

（1）进行详细的现场调查，依据工程地质勘察报告核查特殊土的分布范围、埋置深度和地表水、地下水状况，根据设计文件、水文地质资料编制专项施工方案。

（2）做好路基施工范围内的地面、地下排水设施，并保证排水通畅。

（3）进行土工试验，提供施工技术参数。

（4）选择适宜的季节进行路基加固处理施工。

（二）特殊土路基处理方法

不良路基处理需解决的主要问题有提高地基承载力、土坡稳定性等。

（1）土质改良：用机械（力学）、化学、电、热等手段增加路基土的密度。

（2）土的置换：将软土层换填为良质土，如砂垫层等。

（3）土的补强：采用薄膜、绳网、板桩等约束住路基土来加强和改善路基上的剪切特性。

（三）特殊土路基的处理方法及规定

1. 软土路基施工规定

软土路基施工应列入地基固结期。可选择置换土、抛石挤淤、砂垫层置换、反压护道、土工材料、袋装砂井排水、塑料排水板、砂桩、碎石桩、粉喷桩等方法对软土进行处理。施工单位在施工过程中应按设计与施工方案要求记录各项控制观测数值，并与设计单位、监理单位及时沟通反馈有关工程信息，以指导施工。路基完工后，应观测沉降值与位移，符合设计规定并稳定后，方可进行后续施工。

（1）当软土层厚度小于 3.0 m 且位于水下或为含水量极高的淤泥时，可使用抛石挤淤法。抛石露出水面或软土面后，应用较小石块填平、碾压密实，再铺设反滤层填土压实，如图 1-2-24（a）所示。

（2）采用砂垫层置换法时，砂垫层应宽出路基边脚 0.5～1.0 m，两侧以片石护砌，如图 1-2-24（b）所示。置换类方法适用于浅层不良路基处理。

（3）采用土工材料处理软土路基时，每压实层的压实度、平整度经检验合格后，方可在其上铺设土工材料。铺设土工材料后，应立即铺筑上层填料，其间隔时间不应超过 48 h，运、铺料等施工机具不得在其上直接行走。加筋方法适宜于处理软土地基、填土及陡坡填土、砂土。土工材料法如图 1-2-24（c）所示。

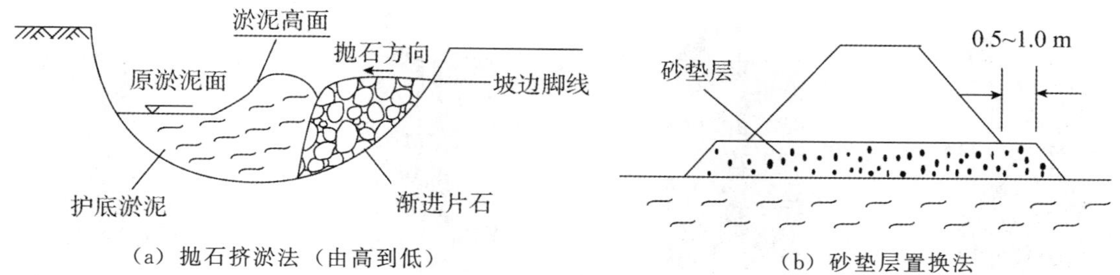

（a）抛石挤淤法（由高到低）　（b）砂垫层置换法

图 1-2-24　软土路基处理

（c）土工材料法

续图 1-2-24

（4）袋装砂井排水、塑料排水板排水、真空预压等方法适用于处理深厚的饱和软弱土层，可将软土地层中的水通过设置的排水通道排出路基影响范围外，如图 1-2-25 所示。对于渗透性极低的泥炭土，由于排水效率降低，必须慎重对待。

（a）袋装砂井排水法

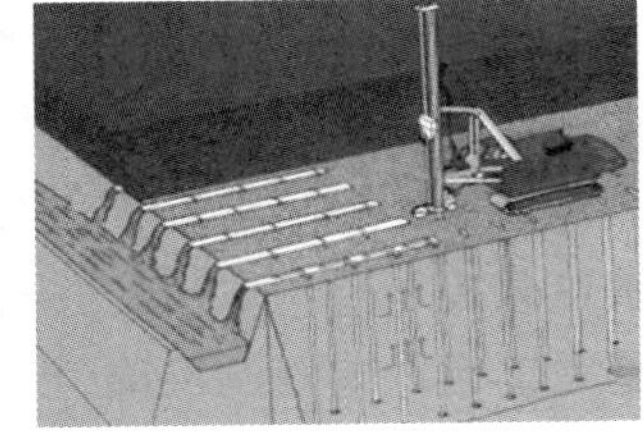

（b）塑料排水板排水法

真空管
大气压强
围堰
薄膜
砂垫层
沟渠
真空泵
真空区
砂井或塑料排水板

（c）真空预压法

图 1-2-25　饱和软弱土层处理

（5）采用建设砂桩、碎石桩、挤密桩等方法处理软土地基均应进行成桩试验，以确定施工参数，这三种方法适用于处理松砂、粉土、杂填土及湿陷性黄土。

（6）振冲置换法利用振冲器反复水平振动和冲水的作用，在加固土体中成孔，并振填碎石，形成碎石桩，构成碎石与加固土体的复合地基。该方法在不排水剪切强度 c_u<20 kPa 时慎用。振冲置换法施工过程如图 1-2-26 所示。

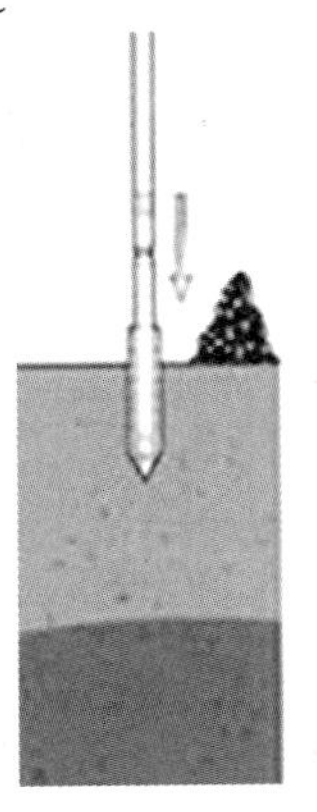

（a）振冲成孔

（b）加入碎石

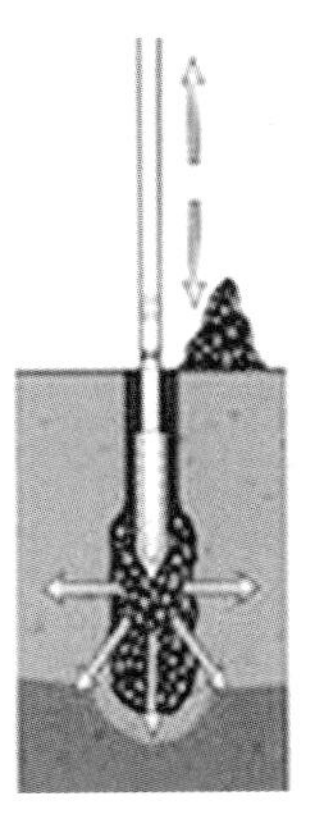

（c）振密提升

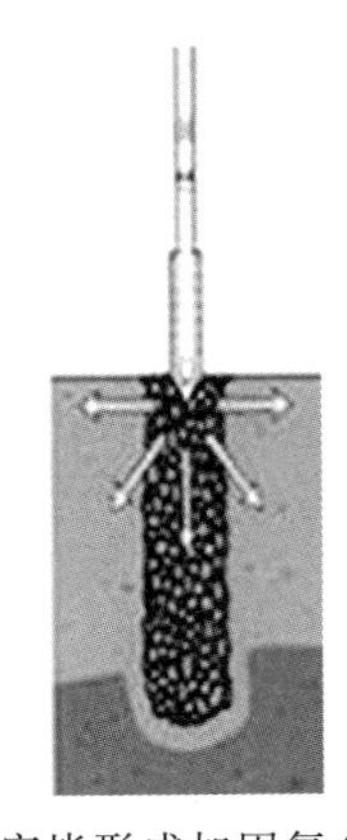

（d）振冲完毕形成加固复合体

图 1-2-26　振冲置换法施工过程

（7）粉喷桩加固土桩的工艺性成桩试验桩数不宜少于 5 根，以获取钻进速度、提升速度、

搅拌、喷气压力和单位时间喷入量等参数。该方法适用于处理含水量较大的黏性土、冲填土、粉砂、细砂等。粉喷桩加固土桩施工过程如图 1-2-27 所示。

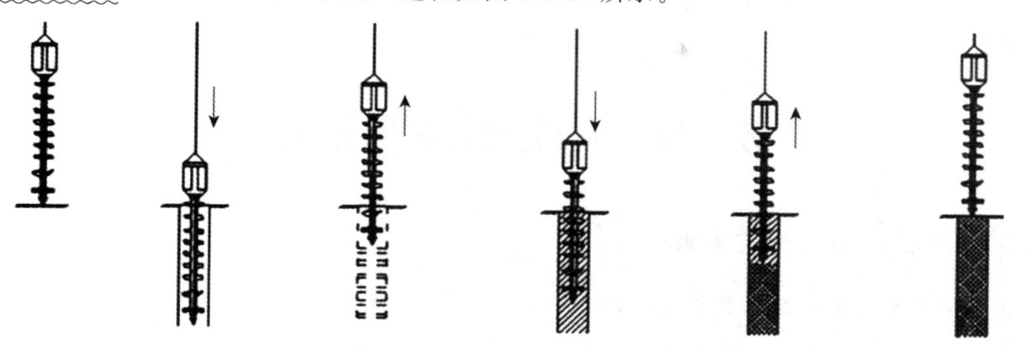

图 1-2-27　粉喷桩加固土桩施工过程

2. 湿陷性黄土路基施工规定

(1) 施工前应做好施工期拦截、排除地表水的措施，且宜与设计规定的拦截、排除、防止地表水下渗的设施结合。路基内的地下排水构筑物与地面排水沟渠必须采取防渗措施。

(2) 施工中应详探道路范围内的陷穴，当发现设计有遗漏时，应及时报建设单位、设计单位，进行补充设计。

(3) 湿陷性黄土可以采用换填法、强夯处理、挤密法、路堤边坡整平夯实等方法进行处理。

➤ **重点提示：**(1) 构筑物处理内容与本章第三节城镇道路基层施工中土工合成材料处理台背回填的要求有重合，可联系学习。此类知识点易作为现场拓展内容，应熟悉掌握。

(2) 特殊土路基处理为案例题考查重点，此部分内容除考查列举方法及要求外，还可能考查结合其他工程类别进行不良土质的处理。学习时应灵活把握，关注共性特点，重点记忆不同方法的适用范围、特殊要求和检验项目。

实战演练

[2016 真题 · 单选] 在地基或土体中埋设抗拉强度高的土工聚合物，从而提高地基承载力、改善变形特性的加固处理方法属于（　　）。

A. 置换法　　B. 土的补强　　C. 土质改良　　D. 挤密法

[解析] 土的补强是采用薄膜、绳网、板桩等约束住路基土，或者在土中放入抗拉强度高的补强材料形成复合路基以加强和改善路基土的剪切特性。

[答案] B

[2020 真题 · 多选] 关于路基处理方法的说法，错误的有（　　）。

A. 重锤夯实法适用于饱和黏性土

B. 换填法适用于暗沟、暗塘等软弱土的浅层处理

C. 真空预压法适用于渗透性极低的泥炭土

D. 振冲挤密法适用于处理松砂、粉土、杂填土及湿陷性黄土

E. 振冲置换法适用于不排水剪切强度 $c_u<20$ kPa 的软弱土

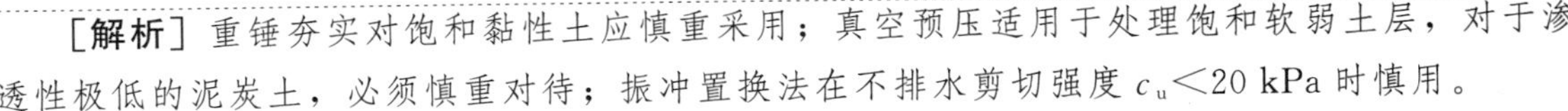

［解析］重锤夯实对饱和黏性土应慎重采用；真空预压适用于处理饱和软弱土层，对于渗透性极低的泥炭土，必须慎重对待；振冲置换法在不排水剪切强度 c_u <20 kPa 时慎用。

［答案］ACE

第三节　城镇道路基层施工

考点 1 基层分类及特性★★

一、基层分类及无机结合料类基层概述

（1）基层可采用刚性、半刚性或柔性材料。基层材料的选择参考本章第一节考点 2 路面结构组成与各结构层选材中关于基层的要求。基层在沥青道路中主要起承重作用，应具有足够的强度、扩散荷载的能力和足够的水稳定性。

（2）半刚性基层指无机结合料稳定基层，其中结合料包括石灰、水泥、工业废渣（工业废渣中粉煤灰应用最广），被稳定的材料包括细粒土、中粒土和粗粒土（如碎石）。无机结合料混合料经压实养护成型后，结构密实且孔隙率较小，因此透水性相对较低。

二、无机结合料稳定基层材料与特性

（1）无机结合料稳定基层原材料使用要求见表 1-3-1。

表 1-3-1　无机结合料稳定基层原材料使用要求

原材料		要求
结合料	水泥	（1）初凝时间大于 3 h、终凝时间不小于 6 h 的 32.5 级、42.5 级普通硅酸盐水泥、矿渣硅酸盐水泥、火山灰硅酸盐水泥； （2）水泥贮存期超过 3 个月或受潮，应进行性能试验，合格后方可使用
	石灰	（1）磨细生石灰可不经消解直接使用； （2）块灰使用前 2～3 d 完成消解，未能消解的生石灰块应筛除，消解石灰的粒径不得大于 10 mm； （3）对储存较久或经过雨期的消解石灰应先经过试验，合格后方可使用
	工业废渣	（1）SiO_2、Al_2O_3、Fe_2O_3 总量宜大于 70%，在温度为 700 ℃时的烧失量宜小于等于 10%； （2）钢渣破碎后堆存时间不应少于半年，且达到稳定状态
被结合料	土	（1）石灰类：塑性指数为 10～15 的粉质黏土、黏土，有机物宜小于 10%； （2）水泥类：塑性指数宜为 10～17，宜选用粗粒土、中粒土； （3）石灰粉煤灰类：塑性指数宜为 12～20
	粒料	（1）级配碎石、砾石、未筛分碎石、碎石土、砾石和煤矸石、粒状矿渣； （2）最大粒径：基层不宜超过 37.5 mm；底基层在快速路、主干路为 37.5 mm，在次干路及以下为 53 mm； （3）压碎值：快速主干路不得大于 30%，其他基层为 30%，底基层为 35%
水		宜使用饮用水及不含油类等杂质的清洁中性水，pH 宜为 6～8

（2）无机结合料稳定基层特性。

无机结合料稳定基层具有良好的板体性、良好的水稳定性和明显的温缩干缩特性。由于结合料性质存在区别，石灰稳定类、水泥稳定类与石灰粉煤灰稳定类基层的特性也存在差异。

三类常用无机结合料稳定基层特性对比见表 1-3-2。

表 1-3-2　三类常用无机结合料稳定基层特性对比

特性	石灰稳定土类基层	水泥稳定土类基层	石灰粉煤灰稳定土类基层
板体性	良好		
水稳定性	弱于水泥	优于石灰	良好
抗冻性	弱于水泥	优于石灰	比石灰土高很多 （粉煤灰的添加带来抗冻性的提升）
早期强度 （强度增长与温度相关，适宜高温施工）	弱于水泥 （温度低于 5 ℃时强度几乎不增长）	初期强度高	较低 （温度低于 4 ℃时强度几乎不增长）
收缩特性	十分明显	细粒土 明显大于粒料	明显收缩小于水泥土和石灰土 （粉煤灰的添加带来抗开裂性的提升）

单从结合料区分，水泥类与二灰类（即石灰粉煤灰类）普遍优于石灰类。二灰类中由于添加了粉煤灰，提升了混合料的抗冻性与抗开裂性能，但随着粉煤灰掺加比例的升高，早期强度逐渐降低，另外，若粉煤灰中 SO_3 的含量过高，易造成起拱现象，影响道路结构安全。

三、无机结合料稳定基层适用范围

基层可以分为上部面基层与下部底基层，其中面基层紧邻面层，与行车荷载距离近，对其扩散荷载能力要求更高，因此应将质量好的材料选配在上部面基层。尤其针对高等级路面，对面基层的要求十分严格，高等级基层的选材宜遵循“粒料类作面基层、细粒土作底基层”的原则。

水泥稳定粒料、二灰稳定粒料可用作高等级路面的基层；水泥稳定细粒土（水泥土）、石灰稳定细粒土（石灰土）、二灰稳定细粒土（二灰土）只能用作高等级路面底基层。

➤ **重点提示：**本考点几乎每年考试都涉及，考生需主要掌握三类稳定土类材料的性能特点，能够做出比较；记住稳定土类只能作为高等级路面的底基层使用，而稳定粒料可用于高等级路面的基层与底基层。

实战演练

［**2022 真题·多选**］道路基层材料石灰稳定土、水泥稳定土和二灰稳定土共同的特性有（　　）。

A. 早期强度较高

B. 有良好的板体性

C. 有良好的抗冻性

D. 有明显的收缩性

E. 抗冲刷能力强

[解析] 石灰稳定土、水泥稳定土和二灰稳定土都具有良好的板体性、水稳定性和明显的收缩特性。除此之外：①石灰稳定土由于其收缩裂缝严重，强度未充分形成时表面会遇水软化，并容易产生翻浆冲刷等损坏；②水泥稳定土的初期强度高，但抗冲刷能力低，当水泥稳定土表面遇水后，容易产生唧泥冲刷，导致路面裂缝、下陷，并逐渐扩展；③二灰稳定土有良好的力学性能和一定的抗冻性，其抗冻性能比石灰稳定土高很多。虽然在道路工程结构中对于基层的要求包括要具备足够的抗冲刷能力和抗变形能力，但结合无机结合料的特性判断，三类稳定土在这两方面的共性并不强，因此选项E不符合题意。

[答案] BD

考点 2 城镇道路工程基层施工技术★★

一、无机结合料稳定基层施工程序

无机结合料施工程序如图 1-3-1 所示。

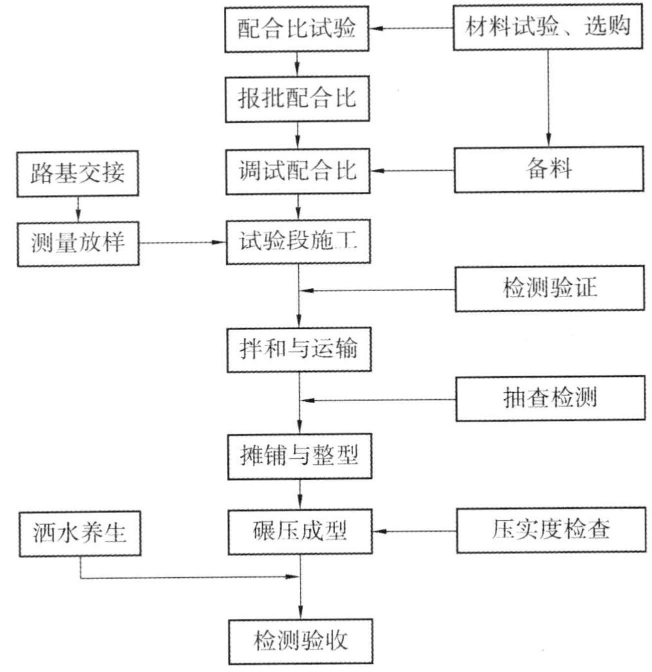

图 1-3-1 无机结合料施工程序

各工序施工现场如图 1-3-2 所示。

（a）混合料“前、后、中”装料

（b）运输过程中覆盖

（c）混合料现场就位

（d）机械设备就位

（e）摊铺作业

（f）摊铺后检查

（g）梯进式摊铺

（h）搭接位置

图 1-3-2　基层施工工艺流程

（i）初压处理

（j）复压（终压）处理

（k）边角部位小型机具压实

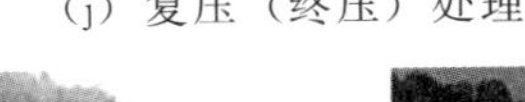

（l）洒水及覆盖养护

续图 1-3-2

二、无机结合料稳定基层施工技术

（一）基本要求

（1）基层材料的摊铺宽度应为设计宽度两侧加上施工必要附加宽度。

（2）在城镇人口密集区，应使用厂拌法生产混合料，不得使用路拌法。

（3）应依据设计文件要求进行配合比设计，每种土应按 5 种结合料掺量进行试配，配合比应报监理中心实验室审核。

（4）宜采用强制式搅拌机进行搅拌。应根据材料的含水量变化、集料的颗粒组成变化，及时调整搅拌用水量，混合料含水量宜略大于最佳值。石灰粉煤灰稳定类混合料搅拌时应先将石灰、粉煤灰搅拌均匀，再加入砂砾（碎石）和水搅拌均匀。厂拌生产时，水泥稳定类混合料的水泥掺量应比试验剂量增加 0.5%。

（二）运输与摊铺

（1）拌和站应向现场提供产品合格证及结合料用量、颗粒级配、混合料配合比、R_7强度标准值的资料。

（2）拌成的混合料应及时运送到铺筑现场。运输中应采取篷布覆盖措施，防止水分蒸发和防止遗撒、扬尘。

（3）宜采用专用摊铺机械摊铺，每次摊铺长度宜为一个碾压段。压实系数应经试验确定。混合料每层最大压实厚度应为 20 cm，且不宜小于 10 cm。

（4）宜在春末和气温较高季节施工，施工最低气温为 5 ℃。

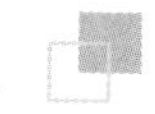

(5) 摊铺时路床应湿润。混合料在摊铺前其含水量宜在最佳含水量的允许偏差范围内。摊铺中发生粗、细集料离析时，应及时翻拌均匀。

(6) 水泥稳定土类材料自搅拌至摊铺完成，不应超过 3 h。应按当班施工长度计算用料量。分层摊铺时，应在下层养护 7 d 后，方可摊铺上层材料。

(7) 基层施工中，严禁用贴薄层方法整平、修补表面。

(三) 压实与接缝处理

(1) 直线和不设超高的平曲线段，应由两侧向中心碾压；设超高的平曲线段，应由内侧向外侧碾压。

(2) 碾压时的含水量宜在最佳含水量的允许偏差范围内。

(3) 铺好的石灰稳定土应当天碾压成活。

(4) 水泥稳定土类材料，宜在水泥初凝前碾压成活。宜采用 12～18 t 压路机进行初步稳定碾压，混合料初步稳定后用大于 18 t 的压路机碾压，压至表面平整、无明显轮迹且达到要求的压实度。

(5) 纵向接缝宜设在路中线处。接缝应做成阶梯形，梯级宽不应小于 1/2 层厚。横向接缝应尽量减少。

(四) 养护规定

(1) 养护期间宜封闭交通。需通行的机动车辆应限速，严禁履带车辆通行。

(2) 石灰稳定土养护直至上层结构施工为止。二灰混合料基层养护期视季节而定，常温下不宜少于 7 d。水泥稳定基层常温下成活后应经 7 d 养护，方可在其上铺筑面层。

(3) 成活后应立即洒水（或覆盖）养护，保持湿润。

除洒水外，石灰稳定土碾压成活后也可采取喷洒沥青透层油养护的方法。二灰混合料基层采用喷洒沥青乳液养护时，应及时在乳液面撒嵌丁料。水泥稳定基层采用乳化沥青养护时，应在其上撒布适量石屑。

三、级配基层施工技术

(一) 摊铺作业要求

(1) 宜采用机械摊铺符合级配要求的厂拌级配碎石或级配碎砾石。

(2) 摊铺长度至少为一个碾压段（30～50 m）。

(3) 摊铺碎石每层应按虚厚一次铺齐，颗粒分布均匀，厚度一致，不得多次找补。

(4) 发生粗、细集料集中或离析现象时，应及时翻拌均匀。碾压中对有过碾现象的部位，应进行换填处理。

(二) 碾压成活要求

(1) 碾压前和碾压中应洒水，洒水量应保持湿润，且不导致其层下翻浆。碾压过程中应保持砂砾湿润。

(2) 碾压时应自路边向路中倒轴碾压。

(3) 宜采用 12 t 以上的压路机碾压成活，碾压至缝隙嵌挤密实，稳定坚实，表面平整，轮迹小于 5 mm。

(4) 视压实碎石的缝隙情况撒布嵌缝料。

(5) 上层铺筑前，不得开放交通。

第一章

四、质量检查验收

(1) 石灰稳定土、水泥稳定土、石灰工业废渣（石灰粉煤灰）稳定砂砾（碎石）等无机结合料稳定基层检验项目：颗粒级配、混合料配合比、含水量、拌和均匀性，基层压实度、7 d无侧限抗压强度。

(2) 施工与质量验收主控项目见表1-3-3。

表1-3-3　施工与质量验收主控项目

分类	主控项目
石灰、水泥稳定土 石灰、粉煤灰稳定砂砾（碎石） 石灰、粉煤灰稳定钢渣	原材料质量检验，压实度（快速路、主干路——基层≥97%，底基层≥95%；其他等级道路——基层≥95%，底基层≥93%），试件7 d无侧限抗压强度
级配碎（砾）石 级配（砂）砾石	集料质量及级配、压实度（基层≥97%，底基层≥95%）、弯沉值
沥青混合料 沥青碎石 沥青贯入式	原材料质量、压实度（不得低于95%）、弯沉值

五、基层病害原因分析

基层病害原因分析见表1-3-4。

表1-3-4　基层病害原因分析

病害分类		原因分析
基层开裂	石灰稳定土	(1) 成型后未及时做好养护； (2) 土的塑性指数较高、黏性大； (3) 拌和不均匀，石灰剂量越高越易出现裂缝； (4) 含水量控制不好； (5) 工程所在地温差大
	水泥稳定土	(1) 水泥剂量偏大或水泥稳定性差； (2) 碎石级配中细粉料偏多； (3) 集料中黏土含量大； (4) 混合料含水量偏大，不均匀； (5) 碾压成型后养护不及时； (6) 养护结束后未及时铺筑封层

续表

病害分类	原因分析
基层 表层松散	（1）混合料拌和不均匀，堆放时间长； （2）铺筑时粗颗粒集中造成填筑层松散，压不实； （3）运输过程中，急转弯、急刹车，卸车不及时，使摊铺机内产生局部大碎石集中的情况； （4）送料刮料板外露； （5）摊铺机受料斗两翼板积料多，翻动过速，易造成混合料离析； （6）强度未达要求提前接受行车荷载； （7）未铺装磨耗层接受行车荷载

六、基层冬雨期施工措施

（一）雨期施工措施

（1）雨后摊铺基层时，应先对路基状况进行检查，符合要求后方可摊铺。

（2）石灰稳定土类、水泥稳定土类基层施工应符合下列规定：

①宜避开主汛期施工。

②拌和站应对原材料与搅拌成品采取防雨淋措施，并按计划向现场供料。

③施工现场应计划用料，随到随摊铺。

④摊铺段不宜过长，并应当日摊铺、当日碾压成活。

⑤未碾压的料层受雨淋后，应进行测试分析，按配合比要求重新搅拌。

（3）在土路床上施工级配砂石基层，摊铺后宜当日碾压成活。

（二）冬期施工措施

（1）石灰及石灰粉煤灰稳定土（粒料、钢渣）类基层，宜在进入冬期前30～45 d停止施工，不应在冬期施工。水泥稳定土（粒料）类基层，宜在进入冬期前15～30 d停止施工。当上述材料养护期进入冬期时，应在基层施工时向基层材料中渗入防冻剂。

（2）级配砂石、级配砾石、级配碎石和级配碎砾石施工，应根据施工环境最低温度洒布防冻剂溶液，随洒布、随碾压。

➤ **重点提示：**以施工工序为脉络掌握每道工序的技术要求：材料选择→拌和→运输→现场摊铺→压实→养护，注意不同基层材料的技术区分。

实战演练

［2020真题·单选］下列基层材料中，可以作为高等级路面基层的是（　　）。

A. 二灰稳定粒料　　B. 石灰稳定土　　C. 石灰粉煤灰稳定土　D. 水泥稳定土

［解析］二灰稳定粒料可用于高等级路面的基层与底基层。

［答案］A

［经典例题·单选］下列关于二灰稳定类基层施工的说法，正确的是（　　）。

A. 拌和时应先将砂砾和水拌和均匀，再加入石灰、粉煤灰

B. 可采用沥青乳液进行养护

C. 可以用薄层贴补的方法进行找平

D. 养护期为14～21 d

［解析］拌和时应先将石灰、粉煤灰拌和均匀，再加入砂砾（碎石）和水均匀拌和，选项A错误。禁止用薄层贴补的方法进行找平，选项C错误。可采用沥青乳液和沥青下封层的方法进行养护，养护期不宜少于7 d，选项D错误。

［答案］B

［经典例题·案例节选］

背景资料：

某项目承建一城市主干路施工，其道路横断面如图1-3-3所示。

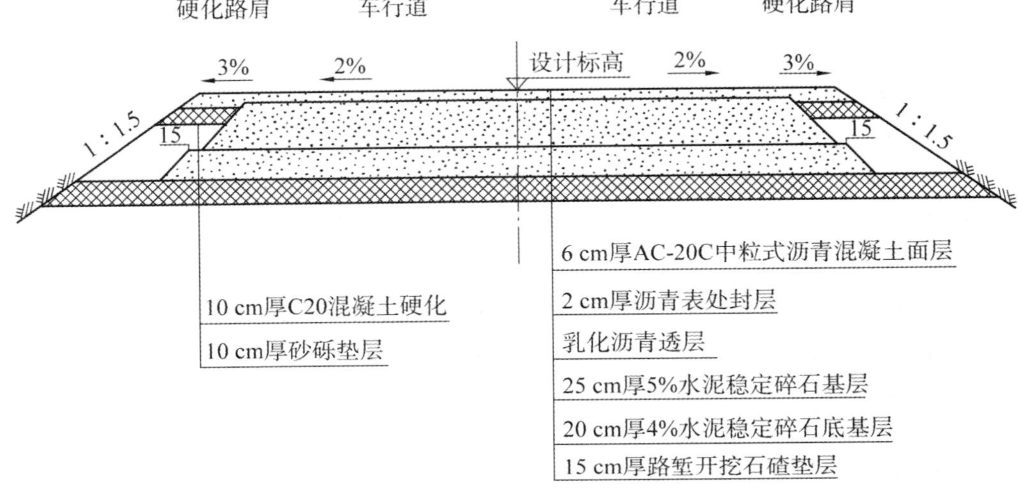

图 1-3-3　道路横断面示意图

施工中发生如下事件：

事件一：基层施工队伍进场后进行配合比设计并报送拌和站进行水泥稳定土混合料生产，为避免影响交通采取夜间运输材料、白天进行施工的方法，施工完成后检测压实度及弯沉值，符合要求并转入下道工序。

事件二：完成稳定基层施工后，测定表面平整度不符合要求，拟采用薄层贴补法进行处理以保证平整。后期由于交通需求量增大，为缓解社会交通压力，计划直接开放某路口段基层。

［问题］

1. 水泥稳定碎石基层与底基层应如何控制施工分层，有何施工要求？

2. 指出事件中施工方的不妥之处并改正。

［答案］

1. 水泥稳定碎石基层图示厚度为25 cm，应分两层施工。

水泥稳定碎石底基层图示厚度为20 cm，可单层施工。

分层摊铺时，应在下层养护7 d后，方可摊铺上层。

2. 事件一：

(1) 进行配合比设计报送拌和站不妥。改正：应报监理审核。

(2) 夜间运输、白天施工不妥。改正：自搅拌至摊铺完成不应超过3 h。

(3) 检测压实度及弯沉值并转入下道工序不妥。改正：还应检查原材料与 7 d 无侧限抗压强度。

事件二：

(1) 采用薄层贴补法不妥。改正：严禁使用薄层贴补，缺失厚度较薄可采用上部面层直接补充的方法。

(2) 直接开放某路口段基层不妥。改正：应保证 7 d 养护成型，并洒布沥青乳液，洒石屑粉料进行磨耗层铺设，形成保护。

考点 3　城镇道路工程基层施工技术★★

一、土工合成材料概述

(1) 土工合成材料是指工程建设中应用的与土、岩石或其他材料接触的聚合物材料（人工制作或天然形成）的总称。

(2) 土工合成材料包括土工织物、土工复合材料、土工特种材料等，具体分类如图 1-3-4 所示。土工合成材料示例如图 1-3-5 所示。

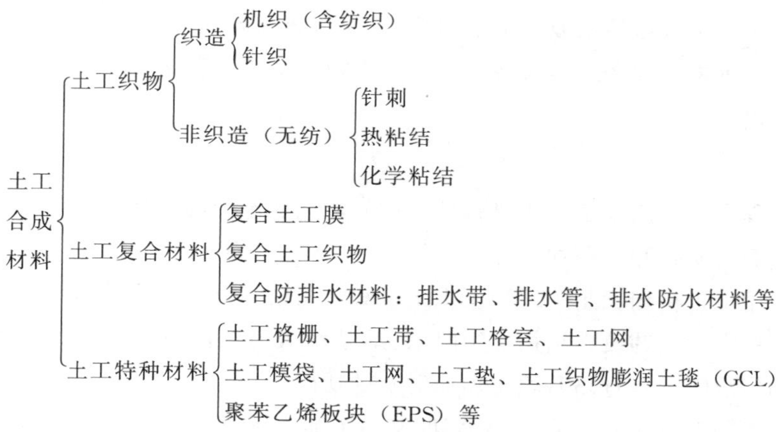

图 1-3-4　土工合成材料分类

(a) 土工格栅

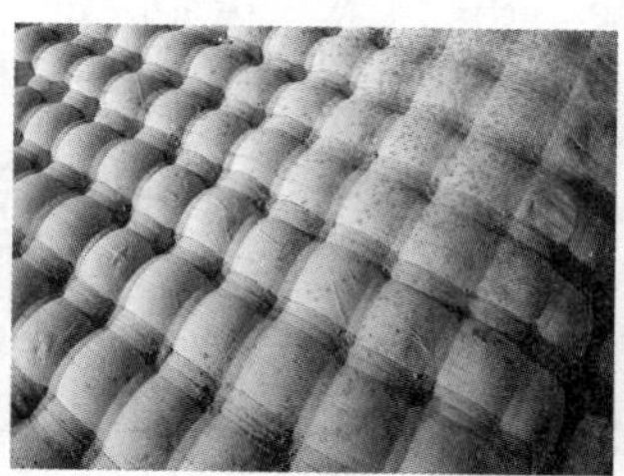

(b) 土工模袋

(c) 土工织物

图 1-3-5　土工合成材料示例

(3) 土工合成材料应具有质量轻、整体连续性好、抗拉强度较高、耐腐蚀、抗微生物侵蚀性好、施工方便等特点，还具有反滤、隔离、加筋、防护、包裹、排水等功能，具体见表 1-3-5。

表 1-3-5　土工合成材料的作用

作用	名词解释
反滤	土工织物让液体通过的同时保持受渗透力作用的土骨架颗粒不流失的功能
隔离	防止相邻两种不同介质混合的功能
加筋	利用土工合成材料的抗拉性能，改善土的力学性能的功能
防护	利用土工合成材料防止土坡或土工结构物的面层或界面破坏或受到侵蚀的功能
包裹	将松散的土石料包裹聚合为大块体，防止其流失的功能
排水	利用立体结构透水土工复合材料替代传统的排水层，利用土工合成材料建成不同结构形式的排水体（如包裹碎石，包裹带孔管、塑料排水带等），实现结构内部排水的功能

（4）土工合成材料性能指标应按工程使用要求确定下列试验项目。

①物理性能：材料密度、厚度、单位面积质量、等效孔径等。

②力学特性：拉伸、握持拉伸、撕裂、顶破、CBR 顶破、刺破、胀破等强度和直剪摩擦、拉拔摩擦等。

③水力学性能：垂直渗透系数（透水率）、平面渗透系数（导水率）、梯度比等。

④耐久性能：抗紫外线能力、化学稳定性和生物稳定性、蠕变性等。

二、工程应用

（一）加筋

（1）下列工程可以采用土工合成材料进行加筋：加筋土挡墙、加筋土垫层、加筋土坡、软土地基加固、加筋土桥台和道路加筋等。

（2）可以利用土工格栅、土工织物、土工带和土工格室等作为加筋材料改善土体，起到提高土工结构物的稳定性（铺设在结构层中时）、地基承载力（铺设在基底时）和减少路基与构造物之间的不均匀沉降（台背路基填土加筋时）的功能。

路堤加筋示意图如图 1-3-6 所示，台背路基填土加筋示意图如图 1-3-7 所示。

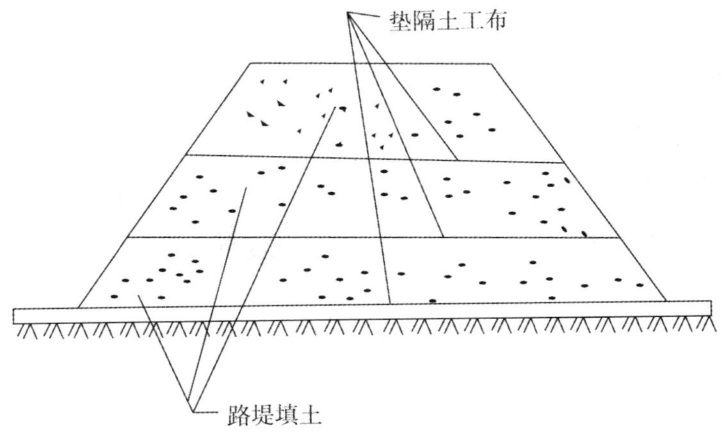

图 1-3-6　路堤加筋示意图

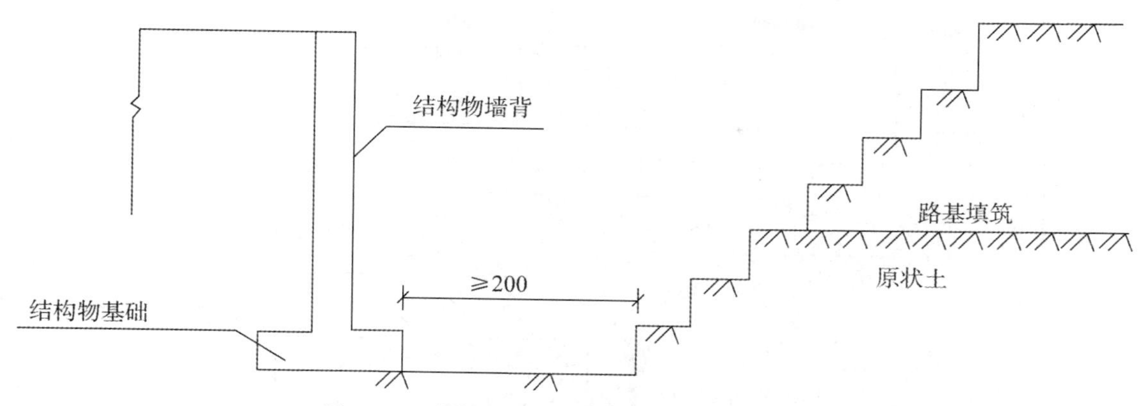

图 1-3-7　台背路基填土加筋示意图（单位：cm）

（3）软基填筑加筋。

①在软基上筑堤可在堤底铺设底筋。材料可选择抗拉强度高、耐腐蚀与生物侵蚀的土工织物或土工格栅，并且材料应质量轻、连续性好、便于施工。土工合成材料进场时应检查证书及检验报告，并核对材料尺寸（付款、厚度、质量等）是否符合要求，且取样检测抗拉强度、顶破强度和渗透系数。

②当地基土极软，地面又没有草根系覆盖，筋材采用土工格栅时，宜先在地面铺一层无纺土工织物作为隔离层。

③场地应平整，并保留透水根系垫层。平整好的场地按堤底尺寸全断面拉紧铺设，不得出现扭曲或褶皱现象；斜坡上应适当放松铺设，并用 U 型钉固定。填土前应检查筋材有无损坏，当有损坏时应及时处理。

④铺设土层表面应平整，严禁铺层出现坚硬的突出物。铺设后应尽快填筑材料，避免长时间暴晒，一般填筑时间不超过 48 h。填料不应直接卸在土工合成材料上，避免出现损坏。第一层填料应选择轻型压路机，厚度超过 600 mm 后可采用重型压路机。

（4）台背回填加筋。

①加筋材料应为土工格栅或高强度有纺土工织物，其拉伸强度和伸长率应符合设计要求。填料应采用级配良好的高强度粒料。

②机械压实处的填料摊铺厚度应不超过路基压实层最大控制厚度，人工夯实处宜减薄层厚并增加碾压遍数。

（二）路面反射裂缝防治

土工合成材料在裂缝防治中的应用如图 1-3-8 所示。

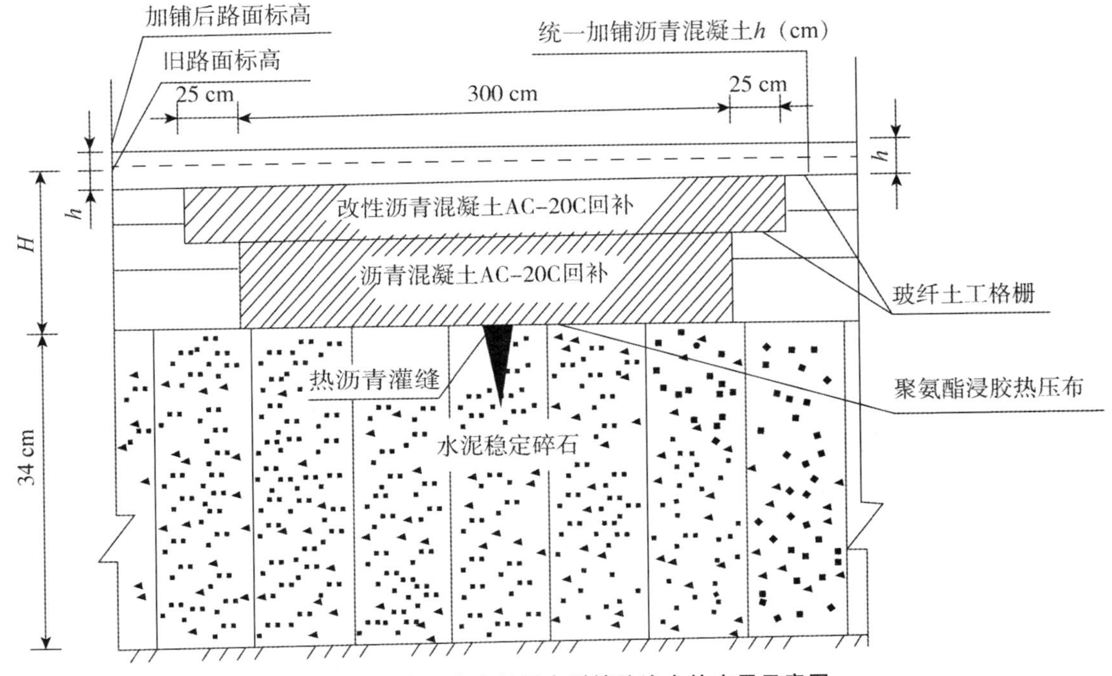

图 1-3-8　土工合成材料在裂缝防治中的应用示意图

(1) 可以选择土工织物、玻纤土工格栅等材料防治路面反射裂缝。

①土工织物：单位面积质量不应大于 200 g/m²，抗拉强度宜大于 7.5 kN/m，耐温性应在 170 ℃以上。

②玻纤格栅：孔眼尺寸宜为沥青面层骨料最大粒径的 50%～100%，抗拉强度应大于 50 kN/m。

(2) 土工合成材料应铺设于新建沥青面层或旧路沥青罩面层的底部。可满铺或对应裂缝条铺。条铺宽度不宜小于 1 m。

(3) 半刚性基层和刚性基层表面铺设沥青面层时，土工合成材料应根据基层表面裂缝情况确定。裂缝或接缝宜采用条铺方式，连续钢筋混凝土表面宜用满铺方式。

(4) 材料铺设应符合下列规定。

①施工前旧路面应清扫干净，局部坑洞和严重不平的路面应进行整平。

②对于长丝纺粘针刺无纺土工织物，应先洒布粘层油再摊铺，最后再洒布粘层油；对于聚酯玻纤土工织物，应在原路面上喷洒道路沥青或 SBS 改性沥青后铺设，摊铺上层沥青混合料前可不再洒粘层油。铺设时应将土工织物拉紧、平整顺直。

③玻纤格栅宜先铺设，再洒布热沥青粘层油，应保证铺设平顺。

④施工车辆不得在土工合成材料表面转弯，摊铺出现摊铺车轮打滑时，应在粘层油表面撒石屑。

（三）过滤与排水

(1) 需要反滤功能时，可采用无纺土工织物；需要排水功能时，可采用无纺土工织物（利用平面排水）或复合排水材料（排水管或排水沟等）。

(2) 铺设面应平整，场地上的杂物应清除干净，铺设时应平顺、松紧舒适、与土面贴紧。

（3）有损坏的土工材料应修补或更换，相邻片搭接长度不应小于 300 mm。在坡面上铺设宜自下而上进行，顶部和底部应予以固定，并安设防滑钉。铺设人员不应穿硬底鞋。

（四）路基防护

路基防护如图 1-3-9 所示。

（a）路基边坡防护

（b）堤坝抗冲刷防护

图 1-3-9　路基防护

（1）可以利用工程措施实现防冲、防浪、防冻、防震、固沙等功能，可根据结构形式和应力变形条件选用。

（2）可以采用土工合成材料防护的工程：江河湖海等处护坡、水下基础结构防冲、道路边坡防冲等。

➢ **重点提示：** 土工合成材料属于施工中常用辅助材料，应重点了解并记忆材料的基本特性要求及工程应用（路堤加筋、台背路基填土加筋、过滤与排水、路基防护）。

实战演练

［经典例题・多选］ 关于道路工程土工合成材料特点的说法，正确的有（　　）。

A. 质量轻

B. 抗拉强度较低

C. 整体连续性好

D. 耐腐蚀

E. 施工工艺复杂

［解析］ 土工合成材料应具有质量轻、整体连续性好、抗拉强度较高、耐腐蚀、抗微生物侵蚀性好、施工方便等优点。

［答案］ ACD

第四节　城镇道路面层施工

考点 1 沥青混合料面层施工技术 ★★★

一、沥青混合料面层施工程序

沥青混合料面层施工程序如图 1-4-1 所示。

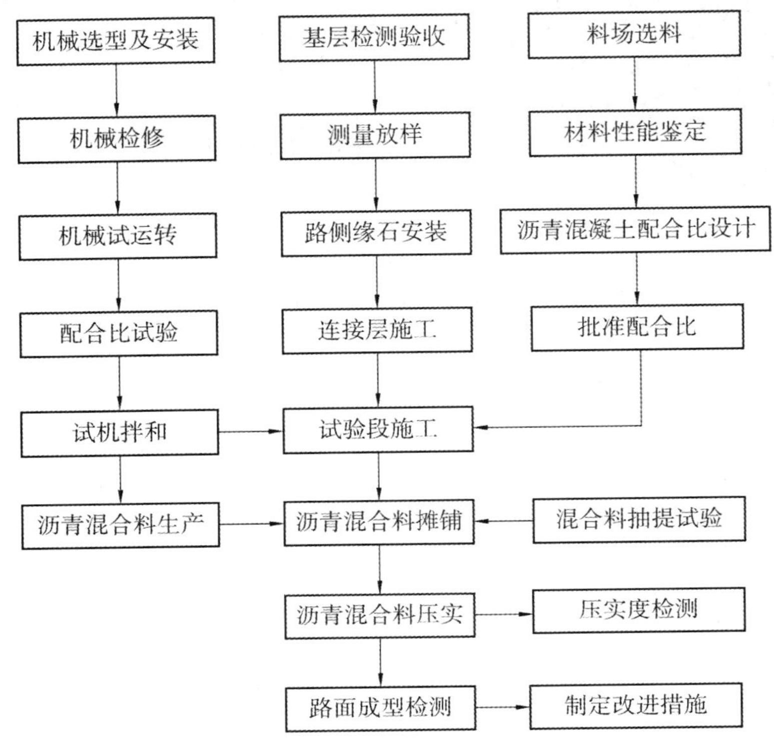

图 1-4-1　沥青混合料面层施工程序

二、沥青混合料配合比设计、沥青面层试验段

(一) 沥青混合料配合比设计

沥青混合料配合比设计应符合国家现行标准《公路沥青路面施工技术规范》(JTG F40—2004) 的要求，并应遵守下列规定。

(1) 各地区应根据气候条件、道路等级、路面结构等情况，通过试验确定适宜的沥青混合料技术指标。开工前，应对当地同类道路的沥青混合料配合比及其使用情况进行调研。

(2) 设计好的沥青混合料配合比应报监理中心试验室进行对比试验（平行试验），确认无误后应报拌和站试拌。

(二) 沥青面层试验段

(1) 试验仪器和设备、配备好的试验人员及全部机械需报请监理工程师审核。

(2) 需要确定的内容：松铺系数、工艺、机械配备、人员组织、压实遍数等，检查压实度、沥青含量、矿料级配、沥青混合料马歇尔试验各项技术指标等。沥青混合料马歇尔试验的内容及意义见表 1-4-1。

表 1-4-1　沥青混合料马歇尔试验的内容及意义

试验内容	意义
空隙率	评价沥青混合料压实程度的指标
沥青饱和度	压实试件中沥青实体体积占矿料骨架实体以外的空间体积的百分率，又称为沥青填隙率
稳定度	反映沥青混合料在外力作用下抵抗变形的能力，用于配合比设计及施工质量检验
残留稳定度	反映沥青混合料受水损害时抵抗剥落的能力
流值	评价沥青混合料抵抗塑性变形能力的指标

（3）试验段长不宜小于 100 m。

三、连接层（透、粘、封层）施工

沥青混合料面层应设置连接层，如图 1-4-2 所示。

图 1-4-2　沥青混合料面层的连接层

各连接层的设置位置、功能及选材见表 1-4-2，当气温在 10 ℃及以下，风力大于等于 5 级时，不应喷洒透层、粘层、封层油。

表 1-4-2　各连接层的设置位置、功能及选材

分类	应设置位置	功能	材料
透层	非沥青基层与面层间	使沥青面层与非沥青基层结合良好	渗透性好的液体沥青、乳化沥青
粘层	沥青层间、沥青层与既有结构间、沥青类基层与沥青层间、旧水泥路面与沥青加铺面层间、旧沥青路面与沥青加铺面层间	加强层间粘结	快裂或中裂的乳化、改性乳化沥青，快凝或中凝的液体石油沥青
封层	上封层：面层表面； 下封层：面层下面	上封层：隔水、磨耗； 下封层：隔水、磨耗、过渡联结	改性或改性乳化沥青，集料坚硬、耐磨、洁净且粒径与级配符合要求

（1）透层油宜采用沥青洒布车或手动沥青洒布机喷洒。应洒布均匀，有花白遗漏应人工补

洒，喷洒过量的应立即撒布石屑或砂吸油，必要时适当碾压。用于石灰稳定土类或水泥稳定土类基层的透层油宜紧接在基层碾压成型后表面稍变干燥，但尚未硬化的情况下喷洒，洒布透层油后，应封闭交通。

(2) 粘层油所使用的基质沥青标号宜与主层沥青混合料相同。粘层油品种和用量应根据下封层的类型通过试洒确定，粘层油宜在摊铺面层当天洒布。

(3) 封层。下封层宜采用层铺法进行表面处治或稀浆封层法施工。用于稀浆封层的混合料其配合比应经设计、试验，符合要求后方可使用。沥青应洒布均匀、不露白，封层应不透水。

四、热拌沥青混合料拌和生产

(1) 热拌沥青混合料宜由有资质的沥青混合料集中拌和站供应。

拌和设备可分为间歇式拌和设备和连续式拌和设备，其中间歇式拌和设备具有除尘系统完整、给料仓数量较多、有添加纤维等外掺料的装置等特点。

(2) 沥青混合料搅拌及施工温度应根据沥青标号及黏度、气候条件、铺装层的厚度、下一层温度确定。

改性沥青混合料施工温度较普通沥青混合料施工温度整体提升 10～20 ℃。改性沥青混合料生产温度根据品种、黏度、气候、铺装层厚度经试验确定，超过 195 ℃应废弃。

依据《城镇道路工程施工与质量验收规范》（CJJ 1—2008），热拌沥青混合料的搅拌及施工温度见表 1-4-3。

表 1-4-3 热拌沥青混合料的搅拌及施工温度（单位:℃）

施工工序		石油沥青的标号			
		50 号	70 号	90 号	110 号
沥青加热温度		160～170	155～165	150～160	145～155
矿料加热温度	间隙式搅拌机	集料加热温度比沥青温度高 10～30			
	连续式搅拌机	矿料加热温度比沥青温度高 5～10			
沥青混合料出料温度[a]		150～170	145～165	140～160	135～155
混合料贮料仓贮存温度		贮料过程中温度降低不超过 10			
混合料废弃温度，高于		200	195	190	185
运输到现场温度，不低于[a]		145～165	140～155	135～145	130～140
混合料摊铺温度，不低于[a]		140～160	135～150	130～140	125～135
开始碾压的混合料内部温度，不低于[a]		135～150	130～145	125～135	120～130
碾压终了的表面温度，不低于[b]		80～85	70～80	65～75	60～70
		75	70	60	55
开放交通的路表面温度，不高于		50	50	50	45

注：①沥青混合料的施工温度采用具有金属探测针的插入式数显温度计测量。表面温度可采用表面接触式温度计测定。当用红外线温度计测量表面温度时，应进行标定。

②表中未列入的 130 号、160 号及 30 号沥青的施工温度由试验确定。

③a 常温下宜用低值，低温下宜用高值。

④b 视压路机类型而定。轮胎压路机取高值，振动压路机取低值。

聚合物改性沥青混合料搅拌及施工温度应根据实践经验经试验确定，通常宜较普通沥青混

合料温度提高 10～20 ℃。

（3）城镇道路不宜使用煤沥青。确需使用时，应制定保护施工人员防止吸入煤沥青蒸气或皮肤直接接触煤沥青的措施。

（4）搅拌时间应经试拌确定，以沥青均匀裹覆集料为度。间歇式搅拌机每盘的搅拌周期不宜少于 45 s，其中干拌时间不宜少于 5～10 s。改性沥青和 SMA 混合料的搅拌时间应适当延长。

（5）用成品仓贮存沥青混合料，贮存期混合料降温不得大于 10 ℃。贮存时间：普通沥青混合料不得超过 72 h；改性沥青混合料不得超过 24 h；SMA 混合料应当日使用；OGFC 应随拌随用。

（6）生产添加纤维的沥青混合料时，纤维必须充分分散，拌和均匀；搅拌机应配备同步添加投料装置，松散絮状纤维可在喷入沥青同时或稍后采用风送装置喷入，搅拌时间宜延长 5 s 以上；颗粒纤维可在粗集料投入的同时自动加入，经 5～10 s 干拌后，再投入矿粉。

（7）出厂时应逐车检测沥青混合料的质量和温度，并附带载有出厂时间的运料单，不合格品不得出厂。

五、热拌沥青混合料运输

（1）热拌沥青混合料宜采用与摊铺机匹配的自卸汽车运输。

（2）运料车装料时，应防止粗细集料离析。装料宜按车厢大小选择前、后、中的顺序进行，如图 1-4-3 所示。

（3）运料车应具有保温、防雨、防混合料遗撒与防沥青滴漏等功能。运输采取篷布覆盖的防护措施，如图 1-4-4 所示。

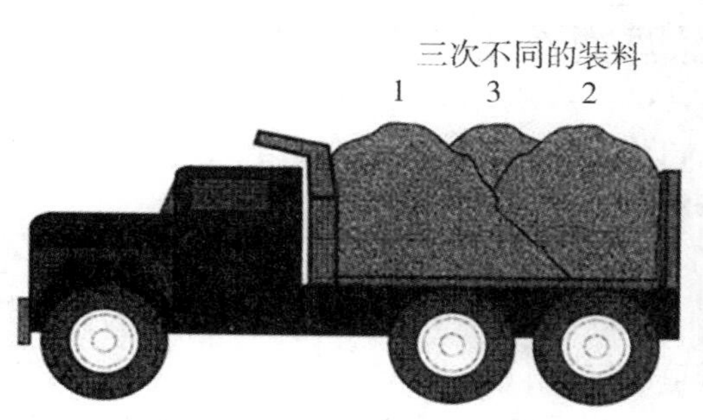

图 1-4-3　混合料装车顺序

图 1-4-4　运料车篷布覆盖

（4）运输车辆的总运力应相对搅拌能力或摊铺能力有所富余。

（5）运至摊铺地点，应对搅拌质量与温度进行检查，合格后方可使用。

（6）运料车轮胎不得沾有泥土等污染物，进入现场前应清理干净。如果混合料低于施工温度要求或已经结团成块、遭雨淋污染，不得用于施工铺筑。

（7）对高等级道路，为减少冷接缝以保证路面质量，其等候的运料车宜在 5 辆以上。

六、热拌沥青混合料摊铺

（1）铺筑前应复查基层和附属构筑物质量，并对施工机具设备进行检查。

（2）应采用机械摊铺，开工前应提前 0.5～1 h 预热熨平板，使其不低于 100 ℃。摊铺机结构如图 1-4-5 所示。

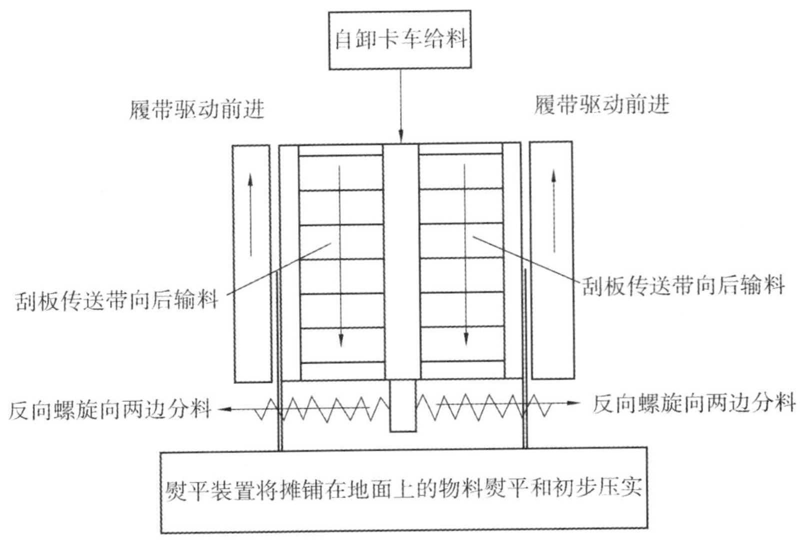

(a) 摊铺机平面示意图

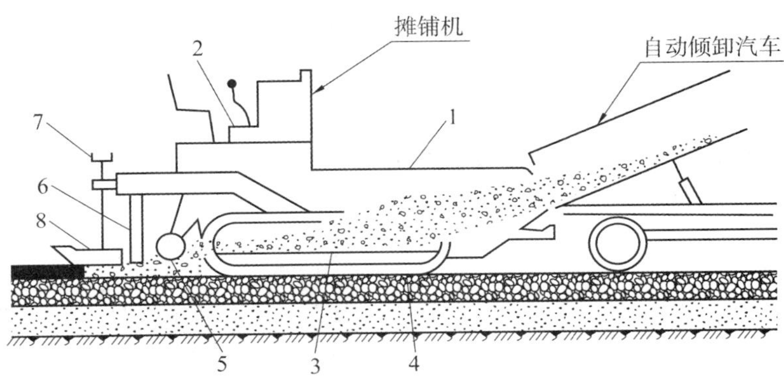

(b) 摊铺机纵向断面示意图

1—料斗；2—驾驶台；3—送料器；4—履带；

5—螺旋摊铺器；6—振捣器；7—厚度调节螺杆；8—熨平板

图 1-4-5　摊铺机结构

常用摊铺机包括履带式摊铺机（抓地力强，适宜于洒布粘层油后使用）和轮胎式摊铺机（行动灵活，但轮胎易打滑），如图 1-4-6 所示。

(a) 履带式摊铺机　　(b) 轮胎式摊铺机

图 1-4-6　常用摊铺机

(3) 运料车不得与摊铺机械发生碰撞，否则会导致铺筑层厚不均。应将运料车安排在摊铺设备前方 10～30 cm 外设置为空挡等候，使摊铺机推动运料车前进卸料。

(4) 城市快速路、主干路宜采用两台以上摊铺机联合摊铺。每台机器的摊铺宽度宜小于 6 m。表面层宜采用多机全幅摊铺，以减少施工接缝。多机梯队联合摊铺时，摊铺机应一前一后错开摊铺（间距控制在 10～20 m），两个摊铺幅应有 30～60 mm 的搭接宽度，以保证该纵向热接缝处材料充足。此类铺筑方法即纵向热接缝处理，该接缝应避开车道轮迹带，并宜上下层错开。摊铺作业与联合摊铺作业如图 1-4-7 所示。

(a) 摊铺作业

(b) 联合摊铺作业

图 1-4-7　摊铺作业与联合摊铺作业

(5) 采用自动调平摊铺机摊铺最下层沥青混合料时，应使用钢丝或路缘石、平石控制高程与摊铺厚度，以上各层可用导梁引导高程法控制或采用声呐平衡梁控制方式，如图 1-4-8 所示。

(a) 钢丝走线法

(b) 导梁引导高程法

(c) 声纳平衡梁控制法

图 1-4-8　摊铺机摊铺方法

自动找平控制方式按材料与层位区分见表 1-4-4。

表 1-4-4　自动找平控制方式按材料与层位区分

混合料类型	下面层	中面层	上面层
普通沥青混合料	钢丝或路缘石、平石引导	导梁或平衡梁或滑靴	
改性沥青混合料或 SMA 混合料	钢丝或导梁（铝合金导轨）		非接触式平衡梁

(6) 沥青混合料的最低摊铺温度应根据气温、下卧层表面温度、摊铺层厚度与沥青混合料种类经试验确定。城市快速路、主干路不宜在气温低于 10 ℃条件下施工。SMA 混合料摊铺温度不低于 160 ℃。

(7) 沥青混合料的松铺系数应根据混合料类型、施工机械和施工工艺等通过试验段确定，试验段长不宜小于 100 m。松铺系数可按照表 1-4-5 进行初选。

表 1-4-5　松铺系数取值表

种类	机械摊铺	人工摊铺
沥青混凝土混合料	1.15～1.35	1.25～1.50
沥青碎石混合料	1.15～1.30	1.20～1.45

注： 松铺系数＝松铺厚度/压实厚度。

(8) 摊铺沥青混合料应均匀、连续，不得随意变换摊铺速度或中途停顿。摊铺速度宜为2～6 m/min（改性沥青混合料宜为1～3 m/min）。摊铺时螺旋送料器应不停顿地转动，两侧应保持有不少于送料器高度 2/3 的混合料（图 1-4-9），并保证在摊铺机全宽度断面上不发生离析。熨平板按所需厚度固定后不得随意调整。摊铺的混合料应检查摊铺状态，并对不良处进行处理，但不宜由人工反复修整。工人检查如图 1-4-10 所示。

图 1-4-9 螺旋送料器

图 1-4-10 工人检查

(9) 路面狭窄部分、平曲线半径过小的匝道小规模工程可采用人工摊铺。采用人工摊铺，半幅施工时路中一侧宜事先设置挡板；混合料应卸在铁板上；扣锹布料，不得扬锹远甩，铁锹等工具宜涂防粘结剂或加热使用；边摊铺边用刮板整平，刮平时应轻重一致，严防集料离析；摊铺不得中途停顿并加快碾压，因故不能及时碾压时应立即停止摊铺，并对已卸下的混合料覆盖苫布保温。

七、热拌沥青混合料压实作业

(1) 应选择合理的压路机组合方式及碾压步骤，以达到最佳碾压结果。沥青混合料压实宜采用钢筒式静态压路机与轮胎压路机或振动压路机组合的方式压实。

(2) 压路机应以慢而均匀的速度碾压，压路机的碾压速度宜符合表 1-4-6 的规定。

表 1-4-6 压路机的碾压速度（单位：km/h）

压路机类型	初压		复压		终压	
	适宜	最大	适宜	最大	适宜	最大
钢筒式压路机	1.5～2	3	2.5～3.5	5	2.5～3.5	5
轮胎压路机	—	—	3.5～4.5	6	4～6	8
振动压路机	1.5～2（静压）	5（静压）	1.5～2（振动）	1.5～2（振动）	2～3（静压）	5（静压）

(3) 沥青混合料面层单一压实层最大厚度不宜超过 100 mm。

(4) 压实应按初压、复压、终压（包括成型）三个阶段进行，如图 1-4-11 所示。

(a) 初压

(b) 复压

(c) 终压

图 1-4-11 压实作业

①初压应符合下列要求。

a. 初压温度应符合有关规定，以能稳定混合料且不产生推移、发裂为度。改性沥青混合料初压温度不低于 150 ℃。

b. 碾压应从外侧向中心碾压，碾速稳定均匀。应将驱动轮面向摊铺机，碾压先低后高。

c. 初压应采用轻型钢筒式压路机碾压 1～2 遍，碾压段总长度不超过 80 m。初压后应检查平整度、路拱，必要时应修整。

②复压应符合下列要求。

a. 复压应紧跟初压连续进行。碾压段长度宜为 60～80 m。当采用不同型号的压路机组合碾压时，每一台压路机均应做全幅碾压。相邻碾压带重叠宽度宜为 10～20 cm。

b. 根据面层材料匹配的复压机械见表 1-4-7。

表 1-4-7　根据面层材料匹配的复压机械

被压实层	匹配复压机械
密级配沥青混凝土	宜优先采用重型的轮胎压路机（25 t；重叠 1/3～1/2 轮宽）
大粒径沥青稳定碎石类的基层	宜优先采用振动压路机（厚度宜大于 30 mm；重叠 100～200 mm；层厚较大时宜采用高频大振幅，层厚较薄时宜采用低振幅）
厚度小于 30 mm 的沥青层	不宜采用振动压路机碾压
SMA 混合料	宜采用振动压路机或钢筒式压路机碾压，不宜采用轮胎压路机碾压
OGFC 混合料	宜用 12 t 以上的钢筒式压路机碾压

振动压路机折返时应先停止振动，并依据紧跟、慢压、高频、低幅的原则进行碾压作业。采用三轮钢筒式压路机时，压路机总质量不宜小于 12 t，相邻碾压带宜重叠后轮的 1/2 宽度且不应少于 200 mm。大型压路机难以碾压的部位，宜采用小型压实工具进行压实。

③终压应符合下列要求。

a. 终压温度应符合规范要求，改性沥青混合料碾压终了不低于 90 ℃。

b. 终压宜选用双轮钢筒式压路机，不少于 2 遍碾压至无明显轮迹为止。

（5）碾压温度应根据沥青和混合料种类、压路机、气温、层厚等因素经试压确定。

（6）碾压过程中碾压轮应保持清洁，可对钢轮涂刷隔离剂或防粘剂，严禁刷柴油。当采用向碾压轮喷水（可添加少量表面活性剂）方式时，必须严格控制喷水量应呈雾状，不得漫流。

（7）压路机不得在未碾压成型路段上转向、调头、加水或停留。在当天成型的路面上，不得停放各种机械设备或车辆，不得散落矿料、油料等杂物。

八、热拌沥青混合料接缝处理

（1）沥青混合料面层的施工接缝应紧密、平顺，不得产生明显的接缝离析。

（2）上、下层的纵向热接缝（如图 1-4-12 所示，由联合摊铺作业产生）应错开 15 cm；纵向冷接缝应错开 30～40 cm。相邻两幅及上、下层的横向接缝均应错开 1 m 以上。接缝施工完毕应用 3 m 直尺检查，确保平整度符合要求。

(a) 纵向接缝

(b) 接缝处理

图 1-4-12　纵向热接缝

(3) 纵向接缝部位的施工应符合下列要求：

①联合摊铺作业的纵向热接缝，将已铺部分留 100～200 mm 暂不碾压，作为后续部分的基准面，然后进行跨缝碾压以消除缝迹。

②纵向冷接缝宜在生产时加设挡板或加设切刀切齐，也可在混合料尚未完全冷却前用镐刨除边缘留下毛茬，不宜在冷却后采用切割机作纵向切缝。加铺另半幅前应清理接缝处杂质，涂洒少量沥青。在已铺层上重叠 50～100 mm 铺设另半幅混合料，再铲走铺在前半幅上的混合料。碾压时由外向内进行，留下 100～150 mm，再跨缝挤压密实。也可先在已压实路面上行走碾压新铺层 150 mm 左右，然后压实新铺部分。

(4) 在表面层横向接缝时应采用直茬，以下各层可采用斜接茬，层较厚时也可做阶梯形接茬。横向接缝的形式与施工要求见表 1-4-8。

表 1-4-8　横向接缝的形式与施工要求

横向接缝分类	图示	适用范围	搭接长度
平接缝	已压实路面 | 新铺部分	高等级表面	—
斜接缝	已压实路面 \ 新铺部分	高等级中、下层和其他等级各层	与厚度有关，宜为 0.4～0.8 m
阶梯形接缝	已压实路面 / 新铺部分		不宜小于 3 m

(5) 横向接缝宜趁尚未冷透时切割刨除端部厚度不足的部分，使工作缝成直角连接。刨除或切割不得损伤下层路面，切割时留下的泥水必须冲洗干净。待干燥后，对冷接茬施作前，应在茬面涂少量沥青并预热使接茬软化。跨缝多铺一定宽度混合料时，需要人工清除多余部分。碾压时压路机应先横向骑缝碾压，再纵向碾压成为一体，做到充分压实，连接平顺。

(6) 由于改性沥青混合料降温固化后，结构层表面平整无接缝、强度高、耐高温低温、稳定性强，不易切割，因此改性沥青混合料应尽量避免出现冷接缝。在施工中断，需设置横向接缝处，应在当天施工完成后、冷却之前垂直切割端部不平整及厚度不符合要求的部分，并将切割产生的杂渣冲净、干燥，第二天涂刷粘层油，再铺新料。

九、质量检验及开放交通

(1) 质量检验。

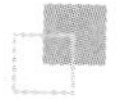

主控项目：原材料、厚度、压实度、弯沉值，具体见表 1-4-9。

表 1-4-9　质量检验主控项目

分类		主控项目
热拌沥青混合料	混合料质量	沥青品种、标号、粗细集料、矿粉、纤维稳定剂、混合料证书报告复检、温度、马歇尔试验
	面层质量	压实度（快速、主干路≥96%；次干路及以下≥95%）、面层厚度、弯沉值
透、粘、封层		沥青品种、标号和封层粒料质量、规格（产品出厂合格证、出厂检验报告、进场复验报告）

一般项目：平整度、宽度、中线偏位、纵断面高程、横坡、井框与路面的高差、抗滑性能等。

（2）应待摊铺层自然降温至表面温度低于 50 ℃后，方可开放交通。

十、沥青路面病害原因分析

沥青路面病害原因分析见表 1-4-10。

表 1-4-10　沥青路面病害原因分析

病害分类		原因分析
沥青路面不平整		（1）基层标高、平整度不符合要求，松铺厚度不同或局部集中离析； （2）摊铺机自动找平装置失灵，摊铺时产生上下漂浮； （3）基准线拉力不够，钢钎较其他位置高而造成波动； （4）摊铺过程中摊铺机停机，熨平板振动下沉； （5）摊铺过程中载料车卸料时撞击摊铺机； （6）压路机碾压时急停急转，随意停车加水、小修； （7）基层顶面清理不干净或摊铺现场随地有漏撒混合料； （8）施工缝处理不好，新旧压实厚度不一，与构造物伸缩缝衔接不好
沥青路面裂缝	横向裂缝	（1）采用平接缝，边缘未处理成垂直面，或者采用斜接缝，施工方法不当； （2）新旧混合料的粘结不紧密； （3）摊铺、碾压不当
	纵向裂缝	（1）施工方法不当； （2）摊铺、碾压不当

十一、沥青路面冬雨期施工措施

（一）雨期施工措施

（1）降雨或基层有积水或水膜时，不应施工。

（2）施工现场应与沥青混合料生产厂保持联系，遇天气变化应及时调整产品供应计划。

（3）沥青混合料运输车辆应有防雨措施。

（二）冬期施工措施

（1）粘层、透层、封层严禁冬期施工。

（2）城市快速路、主干路的沥青混合料面层严禁冬期施工。次干路及其以下道路在施工温度低于 5 ℃时，应停止施工。

(3) 沥青混合料施工时，应视沥青品种、标号，相比常温适度提高混合料搅拌与施工温度。

(4) 风力在 6 级及以上时，沥青混合料不应施工。

(5) 贯入式沥青面层与表面处治沥青面层严禁冬期施工。

➤ **重点提示：** 以施工工序为脉络掌握面层每道工序的技术要求：运输→布料→摊铺→压实成型→接缝处理→开放交通，考试重点集中在摊铺和压实成型上。施工关键除了保证摊铺厚度均匀外，重点控制材料种类、压实时机、压实方式三者之间的关系，确保面层压实度。

实战演练

[2021 真题 · 单选] 振动压路机在碾压改性沥青混合料路面时，应遵循（　　）的慢速碾压原则。

A. 高频率、高振幅　　B. 高频率、低振幅

C. 低频率、低振幅　　D. 低频率、高振幅

[解析] 振动压路机应遵循紧跟、慢压、高频、低幅的原则，即紧跟在摊铺机后面，采取高频率、低振幅的方式慢速碾压。

[答案] B

[2020 真题 · 多选] 关于粘层油喷洒部位的说法，正确的有（　　）。

A. 沥青混合料上面层与下面层之间

B. 沥青混合料下面层与基层之间

C. 水泥混凝土路面与加铺沥青混合料层之间

D. 沥青稳定碎石基层与加铺沥青混合料层之间

E. 既有检验井等构筑物与沥青混合料层之间

[解析] 双层式或多层式热拌热铺沥青混合料面层之间应喷洒粘层油，而水泥混凝土路面、沥青稳定碎石基层、旧沥青路面上加铺沥青混合料时，也应在既有结构、路缘石和检查井等构筑物与沥青混合料层连接面喷洒粘层油。

[答案] ACDE

考点 2 水泥混凝土面层施工技术 ★★

水泥混凝土路面施工过程中用到的机械设备有滑模摊铺机（图 1-4-13）、三辊轴摊铺机（图 1-4-14）、轨道摊铺机（图 1-4-15）和小型机具（图 1-4-16）。

图 1-4-13　滑模摊铺机

图 1-4-14　三辊轴摊铺机

图 1-4-15　轨道摊铺机

图 1-4-16　小型机具（人工摊铺）

一、水泥混凝土面层施工程序

水泥混凝土面层施工程序如图 1-4-17 所示。

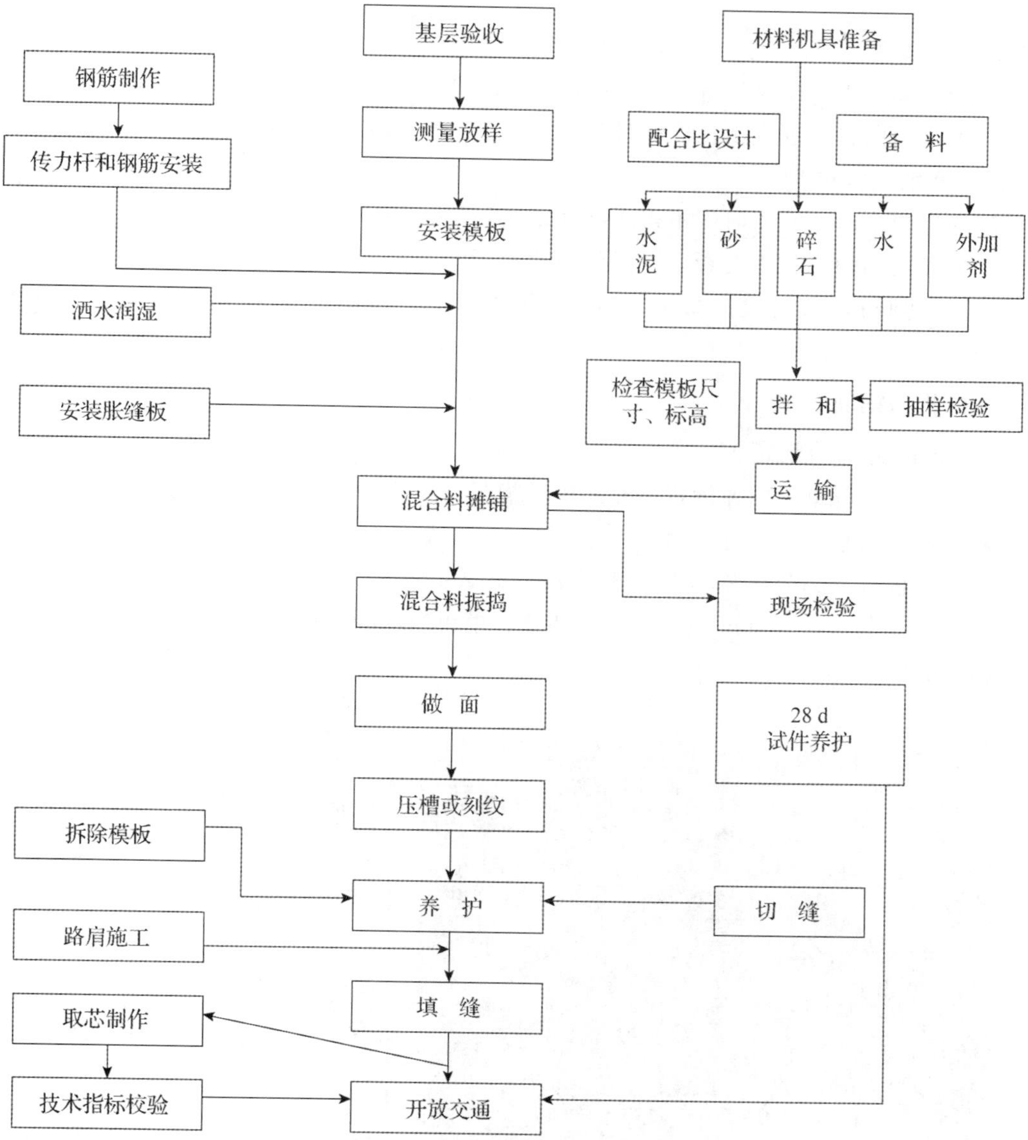

基层验收 → 测量放样 → 安装模板 → 混合料摊铺 → 混合料振捣 → 做面 → 压槽或刻纹 → 养护 → 填缝 → 开放交通

钢筋制作 → 传力杆和钢筋安装 → 混合料摊铺

洒水润湿 → 混合料摊铺

安装胀缝板 → 混合料摊铺

材料机具准备 → 水泥、砂、碎石、水、外加剂 → 拌和 → 运输 → 混合料摊铺

配合比设计

备　料

检查模板尺寸、标高

抽样检验 → 拌和

混合料摊铺 → 现场检验

28 d 试件养护 → 开放交通

拆除模板 → 养护

切　缝 → 养护

路肩施工 → 填缝

开放交通 → 取芯制作 → 技术指标校验 → 开放交通

图 1-4-17　水泥混凝土面层施工程序

二、混凝土配合比设计

混凝土面层的配合比设计在兼顾经济性的同时，还应满足弯拉强度、工作性、耐久性三项技术要求。

（一）弯拉强度

（1）各交通等级路面板的 28 d 设计弯拉强度标准值应符合表 1-4-11 的规定。

表 1-4-11 各交通等级路面板的 28 d 设计弯拉强度标准值

交通等级	特重	重	中等	轻
弯拉强度标准值/MPa	5.0	5.0	4.5	4.0

（2）28 d 龄期抗弯拉强度不得低于 4.5 MPa，快速路、主干路和重交通其他道路不得低于 5.0 MPa。

（二）耐久性

（1）最大单位水泥用量不宜大于 400 kg/m^3。

（2）严寒地区路面混凝土抗冻标号不宜小于 F250，寒冷地区不宜小于 F200。

（三）外加剂的使用

（1）高温施工时，初凝时间不得小于 3 h；低温施工时，终凝时间不得大于 10 h。

（2）外加剂的掺量应由混凝土试配试验确定。

（3）引气剂与减水剂或高效减水剂等外加剂复配在同一水溶液中时，不应发生絮凝现象。

三、模板与钢筋

（一）模板施工的规定

（1）模板应与混凝土的摊铺机械相匹配。模板高度应为混凝土板设计厚度。

（2）钢模板应直顺、平整，每米设置 1 处支撑装置。

（3）木模板直线部分板厚不宜小于 5 cm，每 0.8～1 m 设 1 处支撑装置；弯道部分板厚宜为 1.5～3 cm，每 0.5～0.8 m 设 1 处支撑装置，模板与混凝土接触面及模板顶面应刨光。模板形式如图 1-4-18 所示。

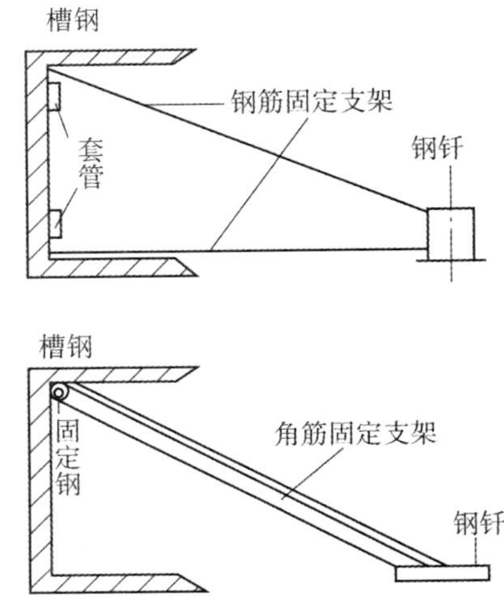

图 1-4-18 模板形式

（4）支模前应核对路面标高、面板分块、胀缝和构造物位置。模板应安装稳固、顺直、平整，无扭曲，相邻模板连接应紧密平顺，不应错位。严禁在基层上挖槽嵌入模板。使用轨道摊铺机应采用专用钢制轨模。模板安装完毕，应进行检验，合格后方可使用。

（二）钢筋施工的规定

（1）钢筋安装前应检查其原材料品种、规格与加工质量，确认符合设计规定。

（2）钢筋网、角隅钢筋等安装应牢固、位置准确。钢筋安装后应进行检查，合格后方可使用。

（3）传力杆安装应牢固、位置准确。胀缝传力杆应与胀缝板、提缝板一起安装。

（4）钢筋安装允许偏差应符合表 1-4-12 的规定。

表 1-4-12　钢筋安装允许偏差

项目		允许偏差/mm	检验频率		检验方法
			范围	点数	
受力钢筋	排距	±5	每检验批	抽查 10%	用钢尺量
	间距	±10			
钢筋弯起点位置		±20			用钢尺量
箍筋、横向钢筋间距	绑扎钢筋网及钢筋骨架	±20			用钢尺量
	焊接钢筋网及钢筋骨架	±10			
钢筋预留位置	中心线位置	±5			用钢尺量
	水平高差	±3			
钢筋保护层	距表面	±3			用钢尺量
	距底面	±5			

四、施工准备

施工前，应按设计规定划分混凝土板块，板块划分应从路口开始，必须避免出现锐角。在曲线段分块，应使横向分块线与该点法线方向一致。直线段分块线应与面层胀、缩缝结合，分块距离宜均匀。分块线距检查井盖的边缘宜大于 1 m。

混凝土摊铺前，应完成下列准备工作：

（1）混凝土施工配合比已获监理工程师批准，拌和站经试运转，确认合格。

（2）模板支设完毕，检验合格。

（3）混凝土摊铺、养护、成型等操作用机具试运行合格。专用器材已准备就绪。

（4）运输与现场浇筑通道已修筑，且符合要求。

五、混凝土搅拌与运输

混凝土搅拌与运输如图 1-4-19 所示。

图 1-4-19 混凝土搅拌与运输

(一) 混凝土搅拌

(1) 面层用混凝土宜选择具备资质、混凝土质量稳定的拌和站供应。优先选用间歇式拌和设备，混凝土正式投入生产前应先进行标定和试拌。

(2) 混凝土的最佳搅拌时间应按配合比要求与施工对其工作性要求经试拌确定。每盘最长总搅拌时间宜为 80～120 s。

(3) 外加剂宜稀释成溶液，均匀加入搅拌设备。混凝土应搅拌均匀，出仓温度应符合施工要求，一般控制在 10～35 ℃之间。钢纤维混凝土严禁人工搅拌。

(二) 混凝土运输

(1) 施工中应根据运距、混凝土搅拌能力、摊铺能力确定运输车辆的数量与配置。

(2) 不同摊铺工艺的混凝土拌和物从搅拌机出料到运输、铺筑完毕的允许最长时间应符合表 1-4-13 的规定。

表 1-4-13 混凝土拌和物从搅拌机出料到运输、铺筑完成的允许最长时间

施工气温/℃	到运输完毕允许最长时间/h		到铺筑完毕允许最长时间/h	
	滑模、轨道	三辊轴、小机具	滑模、轨道	三辊轴、小机具
5～9	2.0	1.5	2.5	2.0
10～19	1.5	1.0	2.0	1.5
20～29	1.0	0.75	1.5	1.25
30～35	0.75	0.50	1.25	1.0

注：本表中施工气温指施工时日间平均气温，使用缓凝剂延长凝结时间后，本表数值可增加 0.25～0.5 h。

六、混凝土铺筑

(一) 铺筑前应检查并确认的内容

(1) 基层或砂垫层表面、模板位置、高程等符合设计要求。模板支撑接缝严密、模内洁净、隔离剂涂刷均匀。

(2) 钢筋、预埋胀缝板的位置正确，传力杆等安装符合要求。

(3) 混凝土搅拌、运输与摊铺设备状况良好。

(4) 卸料应由运输车直接卸在基层上，不应离析，如有离析现象应在铺筑时用铁锹拌均匀，严禁第二次加水。

(5) 摊铺厚度＝设计厚度＋预留高度（设计厚度 0.1～0.25 倍）。

（二）三辊轴机组

施工程序：施工准备→模板安装→混合料拌和→运输→布料→振捣→拉杆安装→人工补料→整平→精平饰面→拉毛（压纹）→切缝→养护→填缝→检测。

三辊轴铺筑设备示意图如图1-4-20所示。

（1）辊轴直径应与摊铺层厚度匹配，且必须同时配备一台安装插入式振捣器组的排式振捣机（图1-4-21）；当面层铺装厚度小于15 cm时，可采用振捣梁；当一次摊铺双车道面层时应配备纵缝拉杆插入机，并配有插入深度控制和拉杆间距调整装置。

图1-4-20　三辊轴铺筑设备示意图

图1-4-21　排式振捣机

（2）卸料应均匀，并与摊铺速度相适应。设有接缝拉杆的混凝土面层，应在面层施工中及时安设拉杆。

（3）分段整平的作业单元长度宜为20～30 m，振实与整平工序之间的时间间隔不宜超过15 min；在一个作业单元长度内，应选择前进振动、后退静滚方式作业，最佳滚压遍数应经过试铺确定。

（三）轨道摊铺机

施工程序：施工准备→模板安装→轨道安装→摊铺机就位调试→混合料拌和→运输→摊铺→人工整修→拉毛（压纹）→切缝→养护→填缝→检测。

（1）最小摊铺宽度不宜小于3.75 m。坍落度宜控制在20～40 mm。

（2）应配置振捣器组，当面板厚度超过150 mm，坍落度小于30 mm时，必须插入振捣。

（3）应配备振动梁或振动板对混凝土表面进行振捣和修整，振动板提浆厚度宜控制在（4±1）mm。表面整平时，应及时清除余料，用抹平板完成表面整修。

（四）人工摊铺（小型机具）

施工程序：施工准备→模板安装→混合料拌和→运输→布料摊铺→振捣→整平饰面→拉毛（压纹）→切缝→养护→填缝→检测。

（1）松铺系数宜控制在1.10～1.25。摊铺厚度达到混凝土板厚的2/3时，应拔出模内钢钎，并填实钎洞。

（2）分层摊铺时，上层摊铺应在下层初凝前完成，下层厚度宜为总厚的3/5。

（3）摊铺应与钢筋网、传力杆及边缘角隅钢筋的安放相配合。一块混凝土板应一次连续浇筑完毕。

(4) 使用插入式振捣器时不应过振，不宜小于 30 s，移动间距不宜大于 500 mm。使用平板式振捣器时，应重叠 10～20 cm，振捣器行进速度应均匀一致。振动顺序可按插入式→板式→振动梁（重型）→振动梁（轻型）→无缝钢管滚杆提浆赶浆进行，振动顺序如图 1-4-22 所示。

图 1-4-22　振动顺序

(5) 真空脱水作业应符合下列要求：

①真空脱水应在面层混凝土振捣后、抹面前进行。

②真空系统安装与吸水垫放置位置应便于混凝土摊铺与面层脱水，不得出现未经吸水的脱空部位。

③混凝土试件应与吸水作业同条件制作、养护。真空吸水作业后，应重新压实整平，并进行拉毛、压痕或刻痕。

(6) 成活应符合下列要求：

①现场应采取防风、防晒等措施；抹面拉毛等应在跳板上进行，抹面时严禁在板面上洒水、撒水泥粉。

②采用机械抹面时，真空吸水完成后即可进行。先用带有浮动圆盘的重型抹面机粗抹，再用带有振动圆盘的轻型抹面机或人工细抹一遍。

③混凝土抹面不宜少于 4 次，先找平抹平，待混凝土表面无泌水时再抹面，并依据水泥品种与气温控制抹面间隔时间。

(7) 混凝土面层应拉毛、压痕或刻痕作为抗滑构造，其平均纹理深度应为 1～2 mm，如图 1-4-23 所示。

(a) 拉毛

(b) 简易刻槽

(c) 硬刻槽

图 1-4-23　抗滑构造

七、接缝施工技术

（一）路面接缝分类

（1）普通混凝土、钢筋混凝土、碾压混凝土或钢纤维混凝土面层板宜采用矩形。其纵向和横向接缝应垂直相交，纵缝两侧的横缝不得相互错位。

水泥混凝土路面接缝的类型分为三类，其实例如图 1-4-24 所示。

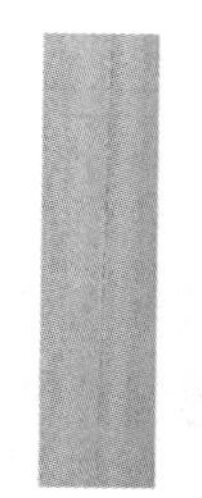

（a）施工缝

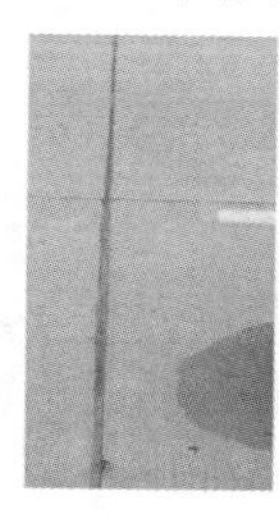

（b）胀缝

（c）缩缝

图 1-4-24　接缝的类型实例

①施工缝：水泥混凝土路面因施工中断而设置的接缝。分幅施工纵缝也属于施工缝。

②胀缝：为保证水泥混凝土路面板在温度升高时能自由延伸，在路面板上设置的横向上下贯通的真接缝。

③缩缝：为保证水泥混凝土路面板在硬化过程中和温度降低时，不致因收缩而产生不规则裂缝，在路面板上设置的不贯穿路面板的假缝。因收缩变形产生的方向没有规律，因此横向、纵向都应切制缩缝。

（2）水泥混凝土路面接缝位置示意如图 1-4-25 所示。

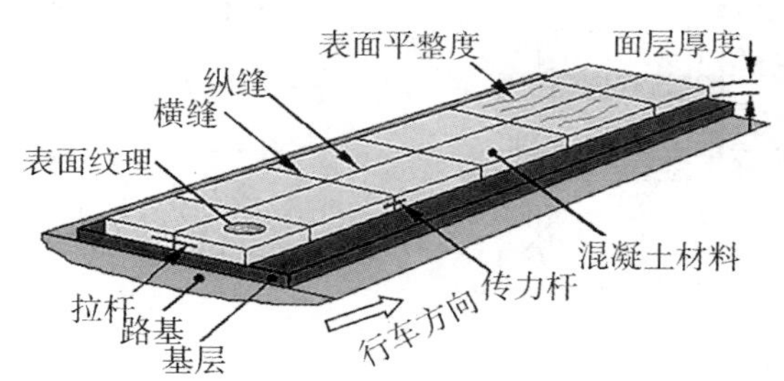

图 1-4-25　水泥混凝土路面接缝位置示意图

扫码听课

（二）路面接缝构造与施工要求

1. 施工缝

施工缝包括横向施工缝（施工中断产生）与纵向施工缝（分幅浇筑产生），按断面形式可分为平缝和企口缝（板较厚时设置），其结构示意如图 1-4-26 所示。

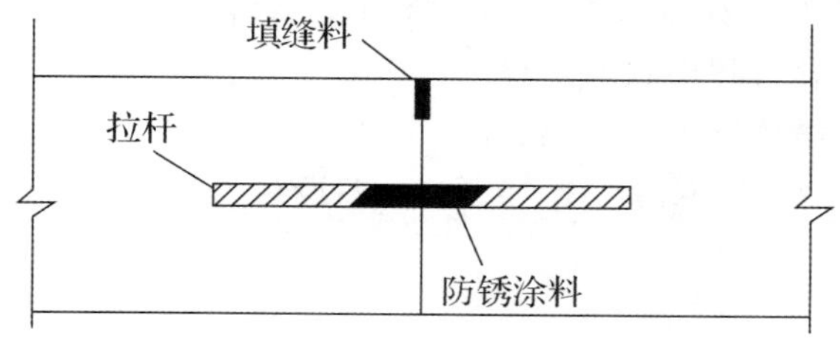

（a）平缝

图 1-4-26　施工缝结构示意图

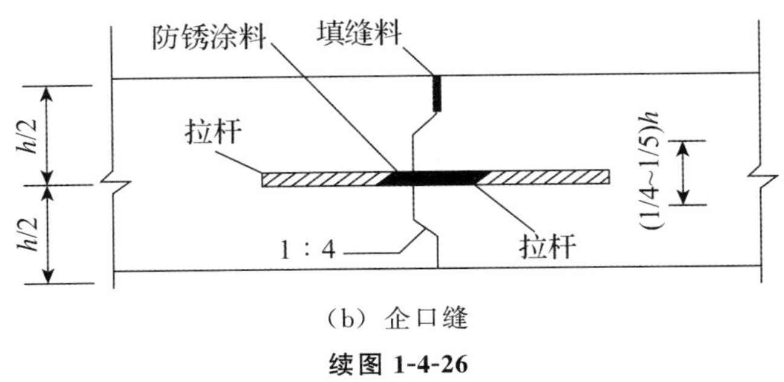

（b）企口缝

续图 1-4-26

2．胀缝

胀缝结构包括胀缝补强钢筋支架、胀缝板和传力杆等。其间距应符合设计规定，缝宽宜为 20 mm，缝壁应保持垂直，缝中不得连浆。胀缝上部的预留填缝空隙宜用胀缝板留置。提缝板应直顺，与胀缝板密合、垂直于面层。胀缝结构如图 1-4-27 所示，图中嵌条即指提缝板。

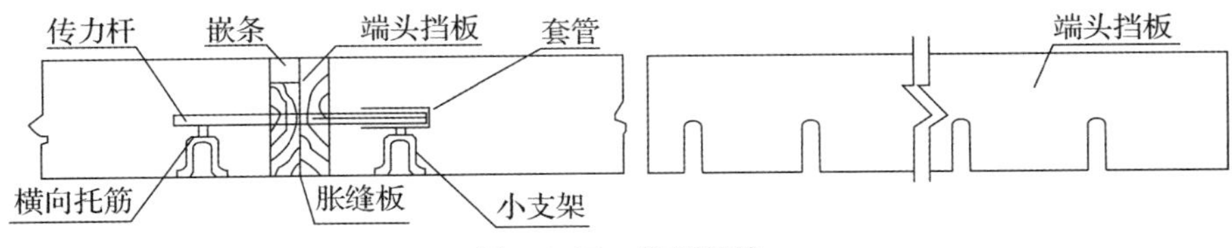

图 1-4-27　胀缝结构

胀缝固定方式可按照所在位置区分进行，如果面板连续浇筑时可按前置钢筋支架法架设，如果胀缝设置在浇筑分段处可按顶头模板固定法（也称端头模板法）架设，如图 1-4-28 所示。

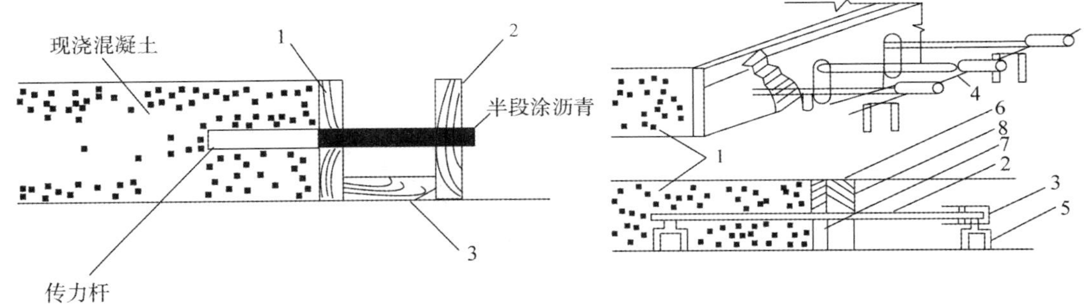

（a）胀缝传力杆的架设（顶头模板固定法）　　（b）胀缝传力杆的架设（钢筋支架法）

（a）：1—端头挡板；2—外侧定位模板；3—固定模板

（b）：1—现浇混凝土；2—传力杆；3—金属套管；4—钢筋；5—支架；6—压缝板条；7—提缝板；8—胀缝模板

图 1-4-28　胀缝传力杆固定安装方法

3．缩缝

缩缝的切割应遵循“宁早勿晚、宁深勿浅”的原则进行，切割宜在水泥混凝土强度达到设计强度的 25%～30%时进行，如果天气炎热、气候干燥或遇大风天气失水过快，可再提前进行切缝以避免混凝土板硬化过程中收缩开裂。

缩缝应垂直于板面，宽度宜为 4～6 mm，其构造如图 1-4-29 所示。切缝深度：设传力杆时，不应小于面层厚的 1/3，且不得小于 70 mm；不设传力杆时，不应小于面层厚的 1/4，且不应小于 60 mm。

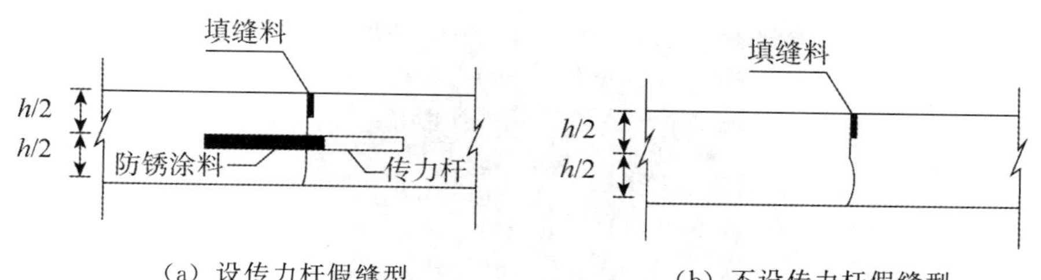

(a) 设传力杆假缝型　　(b) 不设传力杆假缝型

图 1-4-29　缩缝构造图

各类接缝的分类、做法与钢筋配置要求见表 1-4-14，表格中钢筋的配置应重点记忆。

表 1-4-14　各类接缝的分类、做法与钢筋配置要求

方向	接缝	做法	钢筋配置
横向	缩缝	沿板纵向每隔 4～6 m 设置一道；应用于高等级、重交通时需要设置钢筋	传力杆 光圆钢筋
	胀缝	(1) 在邻近桥梁或其他固定构筑物处、与其他道路相交处、板厚改变处、小半径曲线等情况应设置； (2) 若施工时段为夏季高温期、混合料原材料温度敏感性低、所处地段常年气温均衡可不设置	
	施工缝	应尽量选在缩缝或胀缝处，以减少接缝数量	
纵向	缩缝	当一次铺筑宽度大于 4.5 m 时应设置	拉杆 螺纹钢筋
	施工缝	一次铺筑小于路面宽度时设置（即分幅铺筑）	
补强	面板的自由边；繁重交通处的胀缝、施工缝；板面小于 90°的角隅位置；下穿管线的路段；板中雨水口和检查井周围		

八、面层养护与填缝

(一) 面层养护要求

(1) 面层成活后，应及时养护。可选用保湿法和塑料薄膜覆盖等方法（如保湿膜、土工毡、麻袋、草袋、草帘）养护；不宜使用围水养护。

(2) 混凝土板在达到设计强度的 40%以后，方可允许行人通行。

(3) 养护时间不宜小于设计弯拉强度的 80%，一般不宜少于 14 d（气温较高）或 21 d（气温较低）；并且对前 7 d 的养护应加强保湿，保障养护用水充足。

(4) 昼夜温差大的地区，应采取保温、保湿的养护措施。

(5) 养护期间应封闭交通，面层不应堆放重物；养护终结，应及时清除面层养护材料。

(二) 填缝规定

填缝施工如图 1-4-30 所示。

图 1-4-30 填缝施工

(1) 混凝土板养护期满后应及时填缝，缝内遗留的砂石、灰浆等杂物应剔除干净。

(2) 浇注填缝料必须在缝槽干燥状态下进行，填缝料应与混凝土缝壁黏附紧密，不渗水。

(3) 填缝料的充满度应根据施工季节而定，常温施工应与路面齐平，冬期施工应略低于板面 1～2 mm。

九、开放交通与质量检验

在面层混凝土弯拉强度达到设计强度且填缝完成前，不得开放交通。

水泥混凝土路面质量检验项目见表 1-4-15。

表 1-4-15 水泥混凝土路面质量检验项目

分类		检验项目
水泥混凝土面层主控项目	原材料质量	(1) 水泥（出厂超过 3 个月应复检）品种、级别、质量等； (2) 钢筋品种、规格、数量、下料尺寸及质量； (3) 外加剂、钢纤维、粗细集料、防水质量
	面层质量	弯拉强度（设计规定；检查试件强度试验报告）、面层厚度（检查试验报告、复测）、抗滑构造深度（铺砂法）
一般项目		纵断高程、中线偏位、平整度、宽度、横坡、井框与路面高差、相邻板高差、纵缝直顺度、横缝直顺度、蜂窝麻面面积

十、水泥混凝土路面病害原因分析

水泥混凝土路面病害原因分析见表 1-4-16。

表 1-4-16 水泥混凝土路面病害原因分析

病害分类		原因分析
水泥混凝土路面裂缝	横向	(1) 混凝土路面切缝不及时、切缝深度过浅； (2) 混凝土路面基础发生不均匀沉陷； (3) 混凝土路面板厚度与强度不足； (4) 水泥干缩性大，混凝土配合比不合理、水灰比大，材料计量不准确，养护不及时； (5) 混凝土施工时，振捣不均匀

续表

病害分类		原因分析
水泥混凝土路面裂缝	纵向	(1) 路基发生不均匀沉陷； (2) 基础不稳定； (3) 混凝土板厚度与基础强度不足
	龟裂	(1) 混凝土浇筑后，表面没有及时覆盖； (2) 混凝土拌制时水灰比过大或模板垫层过于干燥，吸水量大； (3) 混凝土配合比不合理，水泥用量和砂率过大； (4) 混凝土表面过度振捣或抹平

十一、水泥混凝土路面冬、雨、热期施工措施

(一) 冬期施工措施

(1) 施工中应根据气温变化采取保温防冻措施。当连续 5 昼夜平均气温低于－5 ℃或最低气温低于－15 ℃时，宜停止施工。

(2) 水泥应选用水化总热量大的 R 型水泥或单位水泥用量较多的 32.5 级水泥，不宜掺粉煤灰。

(3) 对搅拌物中掺加的早强剂、防冻剂应经优选确定。

(4) 加热水或砂石料拌制混凝土时，应依据混凝土出料温度要求，经热工计算，确定水与粗细集料加热温度。水温不得高于 80 ℃，砂石料温度不宜高于 50 ℃。

(5) 搅拌机出料温度不得低于 10 ℃，摊铺混凝土温度不应低于 5 ℃。

(6) 养护期应加强保温，覆盖保湿，混凝土面层最低温度不应低于 5 ℃。

(7) 养护期应经常检查保温、保湿隔离膜，保持其完好，并应按规定检测气温与混凝土面层温度。

(8) 当面层混凝土弯拉强度未达到 1 MPa 或抗压强度未达到 5 MPa 时，必须采取防止混凝土受冻的措施，严禁混凝土受冻。

(二) 雨期施工措施

(1) 拌和站应具有良好的防水条件与防雨措施。

(2) 根据天气变化情况及时测定砂石含水量，准确控制混合料的水灰比。

(3) 雨天运输混凝土时，车辆必须采取防雨措施。

(4) 施工前应准备好防雨棚等防雨设施。

(5) 施工中遇雨时，应立即使用防雨设施完成对已铺筑混凝土的振实成型，不应再开新作业段，并应采用覆盖等措施保护尚未硬化的混凝土面层。

(三) 热期施工措施

(1) 当施工气温达到 30 ℃以上，并且空气湿度低于 80%时，混凝土材料容易加速失水导致结构出现强度不足或开裂严重等问题，因此应按热期施工要求进行。

(2) 对搅拌物的配合比应严格控制，通过坍落度的监测控制和易性，发现坍落度损失应及时处理。

(3) 避开高温时间点浇筑混凝土，并且可以采取掺加缓凝剂、采用低温材料、保证养护用水等方式控制混凝土硬化中的失水收缩和温度裂缝。

（4）施工中工序衔接应紧密，避免停顿时间过长。

（5）为避免失水过快，可采用加设罩棚防晒、加强养护、覆盖结构等措施辅助施工。

➤ **重点提示：**混凝土面层的铺筑施工偏向于客观题目的考查形式，熟悉即可。混凝土面层施工中的模板设置要求、接缝构造相关内容应作为重点。另外需要掌握混凝土面层的基本施工程序：配合比设计与审批→现场准备（模板设置、机械配置等）→混凝土铺筑→混凝土振动→接缝处理→养护→开放交通。

实战演练

［2023 真题 · 单选］混凝土路面达到（　　）后，可允许行人通行。

A. 抗压强度 30%　　　　B. 弯拉强度 30%

C. 抗压强度 40%　　　　D. 弯拉强度 40%

［解析］在混凝土达到设计弯拉强度的 40%以后，可允许行人通过。在面层混凝土完全达到设计弯拉强度且填缝完成前，不得开放交通。

［答案］D

［经典例题 · 多选］水泥混凝土路面施工时模板的支搭应达到的要求中，错误的是（　　）。

A. 安装稳固、顺直、平整、无扭曲　　　　B. 严禁在基层上挖槽嵌入模板

C. 相邻模板连接应紧密平顺，错台小于 10 mm　　　　D. 接头应粘贴胶带或塑料薄膜等密封

［解析］模板应安装稳固、顺直、平整，无扭曲。相邻模板连接应紧密平顺，不得错位。

［答案］C

［2020 真题 · 案例节选］

背景资料：

某单位承建一条水泥混凝土道路工程，道路全长 1.2 km，混凝土标号 C30。项目部把混凝土道路面层浇筑的工艺流程对施工班组做了详细的交底。工艺流程如下：安装模板→装设拉杆与传力杆→混凝土拌和与①→混凝土摊铺与②→混凝土养护及接缝施工，其中对胀缝节点的技术交底如图 1-4-31 所示。

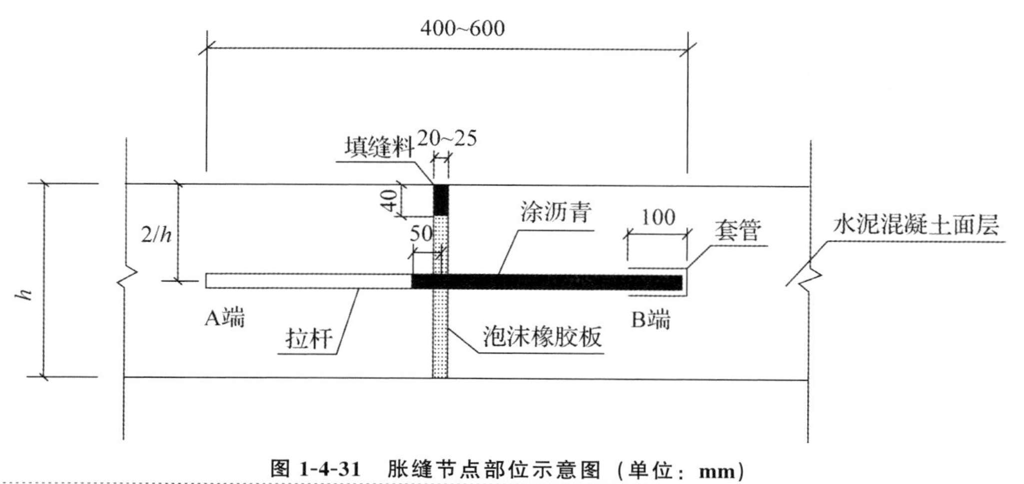

图 1-4-31　胀缝节点部位示意图（单位：mm）

[问题]

在混凝土面层浇注工艺流程中，请指出拉杆、传力杆采用的钢筋类型。补充施工工序中①、②的名称。指出图中拉杆的哪一端为固定端。

[答案]

(1) 拉杆采用螺纹钢筋，传力杆采用光圆钢筋。

(2) ①：运输。②：振动。

(3) 图中 A 端为固定端。

考点 3　稀浆罩面与沥青表面处治施工技术★

一、基本规定

(1) 当稀浆封层和微表处作为表层罩面时，应与原路面粘结牢固，并应有良好的抗滑性能和封水效果，应坚实、耐久、平整。

(2) 应根据使用要求、原路面状况、交通量以及气候条件等因素，选择适当的稀浆封层或微表处类型，并编制施工方案。应根据使用要求，进行配合比设计。

(3) 稀浆封层及微表处类型、功能及适用范围应符合表 1-4-17 的规定。

表 1-4-17　稀浆封层及微表处类型、功能及适用范围

稀浆混合料类型	混合料规格	功能	适用范围
稀浆封层	ES－1（细封层）	封水、抗滑和改善路表外观	支路、停车场的罩面
	ES－2（中封层）		次干路以下的罩面以及新建道路的下封层
	ES－3（粗封层）		次干路的罩面以及新建道路的下封层
微表处	MS－2（Ⅱ型）	封水、抗滑、耐磨和改善路表外观	中等交通等级快速路和主干路的罩面
	MS－3（Ⅲ型）	封水、抗滑、耐磨、改善路表外观和填补车辙	快速路、主干路的罩面

(4) 稀浆封层和微表处可单层铺筑，也可双层铺筑。应采用专用机械（稀浆封层车）进行施工。

(5) 稀浆封层和微表处施工期及养护期内的气温应高于 10 ℃。

(6) 稀浆封层和微表处施工前，应对原路面进行检测与评定。原路面应符合强度、刚度和整体稳定性的要求，且表面应平整、密实、清洁。

(7) 稀浆封层采用乳化沥青，微表处宜选用阳离子型改性乳化沥青，改性剂有效成分不宜小于 3%。

(8) 路面过湿或有积水时严禁施工；在雨天及空气湿度大、混合料成型困难的天气时不得施工；施工中遇雨或施工后混合料尚未成型遇雨时，严禁开放交通，并应在雨后将无法正常成型的材料铲除重做。

第一章

二、施工技术

（一）施工程序

稀浆封层和微表处施工程序如图 1-4-32 所示。

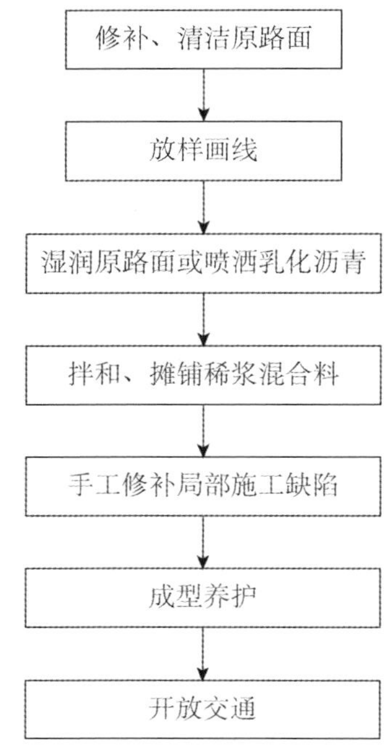

图 1-4-32　稀浆封层和微表处施工程序

（二）施工准备

（1）原路面的修补、清洁、洒水和喷洒乳化沥青应符合下列要求：

①当原路面不符合质量要求时，应对原路面进行修补，壅包应铲平，坑槽应填补，保持路面完整。应清扫铲除原路面上的所有杂物、尘土及松散粒料，对大块油污应采用去污剂清除干净。

②当原路面为沥青路面，天气过于干燥或炎热时，在稀浆混合料摊铺前，应对原路面预先洒水，洒水量应以路面湿润为准，不得有积水现象，湿润后应立即施工；当原路面为非沥青路面时，宜预先喷洒粘层油；用于半刚性基层沥青路面的下封层时，应首先在半刚性基层上喷洒透层油。

（2）材料的检查应符合下列要求：

①乳化沥青或改性乳化沥青、矿料、水、填料等应在施工前进行质量检查。

②应抽取矿料堆中间部分的矿料，进行含水量现场测定。

③所用材料宜一次备齐；当工程量较大时可分批备料和堆放，不同批次的材料不得混杂堆放。

（3）施工机具应符合下列要求：

①稀浆混合料摊铺机、装载机、乳化沥青罐车、水槽车、运料车以及拌盘、铁铲、刮耙、计量秤、盛料容器等各种施工机械和辅助工具均应备齐，并应保持良好的工作状态。

②在下列几种情况下，应对摊铺机进行计量标定：第一次使用前、每年的第一次使用前、原材料或配合比发生较大变化时。

（4）正式施工前，应对井盖、井箅、路缘石等道路附属设施采取保护措施。

（三）铺筑试验段

（1）正式施工前，应选择合适的路段摊铺试验段。试验段长度不宜小于 200 m。

（2）施工配合比应根据试验段的摊铺情况，在设计配合比的基础上做小范围调整确定。

（3）试验段完成后应编制总结报告，总结报告中应包括施工配合比、施工工艺等参数，并应作为正式施工依据，施工过程中不得随意更改。

（四）摊铺作业

（1）应根据施工路段的路幅宽度调整摊铺槽宽度，应减少纵向接缝数量，纵向接缝应位于车道线附近。

（2）稀浆混合料摊铺后的局部缺陷，应及时使用橡胶耙等工具进行人工找平。

（3）对纵向接缝，摊铺时应重叠 10～20 mm，并应采用人工及时修正；对横向接缝，应采用油毛毡置于已铺部位的重叠部分，待摊铺机过后，再作人工修正。

（4）当采用双层摊铺或微表处车辙填充后再做微表处罩面时，对先摊铺的一层，应至少在行车作用下成型 24 h，确认成型后方可进行第二层摊铺。上下两层的接缝应错开。

（5）当微表处车辙填充时，应调整摊铺厚度，微表处车辙摊铺应适当高出原路面，使填充层横断面的中部隆起 3～5 mm，如图 1-4-33 所示。

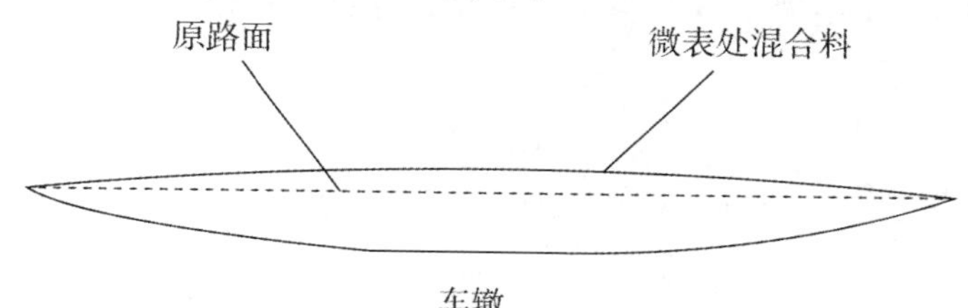

图 1-4-33　微表处车辙填充

（五）养护规定

（1）在开放交通前严禁车辆和行人通行。

（2）对交叉路口、单位门口等摊铺后需尽快开放交通的路段，应采用洒一层薄砂等保护措施，撒砂时间应在破乳之后，并应避免急刹车和急转弯等。

（3）稀浆混合料摊铺后可不采用压路机碾压，通车后可采用交通车辆自然压实。在特殊情况下，可采用轮重 6～10 t 的轮胎压路机压实，压实应在混合料初凝后进行。

当稀浆封层用于下封层时，宜使用 6～10 t 的轮胎压路机对初凝后的稀浆混合料进行碾压。

（5）当混合料能满足开放交通的要求时，应尽快开放交通，初期行车速度不宜超过 30 km/h。

（6）当混合料粘结力达到 2.0 N·m 时，可结束初期养护。

三、质量验收

工程完工后，应将施工全线每 1 km 作为一个评价路段按以下规定进行质量检查和验收。

（1）主控项目：抗滑性能、渗水系数、厚度。检查数量及方法见表 1-4-18。

表 1-4-18　检查方法及数量

检查方法			检查数量
抗滑性能	摆值 F_b（BPN）	城市主干路、快速路≥45	每千米 5 个点
	横向力系数	城市主干路、快速路≥54	全线连续
	构造深度（TD）	城市主干路、快速路≥0.60 mm	每千米 5 个点
渗水系数		≤10 mL/min	每千米 3 个点
厚度		−10%	每千米 2 个断面

注：当稀浆封层用于下封层时，抗滑性能可不作要求。

（2）一般项目：表面应平整、密实、均匀，无松散、花白料、轮迹和划痕。采用目测方法检验，全线连续检查。

➤ **重点提示：**在稀浆封层与微表处处理施工中，应重点关注两类施工的适用范围及功能，并且把握核心施工程序，着重记忆加铺前处理、养护规定、质量验收项目等内容。

实战演练

［经典例题・单选］快速路、主干路的罩面层，在存在车辙的前提下应选择（　　）规格的材料。

A. 稀浆封层细封材料

B. 稀浆封层粗封材料

C. 微表处Ⅱ型

D. 微表处Ⅲ型

［解析］微表处 MS-3（Ⅲ型）具有封水、抗滑、耐磨、改善路表外观和填补车辙的功能，适用于快速路、主干路的罩面。

［答案］D

考点 4　城镇道路养护、改造加铺施工技术★★

城镇道路工程在日常使用中，由于外部交通作用、降雨及大气环境影响、地下条件改变等原因，容易产生开裂、表面磨损、局部破损、隆起、塌陷等不同程度的破坏。为保持城镇道路设施的正常功能，保证其完好和安全运行，提高服务水平，应统一技术标准、规范工作，针对不同程度的病害，采取对应有效的维修、恢复和改造手段。

一、城镇道路养护基本规定

（1）道路应定期进行日常巡查、检测、评价，并应根据评价结果制定年度维修计划及中期道路养护规划。

（2）城镇道路养护工程应根据其工程性质和技术状况分为预防性养护、矫正性养护、应急性养护。矫正性养护包括保养小修、中修、大修和改扩建工程，中修、大修和改扩建工程应进行专项设计。

（3）城镇快速路的养护作业宜采用机械化施工工艺。

（4）应按养护面积配备养护设备、检测设备及专业养护技术人员。

（5）重要交通节点或维修时限要求较高路段的修复，宜采用快速修复技术。

（6）应结合城区环保规定采取防尘、降噪措施。

二、沥青路面养护

沥青路面的养护维修宜采用专用机械及相应的快速维修方法施工。沥青路面铣刨、挖除的旧料应再生利用。沥青路面常见病害有裂缝、壅包、车辙、沉陷、剥落、坑槽、泛油、抗滑性能不足等。

（1）裂缝修补通常通过裂缝检测、裂缝灌注对裂缝进行修补，裂缝修补效果如图 1-4-34 所示。

图 1-4-34　裂缝修补效果

（2）进行局部修补时，破损部位切割如图 1-4-35 所示，开挖基底处理如图 1-4-36 所示，重新摊铺如图 1-4-37 所示，修补处压实如图 1-4-38 所示。

图 1-4-35　破损部位切割

图 1-4-36　开挖基底处理

图 1-4-37　重新摊铺

图 1-4-38　修补处压实

三、水泥混凝土路面养护

水泥混凝土路面养护维修材料应满足强度、耐久性和稳定性要求，主要材料应进行检验。

水泥混凝土路面常见病害有裂缝、板边和板角破损、接缝损坏、坑洞、错台、拱胀、脱空、唧泥、沉陷等。部分病害维修规定见表1-4-19。

表1-4-19 部分病害维修规定

病害分类	维修规定
裂缝	(1) 对路面板出现小于2 mm宽的轻微裂缝，可采用直接灌浆法处治； (2) 对裂缝宽大于等于2 mm且小于15 mm贯穿板厚的中等裂缝，可采取扩缝补块的方法处治，扩缝补块的宽度不应小于100 mm； (3) 对大于等于15 mm的严重裂缝，可采用挖补法全深度补块；当采用挖补法全深度补块时，基层强度应符合设计要求； (4) 扩缝补块、挖补法全深度补块时应进行植筋，植筋深度应满足设计要求，无设计时植筋深度不应小于板厚的2/3
板边和板角	(1) 当水泥混凝土路面板边轻度剥落时，快速路和主干路的养护不得采用沥青混合料修补； (2) 板角断裂应按破裂面确定切割范围，宜采用早强补偿收缩混凝土，并应按原路面设置纵缝、横向缩缝、胀缝； (3) 凿除破损部分时，应保留原有钢筋，没有钢筋时应植入钢筋，新旧板面间应涂刷界面剂； (4) 与原有路面板的接缝面，应涂刷沥青，如为胀缝，应设置胀缝板； (5) 当混凝土养护达到设计强度后，方可通行车辆
脱空、唧泥	(1) 当板边实测弯沉值在0.20～1.00 mm时，应钻孔注浆处理，注浆后两相邻板间弯沉差宜控制在0.06 mm以下； (2) 当板边实测弯沉值大于1.00 mm或整块水泥混凝土面板破碎时，应拆除后铺筑混凝土面板

(1) 当采用注浆方法处置面板脱空、唧泥时，应符合下列规定。

①可采用弯沉仪或探地雷达等设备检测水泥混凝土路面板的脱空。

②应通过试验确定注浆压力、初凝时间、注浆流量、浆液扩散半径等参数。

③注浆孔与面板边的距离不应小于0.5 m，注浆孔的数量在一块板上宜为3～5个。

④注浆孔的直径应与灌注嘴直径一致，宜为70～110 mm。

⑤注浆作业应从脱空量大的地方开始，灌注压力宜控制在1.5～2.0 MPa。

⑥注浆应自上而下进行灌浆，第一次注浆结束2 h后再进行第二次重复注浆。

⑦注浆后残留在路面的灰浆应及时清扫、清除。

⑧应待灰浆强度达到设计强度后再开放交通。

(2) 水泥混凝土路面翻修规定：

①旧板凿除时，不得造成相邻板块破损或错位，应保留原有拉杆或传力杆。

②基层损坏或强度不足时，应采取补强措施，强度不应低于原结构强度，基层补强层顶面标高应与原基层顶面标高相同。

③在混凝土路面板接缝处的基层上，宜涂刷一道宽200 mm的沥青。

④应根据通车时间要求选用路面的修补材料，并应进行配合比设计。

⑤水泥混凝土路面整块面板的翻修应按新建水泥混凝土路面要求施工。

(3) 水泥混凝土路面的改善应因地制宜，可加铺水泥或沥青混凝土面层。

四、城镇道路加铺改造技术要求

在妥善处理好城镇道路的病害破损，经检查确认符合要求，并妥善设置好预防反射裂缝的措施后，可在旧路上加铺沥青面层，以实现使用功能的改善。

（一）加铺前反射裂缝预防措施

（1）可以在裂缝破坏比较严重的旧路面与新加铺的沥青面层之间设置应力消减层来减少、延缓和抑制反射裂缝的出现。应力消减层可以选择沥青橡胶类混合料，可以有效起到隔离变形的作用，其设置位置如图 1-4-39 所示。

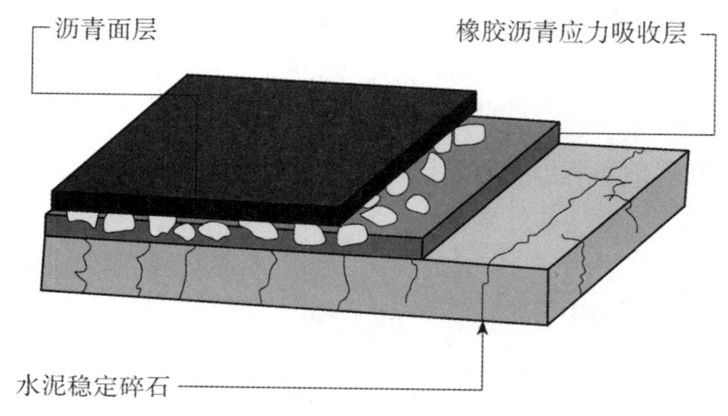

图 1-4-39　应力消减层

（2）在出现裂缝的结构层位上，应沿裂缝位置进行贴缝处理，以减少、延缓和抑制反射裂缝的出现。贴缝可以选择土工合成材料或沥青卷材类材料，其设置位置如图 1-4-40 所示。

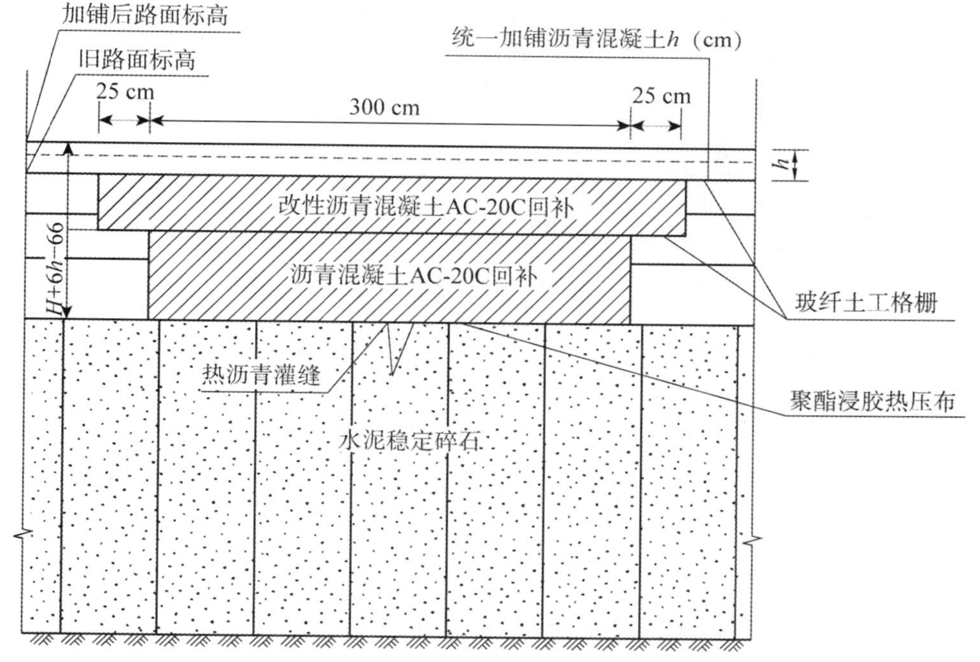

图 1-4-40　贴缝处理

（二）加铺沥青面层技术要求

（1）加铺沥青面层前，应按照加铺层厚度调整道路中既有结构（如雨水管、检查井、井箅等）的顶面标高，使既有结构标高与加铺后路面标高保持一致。

(2) 加铺前应按照旧路类型设置连接层。如果是沥青旧路加铺沥青面层，应先洒布粘层油；如果是旧水泥混凝土路面直接加铺沥青面层，应先洒布粘层油；如果是水泥混凝土路面碎石化处理后再加铺沥青面层，应洒布透层油。

(3) 新加铺沥青面层可参考沥青面层施工技术进行。

➤ **重点提示：** 旧路改造与道路养护维修在近几年的考试中常见于改造工程类案例，往往会结合管道工程的维修更新、道路改造中的分幅建设等内容一起考查。在学习中，应着重掌握不同病害的处理方法、反射裂缝的处理要求以及加铺改造的连接处理。

实战演练

[经典例题·案例节选]

背景资料：

本工程采用钻孔注浆的形式针对板底脱空进行处理（图 1-4-41）。

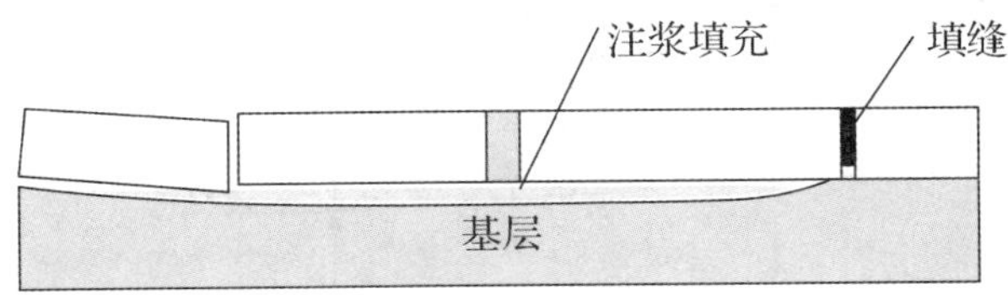

图 1-4-41　板底脱空处理

[问题]

请简述本工程施工顺序，并指出灌注压力为多少。

[答案]

本工程施工顺序：底层探查→编制方案→测量定位→钻孔→压力灌浆→压浆孔封堵→封闭交通及养护→弯沉值检测→开放交通；灌注压力为 1.5～2.0 MPa。

第二章

城市桥梁路工程

名师导学

本章内容为市政公用工程中重要的基础工程，是城市交通网络中重要的一环，与道路工程、城市轨道交通工程共同构成城市交通脉络，同时也是考试中频率极高的一章，需要重点把握。本章共4节，第一节涉及城市桥梁结构形式及通用施工技术，其中的桥梁工程结构、模板支架施工技术、预应力混凝土施工技术考频极高，应重点把握。第二节为城市桥梁下部结构施工，其中的围堰施工技术与桩基础施工技术考频非常高，必须重点把握。第三节涉及城市桥梁上部结构施工技术，其中装配式桥跨施工与现浇桥跨中的支架法、悬臂现浇法为高频案例考点，应重点把握。第四节为城市管涵与箱涵施工，相对前3节考查概率较低，熟悉理解即可。

考情分析

近四年考试真题分值统计表（单位：分）

节序	节名	2023年			2022年			2021年			2020年		
		单选	多选	案例	单选	多选	案例	单选	多选	案例	单选	多选	案例
第一节	城市桥梁结构形式及通用施工技术	2	4	16	1	2	8	3	4	20	2	2	25
第二节	城市桥梁下部结构施工	1	0	4	1	0	4	2	0	0	1	0	0
第三节	城市桥梁上部结构施工	0	0	0	1	0	4	0	0	0	1	2	0
第四节	管涵和箱涵施工	0	0	4	0	0	0	0	0	0	0	0	0
合计		3	4	24	3	2	16	5	4	20	4	4	25

注： 2020—2023年每年有多批次考试真题，此处分值统计仅选取其中的一个批次进行分析。

第一节　城市桥梁结构形式及通用施工技术

考点 1　城市桥梁概念及分类、工程结构、常用术语★★

城市桥梁是城市交通网络中非常重要的一环，在道路通行中遇到障碍物时，可以通过桥梁跨越该障碍物以实现交通的连续通行。

一、桥梁分类

（一）按跨越障碍物的性质分类

按照桥梁跨越障碍物的性质，可以将桥分为：跨越地面修建的城市道路的桥梁（如图2-1-1所示，也称跨线桥或高架桥）、跨越河流的桥梁（如图 2-1-2 所示，也称跨河桥）、穿越道路或铁路线的构筑物（如图 2-1-3 所示，也称地下通道）。

图 2-1-1　跨线桥

图 2-1-2　跨河桥

图 2-1-3　地下通道

（二）按桥梁长度分类

桥梁按其多孔跨径总长或单孔跨径的长度，可分为特大桥、大桥、中桥和小桥四类，桥梁分类应符合表 2-1-1 的规定。

表 2-1-1　桥梁按多孔跨径总长和单孔跨径分类

桥梁分类	多孔跨径总长$\sum L_0$/m	单孔跨径 L_0/m
特大桥	$\sum L_0>1\ 000$	$L_0>150$
大桥	$1\ 000\geqslant\sum L_0\geqslant100$	$150\geqslant L_0\geqslant40$
中桥	$100>\sum L_0>30$	$40>L_0\geqslant20$
小桥	$30\geqslant\sum L_0\geqslant8$	$20>L_0\geqslant5$

注：①单孔跨径是指标准跨径，梁式、板式桥以两桥中心线之间或桥墩中线与桥台台背前缘线之间桥中心线长度为标准跨径；拱式桥以净跨径为标准跨径。

②梁式桥、板式桥的多孔跨径总长为多孔标准跨径的总长；拱式桥为两岸桥台起拱线间的距离；其他形式的桥梁为桥面系的行车道长度。

（三）按基本结构体系分类

桥梁结构中的受力构件，基本可以概括为受拉、受压、受弯三种常见的受力方式，由各类受力构件组成的桥梁结构物，在力学特性上可以总结为梁式、拱式、悬挑、组合四种基本体系，分类及特点见表 2-1-2。

表 2-1-2　桥梁按基本结构体系的分类、结构及特点

分类	结构示意图	特点
梁式桥	简支梁 连续梁	(1) 在竖向荷载作用下无水平反力； (2) 外力作用方向与承重结构轴线接近垂直，与同跨径的其他结构相比，梁内产生的弯矩最大； (3) 通常需要抗弯能力强的材料（钢、木、钢筋混凝土等）来建造； (4) 结构简单、施工方便，对地基承载力要求不高
拱桥	H　M　R　V	(1) 主要承重结构是拱圈或拱肋； (2) 桥墩或桥台将承受水平推力； (3) 与同跨径的其他结构相比，拱的弯矩和变形要小得多，承重结构以受压为主； (4) 通常可采用抗压能力强的材料（砖、石、混凝土、钢筋混凝土等）； (5) 下部结构和地基必须能经受住很大的水平推力的不利作用，施工一般比梁式桥困难些
刚架桥	路面高程　i%　i%　H　R　V	(1) 主要承重结构是梁或板和立柱或竖墙整体结合在一起的刚架结构，梁和柱的结合处有很大的刚度； (2) 在竖向荷载作用下，梁部主要受弯，柱脚也具有水平反力，受力状态介于梁桥与拱桥之间； (3) 跨中建筑高度可以做得较小，当桥面高程已确定时，能增加桥下净空； (4) 施工比较困难，用钢筋混凝土修建时梁柱结合处较容易裂缝
（吊桥）悬索桥	缆索　吊杆　f　V　塔架　d　H　锚碇	(1) 用悬挂在两边塔架上的强大缆索作为主要承重结构； (2) 在竖向荷载作用下，通过吊杆使缆索承受很大的拉力，通常需要在两岸桥台后方修筑非常大的锚碇结构； (3) 广泛采用高强度钢丝编制的钢缆，自重较小，能以较小的建筑高度实现特大跨度，但结构刚度差，在荷载作用下有较大的变形和振动，目前一般只在公路上修建

续表

分类	结构示意图	特点
组合体系	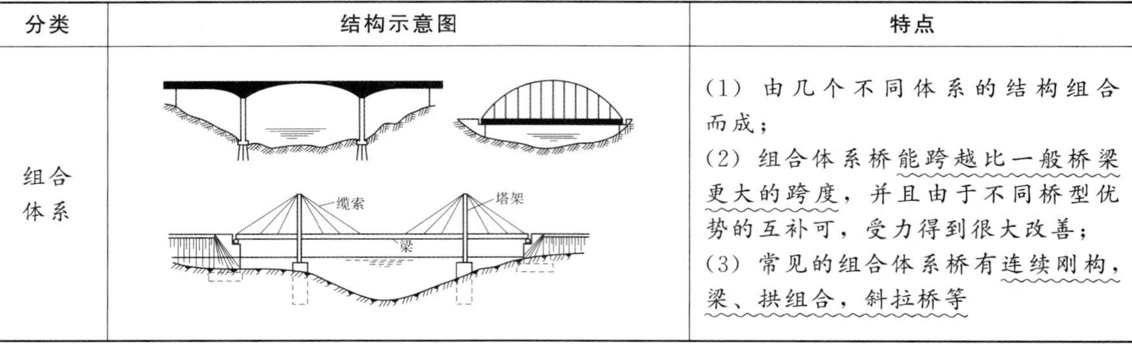	(1) 由几个不同体系的结构组合而成； (2) 组合体系桥能跨越比一般桥梁更大的跨度，并且由于不同桥型优势的互补可，受力得到很大改善； (3) 常见的组合体系桥有连续刚构，梁、拱组合，斜拉桥等

(四) 其他分类方式

除上述划分标准外，还可以从桥梁的使用用途、建设材料、行车道位置等其他方式进行划分，具体分类方式见表 2-1-3。

表 2-1-3　桥梁的其他分类方式

分类方式	包含桥型		
用途	公路桥、铁路桥、公路铁路两用桥、农桥、人行桥、运水桥（渡槽）及其他专用桥梁（如管路、电缆桥等）		
承重结构材料	圬工桥（砖、石、混凝土桥）、钢筋混凝土桥、预应力混凝土桥、钢桥和木桥等		
上部行车道位置	上承式	中承式	下承式

二、桥梁工程结构

桥梁结构组成与结构间位置关系如图 2-1-4 所示。

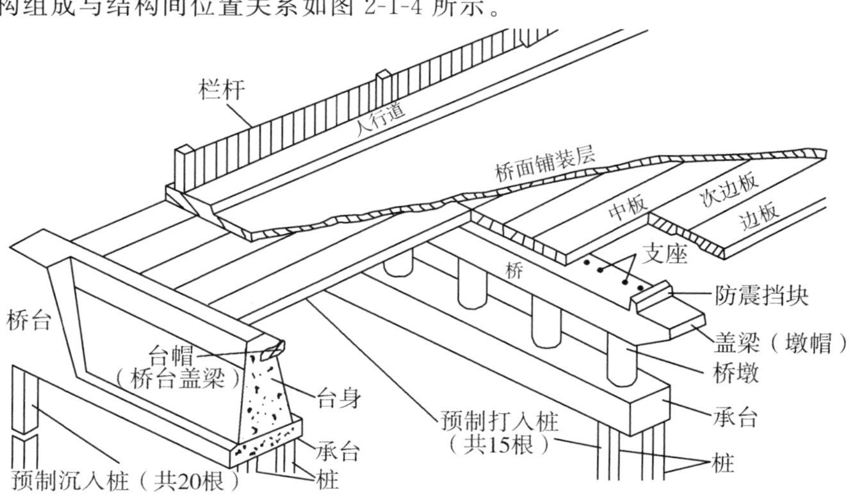

图 2-1-4　桥梁结构组成与结构间位置关系

桥梁主体结构组成及作用见表 2-1-4。

表 2-1-4　桥梁主体结构组成及作用

分类	结构组成		特征与作用
受力结构	上部结构（桥跨）		跨越障碍物的主要承载结构，直接接受行车荷载
	支座		传力装置；传递很大的荷载，保证桥跨结构能产生一定的变位
	下部结构	桥墩	设置在桥中，单孔桥没有中间桥墩；支撑桥跨结构并将荷载传至地基
		桥台	设置在桥两端；支撑桥跨结构并将荷载传至地基，还与路堤相衔接以抵御路堤土压力，防止路堤填土的滑坡和坍落
		墩台基础	使全部荷载传递至地基的底部奠基部分，确保桥梁能安全使用，施工难度较高
功能结构	附属结构	桥面系	桥面铺装、防水排水系统、栏杆或防撞栏杆、灯光照明等
		伸缩缝	设置在上部结构之间或上部结构与桥台端墙之间；保证结构的变位，使行车顺适
		锥形护坡	在路堤与桥台衔接处；石砌结构，保证迎水部分路堤边坡的稳定
		桥头搭板	防止因桥梁结构与道路路堤之间的不均匀沉降而产生的桥头跳车病害

受力结构中的桥墩、桥台结构如图 2-1-5 所示，桥头搭板设置位置如图 2-1-6 所示。

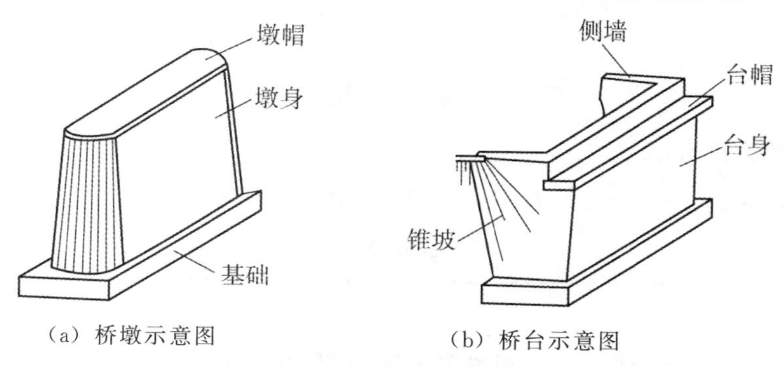

图 2-1-5　桥墩、桥台结构示意图

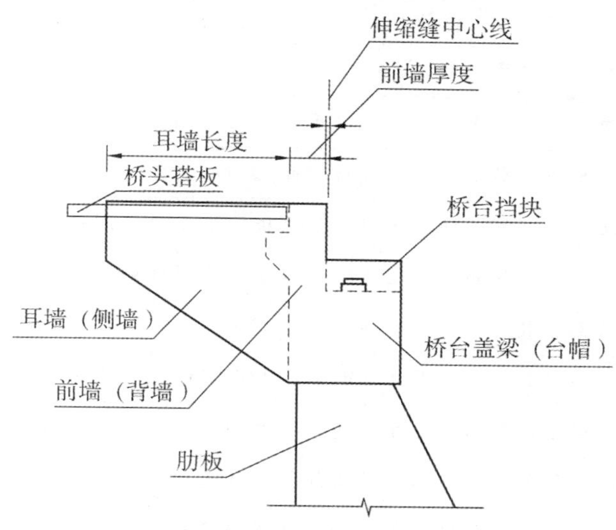

图 2-1-6　桥头搭板设置位置

附属结构中的伸缩装置如图 2-1-7 所示，锥形护坡与桥台构造如图 2-1-8 所示。

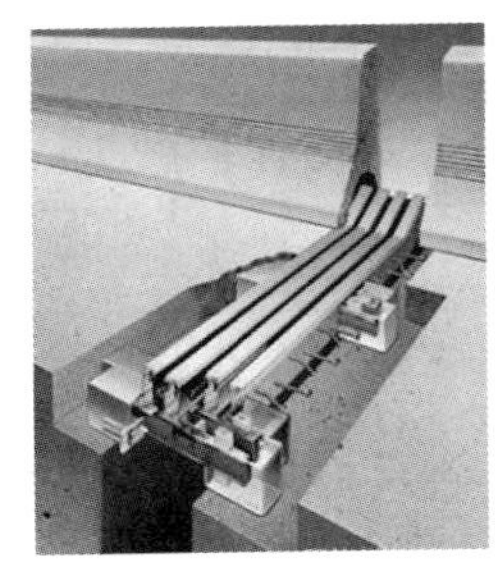

(a) 上部结构之间的伸缩装置

(b) 上部结构与桥台端墙之间的伸缩装置

图 2-1-7　伸缩装置

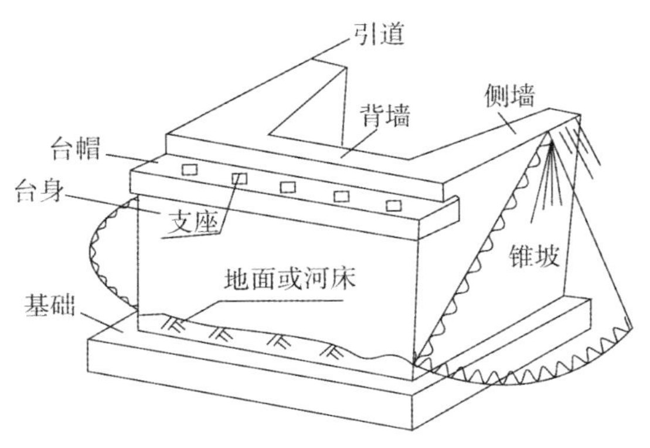

图 2-1-8　锥形护坡与桥台构造

三、桥梁相关常用术语

桥梁相关常用术语见表 2-1-5，常用术语图示如图 2-1-9 所示。

表 2-1-5　桥梁相关常用术语

桥梁术语	区分点
净跨径（L_0）	相邻桥墩（台）间净距或拱桥拱脚截面最低点之间的水平距离
计算跨径（L_1）	支座中心之间的距离
总跨径（$\sum L_0$）	各孔净跨径之和
桥梁全长（L_T）	两个桥台的侧墙或八字墙后端点之间的距离
桥梁高度	桥面与低水位或桥下线路路面之间的高差
桥下净空高度（H）	设计洪水位、计算通航水位至桥跨最下缘之间的距离
建筑高度（h）	桥上行车路面标高至桥跨结构最下缘之间的距离
拱轴线	拱圈各截面形心点的连线
净矢高	从拱顶截面下缘至相邻两拱脚截面下缘最低点之连线的垂直距离
计算矢高	从拱顶截面形心至相邻两拱脚截面形心之连线的垂直距离
矢跨比	也称拱矢度，计算矢高与计算跨径之比
涵洞	多孔跨径全长不到 8 m 和单孔跨径不到 5 m 的泄水结构物

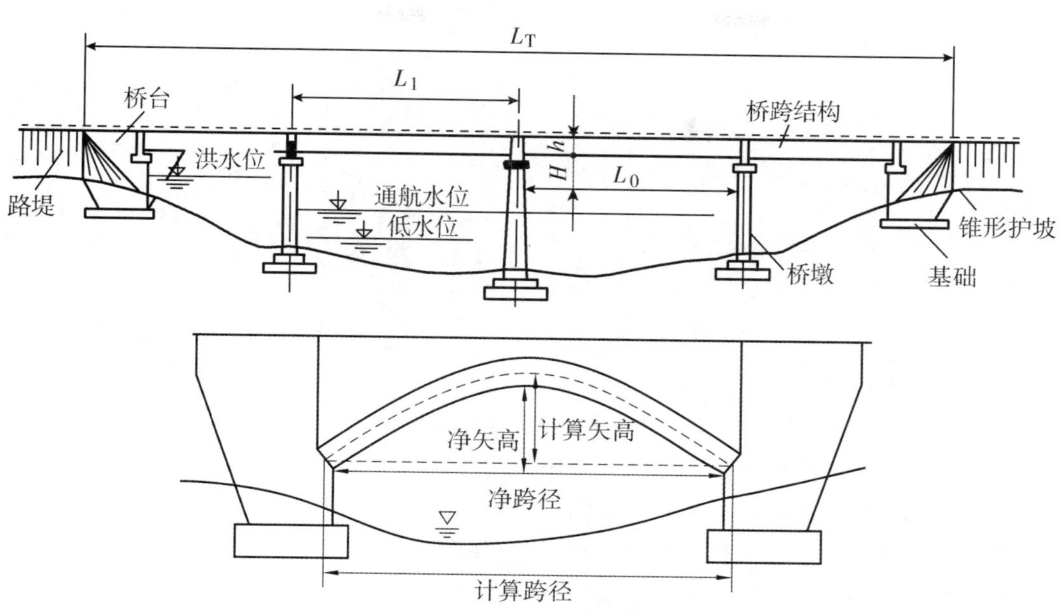

图 2-1-9　桥梁常用术语图示

➢ **重点提示：** 考生应了解桥梁的基本组成结构，能够区分桥梁上部结构、下部结构，做到快速判断桥梁常用术语，对于相似术语（净跨径与总跨径、计算跨径；桥梁高度与桥下净空高度）能够区分。此部分知识点通常以选择题形式考查。

实战演练

［2023 真题·单选］ 桥梁结构相邻两个支座中心之间的距离称为（　　）。

A. 净跨径　　B. 单孔跨径

C. 计算跨径　　D. 标准跨径

［解析］ 对于具有支座的桥梁，计算跨径是指桥跨结构相邻两个支座中心之间的距离；对于拱式桥，计算跨径是指两相邻拱脚截面形心点之间的水平距离，即拱轴线两端点之间的水平距离。

［答案］ C

［经典例题·单选］ 桥梁全长是指（　　）。

A. 多孔桥梁中各孔净跨径的总和

B. 单孔拱桥两拱脚截面形心点之间的水平距离

C. 桥梁两端两个桥台的侧墙或八字墙后端点之间的距离

D. 单跨桥梁两个桥台之间的净距

［解析］ 桥梁全长是指桥梁两端两个桥台的侧墙或八字墙后端点之间的距离。

［答案］ C

考点 2　混凝土结构工程三要素之模板、支架和拱架

钢筋混凝土结构工程三要素是钢筋工程、模板工程及混凝土工程。

(1) 钢筋工程作为结构核心受力骨架，其质量直接影响结构安全，必须依据结构设计图纸选材及施工。

钢筋骨架示意图如图 2-1-10 所示。

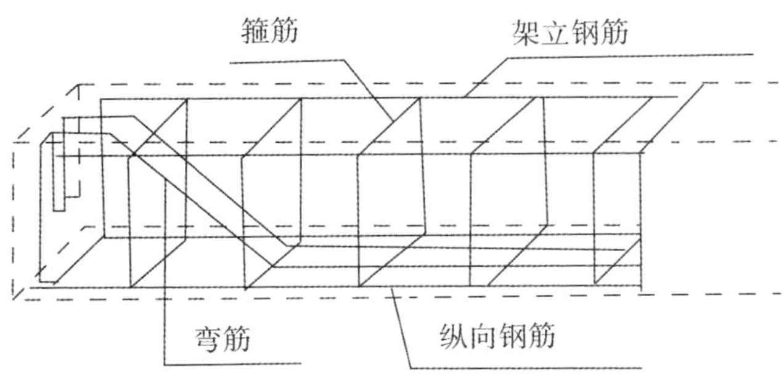

(a) 梁钢筋骨架

(b) 柱钢筋骨架

图 2-1-10 钢筋骨架示意图(梁与柱)

(2) 模板工程是一种临时结构，在新浇混凝土施工中接触混凝土并控制预定尺寸、形状、位置。支持和固定模板的杆件、桁架、联结件、金属附件、工作便桥等构成了支承体系。施工中模板主要包括结构侧模、底模、芯模。对于桥跨结构，由于其结构底面距离地面较远，需要通过支架、拱架体系提供稳定的搭设底模的平台。

各种模板如图 2-1-11 所示。

(a) 柱式桥墩定制钢模

(b) 桥台侧模

(c) 桥跨支架及底模平台

(d) 预制T梁模板

(e) 空心板芯模

图 2-1-11 各种模板

(3) 混凝土工程。

混凝土是由水泥、粗细骨料、水、掺合料和外加剂按一定比例拌和而成的混合物，经硬化后所形成的一种人造石。其抗压能力大，但抗拉能力较低，受拉时容易产生断裂现象。混凝土工程包括混凝土的配合比设计、拌和、运输、浇筑振捣和养护等施工过程。

一、模板、支架和拱架的设计

(1) 模板、支架和拱架应结构简单、制造与装拆方便，应具有足够的承载能力、刚度和稳定性，并应根据工程结构形式、设计跨径、荷载、地基类别、施工方法、施工设备和材料供应等条件及有关标准进行施工设计。

(2) 设计模板、支架和拱架时应按表 2-1-6 进行荷载组合。

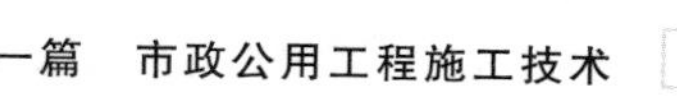

表 2-1-6　模板构件验算时的荷载组合

模板构件名称	荷载组合	
	计算强度	验算刚度
梁、板和拱的底模及支承板、拱架、支架等	①+②+③+④+⑦+⑧	①+②+⑦+⑧
缘石、人行道、栏杆、柱、梁板、拱等的侧模板	④+⑤	⑤
基础、墩台等厚大结构物的侧模板	⑤+⑥	⑤

注：①为模板、拱架和支架自重；②为新浇筑混凝土、钢筋混凝土或圬工、砌体的自重力；③为施工人员及施工材料机具等行走运输或堆放的荷载；④为振捣混凝土时的荷载；⑤为新浇筑混凝土对侧面模板的压力；⑥为倾倒混凝土时产生的水平向冲击荷载；⑦为水流压力、波浪力、流冰压力、撞击力；⑧为其他可能荷载，如风雪、冬期施工保温设施荷载等。

(3) 验算模板、支架和拱架的抗倾覆稳定性时，各施工阶段的稳定系数均不得小于 1.3。

(4) 验算模板、支架和拱架的刚度时，其变形值不得超过下列规定数值。

①结构表面外露的模板挠度为模板构件跨度的 1/400。

②结构表面隐蔽的模板挠度为模板构件跨度的 1/250。

③拱架和支架受载后挠曲的杆件，其弹性挠度为相应结构跨度的 1/400。

④钢模板的面板变形值为 1.5 mm。

⑤钢模板的钢楞、柱箍变形值为 $L/500$ 及 $B/500$（L——计算跨度，B——柱宽度）。

(5) 模扳、支架和拱架的设计中应设施工预拱度。施工预拱度应考虑下列因素。

①设计文件规定的结构预拱度。

②支架和拱架承受全部施工荷载引起的弹性变形。

③受载后由于杆件接头处的挤压和卸落设备压缩而产生的非弹性变形。

④支架、拱架基础受载后的沉降。

➢ **注意：** 施工安装时，应根据梁体和支架的弹性、非弹性变形，设置预拱度。

(6) 设计预应力混凝土结构模板时，应考虑施加预应力后构件的弹性压缩、上拱及支座螺栓或预埋件的位移等。

(7) 支架立柱在排架平面内应设水平横撑。碗扣支架立柱高度在 5 m 以内时，水平撑不得少于两道；立柱高于 5 m 时，水平撑间距不得大于 2 m，并应在两横撑之间加双向剪撑，在排架平面外应设斜撑，斜撑与水平面交角宜为 45°。

二、搭设工前准备

(1) 作业人员应经培训、考试合格、持证上岗、定期体检，不适合高处作业者不得进行作业。

(2) 个人安全防护：安全帽、安全带、防滑鞋。

(3) 设备及材料应符合方案及规范要求。

(4) 应编制专项施工方案，需专家论证的，必须经过专家论证。

三、模板、支架和拱架的制作与安装

桥梁工程施工过程中，常用的支架法有满堂支架、带通行孔梁式或梁-柱式等，如图 2-1-12 所示。

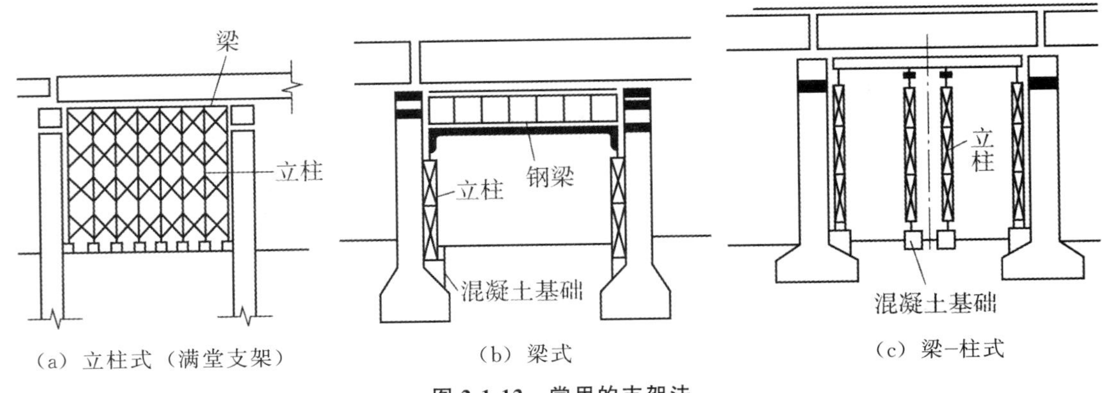

(a) 立柱式（满堂支架） (b) 梁式 (c) 梁-柱式

图 2-1-12 常用的支架法

支架法现浇箱型梁施工流程：

地基处理→支架系统搭设→安装底模→底模支架系统预压→调整标高，安装侧模→底板、腹板钢筋加工安装，预应力管道安装→内模安装→顶板钢筋加工安装，端模及锚垫板安装→预应力筋制作安装→浇筑箱梁混凝土→混凝土养护→预应力筋张拉→孔道压浆封锚→拆除侧模、底模及支架→拆模落架。

支架示意图如图 2-1-13 所示。

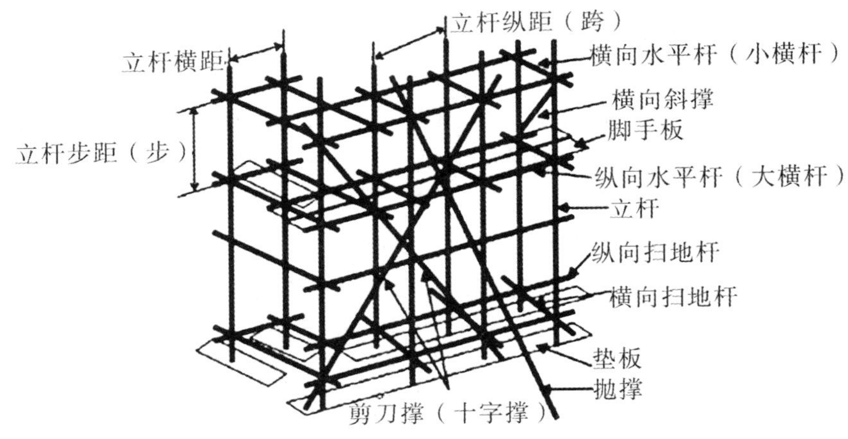

图 2-1-13 支架示意图

支架与模板间应设置卸落装置，如图 2-1-14 所示。

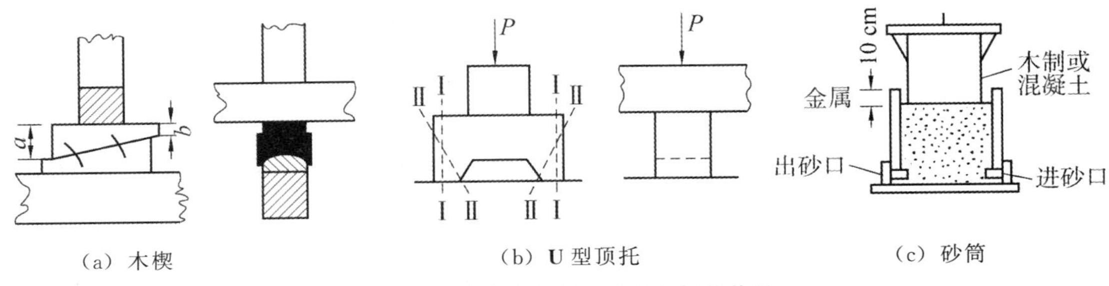

(a) 木楔 (b) U 型顶托 (c) 砂筒

图 2-1-14 支架与模板间应设置卸落装置

（一）地基预压

(1) 支架搭设前，应按《钢管满堂支架预压技术规程》(JGJ/T 194—2009) 要求，预压地基合格并形成记录。

（2）立柱必须落在有足够承载力的地基上，立柱底端必须放置垫板或混凝土垫块（图 2-1-15）。严禁被水浸泡，冬期施工必须采取防冻胀措施。

图 2-1-15　支架底部垫块

（3）地基预压荷载：不应小于支架基础承受的混凝土结构恒载与钢管支架、模板重量之和的 1.2 倍。预压平面范围如图 2-1-16 所示。

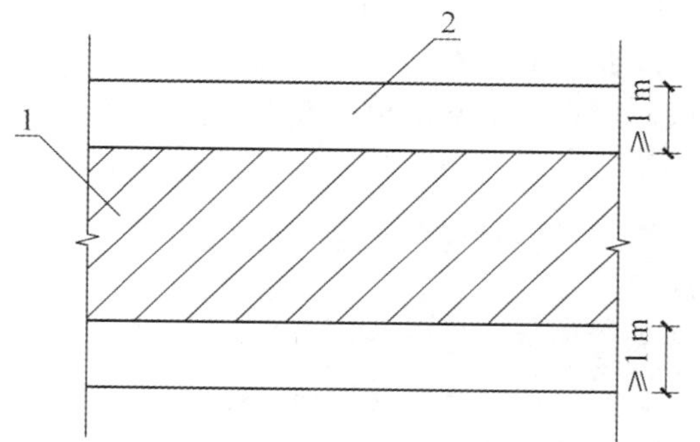

1—混凝土结构物实际投影面；2—支架基础顶压范围

图 2-1-16　预压平面范围

基础预压合格标准：连续 24 h 沉降量平均值小于 1 mm，连续 72 h 沉降量平均值小于 5 mm。

（二）架体搭设与预压

（1）支架通行孔的两边应加护桩，夜间应设警示灯。施工中易受漂流物冲撞的河中支架应设牢固的防护设施。通行孔防护如图 2-1-17 所示。

图 2-1-17　通行孔防护

（2）安装拱架前，应对立柱支承面标高进行检查和调整，确认合格后方可安装。在风力较大的地区，应设置风缆。

（3）安设支架、拱架过程中，应随安装随架设临时支撑。采用多层支架时，支架的横垫板应水平，立柱应铅直，上下层立柱应在同一中心线上。

（4）支架或拱架不得与施工脚手架、便桥相连。

(5) 搭设完毕后，应按规程预压合格并形成记录，支架预压的目的是消除非弹性变形，预压可采用水袋或沙袋，如图 2-1-18 所示。

(a) 水袋预压

(b) 沙袋预压

图 2-1-18 水袋或沙袋预压

(6) 支架预压荷载：不应小于支架承受的混凝土结构恒载与模板重量之和的 1.1 倍。

支架预压合格标准：连续 24 h 沉降量平均值小于 1 mm，连续 72 h 沉降量平均值小于 5 mm。

预压验收程序应在施工单位自检合格的基础上进行，宜由施工单位、监理单位、设计单位、建设单位共同参与验收，检查支架基础预压报告、支架预压报告。验收合格后签署验收文件（支架预压验收表）。

(7) 支架、拱架安装完毕，经检验合格后方可安装模板。

(三) 模板安装基本规定

(1) 模板与混凝土接触面应平整、接缝严密。

(2) 组合钢模板的制作、安装应符合现行国家标准规定。采用其他材料制作模板时，钢框胶合板模板的组配面板宜采用错缝布置；高分子合成材料面板、硬塑料或玻璃钢模板，应与边肋及加强肋连接牢固。

(3) 安装模板应与钢筋工序配合进行，妨碍绑扎钢筋的模板，应待钢筋工序结束后再安装。

(4) 承台模板：底部与基础预埋件连接牢固，上部采用拉杆固定，如图 2-1-19 所示；模板在安装过程中，必须设置防倾覆设施。承台结构模板断面结构如图 2-1-20 所示。

图 2-1-19 承台模板示意图

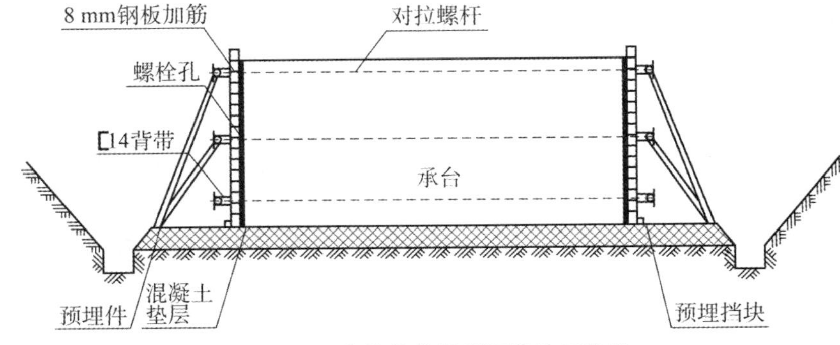

图 2-1-20 承台结构模板断面结构示意图

(5) 浇筑混凝土和砌筑前，应对模板、支架和拱架进行检查和验收，合格后方可施工。

四、脚手架搭设

(1) 脚手架应按规定采用连接件与构筑物相连，使用期间不得拆除。

(2) 作业平台上脚手板必须铺满、铺稳。平台下设置水平安全网或脚手架防护层。

(3) 严禁在脚手架上拴缆风绳，架设混凝土泵等设备。

（4）脚手架支搭完成后应与模板、支架和拱架一起进行检查验收，形成文件后，方可交付使用。

五、模板、支架和拱架的拆除

（1）模板、支架和拱架。

非承重侧模：保证结构棱角不损坏，混凝土强度为 2.5 MPa。

芯模和预留孔道：保证表面不发生塌陷和裂缝。

承重模板、支架：强度能承受自重荷载及其他叠加荷载。拆除强度应符合设计要求，当设计无规定时，应符合表 2-1-7 的规定。

表 2-1-7　现浇结构拆除底模时的混凝土强度

结构类型	结构跨度/m	按设计混凝土强度标准值的百分比/%
板	≤2	50
	2～8	75
	＞8	100
梁、拱	≤6	75
	＞8	100
悬臂结构	≤2	75
	＞2	100

注：构件混凝土强度必须通过同条件养护的试件强度确定。

（2）浆砌石、混凝土砌块拱桥拱架。

浆砌石、混凝土砌块拱桥：砂浆强度 80%以上。

跨径小于 10 m 的拱桥宜在拱上结构全部完成后卸落拱架；中等跨径实腹式拱桥宜在护拱完成后卸落拱架；大跨径空腹式拱桥宜在腹拱墙完成后卸落拱架。

实腹式拱桥如图 2-1-21 所示，空腹式拱桥如图 2-1-22 所示。

图 2-1-21　实腹式拱桥

图 2-1-22　空腹式拱桥

（3）拆除原则：先支后拆、后支先拆。按施工方案或专项方案要求由上而下逐层进行，严禁上下同时作业。

按几个循环卸落，卸落量宜由小渐大。循环中横向同时，纵向对称均衡。

卸落顺序：简支梁、连续梁应从跨中向支座方向卸落；悬臂梁应从悬臂端开始，顺序卸落。

（4）预应力混凝土结构。

侧模：预应力张拉前拆除。底模：结构建立预应力后拆除。

（5）拆除模板、支架和拱架时不得猛烈敲打、强拉和抛扔。模板、支架和拱架拆除后，应维护整理，分类妥善存放。

（6）拆除现场应设作业区，边界设警示标志，并由专人值守，非作业人员严禁入内。

➤ **重点提示：** 本考点涉及市政工程中多个专业，曾经以桥梁、水池等多个专业背景考查过，属于高频考点，须重点掌握上述基本规定。本考点内容常以案例题形式考查，重点掌握支架搭设及地基处理的技术要求。

实战演练

［经典例题·多选］ 关于支架法现浇预应力混凝土连续梁的要求，正确的有（　　）。

A. 支架的地基承载力应符合要求

B. 安装支架时，应根据设计和规范要求设置预拱度

C. 各种支架和模板安装后，宜采取预压方法消除拼装间隙和地基沉降等弹性变形

D. 浇筑混凝土时应采取防止支架均匀下沉的措施

E. 有简便可行的落架拆模措施

［解析］ 各种支架和模板安装后宜采取预压方法消除拼装间隙和地基沉降等非弹性变形，选项 C 错误。浇筑混凝土时应采取防止支架不均匀下沉的措施，选项 D 错误。

［答案］ ABE

［经典例题·案例节选］

背景资料：

某城市高架桥上部结构为钢筋混凝土预应力简支梁，下部结构采用独柱式 T 形桥墩，钻孔灌注桩基础。

项目部编制了桥墩专项施工方案，方案中采用扣件式钢管支架及定型钢模板。为了加强整体性，项目部将支架与脚手架一体化搭设，现场采用的支架模板施工图如图 2-1-23 所示。

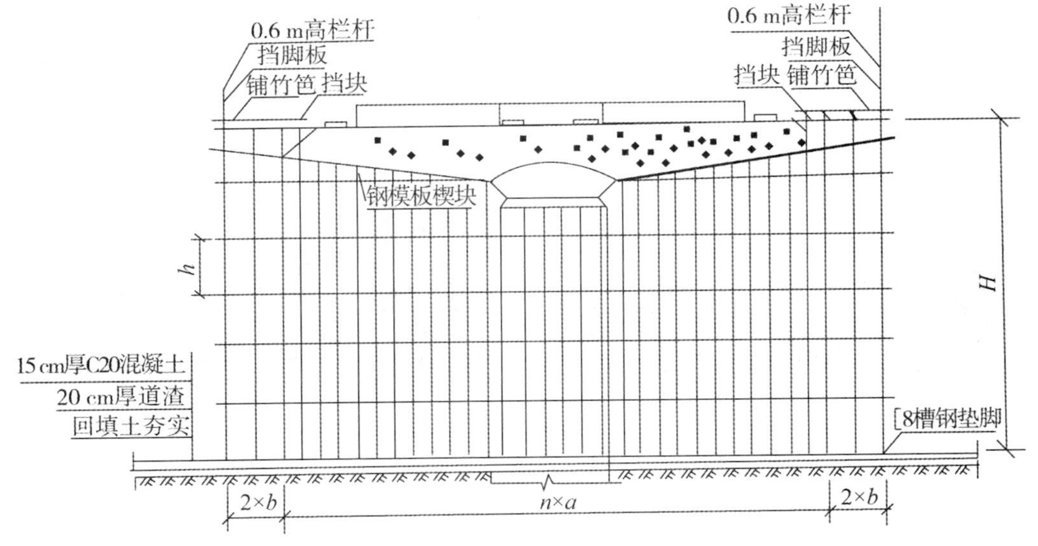

图 2-1-23　支架模板施工图

项目部按施工图完成了桥墩钢筋安装和立模等各项准备工作后，开始浇筑混凝土。在施工中发生 1 名新工人从墩顶施工平台坠落致死事故，施工负责人立即通知上级主管部门。

事故调查中发现：外业支架平台宽 120 cm；平台防护栏高 60 cm；人员通过攀爬支架上下。

［问题］

1. 施工方案中支架结构杆件不全，指出缺失杆件名称。

2. 图示支架结构存在哪些安全隐患？

3. 高处作业人员应配备什么个人安全防护用品？

[答案]

1. 施工方案中支架结构还缺少的杆件：横、纵扫地杆；斜撑及剪刀撑。

2. 图示支架存在的安全隐患如下。

(1) 脚手架与承重支架分隔设置（应分开设置）。

(2) 高处作业未设置密目式安全网防护。

(3) 防护栏设置过低（应高于作业通道面 1.2 m 以上）。

(4) 未设置上下作业人员的通道（未设置爬梯）。

3. 高处作业人员应配备安全帽、安全带及防滑鞋。

考点 3 混凝土结构工程三要素之钢筋工程施工技术

钢筋骨架［板钢筋骨架、柱钢筋骨架、梁钢筋骨架（图 2-1-10）］示意图如图 2-1-24 所示。

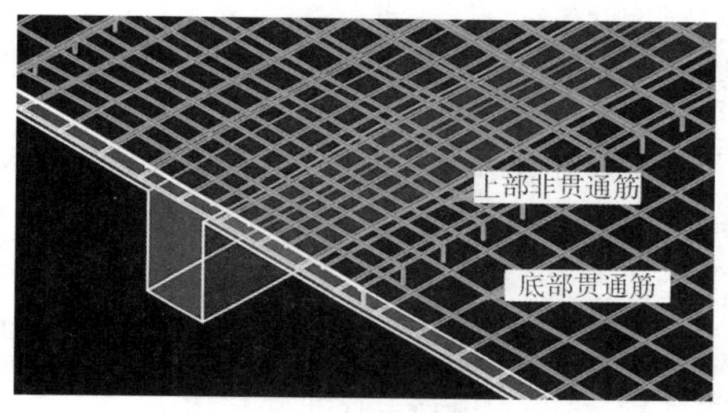

（a）板钢筋骨架

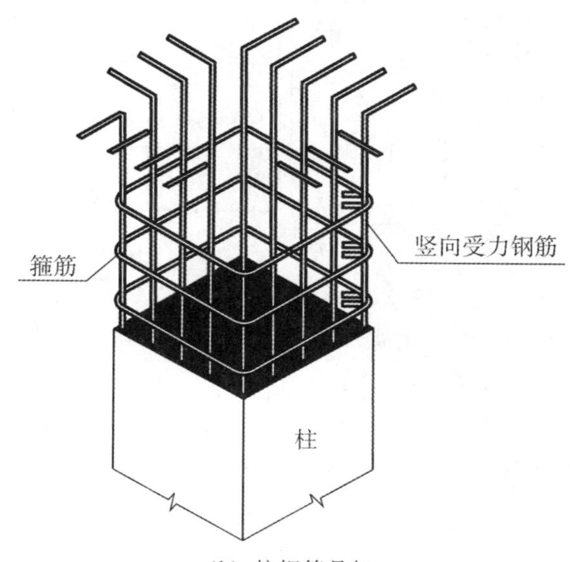

（b）柱钢筋骨架

图 2-1-24　钢筋骨架示意图

一、一般规定

（1）钢筋应按不同钢种、等级、牌号、规格及生产厂家分批验收，确认合格后方可使用。

（2）钢筋在运输、储存、加工过程中应防止锈蚀、污染和变形。

（3）钢筋的级别、种类和直径应按设计要求采用。当需要代换时，应由原设计单位进行变更设计。

➢ **补充：** 钢筋型号中，HPB 表示热轧光圆、HRB 表示热轧带肋、RRB 表示余热处理，数字表示屈服强度。

（4）预制构件吊环必须采用未经冷拉的 HPB235 热轧光圆钢筋制作，不得以其他钢筋替代。

（5）在浇筑混凝土之前，应对钢筋进行隐蔽工程验收，确认其符合设计要求。

二、钢筋进场检验及存放

（一）进场检验

（1）证书：出厂合格证、质量证明书、检验报告等。

（2）外观检查：型号、尺寸等。

（3）力学性能检验：抗拉强度、抗弯强度、屈服强度、加工性能、伸长率等。

（二）存放要求

经过进场检验合格的钢筋应分类、分规格设置明显标志标牌入库存放，标志标牌如图 2-1-25 所示。

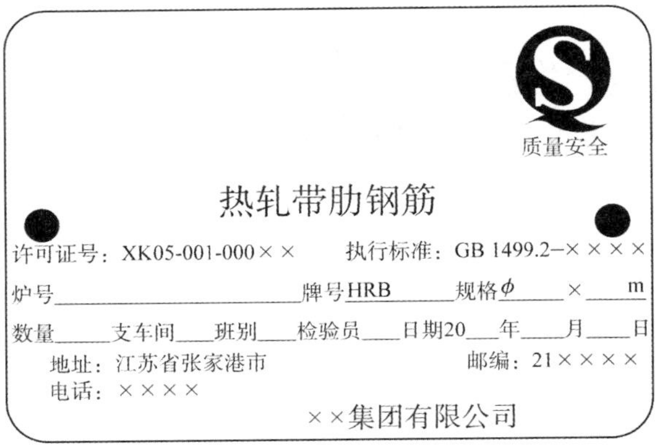

质量安全

热轧带肋钢筋

许可证号：XK05-001-000×× 执行标准：GB 1499.2-××××

炉号________ 牌号HRB____ 规格ϕ____×____m

数量____支车间____班别____检验员____日期20____年____月____日

地址：江苏省张家港市 邮编：21××××

电话：××××

××集团有限公司

（a）进场钢筋挂牌

材料标识牌

材料名称		出厂日期	
出厂编号		规　　格	
进货日期		数　　量	
检验状态		出厂厂名	
拟用工程项目			

（b）库存材料标识牌

图 2-1-25　钢筋标志标牌

仓库应干燥、防潮、通风良好、无腐蚀气体和介质。不得直接堆放在地面上，必须垫高、覆盖、防腐蚀、防雨露。（存放时间不宜超过 6 个月）

（1）钢筋应堆放整齐，用方木垫起，不宜放在潮湿处或暴露在外；应采取防止锈蚀和污染的措施，不得损坏标牌；整捆码垛高度不宜超过 2 m，散捆码垛高度不宜超过 1.2 m，如图 2-1-26 所示。

（2）钢筋笼、钢筋网、钢筋骨架应水平放置；码放高度不得超过 2 m，码放层数不得超过 3 层，如图 2-1-27 所示。

图 2-1-26　钢筋分类存放

图 2-1-27　钢筋笼存放

三、钢筋加工

（1）弯制前应先采用钢筋调直机进行调直，禁止使用卷扬机调直。

（2）下料前，核对品种、规格、等级及加工数量；下料后，按种类和使用部位分别挂牌标明。

（3）箍筋弯钩的弯曲直径应大于被箍主钢筋的直径，且 HPB300 钢筋不得小于钢筋直径的 2.5 倍，HRB400 不得小于箍筋直径的 5 倍；弯钩平直部分的长度，一般结构不宜小于箍筋直径的 5 倍，有抗震要求的结构不得小于箍筋直径的 10 倍。

（4）钢筋宜在常温状态下弯制，不宜加热。宜从中部开始逐步向两端弯制，弯钩宜一次弯成。

（5）钢筋加工过程中，应采取防止油渍、泥浆等物污染和防止受损伤的措施。

四、钢筋连接

（一）热轧钢筋接头

（1）钢筋接头宜采用焊接接头或机械连接接头。

①焊接：应优先选择闪光对焊，如图 2-1-28 和图 2-1-29 所示。（非固定加工厂内，对直径 $D\geqslant 22$ mm 的钢筋进行连接，不得使用闪光对焊）

②机械连接：适用于 HRB335 和 HRB400 带肋钢筋，如图 2-1-30 所示。

③绑扎连接：适用于直径 $D\leqslant 22$ mm，无焊接条件的钢筋；受拉构件主筋不得采用绑扎连接，如图 2-1-31 所示。

图 2-1-28　闪光对焊

图 2-1-29　焊接

图 2-1-30　机械连接

图 2-1-31　绑扎连接

（2）钢筋骨架和钢筋网片（图 2-1-32）的交叉点焊接宜采用电阻点焊（图 2-1-33）。

图 2-1-32　钢筋骨架和钢筋网片

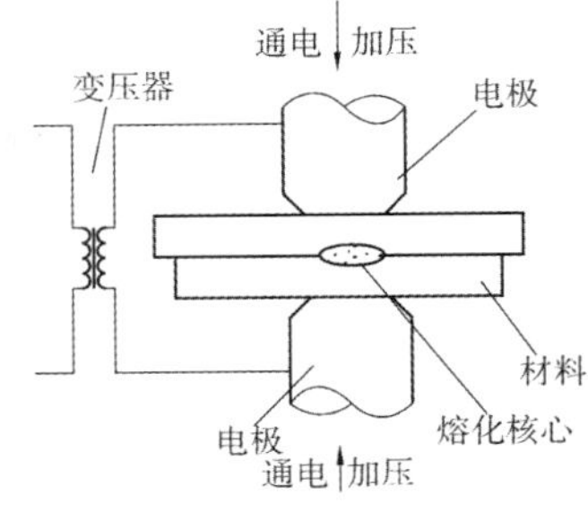

图 2-1-33　电阻点焊示意图

（3）钢筋与钢板的 T 形连接，宜采用埋弧压力焊或电弧焊，如图 2-1-34 所示。

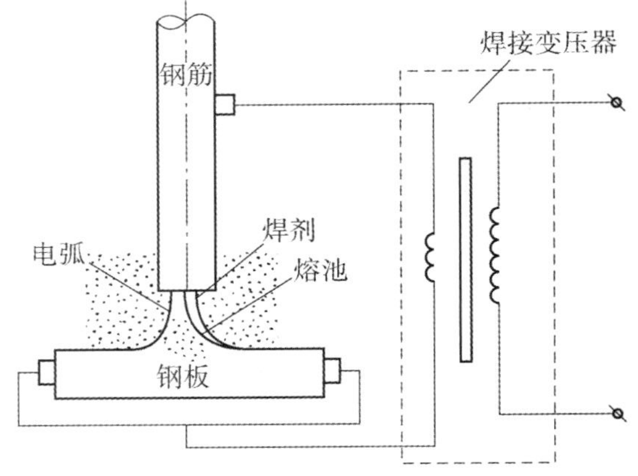

图 2-1-34　钢筋与钢板电弧焊连接示意图

（二）钢筋接头设置

（1）在同一根钢筋上宜少设接头。

（2）接头应设在受力较小区段，不宜位于构件的最大弯矩处。

（3）任一焊接或绑扎接头长度区段内，同一根钢筋不得有两个接头，在该区段内的受力钢筋，其接头的截面面积占总截面面积的最大百分率应符合表 2-1-8 的规定。

表 2-1-8　接头长度区段内受力钢筋接头面积的最大百分率

接头类型	接头面积最大百分率/%	
	受拉区	受压区
主钢筋绑扎接头	25	50

续表

<table>
<tr><th rowspan="2">接头类型</th><th colspan="2">接头面积最大百分率/%</th></tr>
<tr><th>受拉区</th><th>受压区</th></tr>
<tr><td>主钢筋焊接接头</td><td>50</td><td>不限制</td></tr>
</table>

注：①焊接接头长度区段内是指 35 d（d 为钢筋直径）长度范围内，但不得小于 500 mm；绑扎接头长度区段是指 1.3 倍搭接长度。

②装配时构件连接处的受力钢筋焊接接头可不受此限制。

（4）接头末端至钢筋弯起点的距离不得小于 10 d。

（5）钢筋受力分不清受拉、受压的，按受拉办理。

（6）接头部位横向净距不得小于钢筋直径，且不得小于 25 mm。

（7）从事钢筋焊接的焊工必须经考试合格后持证上岗。钢筋焊接前，必须根据施工条件进行试焊。

五、钢筋骨架和钢筋网的组成与安装

施工现场可根据结构情况和现场运输起重条件，先分部预制成钢筋骨架或钢筋网片，入模就位后再焊接或绑扎成整体骨架。为确保分部钢筋骨架具有足够的刚度和稳定性，可在钢筋的部分交叉点处施焊或用辅助钢筋加固。对集中加工、整体安装的半成品钢筋和钢筋骨架，在运输时应采用适宜的装载工具，并应采取增加刚度、防止其扭曲变形的措施，如图 2-1-35 所示。

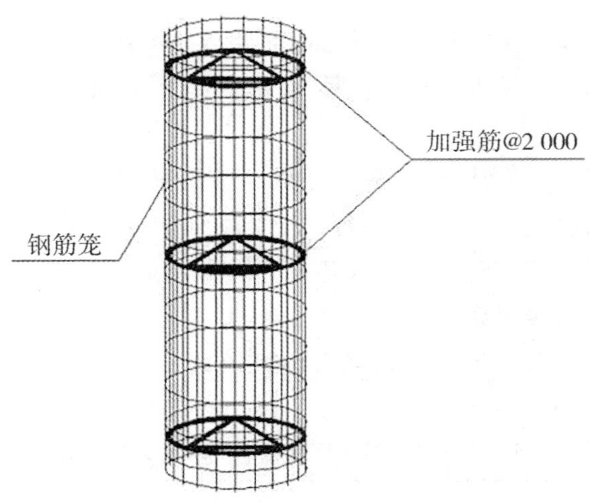

图 2-1-35　钢筋笼加劲支撑示意图（单位：mm）

（一）钢筋骨架制作和组装

（1）焊接应在坚固的工作台上进行。

（2）组装时应按设计图纸放大样，考虑骨架预拱度。

（3）组装时应采取控制焊接局部变形的措施。

（4）骨架接长焊接时，不同直径钢筋的中心线应在同一平面上。

（二）钢筋网片电阻点焊

（1）受力钢筋为 HPB300 钢筋时，网片受力主筋与端部横筋焊接要求如图 2-1-36 所示。

其余交叉点可间隔焊接或绑、焊相间。

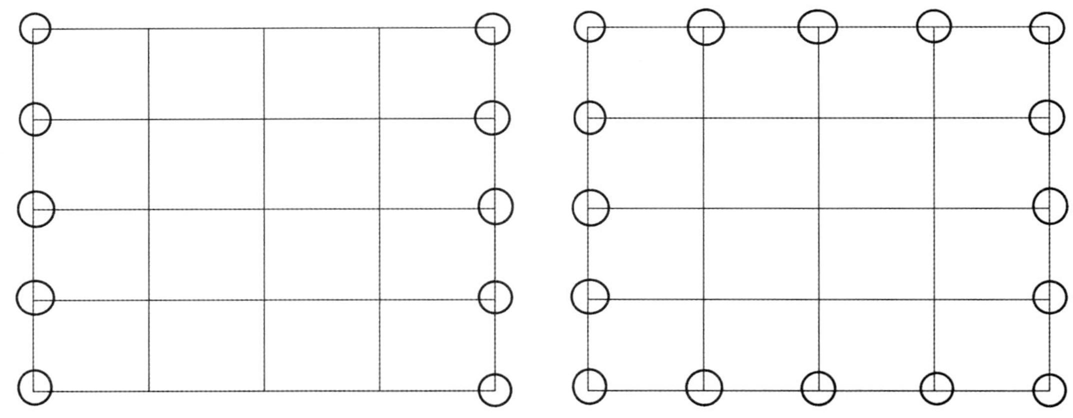

(a) 网片单向受力双边全部焊接　　(b) 网片双向受力四边全部焊接

图 2-1-36　网片受力主筋与端部横筋焊接要求

(2) 当焊接网片的受力钢筋为冷拔低碳钢丝，而另一方向的钢筋间距小于 100 mm 时，除受力主筋与两端的两根横向钢筋的全部交叉点必须焊接外，中间部分的焊点距离可增大至 250 mm。

(三) 钢筋现场绑扎

(1) 钢筋的交叉点应采用绑丝绑牢，必要时可辅以点焊。

(2) 钢筋网外围交叉点全部扎牢，中间部分可间隔交错扎牢，双向受力的钢筋网，交叉点必须全部扎牢。

(3) 箍筋弯钩叠合处应位于梁和柱角受力钢筋处，并错开布置。

(4) 柱脚竖向钢筋弯钩与模板夹角：矩形 45°；多边形、圆形弯钩朝向断面中心；小型截面插入振捣时不得小于 15°。

(5) 绑扎接头搭接长度范围内的箍筋间距：当钢筋受拉时应小于 5 d，且不得大于 100 mm；当钢筋受压时应小于 10 d，且不得大于 200 mm。

(6) 钢筋骨架的多层钢筋之间应用短钢筋支垫，确保位置准确。

(四) 钢筋混凝土保护层厚度

(1) 最小保护层厚度不得小于 D（钢筋公称直径），后张法不得小于管道直径的 1/2，并应符合表 2-1-9 的规定。

表 2-1-9　普通钢筋和预应力直线形钢筋最小混凝土保护层厚度（单位：mm）

构件类别		环境条件		
		Ⅰ	Ⅱ	Ⅲ、Ⅳ
基础、桩基承台	基坑底面有垫层或侧面有模板（受力主筋）	40	50	60
	基坑底面无垫层或侧面无模板（受力主筋）	60	75	85
墩台身、挡土结构、涵洞、梁、板、拱圈、拱上建筑（受力主筋）		30	40	45
缘石、中央分隔带、护栏等行车道构件（受力主筋）		30	40	45

续表

构件类别	环境条件		
	Ⅰ	Ⅱ	Ⅲ、Ⅳ
人行道构件、栏杆（受力主筋）	20	25	30
箍筋			
收缩、温度、分布、防裂等表层钢筋	15	20	25

注：①Ⅰ—温暖或寒冷地区的大气环境，与无侵蚀性的水或土接触的环境；Ⅱ—严寒地区的环境、使用除冰盐环境、滨海环境；Ⅲ—海水环境；Ⅳ—受侵蚀性物质影响的环境。

②对于环氧树脂涂层钢筋，可按环境类别Ⅰ取用。

（2）当受拉区主筋的混凝土保护层厚度大于 50 mm 时，应设置直径不小于 6 mm、间距不大于 100 mm 的钢筋网。

（3）钢筋机械连接件的最小保护层厚度为 20 mm。

（4）应在钢筋与模板之间设置保护层厚度控制垫块（图 2-1-37），确保钢筋的混凝土保护层厚度（图 2-1-38），垫块应与钢筋绑扎牢固、错开布置。当处于结构受力较大的位置时，其保护层垫块建议选择混凝土块，混凝土垫块应具有不低于结构本体混凝土的强度，并应有足够的密实性。浇筑前应对垫块的位置、数量和紧固程度进行检查。垫块应采用专业压制设备或专用模具制作，不得用水泥砂浆切割制作。

图 2-1-37　保护层厚度控制垫块

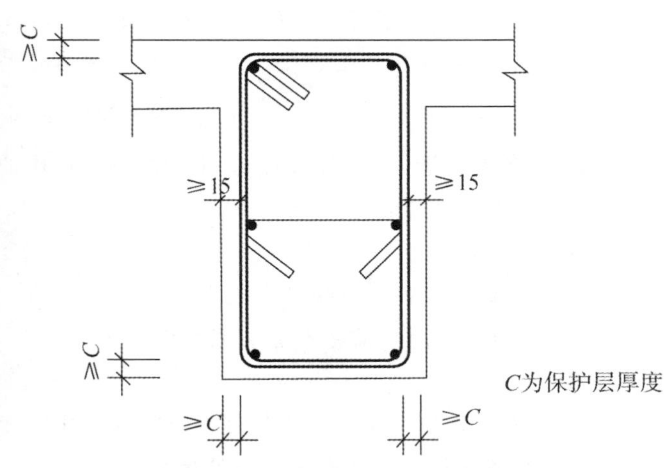

图 2-1-38　钢筋混凝土断面保护层示意图

➤ **学习提示：**此处对保护层厚度垫块的浇筑前检查，建议合并入本节考点 4 中混凝土结构工程浇筑前通用检查内容整合记忆。

六、钢筋检验标准

钢筋检验标准见表 2-1-10。

表 2-1-10 钢筋检验标准

项目		内容
主控项目	材料	(1) 钢筋、焊条的品种、牌号、规格和技术性能； (2) 进场力学性能和工艺性能试验； (3) 出现脆断、焊接性能不良或力学性能不正常时，进行化学成分或其他专项检验
	钢筋弯制末端弯钩	结构表面不得出现超过设计规定的受力裂缝
	受力钢筋连接	(1) 连接形式； (2) 接头位置、同一截面接头数量、搭接长度； (3) 焊接接头质量； (4) HRB335 和 HRB400 带肋钢筋机械接头质量
	安装时	拼装、规格、数量、形状
一般项目		(1) 预埋件的规格、数量、位置； (2) 钢筋表面不得有裂纹、结疤、折叠、锈蚀和油污，焊接接头表面不得有夹渣、焊瘤； (3) 钢筋加工允许偏差、钢筋网允许偏差、钢筋成型和安装允许偏差

➢ **重点提示：** 对于钢筋工程的一般规定及细节要求，往年易考查选择题目。针对钢筋材料的进场验收、入库存放规定、安装质量验收等内容可结合案例题进行考查，须重点掌握。

实战演练

[2022 真题 · 单选] 受拉构件中的主钢筋不应选用的连接方式是（　　）。

A. 闪光对焊　　B. 搭接焊

C. 绑扎连接　　D. 机械连接

[解析] 当普通混凝土中钢筋直径小于等于 22 mm，在无焊接条件时，可采用绑扎连接的方式，但受拉构件中的主钢筋不得采用绑扎连接。

[答案] C

[2021 真题 · 单选] 下列关于钢筋混凝土保护层厚度的说法，正确的是（　　）。

A. 钢筋机械连接件的最小保护层厚度为 10 mm

B. 后张法构件预应力直线形钢筋不得小于其管道直径的 1/3

C. 受拉区主筋的混凝土保护层为 60 mm 时，应在保护层内设置钢筋网

D. 普通钢筋的最小混凝土保护层厚度可小于钢筋公称直径

[解析] 钢筋机械连接件的最小保护层厚度为 20 mm，选项 A 错误。普通钢筋和预应力直线形钢筋的最小混凝土保护层厚度不得小于钢筋公称直径，后张法构件预应力直线形钢筋不得小于其管道直径的 1/2，选项 B、D 错误。

[答案] C

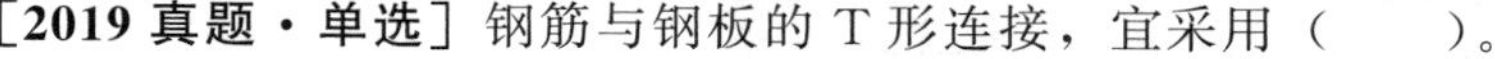

［2019 真题·单选］钢筋与钢板的 T 形连接，宜采用（　　）。

A. 闪光对焊　　　　B. 电阻点焊

C. 电弧焊　　　　D. 氩弧焊

［解析］钢筋与钢板的 T 形连接，宜采用埋弧压力焊或电弧焊，选项 C 正确。

［答案］C

考点 4 混凝土结构工程三要素之混凝土工程施工技术

一、一般规定与配合比设计

（1）混凝土宜使用非碱活性骨料，配合比应以质量比计，并应通过设计和试配选定，试配时应使用施工实际采用的材料，配制的混凝土拌和物应满足和易性、凝结时间等施工技术条件，制成的混凝土应符合强度、耐久性等要求。

（2）用于桥梁结构的混凝土材料应满足表 2-1-11 的条件。

表 2-1-11　用于桥梁结构的混凝土材料应满足的条件

原材料	条件
水泥	（1）以使所配制的混凝土强度达到要求、收缩小、和易性好和节约为选用原则； （2）水泥与混凝土强度等级之比，C30 及以下的混凝土宜为 1.1～1.2；C35 及以上的混凝土宜为 0.9～1.5； （3）进场水泥应按现行国家标准规定进行强度、细度、安定性和凝结时间的试验； （4）当在使用中对水泥质量有怀疑或出厂日期超过 3 个月（快硬硅酸盐水泥超过 1 个月）时，应进行复检，并按复检结果使用
矿物掺合料	宜为粉煤灰、火山灰、粒化高炉矿渣等材料
细骨料	（1）应采用质地坚硬、级配良好、颗粒洁净、粒径小于 5 mm 的天然河砂、山砂，或者采用硬质岩石加工的机制砂； （2）混凝土用砂一般应以细度模数为 2.5～3.5 的中、粗砂为宜
粗骨料	（1）最大粒径不得超过结构最小边尺寸的 1/4 和钢筋最小净距的 3/4；在两层或多层密布钢筋结构中，不得超过钢筋最小净距的 1/2，同时最大粒径不得超过 100 mm； （2）施工前应对所用的粗骨料进行碱活性检验

（3）施工生产中，对于首次使用的混凝土配合比应进行开盘鉴定，检测工作性能并留试件检测。

（4）混凝土的强度达到 2.5 MPa 后，方可承受小型施工机械荷载，进行下道工序前，混凝土应达到相应的强度。

（5）混凝土水泥用量（包括矿物掺合料）不宜超过 500 kg/m^3；配制大体积混凝土时，水泥用量不宜超过 350 kg/m^3；配制高强度混凝土时，水泥用量不宜超过 550 kg/m^3。

（6）配制混凝土时，应根据结构情况和施工条件确定混凝土拌和物的坍落度，见表 2-1-12。

表 2-1-12　混凝土浇筑时的坍落度

结构类别	坍落度（振动器振动）/mm
小型预制块及便于浇筑振捣的结构	0～20
桥梁基础、墩台等无筋或少筋的结构	10～30

续表

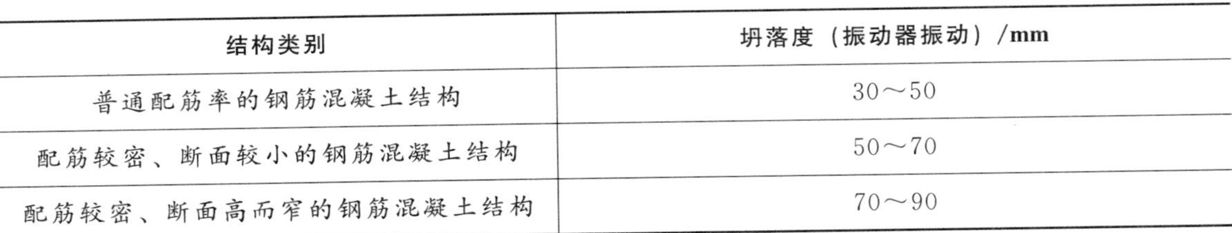

结构类别	坍落度（振动器振动）/mm
普通配筋率的钢筋混凝土结构	30～50
配筋较密、断面较小的钢筋混凝土结构	50～70
配筋较密、断面高而窄的钢筋混凝土结构	70～90

（7）当工程需要获得较大的坍落度时，可在不改变混凝土水胶比、不影响混凝土质量的情况下，适当掺外加剂。外加剂的品种及掺量应根据混凝土的性能要求、施工方法、气候条件、混凝土的原材料等因素，经试配确定。

（8）外加剂可选用减水剂、早强剂、缓凝剂、引气剂、防冻剂、膨胀剂、防水剂、泵送剂、速凝剂等，具体功能如下：

“外加剂”概念拓展：

①减水剂：在维持混凝土坍落度基本不变的条件下，能减少拌和用水量。对水泥颗粒有分散作用，能改善其工作性，减少单位用水量，改善混凝土拌和物流动性；也可减少单位水泥用量，节约水泥。

②早强剂：是指能提高混凝土早期强度，并且对后期强度无显著影响的外加剂。主要作用在于加速水泥水化速度，促进混凝土早期强度的发展；既具有早强功能，又具有一定减水增强功能。

③缓凝剂：是一种降低水泥或石膏水化速度和水化热、延长凝结时间的外加剂。可延长水泥的水化硬化时间，使新拌混凝土能在较长时间内保持塑性，从而调节新拌混凝土的凝结时间。

④引气剂：是拌和过程中引入大量均匀分布的，闭合而稳定的微小气泡的外加剂。主要用于抗冻性要求高的混凝土结构，改善混凝土拌和物的和易性、保水性和黏聚性，提高混凝土流动性。

⑤防冻剂：是能使混凝土在负温下硬化，并在规定养护条件下达到预期性能与足够防冻强度的外加剂。它是一种能在低温下防止物料中水分结冰的物质。

⑥膨胀剂：通过理化反应引起体积膨胀，其具有的体积膨胀性可作为混凝土膨胀剂、耐火材料膨胀剂，主要用于补偿材料硬化过程中的收缩，防止开裂。

⑦防水剂：当水泥凝结硬化时随之体积膨胀，起补偿收缩和张拉钢筋产生的预应力以及充分填充水泥间隙的作用。

⑧泵送剂：是一种改善混凝土泵送性能的外加剂，具有卓越的减水增强效果和缓凝保塑性能。适用于配制泵送混凝土、商品混凝土、大体积混凝土、大流动混凝土及夏季施工、滑模施工、大模板施工等场合。

⑨速凝剂：是掺入混凝土中能使混凝土迅速凝结硬化的外加剂。能使混凝土在 5 min 内初凝，10 min 内终凝，是喷射混凝土施工法中不可缺少的外加剂。

二、混凝土施工

（一）拌制和运输

（1）混凝土应使用机械集中拌制。拌制混凝土宜采用自动计量装置，并应定期检定，保持计量准确。混凝土原材料应分类放置，不得混淆和污染。所用各种材料应按质量投料。对砂石料的含水率的检测，每一工作班不应少于一次。

（2）混凝土最短搅拌时间见表 2-1-13。

表 2-1-13　混凝土最短搅拌时间

搅拌机类型	搅拌机容量/L	混凝土最短搅拌时间/min		
		坍落度<30 mm	坍落度 30～70 mm	坍落度>70 mm
强制式	≤400	1.5	1.0	1.0
	≤1 500	2.5	1.5	1.5

（3）混凝土拌和物应均匀、颜色一致，不得有离析和泌水现象。

（4）混凝土拌和物的坍落度，应在搅拌地点和浇筑地点分别随机取样检测，每一工作班或每一单元结构物不应少于两次，如图 2-1-39 所示。评定时应以浇筑地点的测值为准。如混凝土拌和物从搅拌机出料起至浇筑入模的时间不超过 15 min 时，其坍落度可仅在搅拌地点取样检测。

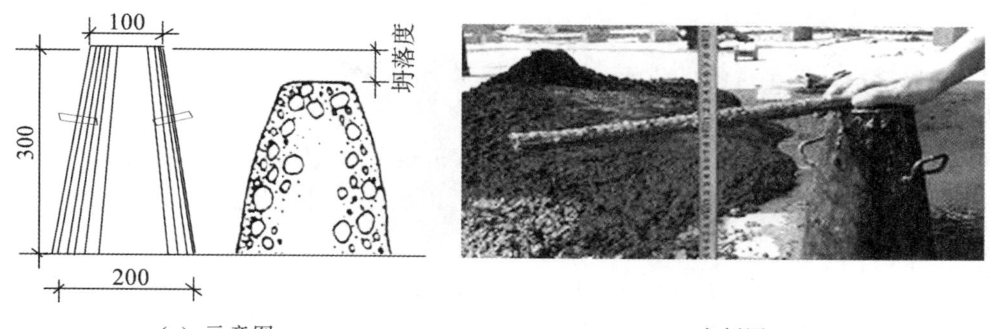

（a）示意图　　（b）实例图

图 2-1-39　坍落度检测

（5）混凝土在运输过程中应采取防止发生离析、漏浆、严重泌水及坍落度损失等现象的措施。用混凝土搅拌运输车运输混凝土时，途中应以 2～4 r/min 的慢速进行搅动，如图 2-1-40 所示。

图 2-1-40　混凝土运输

（6）当运至现场的混凝土出现离析、严重泌水等现象，应进行第二次搅拌。经二次搅拌仍不符合要求，则不得使用。严禁在运输过程中向混凝土拌和物中加水。

（7）运输能力应满足凝结速度和浇筑速度的要求。混凝土从加水搅拌至入模的延续时间不宜大于表 2-1-14 的规定。

表 2-1-14　混凝土从加水搅拌至入模的延续时间

搅拌机出料时的混凝土温度/℃	无搅拌设施运输时间/min	有搅拌设施运输时间/min
20～30	30	60
10～19	45	75
5～9	60	90

注：掺用外加剂或采用快硬水泥时，运输允许持续时间应根据试验确定。

(二) 混凝土浇筑

(1) 浇筑前应进行全面检查。

①检查模板、支架的承载力、刚度、稳定性；模板内的杂物、积水、钢筋上的污垢应清理干净；模板内面应涂刷隔离剂，并不得污染钢筋等。

②检查钢筋、预埋件位置、规格。

③检查相接面凿毛、清洗干净、湿润无积水。

(2) 自由倾落高度不得超过 2 m，超过应设置串筒、溜槽或振动溜管等措施，超过 10 m 应设置减速装置。

(3) 采用泵送混凝土时，应保证混凝土泵连续工作。泵送间歇时间不宜超过 15 min。泵送前应先用成分相同的水泥浆润滑管内壁；因故停歇时间超过 45 min 时应采用压力水或其他方法冲洗。

(4) 混凝土应按一定厚度、顺序和方向水平分层浇筑，上层混凝土应在下层混凝土初凝前浇筑、捣实。上、下层同时浇筑时，上层与下层前后浇筑距离应保持 1.5 m 以上，混凝土分层浇筑厚度不宜超过表 2-1-15 的规定。

表 2-1-15　混凝土分层浇筑厚度

捣实方法	配筋情况	浇筑层厚度/mm
用插入式振动器	—	300
用附着式振动器	—	300
用表面振动器	无配筋或配筋稀疏时	250
	配筋较密时	50

(5) 浇筑混凝土时，应采用振动器振捣。振捣时不得碰撞模板、钢筋和预埋部件。振捣持续时间宜为 20～30 s，以混凝土不再沉落、不出现气泡、表面呈现浮浆为度。

(6) 混凝土的浇筑应连续进行，如因故间断时，其间断时间应小于前层混凝土的初凝时间。混凝土运输、浇筑及间歇的全部允许时间不得超过表 2-1-16 的规定。

表 2-1-16　混凝土运输、浇筑及间歇的全部允许时间（单位：min）

混凝土强度等级	气温不高于 25 ℃	气温高于 25 ℃
≤C30	210	180
>C30	180	150

注：C50 以上混凝土和混凝土中掺有促凝剂或缓凝剂时，其允许间歇时间应根据试验结果确定。

（7）浇筑混凝土过程中，超过规定时间应设置施工缝。

①施工缝宜留置在结构受剪力和弯矩较小、便于施工的部位，且应在混凝土浇筑之前确定。施工缝不得呈斜面。

②现浇混凝土表面的水泥砂浆和松弱层应及时凿除，分段凿毛如图 2-1-41 所示。凿除时的混凝土强度，水冲法应达到 0.5 MPa；人工凿毛应达到 2.5 MPa；机械凿毛应达到 10 MPa。

图 2-1-41 分段凿毛

③经凿毛处理的混凝土面，应清除干净，在浇筑后续混凝土前，应铺 10～20 mm 同配合比的水泥砂浆。

④重要部位及有抗震要求的混凝土结构或钢筋稀疏的混凝土结构，应在施工缝处补插锚固钢筋或石榫；有抗渗要求的施工缝宜做成凹形、凸形或设止水带。

⑤施工缝处理后，应待下层混凝土强度达到 2.5 MPa 后，方可浇筑后续混凝土。

（三）混凝土养护

（1）常温下混凝土浇筑完成后，应及时覆盖并洒水养护，如图 2-1-42 所示。当气温低于 5 ℃时，应采取保温措施，并不得对混凝土洒水养护。

（a）覆盖薄膜养护

（b）冬期覆盖保温

（c）预制构件蒸汽养护

图 2-1-42 混凝土养护

（2）混凝土洒水养护的时间：采用硅酸盐水泥、普通硅酸盐水泥或矿渣硅酸盐水泥的混凝土，不得少于 7 d；掺用缓凝型外加剂、有抗渗等要求以及高强度的混凝土，不得少于 14 d。

（四）混凝土检验标准

混凝土检验标准见表 2-1-17。

表 2-1-17 混凝土检验标准

项目		内容
主控项目	水泥	(1) 全数检验合格证和出厂检验报告； (2) 抽样复检强度、细度、安定性、凝固时间； (3) 分批散装水泥 500 t 为一批，袋装水泥 200 t 为一批
	外加剂	(1) 全数检验合格证和出厂检验报告； (2) 抽样复检减水率、凝结时间差、抗压强度比； (3) 分批检验，50 t 为一批
	配合比设计	(1) 同强度等级、同性能混凝土的应各检 1 次； (2) 采用检查配合比设计选定单、试配试验报告和经审批后的配合比报告单的方法
	潜在碱活性骨料	每一混凝土配合比进行 1 次总碱含量计算（检查核算单）
	强度等级	(1) 每拌制 100 盘且不超过 100 m^3 的同配比的混凝土，取样不得少于 1 次； (2) 每次取样至少留置 1 组标准养护试件，同条件试件组数根据实际需要确定
	抗冻抗渗	小于 250 m^3 应制作抗冻或抗渗试件 1 组（6 个）；250～500 m^3 应制作 2 组
一般项目		矿物掺合料（细度、含水率、抗压强度比）；细骨料（颗粒级配、细度模数、含泥量）；粗骨料（颗粒级配、压碎值、针片状颗粒含量）；水质；坍落度；原材料称重允许偏差

三、大体积混凝土施工要点

（一）裂缝分类

大体积混凝土结构，由于混凝土结构的水泥水化热、内外约束条件、外界气温变化、收缩变形、沉陷变形等原因，容易造成结构开裂。按裂缝损坏程度的裂缝分类见表 2-1-18。

表 2-1-18 按裂缝损坏程度的裂缝分类

分类	示意图	成因	影响
表面裂缝		温度变化为主	(1) 危害性较小； (2) 影响外观质量
深层裂缝		表面裂缝未得到有效处理，发育而来	(1) 部分切断了结构断面； (2) 对结构耐久性产生一定危害

续表

分类	示意图	成因	影响
贯穿裂缝		深层裂缝未得到有效处理，发育而来	(1) 切断了结构断面； (2) 可能破坏整体性和稳定性； (3) 危害性较严重

(二) 质量控制要点

(1) 大体积混凝土施工时，应根据结构、环境状况采取减少水化热的措施。

(2) 为避免积聚热量过高，可以从大体积结构的原材料选择与配合比控制入手，措施如下。

①选用低水化热的通用硅酸盐水泥，降低内部水化放热。

②在保证强度的前提下，尽可能降低水泥用量，充分利用中后期强度。

③为避免细料过多使裂缝风险增高，严格控制骨料的级配及含泥量。

④通过掺加合适的缓凝、减水等外加剂，让内部产生的水化热充分释放。

⑤选用的混凝土坍落度不宜大于 180 mm。

(3) 大体积混凝土应均匀分层、分段浇筑，并应符合下列规定。

①分层混凝土厚度宜为 300～500 mm，浇筑层厚度应根据振捣器作用深度及和易性确定。浇筑分层可根据结构形式选择图 2-1-43 中的（a）全面分层（适用于结构平面尺寸不是太大的工程）、（b）分段分层（适用于单位时间内要求供应混凝土较少，结构物厚度不太大而面积或长度较大的工程）与（c）斜面分层（适用于斜面坡度不大于 1/3，长度大大超过厚度 3 倍的结构）。

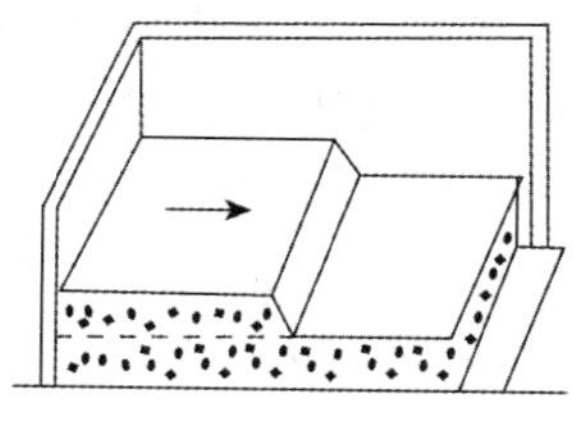

(a) 全面分层

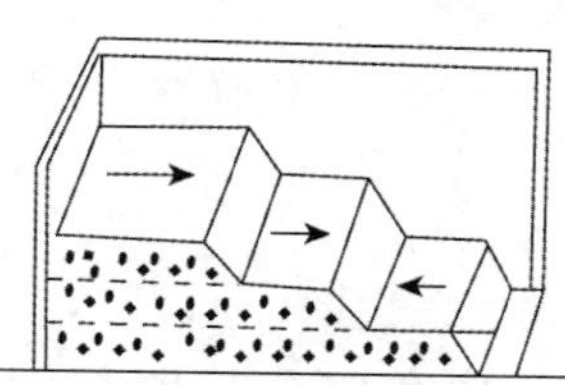

(b) 分段分层

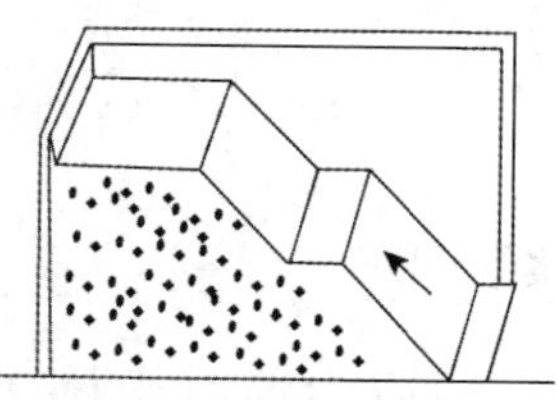

(c) 斜面分层

图 2-1-43　混凝土分层分段施工

②浇筑中应采取措施防止受力钢筋、定位筋、预埋件等移位与变形，及时清除表面泌水。

③应及时对浇筑面进行多次抹压处理。

(4) 大体积混凝土一般情况下入模温度宜控制在 5～30 ℃。

(5) 大体积混凝土应采取循环水冷却（图 2-1-44）、蓄热保温（如草袋、锯末、湿沙等）等控制混凝土结构体内外温差的措施，并及时测定浇筑后混凝土表面和内部的温度，其温差应符合设计要求；当设计无要求时，不宜大于 20 ℃（一般结构中心与表面、表面与气温间控制温差不超过 20 ℃即可）。

图 2-1-44 内部循环冷水管

(6) 湿润养护时间不宜小于 14 d，保温覆盖层的拆除应分层逐步进行，当表面与环境温差小于 20 ℃时可全部拆除。

➤ **重点提示**：(1) 了解基本规定，注意施工技术要求中含“严禁”“必须”等字眼的内容，往往是规定中的强制性条文。

(2) 原材料及强度、配合比的考频较低。了解混凝土材料组成，熟悉常用的外加剂种类。

(3) 大体积混凝土为高频考点，裂缝分类及成因一般考查选择题，裂缝处理措施需要重点记忆，一般以考查案例题为主。

实战演练

[**2021 真题·多选**] 下列混凝土中，洒水养护时间不得少于 14 d 的有（　　）。

A. 普通硅酸盐水泥混凝土　　B. 矿渣硅酸盐水泥混凝土

C. 掺用缓凝型外加剂的混凝土　　D. 有抗渗要求的混凝土

E. 高强度混凝土

[**解析**] 洒水养护的时间，采用硅酸盐水泥、普通硅酸盐水泥或矿渣硅酸盐水泥的混凝土，不得少于 7 d；掺用缓凝型外加剂、有抗渗等要求以及高强度的混凝土，不少于 14 d。

[**答案**] CDE

考点 5 预应力混凝土施工——基本概念与原材料

一、预应力结构基本概念

(一) 预应力工作原理

(1) 梁体在受到均布荷载后变形趋势如图 2-1-45 所示，梁体上部跨中为受压区，下部跨中为受拉区，依靠梁体抵抗弯矩的能力来承担上部荷载。

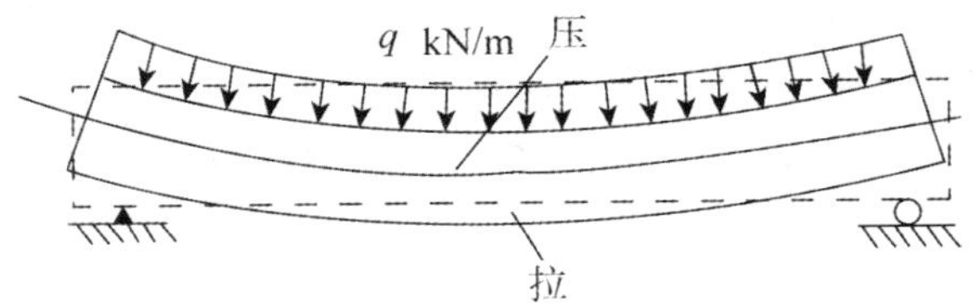

图 2-1-45 梁体受力区域分布示意图

(2) 未配筋的素混凝土梁在受到荷载后，受拉区混凝土无法抵抗较大的拉应力，因而容易出现裂缝、断裂破坏，承载能力较低（图 2-1-46）。受拉区配筋后，提高了梁体抵抗弯矩的能力，如图 2-1-47 所示。

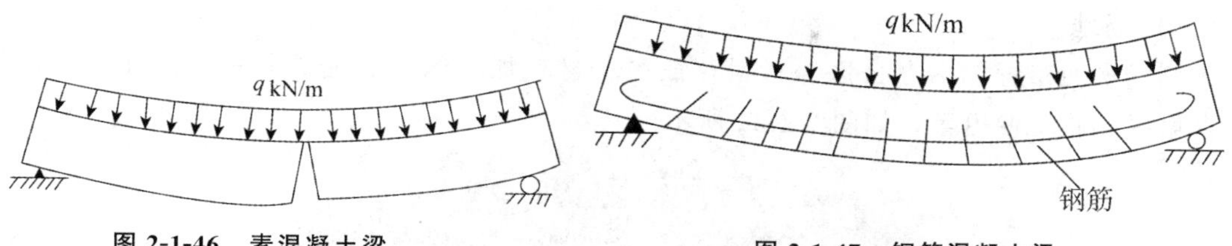

图 2-1-46　素混凝土梁　　　图 2-1-47　钢筋混凝土梁

（3）对构件施加预应力，即在受拉区布设预应力筋，将预应力筋张拉后产生的预应力用以减小或抵消外部荷载所引起的拉应力，可借助于混凝土较高的抗压强度来弥补其抗拉强度的不足，达到推迟受拉区混凝土开裂的目的。施加预应力后状态如图 2-1-48 所示。

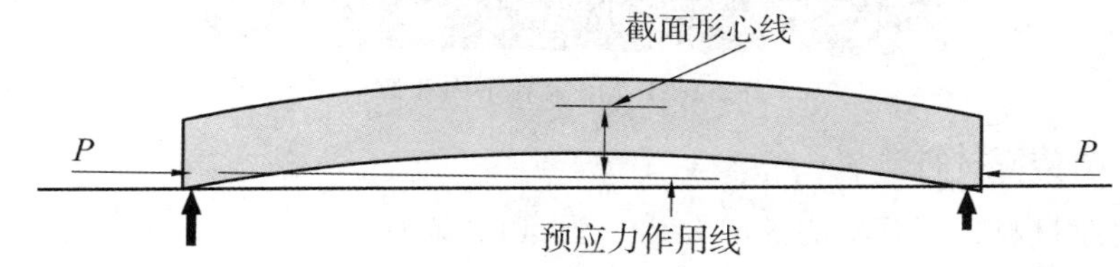

图 2-1-48　施加预应力后状态

（二）预应力施工流程

先张法施工流程如图 2-1-49 所示，后张法施工流程如图 2-1-50 所示。

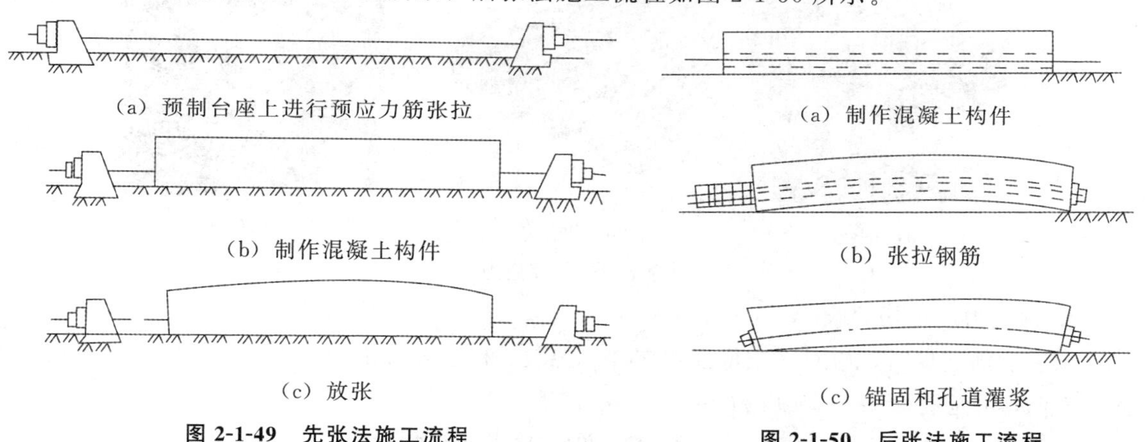

（a）预制台座上进行预应力筋张拉　（b）制作混凝土构件　（c）放张

图 2-1-49　先张法施工流程

（a）制作混凝土构件　（b）张拉钢筋　（c）锚固和孔道灌浆

图 2-1-50　后张法施工流程

1. 先张法

清理模板、台座→涂刷隔离剂→安装预应力筋及隔离套管→张拉→用锚具临时固定→隔离套管封堵→安装模板及钢筋→浇筑混凝土→拆除模板→养护→达到设计强度 75%以上放张。

➤ **注意：**本流程为后安装普通钢筋。先张法有些构件是可以先整体安装预应力筋及普通钢筋支架的，需要区别对待。

2. 后张法

安装底模→肋板钢筋骨架安装→管道安装→端模安装→肋板侧模及翼板底模、侧模安装→顶板钢筋安装→浇筑混凝土→养护拆模→清理管道→穿预应力筋→安装锚具及千斤顶张拉设备→达到设计强度 75%以上张拉预应力筋→锚固及封锚头→孔道压浆→封锚混凝土钢筋、支模板、浇筑→养护移运。

➢ 注意：本流程特指T形梁的后张施工流程，后张法按照梁体形式的不同，施工程序也不同。

(三) 场地

预制场平面布置包括办公区、材料存放区、材料加工区、工地试验室、供配电间、制梁区、存梁区、施工便道等，如图2-1-51所示。

图 2-1-51 预制场平面布置

二、预应力结构原材料

预应力结构原材料包括预应力筋、孔道（管道）、锚具、夹具、连接器、混凝土等。

(一) 预应力筋

预应力筋包括钢丝、钢绞线、螺纹钢，如图2-1-52所示。

(a) 钢丝

(b) 钢绞线

(c) 螺纹钢

图 2-1-52 预应力筋

1. 预应力筋进场验收

预应力筋进场时，应对其质量证明文件、包装、标志和规格进行检验，每检验批质量不得大于60 t，并应符合表2-1-19的规定。

表 2-1-19 预应力筋进场检验

类别	钢丝	钢绞线	钢筋
证书检验	产品合格证、出厂检验报告、进场试验报告、质量保证书		
外观、尺寸表面质量检验数量	逐盘		逐根
力学性能检验数量	抽查3盘，任一端取样		任选2根截取试件
力学性能检验项目	抗拉强度，屈服强度，焊接、弯曲性能等，张拉允许偏差		
不合格处理	不合格，该盘报废，同批次双倍复检		

续表

类别	钢丝	钢绞线	钢筋
复检不合格处理	仍有一项不合格则逐盘检验，合格者接收		仍有一项不合格则该批不合格

2. 预应力筋存放（同普通钢筋存放规定）

（1）预应力钢绞线宜成盘运输，盘径不应小于 1.0 m；存放时，最下盘钢绞线上堆放的钢绞线不应超过 4 000 kg。

（2）存放的仓库应干燥、防潮、通风良好、无腐蚀气体和介质。存放在室外时，不得直接堆放在地面上，必须垫高、覆盖、防腐蚀、防雨露，如图 2-1-53 所示，存放时间不宜超过 6 个月（金属管道存放要求同预应力筋）。

（a）钢绞线成盘堆放

（b）钢筋垫高堆放

（c）钢筋存放场地

图 2-1-53　预应力筋存放

3. 预应力筋加工制作

（1）预应力筋的下料长度应根据构件孔道或台座的长度、锚夹具长度等经过计算确定。

（2）预应力筋宜使用砂轮锯（图 2-1-54）或切断机（图 2-1-55）切断，不得采用电弧切割。钢绞线切断前，应在距切口 5 cm 处用绑丝绑牢。

图 2-1-54　砂轮锯

图 2-1-55　切断机

（3）预应力筋由多根钢丝或钢绞线组成时，在同束预应力筋内，应采用强度相等的预应力钢材。

（4）编束时，应逐根梳理顺直，不扭转，绑扎牢固，每隔 1 m 一道，不得互相缠绞。编束后的钢丝和钢绞线应按编号分类存放。

（5）钢丝和钢绞线束移运时，支点距离不得大于 3 m，端部悬出长度不得大于 1.5 m。支点设置如图 2-1-56 所示。

（6）支承类锚具应对预应力筋端部进行镦粗处理，如图 2-1-57 所示。高强钢丝采用镦头锚固时，宜采用液压冷镦；冷拔低碳钢丝采用镦头锚固时，宜采用冷冲镦粗；钢筋采用镦头锚固时，宜采用电热镦粗。

图 2-1-56 支点设置

图 2-1-57 预应力筋端部镦粗处理

(二) 后张法预应力结构用管道

(1) 预应力管道可选择胶管、钢管、高密度聚乙烯管和金属螺旋管等材料。预应力管道进场应按有关规范、标准检查出厂合格证和质量保证书，对尺寸、管道外观质量、径向刚度和抗渗漏性能等进行检验。金属管道应以 50 000 m 为一个检验批，塑料管道应以 10 000 m 为一个检验批。

(2) 预应力管道应具有足够的刚度，能传递粘结力，确保不漏浆，且应符合下列要求。

①胶管承压的能力不得小于 5 kN，极限抗拉力不得小于 7.5 kN，且应具有较好的弹性恢复性能。

②钢管和高密度聚乙烯管的内壁应光滑，壁厚不得小于 2 mm。

③金属螺旋管道宜采用镀锌材料制作，制作金属螺旋管的钢带厚度不宜小于 0.3 mm。金属螺旋管性能应符合国家现行标准《预应力混凝土用金属波纹管》（JG 225—2007）的规定。

(3) 预应力管道应保证预应力筋能顺畅穿入，其内横截面面积至少应是预应力筋净截面面积的 2 倍。安装时应严格按照图纸位置安装，为保证位置准确，钢管定位筋间距宜取 1.0 m，金属波纹管以 0.8 m 为宜，胶管以 0.5 m 为宜。管道存放如图 2-1-58 所示。

图 2-1-58 管道存放（边部设防滚落措施）

(三) 锚具、夹具和连接器

夹具如图 2-1-59 所示，连接器如图 2-1-60 所示。

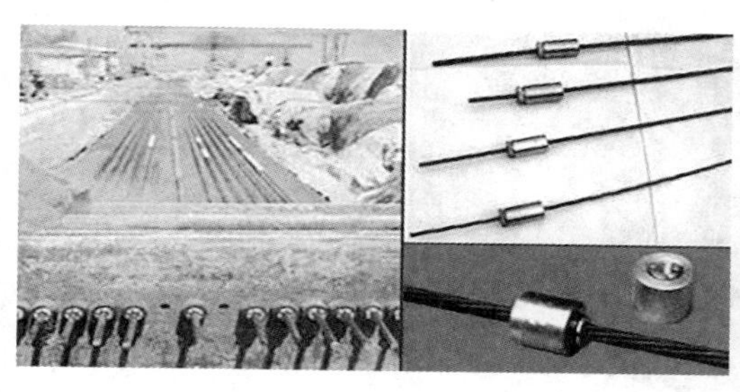

图 2-1-59　夹具（先张法）

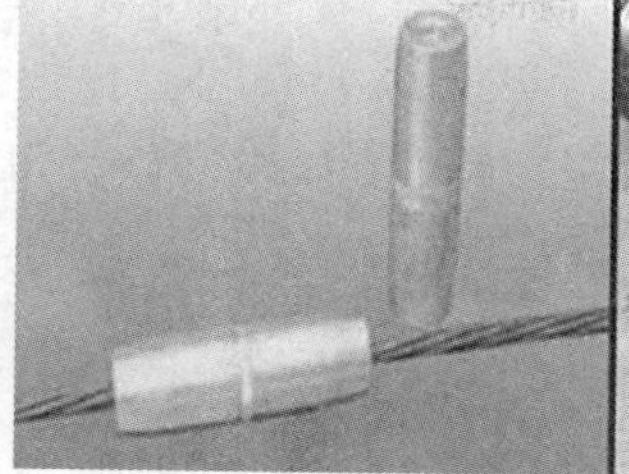

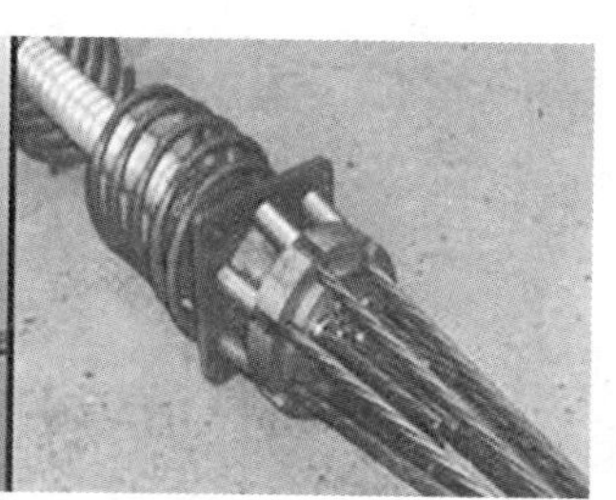

图 2-1-60　连接器（单孔、多孔）

1. 进场验收

预应力筋锚具、夹具和连接器应符合国家现行标准、规范的规定。进场时，应对其质量证明文件、型号、规格等进行检验，并应符合下列规定：

（1）检验批：锚具、夹片每 1 000 套为一个检验批，连接器每 500 套为一个检验批。

（2）检验程序如下。

①外观：检验批中随机抽取 10%且不少于 10 套。

②硬度：检验批中随机抽取 5%且不少于 5 套。

③静载锚固性能试验：用于大桥、特大桥等重要工程，质量证明资料不齐全、不正确或质量有疑点的锚具，抽取 6 套锚具组成 3 个预应力筋锚具组装件，由具有相应资质的专业检测机构进行。

2. 基本要求

（1）分类：夹片式（单孔夹片、多孔夹片锚具）（图 2-1-61）；支承式（镦头锚具、螺母锚具）（图 2-1-62）；握裹式（挤压锚具、压花锚具）（图 2-1-63）；组合式（热铸锚具、冷铸锚具）（图 2-1-64）。端部锚具构造如图 2-1-65 所示。

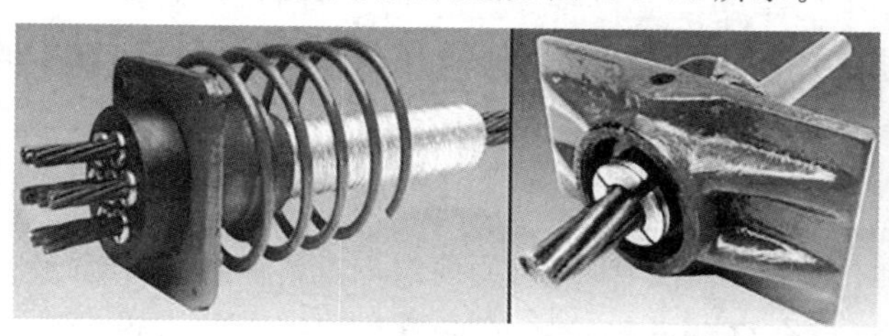

图 2-1-61　夹片式（单孔夹片、多孔夹片锚具）

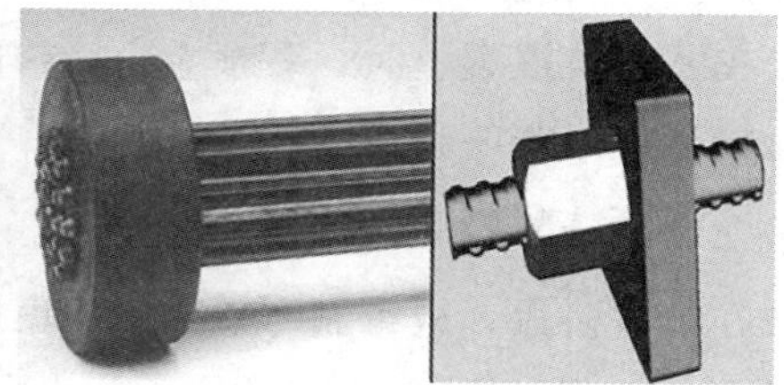

图 2-1-62　支承式（镦头锚具、螺母锚具）

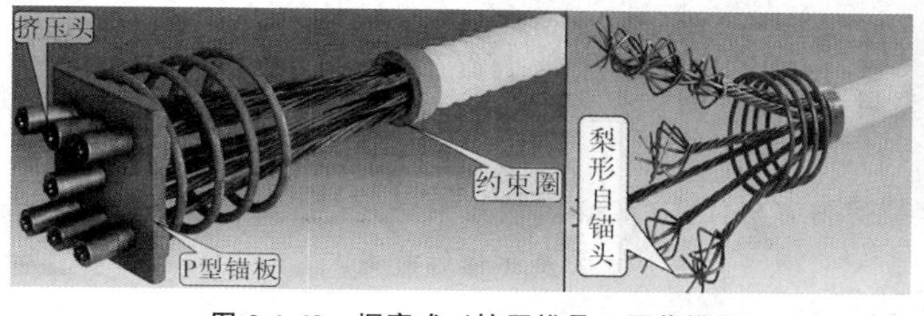

图 2-1-63　握裹式（挤压锚具、压花锚具）

图 2-1-64　组合式（热铸锚具、冷铸锚具）

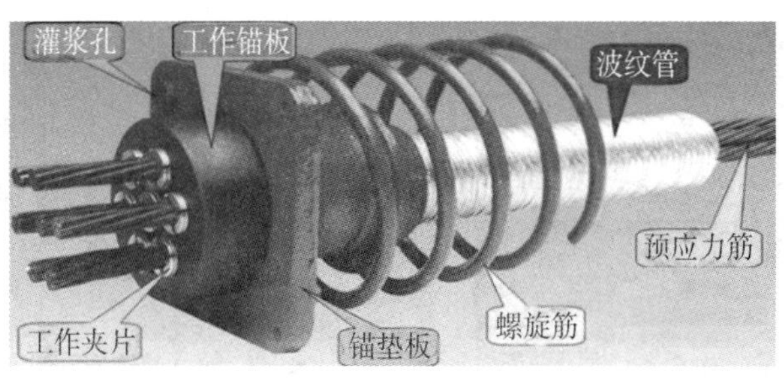

图 2-1-65　端部锚具构造

(2) 具有可靠的锚固性能、足够的承载能力和良好的适用性。

(3) 适用于高强度预应力筋的也可以用于较低强度的预应力筋。

(4) 锚具应满足分级张拉、补张拉和放松预应力的要求。锚固多根的锚具除有整束张拉性能外，宜具有单根张拉可能性。

(5) 用于后张法的连接器必须符合锚具的性能要求。

(6) 喇叭管宜选用钢制或铸铁产品。锚垫板应设置足够的螺旋或网状钢筋。

(7) 锚垫板与预应力筋（或孔道）在锚固区及其附近应相互垂直。

(四) 预应力混凝土

(1) 拌制混凝土应优先采用硅酸盐水泥、普通硅酸盐水泥，不宜使用矿渣硅酸盐水泥，不得使用火山灰质硅酸盐水泥及粉煤灰硅酸盐水泥。粗骨料应采用碎石，其粒径宜为 5～25 mm。

(2) 混凝土中的水泥用量不宜大于 550 kg/m^3。

(3) 混凝土中严禁使用含氯化物的外加剂、引气剂或引气型减水剂。

(4) 从各种材料引入混凝土中的氯离子最大含量不宜超过胶凝材料用量的 0.06%。超过以上规定时，宜采取掺加阻锈剂、增加保护层厚度、提高混凝土密实度等防锈措施。

(5) 浇筑混凝土时，对预应力筋锚固区及钢筋密集部位应加强振捣，后张构件应避免振动器碰撞预应力筋的管道。

三、准备阶段质量控制

在准备阶段，应编制专项施工方案和作业指导书，并按相关规定审批。张拉施工质量控制应做到“六不张拉”：没有预应力筋出厂材料合格证不张拉；预应力筋规格不符合设计要求不张拉；配套件不符合设计要求不张拉；张拉前交底不清不张拉；准备工作不充分、安全设施未做好不张拉；混凝土强度达不到设计要求不张拉。

➤ **重点提示：**(1) 预应力筋要求记忆不同检验项目的区别，掌握其存放的基本要求（主要从防锈的角度考虑）。

(2) 预留管道主要是为了预应力筋留出位置，后期需要压浆，对于压浆材料、时机、养护等都做出了规定，要求压浆密实，起到减少预应力损失及防锈的效果。

(3) 锚具、夹具和连接器相对次要一些，要熟悉锚具的检查项目及比例要求，数字不要记混。

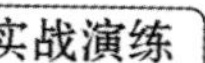

［经典例题·单选］预应力混凝土应优先采用（　　）水泥。

A. 火山灰质硅酸盐　　B. 硅酸盐

C. 矿渣硅酸盐　　D. 粉煤灰硅酸盐

［解析］预应力混凝土应优先采用硅酸盐水泥、普通硅酸盐水泥，不宜使用矿渣硅酸盐水泥，不得使用火山灰质硅酸盐水泥及粉煤灰硅酸盐水泥。

［答案］B

［经典例题·案例节选］

背景资料：

某公司承建一座市政桥梁工程，在施工过程中发生了如下事件：

事件一：雨季导致现场堆放的钢绞线外包装腐烂破损，钢绞线堆放场处于潮湿状态。

［问题］

事件一中的钢绞线应如何存放？

［答案］

存放的仓库应干燥、防潮、通风良好、无腐蚀气体和介质。存放在室外时不得直接堆放在地面上，必须垫高、覆盖、防腐蚀、防雨露，存放时间不宜超过6个月。

考点 6　预应力混凝土结构先张法与后张法

一、预应力施工基本规定

（1）预应力钢筋张拉应由工程技术负责人主持，张拉作业人员应经培训考核合格后方可上岗。

（2）张拉设备的校准期限不得超过半年，且不得超过200次张拉作业。张拉设备应配套校准，配套使用。

（3）预应力筋的张拉控制应力必须符合设计规定。

（4）预应力筋采用应力控制方法张拉时，应以伸长值进行校核。实际伸长值与理论伸长值的差值应符合设计要求；设计无规定时，实际伸长值与理论伸长值之差应控制在6%以内。

（5）预应力张拉时，应先调整到初应力（σ_0），该初应力宜为张拉控制应力（σ_{con}）的10%～15%，伸长值应从初应力时开始量测。

（6）预应力筋的锚固应在张拉控制应力处于稳定状态下进行，锚固阶段张拉端预应力筋的内缩量不得大于设计规定。

扫码听课

二、先张法预应力施工

先张法台座平面布置示意图如图2-1-66所示，混凝土台座及台面如图2-1-67所示，张拉台座端部工作如图2-1-68所示。

第二章

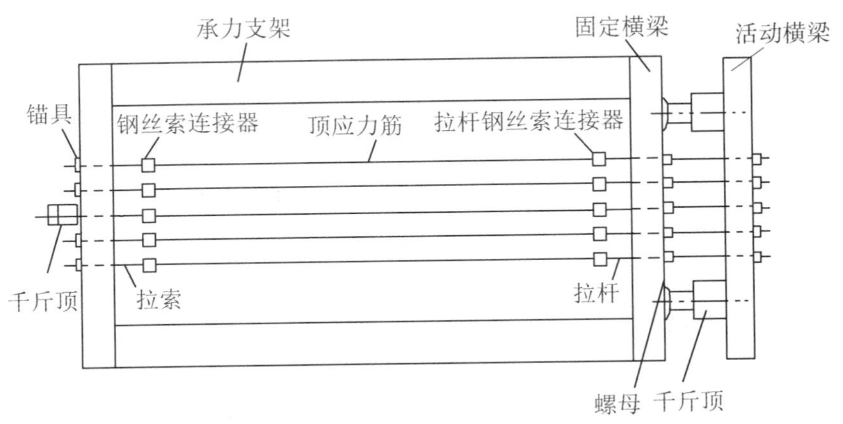

图 2-1-68　先张法台座平面布置示意图

注：注意构造名称识别。

图 2-1-67　混凝土台座及台面

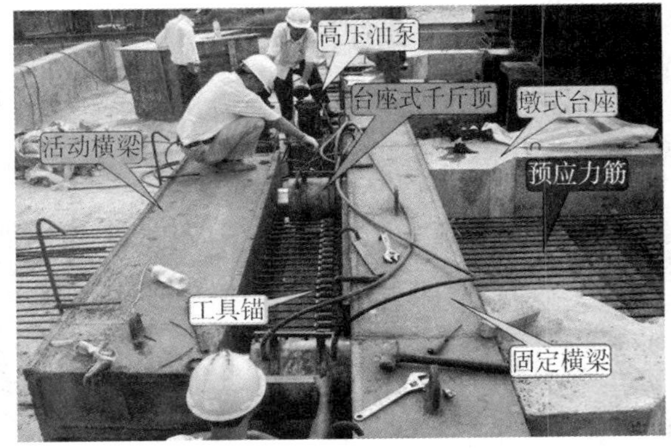

图 2-1-68　张拉台座端部工作

（1）张拉台座应具有足够的强度和刚度，其抗倾覆安全系数不得小于 1.5，抗滑移安全系数不得小于 1.3。

（2）锚板受力中心应与预应力筋合力中心一致。

（3）预应力筋就位后，严禁使用电弧焊切割或焊接梁体钢筋及模板。

（4）隔离套管内端应堵严。先张法预应力筋端部隔离套管如图 2-1-69 所示。

图 2-1-69　先张法预应力筋端部隔离套管

注：注意套管应间隔布置。

（5）同时张拉多根预应力筋时，各根预应力筋初始应力应一致。

（6）先张法预应力筋张拉程序见表 2-1-20。张拉钢筋时，为保证施工安全，应在超张拉放

张至 0.9σ_{con}时安装模板、普通钢筋及预埋件等。

表 2-1-20　先张法预应力筋张拉程序

预应力筋种类	张拉程序
钢筋	0→初应力→1.05σ_{con}→0.9σ_{con}→σ_{con}（锚固）
钢丝、钢绞线	其他锚具：0→初应力→1.05σ_{con}（持荷 2 min）→0→σ_{con}（锚固）
	对于夹片式等具有自锚性能的锚具： （1）普通松弛力筋：0→初应力→1.03σ_{con}（锚固）； （2）低松弛力筋：0→初应力→σ_{con}（持荷 2 min 锚固）

（7）先张法张拉过程中，不得出现断丝、断筋或滑丝。

（8）放张强度：不得低于强度设计值的 75%。

（9）放张顺序：应符合设计要求，设计未规定时，应分阶段、对称、交错地放张。张拉两端应设安全防护架，如图 2-1-70 所示。

图 2-1-70　张拉两端设置的安全防护架

➤ **重点提示：**先张构件放张顺序如下。

（1）中小型构件：宜从中间处开始放张。

（2）大构件：应从外向内对称、交错逐根放张。

（3）板类构件：宜从两侧逐渐向中心进行放张。

（4）轴心受压构件：同时放张。

（5）偏心受压构件：先同时放张预压应力小的区域，再同时放张预压应力大的区域。

（6）叠层生产构件：宜按自上而下的顺序进行放张。

三、后张法预应力施工

扫码听课

（一）场地处理、设底模

底模施工如图 2-1-71 所示。

（a）T 梁底模

（b）箱型梁底模

图 2-1-71　底模施工

注：底模施工前应加强地基处理，检测承载能力。一般采用通长钢制模板设置。

第二章

(二) 钢筋骨架、固定波纹管、模板制作

钢筋骨架、固定波纹管、模板制作如图 2-1-72 所示。

图 2-1-72 钢筋骨架、固定波纹管、模板制作

预应力管道应符合如下要求。

(1) 管道应采用定位钢筋牢固地固定于设计位置。

(2) 金属管道接头应采用套管连接，连接套管宜采用大一个直径型号的同类管道，且应与金属管道封裹严密。预应力管道连接示意图如图 2-1-73 所示。

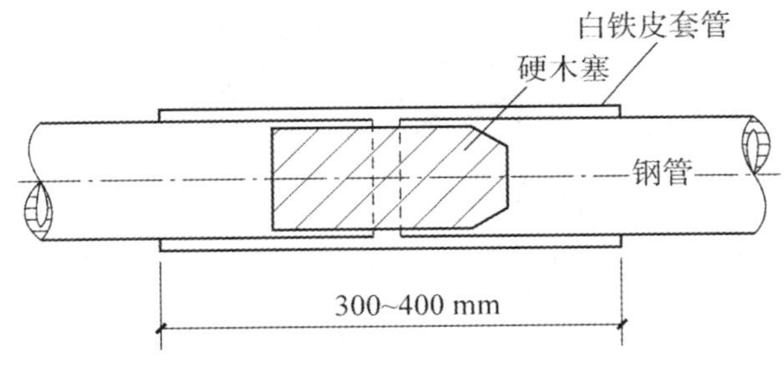

图 2-1-73 预应力管道连接示意图

(3) 管道应留压浆孔和溢浆孔，曲线孔道的波峰部位应留排气孔，在低部位宜留排水孔。预应力管道安装如图 2-1-74 所示。

(a) 管道定位筋

(b) 预留孔设置

(c) 排气孔设置

图 2-1-74 预应力管道安装

(4) 管道安装就位后应立即通孔检查，发现堵塞应及时疏通。管道经检查合格后，应及时将其端面封堵。

(5) 管道安装后，需在其附近进行焊接作业时，必须对管道采取保护措施。

(三) 混凝土浇筑、振捣及养护、脱模

混凝土浇筑施工如图 2-1-75 所示。

图 2-1-75　混凝土浇筑施工

（1）先穿束后浇混凝土时，浇筑之前必须检查管道并确认完好；浇筑时应定期抽动、转动预应力筋。

（2）先浇混凝土后穿束时，浇筑后应立即疏通管道，确保其畅通。

（3）采用蒸汽养护时，养护期内不得装入预应力筋。

（4）穿束后至灌浆完成应控制在下列时间内，否则采取防锈措施：空气湿度大于 70%或盐分过大时，7 d；空气湿度在 40%～70%时，15 d；空气湿度小于 40%时，20 d。

（5）在预应力筋附近进行电焊时，应对预应力钢筋采取保护措施。

（四）穿预应力筋束

（1）按计算长度下料，用人工（图 2-1-76）或卷扬机（图 2-1-77）等其他牵引设备穿入孔道。

（2）预留孔道应用通孔器或压气、压水等方法进行检查。

图 2-1-76　人工穿束

图 2-1-77　卷扬机穿束

（五）预应力张拉作业

（1）张拉强度：混凝土强度不得低于设计值的 75%。张拉应在限制位移的模板拆除后进行。

（2）张拉设备：配套使用，配套定期校验。张拉用千斤顶工作实例如图 2-1-78 所示。

（a）装入千斤顶

（b）千斤顶工作图

（c）伸长值测定

图 2-1-78　张拉用千斤顶工作实例图

（3）张拉方式：曲线预应力筋或长度大于等于 25 m 的直线预应力筋，宜在两端张拉；长度小于 25 m 的直线预应力筋，可在一端张拉。

（4）张拉前要实测孔道的摩阻损失。

（5）张拉顺序：可采取分批、分阶段对称张拉法，宜先中间，后上、下或两侧。

后张法张拉锚具与千斤顶安装断面如图 2-1-79 所示。

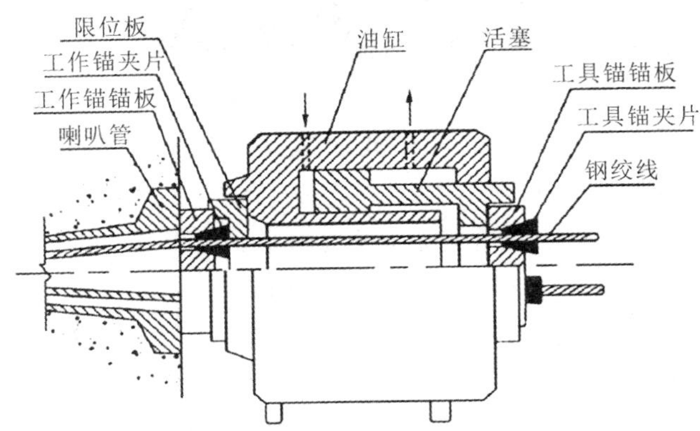

图 2-1-79　后张法张拉锚具与千斤顶安装断面图

➤ **注意：**工作锚具与工具锚具的位置区别。

（6）当同一截面中有多束一端张拉的预应力筋时，张拉端宜均匀交错地设置在结构两端。

张拉顺序：先张拉横隔梁钢束，再张拉梁端截面钢束。梁端截面张拉顺序：先腹板、再底板、最后顶板。同类型钢束张拉顺序：中层束、下层束、上层束，左右对称。

（7）后张法预应力筋张拉程序见表 2-1-21。

表 2-1-21　后张法预应力筋张拉程序

预应力筋种类		张拉程序
钢绞线束	对于夹片式等有自锚性能的锚具	（1）普通松弛力筋：0→初应力→1.03σ_{con}（锚固）； （2）低松弛力筋：0→初应力→σ_{con}（持荷 2 min 锚固）
	其他锚具	0→初应力→1.05σ_{con}（持荷 2 min）→σ_{con}（锚固）
钢线束	对于夹片式等有自锚性能的锚具	（1）普通松弛力筋：0→初应力→1.03σ_{con}（锚固）； （2）低松弛力筋：0→初应力→σ_{con}（持荷 2 min 锚固）
	其他锚具	0→初应力→1.05σ_{con}（持荷 2 min）→σ_{con}（锚固）
精轧螺纹钢筋	直线配筋时	0→初应力→σ_{con}（持荷 2 min 锚固）
	曲线配筋时	0→σ_{con}（持荷 2 min）→0（上述可反复几次）→初应力→σ_{con}（持荷 2 min 锚固）

（8）预应力张拉后可靠锚固，且不应有断丝或滑丝。

（9）张拉应力超过表 2-1-21 控制数值时，原则上应更换预应力筋。不能更换时，在条件许可的情况下，可采取补救措施，如提高其他钢丝束控制应力。

（10）控制应力达到稳定后方可锚固（外露长度不宜小于 30 mm），锚具应用封端混凝土保护（张拉切割后即封堵）。多余预应力筋切断如图 2-1-80 所示，端部锚具封端保护如图 2-1-81 所示。

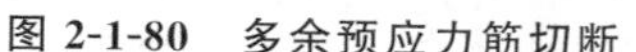

图 2-1-80　多余预应力筋切断

图 2-1-81　端部锚具封端保护

（六）压浆作业

压浆施工如图 2-1-82 所示。

（a）压浆孔连接设备压浆

（b）溢浆孔观察溢出浆液

图 2-1-82　压浆施工

（1）张拉后应及时用水泥浆进行孔道压浆，宜使用真空辅助法压浆，并使孔道真空负压稳定保持在 0.08～0.1 MPa；水泥浆强度不得低于 30 MPa。多跨有连接器的预应力筋孔道，应张拉完一段灌注一段。

（2）每一工作班组应留取不少于 3 组的砂浆试块，标准养护 28 d，以其抗压强度作为水泥浆质量的评定依据。

（3）压浆过程中及压浆后 48 h 内，结构混凝土的温度不得低于 5 ℃。当白天气温高于 35 ℃时，压浆宜在夜间进行。

（七）封锚作业

封锚混凝土施工如图 2-1-83 所示。

图 2-1-83　封锚混凝土施工

（1）压浆后应及时浇筑封锚混凝土。封锚混凝土的强度应符合设计要求，不宜低于结构混凝土强度等级的 80%，且不得低于 30 MPa。

(2) 孔道内的水泥浆强度达到设计规定后方可吊移预制构件；设计未要求时，应不低于砂浆设计强度的 75%。

(八) 存放及转运

预制构件转运如图 2-1-84 所示，预制构件吊装如图 2-1-85 所示。

图 2-1-84 预制构件转运

图 2-1-85 预制构件吊装

➢ **重点提示：**(1) 熟悉预应力混凝土材料的要求，掌握预应力筋张拉的“双控指标”：以应力控制为主，伸长值作为校核（钢筋混凝土水池施工中预应力张拉也有这个要求，属于通用要求）。掌握先张法和后张法的工序及原理区别。

(2) 先张法往往用于一些小型构件，张拉应力有限，应熟悉其基本工序及要求。

(3) 后张法往往用于大型预应力构件的施工，涉及专业较多，考频较高，选择题、案例题都曾考查过，重点掌握其施工工序及每道工序的基本要求。

实战演练

[经典例题·多选] 下列先张法预应力张拉施工规定中，正确的有（　　）。

A. 张拉台座应具有足够的强度和刚度

B. 锚板受力中心应与预应力筋合力中心一致

C. 同时张拉多根预应力筋时，各根预应力筋的初始应力差值不得大于 5%

D. 预应力筋就位后，严禁使用电弧焊对梁体钢筋及模板进行切割或焊接

E. 设计未规定时，应分阶段、对称、交错地放张

[解析] 同时张拉多根预应力筋时，各根预应力筋的初始应力应一致，选项 C 错误。

[答案] ABDE

[经典例题·多选] 下列后张法预应力孔道压浆与封锚规定中，正确的有（　　）。

A. 压浆过程中及压浆后 24 h 内，结构混凝土的温度不得低于 5 ℃

B. 多跨连续有连接器的预应力筋孔道，应张拉完一段灌注一段

C. 压浆作业，每一工作班应留取不少于 3 组砂浆试块，标养 28 d

D. 当白天气温高于 35 ℃时，压浆宜在夜间进行

E. 封锚混凝土的强度等级不宜低于结构混凝土强度等级的 75%，且不低于 30 MPa

[解析] 压浆过程中及压浆后 48 h 内，结构混凝土的温度不得低于 5 ℃，选项 A 错误。封锚混凝土的强度等级不宜低于结构混凝土强度等级的 80%，且不低于 30 MPa，选项 E 错误。

[答案] BCD

考点 7　桥面系构造要求

一、排水设施

（1）汇水槽、泄水口顶面高程应低于桥面铺装层 10～15 mm。

（2）泄水管下端至少应伸出构筑物底面 100～150 mm。泄水管宜通过竖向管道直接引至底面或雨水管线，其竖向管道应采用抱箍、卡环、定位卡等预埋件固定在结构物上，如图 2-1-86 所示。

图 2-1-86　桥梁排水管设置

二、桥面防水层

桥面防水层如图 2-1-87 所示。

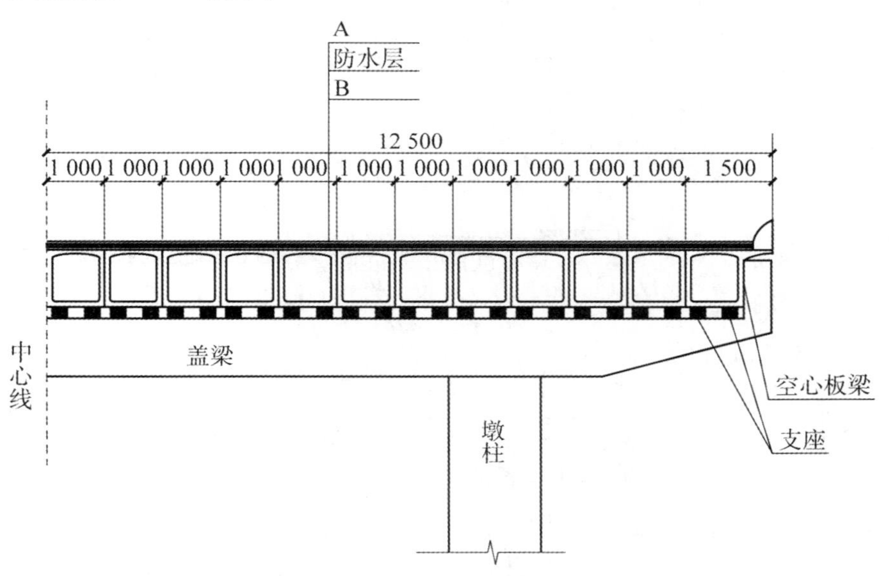

（a）桥面防水层（单位：mm）

图 2-1-87　桥面防水层

厚10 cm沥青混凝土
构造B
防撞护栏
2%
1.5%
1.5%
2%
构造A
临时便道
地面线
130
临时便道
150

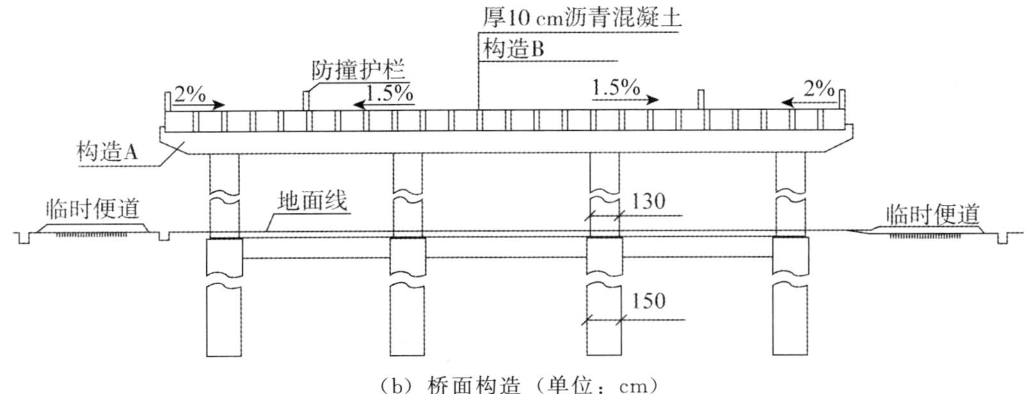

（b）桥面构造（单位：cm）

续图 2-1-87

注：图（a）来自 2021 年二级建造师第一批次考试真题，图（b）来自 2021 年二级建造师第二批次考试真题。在 2021 年两批次考试中均出现了桥面构造识图题型，应结合桥梁结构考点和背景资料描述进行判断。

桥梁结构立体示意图如图 2-1-88 所示。

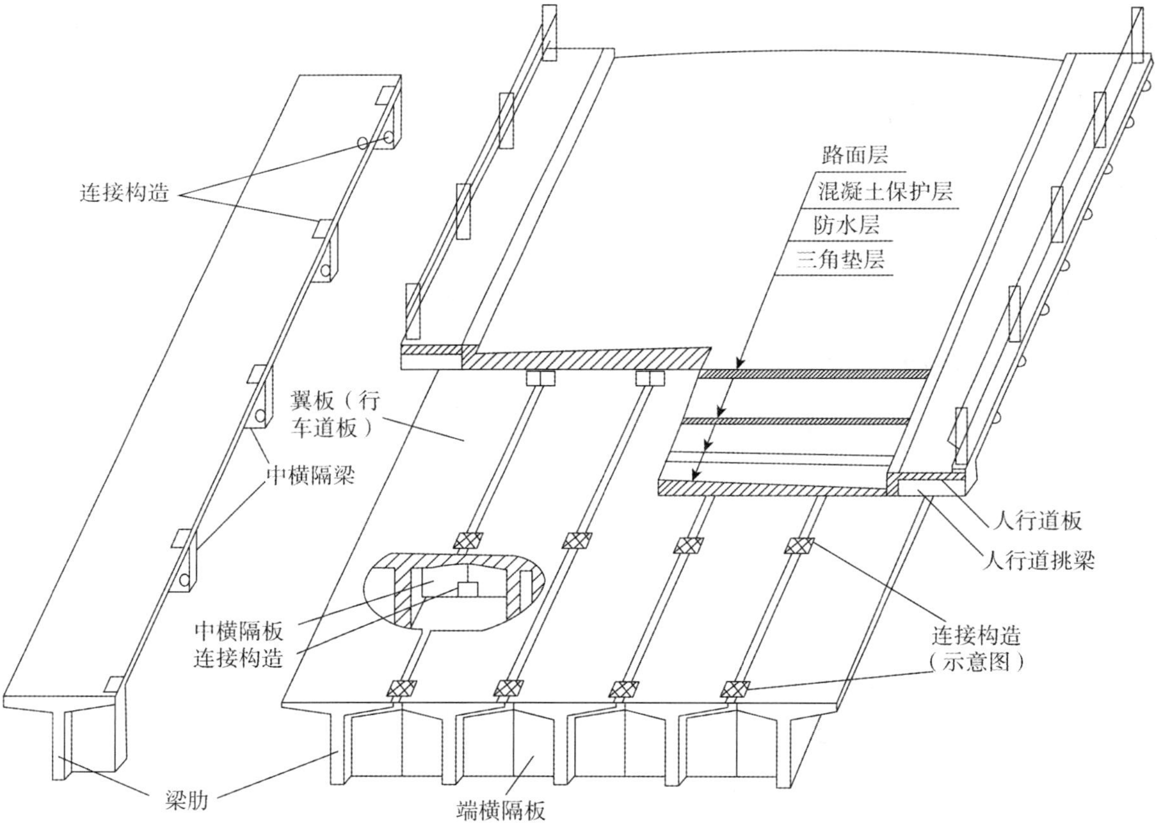

连接构造
路面层
混凝土保护层
防水层
三角垫层
翼板（行
车道板）
中横隔梁
人行道板
人行道挑梁
中横隔板
连接构造
连接构造
（示意图）
梁肋
端横隔板

图 2-1-88　桥梁结构立体示意图

（一）基层混凝土（或称三角垫层、调平层）

（1）基层混凝土强度达到设计强度的 80%以上时，方可进行防水层施工。

（2）当采用防水卷材时，基层混凝土表面的粗糙度应为 1.5～2.0 mm；当采用防水涂料时，基层混凝土表面的粗糙度应为 0.5～1.0 mm。对局部粗糙度大于上限值的部位，可在环氧

树脂上撒布粒径为 0.2～0.7 mm 的石英砂进行处理，同时应将环氧树脂上的浮砂清除干净。

（3）混凝土的基层平整度应小于等于 1.67 mm/m。

（4）当防水材料为卷材及聚氨酯涂料时，基层混凝土的含水率应小于 4%（质量比）。当防水材料为聚合物改性沥青涂料和聚合物水泥涂料时，基层混凝土的含水率应小于 10%（质量比）。

（5）基层混凝土表面粗糙度处理宜采用抛丸打磨。基层表面的浮灰应清除干净，不应有杂物、油类物质、有机质等。

（6）水泥混凝土铺装及基层混凝土的结构缝内应清理干净，结构缝内应嵌填密封材料。嵌填的密封材料应粘结牢固、封闭防水，并应根据需要使用底涂。

（7）当防水层施工时，因施工原因需在防水层表面另加设保护层及处理剂时，应在确定保护层及处理剂的材料前，进行沥青混凝土与保护层及处理剂间、保护层及处理剂与防水层间的粘结强度模拟试验。

（二）基层处理

（1）基层处理剂可采取喷涂法或刷涂法施工，涂布应均匀，覆盖完全，待其干燥后应及时进行防水层施工。

（2）喷涂基层处理剂前，应采用毛刷对桥面排水口、转角等处先行涂刷，然后再进行大面积基层面的喷涂。（通用顺序：先细节、后大面）

（3）基层处理剂涂布完毕后，其表面应进行保护，且应保持清洁。涂布范围内严禁各种车辆行驶和人员踩踏。

（三）桥面防水层

（1）防水层材料的选用应符合下列规定。

①当采用沥青混凝土铺装面层时，防水层应采用防水卷材或防水涂料等柔性防水材料。

②当采用水泥混凝土铺装面层时，防水层宜采用水泥基渗透结晶型等的刚性防水材料，严禁采用卷材防水。

桥面防水系统中的防水卷材施工如图 2-1-89 所示，防水涂料施工如图 2-1-90 所示。

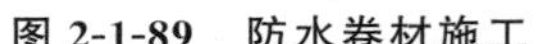

图 2-1-89　防水卷材施工

图 2-1-90　防水涂料施工

（2）桥面防水工程必须由有防水施工资质的专业队伍施工。

（3）防水材料进场后，施工单位应对材料性能进行复测，工程中严禁使用不合格产品。

（4）防水卷材施工如下。

①卷材防水层铺设前，应先做好节点、转角、排水口等部位的局部处理，然后再进行大面积铺设。

②铺设防水卷材时，环境气温和卷材的温度应高于 5 ℃，基面层的温度必须高于 0 ℃；当下雨、下雪和风力大于等于 5 级时，严禁进行桥面防水层体系的施工。施工中途下雨时，应做好已铺卷材周边的防护工作。

③铺设防水卷材时，任何区域的卷材不得多于 3 层，搭接接头应错开 500 mm 以上，严禁沿道路宽度方向搭接形成通缝。接头处卷材的搭接宽度沿卷材的长度方向应为 150 mm、沿卷材的宽度方向应为 100 mm，如图 2-1-91 所示。

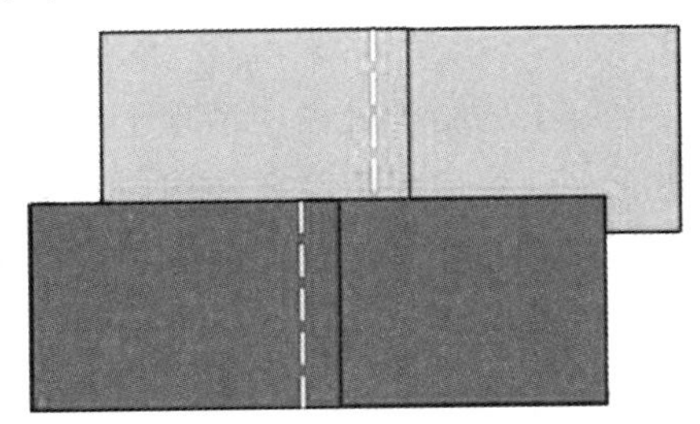

图 2-1-91 防水卷材错缝搭接铺设示意图

④铺设防水卷材应平整顺直，搭接尺寸应准确，不得扭曲、皱褶。卷材的展开方向应与车辆的运行方向一致，卷材应采用沿桥梁纵、横坡从低处向高处的铺设方法，高处卷材应压在低处卷材之上，如图 2-1-92 所示。

图 2-1-92 防水卷材展开方向

⑤当采用热熔法铺设防水卷材时，应满足下列要求：应采取措施保证均匀加热卷材的下涂盖层，且应压实防水层。多头火焰加热器的喷嘴与卷材的距离应适中，并以卷材表面熔融至接近流淌为度，防止烧熔胎体；卷材表面热熔后应立即滚铺卷材，滚铺时卷材上面应采用滚筒均匀辊压，并应完全粘贴牢固，且不得出现气泡；搭接缝部位应将热熔的改性沥青挤压溢出，溢出的改性沥青宽度应在 20 mm 左右，并应均匀顺直封闭卷材的端面。在搭接缝部位，应将相互搭接的卷材压薄，相互搭接卷材压薄后的总厚度不得超过单片卷材初始厚度的 1.5 倍。当接缝处的卷材有铝箔或矿物粒料时，应清除干净后再进行热熔和接缝处理。

⑥当采用热熔胶法铺设防水卷材时，应排除卷材下面的空气，并应辊压粘贴牢固。搭接部位的接缝应涂满热熔胶，且应辊压粘贴牢固。搭接缝口应采用热熔胶封严。

⑦铺设自粘性防水卷材时，应先将底面的隔离纸完全撕净。

(5) 防水涂料施工如下。

①防水涂料严禁在雨天、雪天、风力大于等于 5 级时施工。各类防水涂料适宜的环境温度见表 2-1-22。

表 2-1-22 各类防水涂料适宜的环境温度

防水涂料类型	施工环境气温/℃
聚合物改性沥青溶剂型、聚氨酯	−5～35
聚合物改性沥青水乳型、聚合物水泥涂料	5～35
聚合物改性沥青热熔型	不宜低于−10
聚合物水泥涂料	5～35

②防水涂料配料时，不得混入已固化或结块的涂料。

③防水涂料宜多遍涂布。防水涂料应保障固化时间，待涂布的涂料干燥成膜后，方可涂布下一遍涂料。涂层的厚度应均匀，且表面应平整，其总厚度应达到设计要求。

④涂料防水层的收头应采用防水涂料多遍涂刷或采用密封材料封严。

⑤若进行涂层间设置胎体增强材料的施工时，宜边涂布边铺胎体；胎体应铺贴平整，排除气泡，并应与涂料粘结牢固。在胎体上涂布涂料时，应使涂料浸透胎体，覆盖完全，不得有胎体外露现象。

⑥涂料防水层内设置的胎体增强材料，应顺桥面行车方向铺贴。铺贴顺序应自最低处开始向高处铺贴，并顺桥宽方向搭接，高处胎体增强材料应压在低处胎体增强材料之上。沿胎体的长度方向搭接宽度不得小于 70 mm、沿胎体的宽度方向搭接宽度不得小于 50 mm，严禁沿道路宽度方向搭接胎体形成通缝。采用两层胎体增强材料时，上、下层应顺桥面行车方向铺设，搭接缝应错开，其间距不应小于幅宽的 1/3。

⑦防水涂料施工应先做好节点处理，然后再进行大面积涂布。转角及立面应按设计要求做细部增强处理，不得有削弱、断开、流淌和堆积现象。防水涂料节点处理如图 2-1-93 所示。

图 2-1-93 防水涂料节点处理

（6）其他相关要求如下。

①防水层铺设完毕后，铺设桥面沥青混凝土之前严禁车辆在其上行驶和人员踩踏，并应对防水层进行保护，防止潮湿和污染。

②涂料防水层在未采取保护措施的情况下，不得在其上进行其他施工作业或直接堆放物品。

③沥青混凝土摊铺温度应与防水卷材的耐热度相匹配。卷材防水层上沥青混凝土的摊铺温度应高于防水卷材的耐热度（10～20 ℃），同时应小于 170 ℃；涂料防水层上沥青混凝土的摊铺温度应低于防水涂料的耐热度（10～20 ℃）。

（四）桥面防水质量验收

1. 一般规定

（1）从事防水施工验收检验工作的人员应具备规定的资格。

（2）检测单元：同一型号规格的防水材料、采用同一种方式施工的桥面防水层，且面积≤10 000 m^2的为一检测单元；同一型号规格防水材料、采用同一种方式施工的桥面防水层，一次连续浇筑的桥面混凝土基层面积>10 000 m^2 时，以 10 000 m^2 为单位划分后，剩余部分单独作为一个检测单元；一次连续浇筑的桥面混凝土基层面积≤10 000 m^2 时，以一次连续浇筑的桥面混凝土基层面积为一个检测单元。

每一防水等级检测单元的检测数量见表 2-1-23。

表 2-1-23　防水等级检测单元的检测数量

防水等级检测单元/m^2	Ⅰ	Ⅱ
1 000	5	3
1 000～5 000	5～10	3～7
5 000～10 000	10～15	7～10

2. 混凝土基层检测

（1）主控项目：含水率、粗糙度、平整度。

（2）一般项目：外观质量。

蜂窝、麻面不得超过总面积的 0.5%；裂缝宽度不大于设计规范的有关规定；局部潮湿不得超过总面积的 0.1%，并应进行烘干处理。

3. 防水层

（1）检测应包括材料到场后的抽样检测和施工现场检测。

（2）主控项目：粘结强度、涂料厚度。

（3）一般项目：外观质量。具体项目如下。

①基层处理剂与涂料防水层：漏刷面积不得超过总面积的 0.1%。

②防水层不得有空鼓、翘边、油迹、褶皱；涂料不得有气泡、空鼓、翘边。

③卷材、涂料防水层与雨水口、伸缩缝、缘石衔接处应密封。

④卷材搭接缝部位应有宽为 20 mm 左右溢出热熔的改性沥青痕迹，搭接卷材压薄后总厚度不得超过单片初始厚度的 1.5 倍。

⑤特大桥、纵坡大于 3%等对防水层有特殊要求的桥梁可选择进行防水层与沥青混凝土粘结强度、抗剪强度检测。

三、桥面铺装层技术要求（桥上路面结构）

（1）桥面防水层经验收合格后应及时进行桥面铺装层施工。雨天和雨后桥面未干燥时，不得进行桥面铺装层施工。

（2）铺装层应在纵向 100 cm、横向 40 cm 的范围内逐渐降坡，与汇水槽、泄水口平顺相接。

（3）沥青混合料桥面铺装层施工应符合下列规定。

①在水泥混凝土桥面上铺筑沥青铺装层应符合下列要求：铺筑前应在桥面防水层上撒布一

层沥青石屑作为保护层，或者在防水粘结层上撒布一层石屑作为保护层，并用轻碾慢压。沥青铺装宜采用双层式，底层宜采用高温稳定性较好的中粒式密级配热拌沥青混合料，表层应采用抗滑面层。铺装宜采用轮胎或钢筒式压路机碾压。

②在钢桥面上铺筑沥青铺装层应符合下列要求：铺装材料防水性能应良好；具有高温抗流动变形和低温抗裂性能；具有较好的抗疲劳性能和表面抗滑性能；与钢板粘结良好。桥面铺装宜采用改性沥青，其压实设备和工艺应通过试验确定。桥面铺装宜在无雨、少雾季节和干燥状态下施工，施工气温不得低于 15 ℃。桥面铺筑沥青铺装层前应涂刷防水粘结层。涂防水粘结层前应磨平焊缝、除锈、除污、涂防锈层。采用浇注式沥青混凝土铺筑桥面时，可不设防水粘结层。

(4) 水泥混凝土桥面铺装层施工应符合下列规定：

①铺装层的厚度、配筋、混凝土强度等应符合设计要求。结构厚度误差不得超过－20 mm。

②铺装层的基面（裸梁或防水保护层）应粗糙、干净，并于铺装前湿润。

③桥面钢筋网位置应准确、连续。

④铺装层表面应做抗滑处理。

➤ **重点提示：**本考点内容常以选择题的形式考查，在学习过程中要把握施工技术要求，着重记忆重要的细节问题。

实战演练

[经典例题·单选] 桥梁防水混凝土基层施工质量检验的主控项目不包括（　　）。

A. 含水率　　B. 粗糙度

C. 平整度　　D. 外观质量

[解析] 防水混凝土基层主控项目包括含水率、粗糙度、平整度。

[答案] D

[经典例题·单选] 关于桥梁防水涂料的说法，正确的是（　　）。

A. 防水涂料配料时，可掺加少量结块的涂料

B. 第一层防水涂料完成后应立即涂布第二次涂料

C. 涂料防水层内设置的胎体增强材料，应顺桥面行车方向铺贴

D. 防水涂料施工应先进行大面积涂布后，再做好节点处理

[解析] 防水涂料配料时，不得混入已固化或结块的涂料，选项 A 错误。应保障防水涂料固化时间，待涂布的涂料干燥成膜后，方可涂布下一遍涂料，选项 B 错误。防水涂料施工应先做好节点处理，然后再进行大面积涂布，选项 D 错误。

[答案] C

[2023 真题·多选] 桥面防水施工时，宜先喷涂的部位有（　　）。

A. 护栏底座转角　　B. 桥面上坡段

C. 桥面下坡段　　D. 桥面排水口

E. 车行道中部

[解析] 基层处理剂施工前应先采用毛刷对桥面排水口、转角等处先行涂刷，再大面积喷涂。卷材防水层应先做好节点、转角、排水口等部位，再进行大面积铺设。

[答案] AD

考点 8 桥梁支座施工技术

桥梁支座是桥梁结构中重要的传力装置，将桥跨结构承受的很大的行车荷载传递给桥梁下部结构，同时弹性支座可以吸收桥梁振动，以保证桥跨结构能产生一定的变位。

支座应设置在支座垫石上，其位置如图 2-1-94 所示。

(a) 支座在结构中的位置

(b) 盖梁上安装支座

(c) 支座上吊装梁片

图 2-1-94 桥梁支座位置

支座的设计、安装要求应符合有关标准的规定，必须有足够的承载能力，且应易于检查、养护、更换，并应有防尘、清洁、防止积水等构造措施。

墩台构造应满足更换支座的要求，在墩台帽顶面与主梁梁底之间应预留顶升主梁、更换支座的空间。

支座安装时，应预留由于施工期间温度变化、预应力张拉以及混凝土收缩、徐变等因素产生的变形和位移的空间，成桥后的支座状态应符合设计要求。

一、桥梁支座分类

桥梁支座可按其跨径、结构形式、反力值、支承处的位移及转角变形值选取不同的支座。

(1) 按支座所用材料划分，可以将支座分为钢、橡胶（板式或盆式）、聚四氟乙烯（支座为滑动类型时）支座等。

(2) 按支座结构形式划分，可以将支座分为弧形、摇轴、辊轴、橡胶（板式或盆式）、球形、拉压支座等。

(3) 按支座变形类型划分，可以将支座分为固定支座、单向活动支座、多向活动支座。

①固定支座：承受各向水平荷载的作用，各向无水平位移，代号 GD。

②单向活动支座：具有单向位移性能，承受单向水平荷载的作用，代号 DX。

③双向活动支座：具有双向位移性能，不承担水平向荷载的作用，代号 SX。

以球形支座为例，按变形类型区分的结构示意图如图 2-1-95 所示。

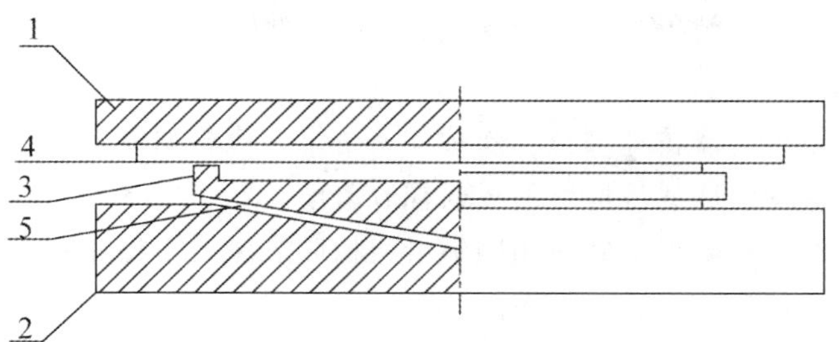

（a）双向活动支座结构

1—上支座板；2—下支座板；3—球冠衬板；4—平面聚四氟乙烯板；5—球面聚四氟乙烯板

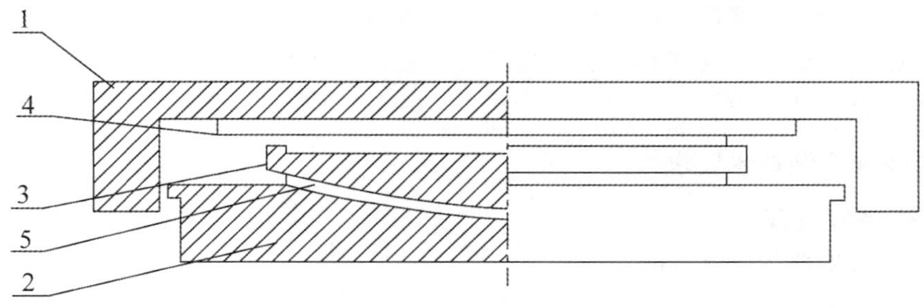

（b）单向活动支座结构

1—上支座板；2—下支座板；3—球冠衬板；4—平面聚四氟乙烯板；5—球面聚四氟乙烯板

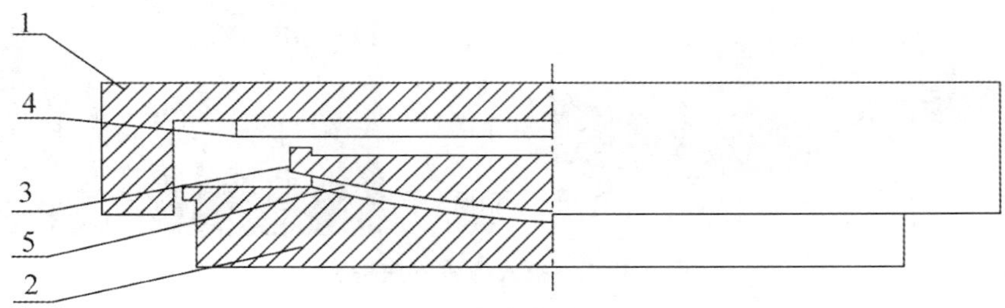

（c）固定支座结构

1—上支座板；2—下支座板；3—球冠衬板；4—平面聚四氟乙烯板；5—球面聚四氟乙烯板

图 2-1-95　球形支座结构形式类型示意图

支座型号表示方法如图 2-1-96 所示。

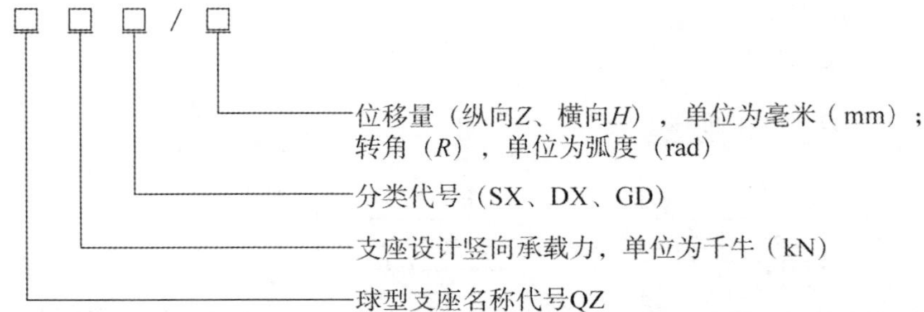

示例1：支座设计竖向承载力为30 000 kN的单向活动球型支座，其纵向位移量为±150 mm，转角0.05 rad，其型号表示为QZ30000DX/Z±150/R0.05。

示例2：支座设计竖向承载力为20 000 kN的双向活动球型支座，其纵向位移量为±100 mm、横向位移量为±40 mm、转角0.02 rad，其型号表示为QZ20000SX/Z±100/H±40/R0.02。

图 2-1-96　支座型号表示方法

（4）桥梁可选用板式橡胶支座或四氟滑板橡胶支座、盆式橡胶支座和球形钢支座。不宜采用带球冠的板式橡胶支座或坡形板式橡胶支座。

(5) 按照跨径选择支座。

①对大中跨径的钢桥、弯桥和坡桥等连续体系桥梁，应根据需要设置固定支座或采用墩梁固结，不宜全桥采用活动支座或等厚度的板式橡胶支座。

②对中小跨径连续梁桥，梁端宜采用四氟滑板橡胶支座或小型盆式纵向活动支座。

二、一般规定

(1) 当实际支座安装温度与设计要求不同时，应通过计算设置支座顺桥方向的预偏量。

(2) 支座安装平面位置和顶面高程必须正确，不得偏斜、脱空、不均匀受力。

(3) 支座滑动面上的聚四氟乙烯滑板和不锈钢板位置应正确，不得有划痕、碰伤。

(4) 墩台帽、盖梁上的支座垫石和挡块宜二次浇筑，确保其高程和位置的准确。垫石混凝土的强度必须符合设计要求。

三、桥梁支座安装技术要求

(一) 板式橡胶支座

板式橡胶支座构造如图 2-1-97 所示。

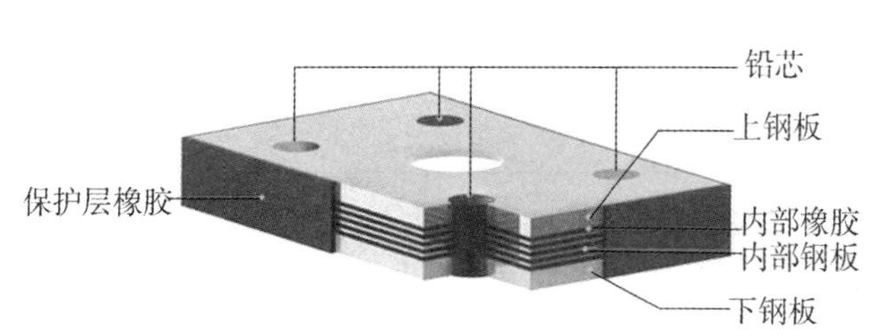

图 2-1-97 板式橡胶支座构造

(1) 安装前将垫石顶面清理干净，干硬性水泥砂浆抹平，顶面标高应符合设计要求。

(2) 梁、板安放时应位置准确，且与支座密贴。(重新起吊时需要垫钢板，不得用撬棍移动)

(二) 盆式橡胶支座

1. 盆式橡胶支座构造

盆式橡胶支座构造如图 2-1-98 所示。

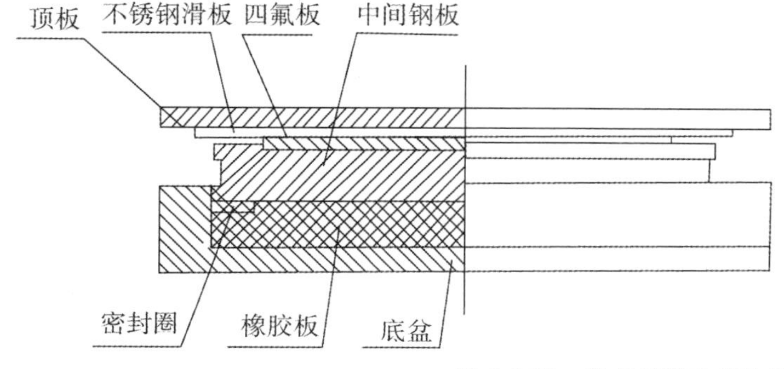

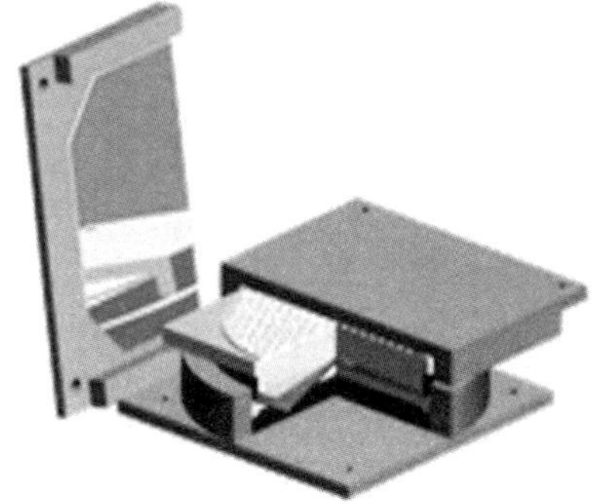

图 2-1-98 盆式橡胶支座构造

2. 通用要求

(1) 当支座上、下座板与梁底和墩台顶采用螺栓连接时，螺栓预留孔尺寸应符合设计要求，安装前应清理干净，采用环氧砂浆灌注；当采用电焊连接时，预埋钢垫板应锚固可靠、位置准确。墩顶预埋钢板下的混凝土宜分2次浇筑，且一端灌入，另一端排气，预埋钢板不得出现空鼓。

(2) 活动支座安装前，应采用丙酮或酒精解体清洗其各相对滑移面，擦净后在聚四氟乙烯板顶面满注硅脂。重新组装时应保持精度。

(3) 支座安装后，支座与墩台顶钢垫板间应密贴。

3. 现浇梁体系中盆式支座的安装与固定

(1) 安装前检查支座连接状况，不得松动上下钢板连接螺栓。

(2) 支座就位部位垫石凿毛，清除预留锚栓孔中的杂物，安装灌浆用模板，检查支座中心位置及标高后，采用重力方式灌浆。橡胶盆式支座吊装如图2-1-99所示。

图2-1-99 橡胶盆式支座吊装

(3) 灌浆材料终凝后，拆除模板，进行漏浆检查。箱梁浇筑完混凝土后，及时拆除各支座上下钢板连接螺栓。

4. 预制梁体系盆式支座安装

(1) 生产过程中按设计位置预先将支座上钢板预埋至梁体内，预制构件底部如图2-1-100所示。

图2-1-100 预制构件底部

(2) 吊装前将支座固定在预埋钢板上并用螺栓拧紧。预制梁就位前安装支座如图2-1-101所示，梁底支座连接如图2-1-102所示。

图 2-1-101　预制梁就位前安装支座

图 2-1-102　梁底支座连接

(3) 吊装时将支座缓慢吊起，将支座下锚杆对准盖梁上预留孔，缓慢落至临时支撑上；安装支座的同时，在盖梁上安装支座灌浆模板，进行支座灌浆作业。

(4) 安装结束检查漏浆，并拆除各支座上、下连接钢板及螺栓。支座支模灌浆如图 2-1-103所示。

图 2-1-103　支座支模灌浆

(5) 支座安装后，支座与墩台顶钢垫板间应密贴。

五、桥梁支座施工质量检验标准

支座施工质量检验标准见表 2-1-24。

表 2-1-24　支座施工质量检验标准

主控项目	数量	检验方法
进场检验	全数检查	合格证、出厂试验报告
安装前：跨距、支座栓孔位置、支座垫石顶面高程、平整度、坡度、坡向	全数检查	经纬仪、水准仪与钢尺
梁底及垫石密贴（≤0.3 mm）	全数检查	观察或用塞尺检查、检查垫层材料产品合格证
支座锚栓的埋置深度和外露长度	全数检查	观察
支座的粘结灌浆和润滑材料	全数检查	粘结材料配合比通知单、润滑材料产品合格证和进场验收记录

➤ **重点提示：**了解桥梁支座的分类、作用、受力特点，重点掌握在不同类型桥跨中的安装顺序。选择题中易考查支座类型、支座的一般构造、使用要求等，案例题中一般考查支座在桥梁结构中的位置及支座的作用。

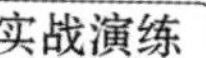
实战演练

[2018 真题 · 单选] 桥梁活动支座安装时，应在聚四氟乙烯板顶面凹槽内满注（　　）。

A. 丙酮　　B. 硅脂

C. 清机油　　D. 脱模剂

[解析] 活动支座安装前应采用丙酮或酒精解体清洗其各相对滑移面，擦净后在聚四氟乙烯板顶面凹槽内满注硅脂。

[答案] B

[2019 真题 · 多选] 下列质量检验项目中，属于支座施工质量检验主控项目的有（　　）。

A. 支座顶面高程　　B. 支座垫石顶面高程

C. 盖梁顶面高程　　D. 支座与垫石的密贴程度

E. 支座进场检验

[解析] 支座施工质量检验主控项目有：①支座应进行进场检验；②支座安装前，应检查跨距、支座栓孔位置、支座垫石顶面高程、平整度、坡度、坡向，确认符合设计要求；③支座与梁底及垫石之间必须密贴，间隙不得大于 0.3 mm；④支座锚栓的埋置深度和外露长度应符合设计要求；⑤支座的粘结灌浆和润滑材料应符合设计要求。

[答案] BDE

考点 9　桥梁伸缩装置

桥梁伸缩装置（也称伸缩缝）设置在桥梁上部结构之间或上部结构与桥台端墙之间，设置位置如图 2-1-104 所示。

（a）设置在上部结构间

（b）设置在上部结构与桥台端墙之间

图 2-1-104　桥梁伸缩装置设置位置

伸缩装置可以通过调节行车荷载作用和桥梁结构受温度变化引起的变形来保证结构的变位，使行车顺适安全。

一、伸缩装置技术要求

（1）伸缩装置应符合以下规定。

①伸缩装置与设计伸缩量应相匹配。

②具有足够的强度，能承受与设计标准相一致的荷载。

③城市桥梁伸缩装置应具有良好的防水（注满水 24 h 无渗漏）、防噪声性能。

④安装、维护、保养、更换简便。

(2) 桥梁伸缩装置可分为对接式、钢制支承式、组合剪切式（板式）、模数支承式以及弹性装置。

二、伸缩装置安装前的准备工作

(一) 运输与储存

(1) 避免阳光直晒，防止雨淋雪浸，保持清洁，防止变形，且不能和其他有害物质相接触，注意防火。

(2) 不得露天堆放，现场堆放场地应平整，并避免雨淋和曝晒，同时进行防尘。产品应远离热源 1 m 以外，不得与地面直接接触，严禁与酸、碱、油类、有机溶剂等接触。

(二) 预留槽处理

(1) 伸缩装置宜采用后嵌法安装，即先铺桥面层，再切割出预留槽安装伸缩装置，如图 2-1-105所示。

图 2-1-105　预留槽切割与切割后示意图

(2) 伸缩装置安装前应检查修正梁端预留缝的间隙尺寸，缝宽应符合设计要求，上下必须贯通，不得堵塞，并且应核对预埋锚固筋位置。

(3) 预留槽内混凝土凿毛并清理干净。

三、伸缩装置安装施工

(一) 伸缩装置吊放就位

(1) 伸缩装置安装前，应对照设计要求、产品说明对成品进行验收，合格后方可使用。安装伸缩装置时，应按安装时气温确定安装定位值，保证设计伸缩量。

(2) 伸缩装置应使用专用车辆运输，按厂家标明的吊点进行吊装，防止变形。

(3) 伸缩装置安装时，其间隙量定位值应由厂家根据施工时气温在工厂完成，用专用卡具固定。如需在现场调整间隙量，应在厂家专业人员指导下进行，调整定位并固定后应及时安装。

(4) 安装前应按设计和产品说明书的要求检查锚固筋规格和间距、预留槽尺寸，确认是否符合设计要求，并清理预留槽，如图 2-1-106 所示。

吊放伸缩装置如图 2-1-107 所示。

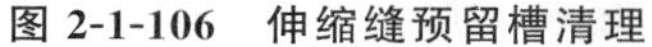

图 2-1-106　伸缩缝预留槽清理

图 2-1-107　吊放伸缩装置

（二）伸缩装置焊接安装

伸缩装置焊接安装如图 2-1-108 所示。

图 2-1-108　伸缩装置焊接安装

（1）分段安装的长伸缩装置需现场焊接时，宜由厂家专业人员施焊。

（2）将伸缩装置的锚固钢筋与桥梁预埋钢筋焊接牢固，锚固钢筋与预埋钢筋伸缩装置断面结构示意图如图 2-1-109 所示。

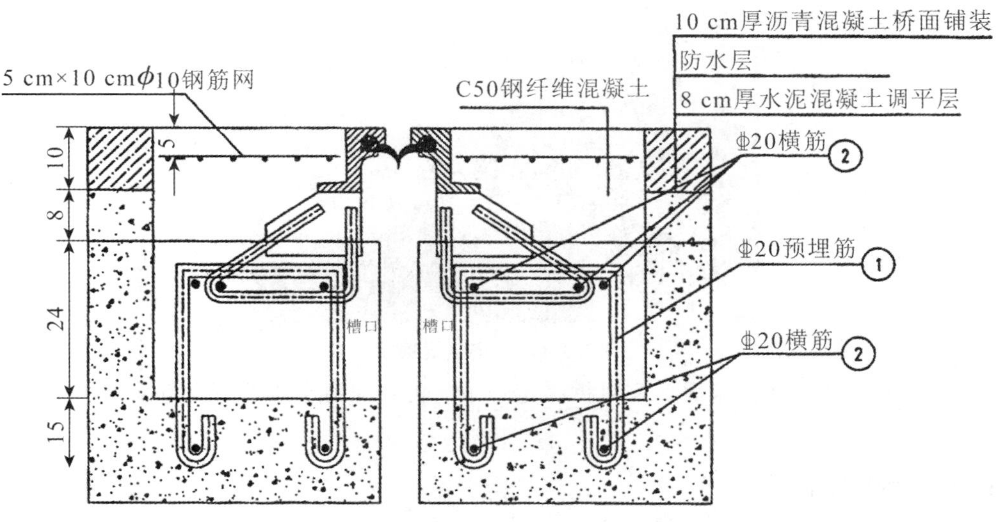

图 2-1-109　伸缩装置断面结构示意图（单位：cm）

（3）伸缩装置中心线与梁段间隙中心线应对正重合。伸缩装置顶面各点高程应与桥面横断面高程对应一致。

(三) 伸缩装置混凝土浇筑

(1) 伸缩装置安装合格后应及时浇筑两侧过渡段混凝土，并与桥面铺装接顺。

(2) 浇筑混凝土前，应彻底清扫预留槽，如图 2-1-110 所示。

图 2-1-110 浇筑前预留槽清扫

(3) 伸缩装置应锚固可靠，浇筑锚固段（过渡段）混凝土时应采取措施防止堵塞梁端伸缩缝间隙。可以采用泡沫塑料将伸缩缝间隙处填塞，然后安装必要的模板，如图 2-1-111 所示。

图 2-1-111 伸缩缝间隙填塞

(4) 混凝土强度等级应满足设计及规范要求，浇筑时要振捣密实。浇筑混凝土如图 2-1-112 所示。

图 2-1-112 浇筑混凝土

(5) 混凝土达到设计强度后，方可拆除定位卡。混凝土强度在未满足设计要求前不得开放交通。

四、伸缩装置病害

混凝土破损如图 2-1-113 所示，伸缩装置替换如图 2-1-114 所示。

图 2-1-113　混凝土破损

图 2-1-114　伸缩装置替换

(1) 伸缩装置病害原因包括交通流量增大，以及设计、施工、管理维护因素等。

(2) 伸缩装置病害防治措施：选择合理的伸缩装置；保障施工工艺；提高对锚固件焊接施工质量的控制；提高后浇混凝土或填缝料的施工质量；避免伸缩装置两侧的混凝土与桥面系的相邻部位结合不紧密。

➢ **重点提示：** 了解伸缩缝的基本构造、作用，相关知识可能以选择题形式考查。识图和施工技术可能以案例题形式考查。

实战演练

[经典例题·案例节选]

背景资料：

某桥梁施工工程。其桥梁纵断面示意图如图 2-1-115 所示。

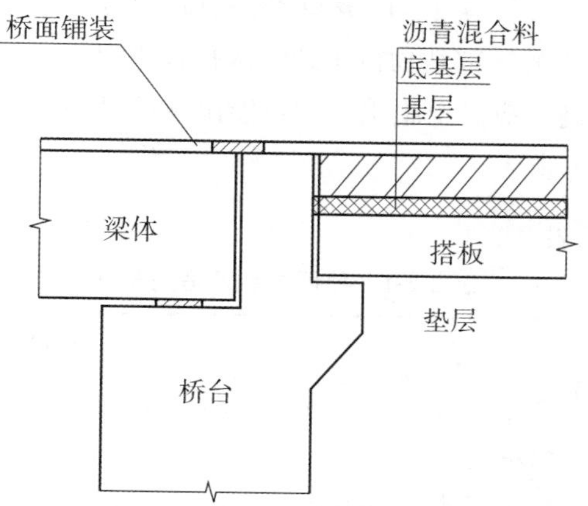

图 2-1-115　桥梁纵断面示意图

[问题]

指出图中桥梁纵断面伸缩装置的位置，说明伸缩装置的施工节点及图中搭板的使用功能。

[答案]

(1) 该桥梁纵断面伸缩装置应设置在梁端与桥台之间。

(2) 伸缩装置应在完成桥面铺装后进行施工。

图中搭板的使用功能是预防桥头跳车病害的发生，减少桥梁与路基间的不均匀沉降。

第二节　城市桥梁下部结构施工

考点 1　各类围堰适用范围★

一、围堰基本要求

（1）桥梁下部结构主要包括基础（浅基础、桩基础）、桥墩、桥台、承台、盖梁等，如图 2-2-1 所示。

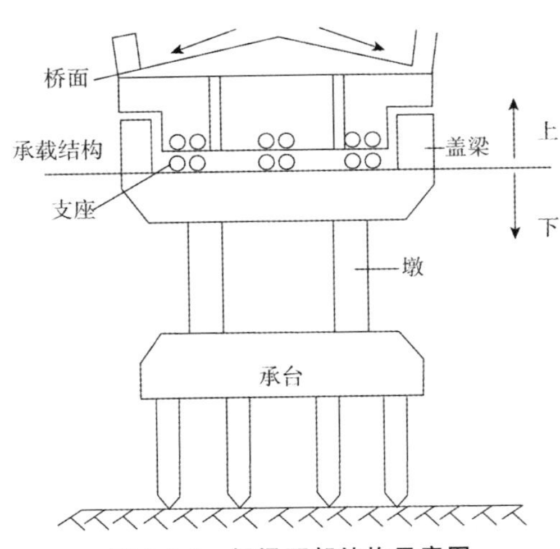

图 2-2-1　桥梁下部结构示意图

（2）围堰结构，是当桥梁的下部结构位于地表水位以下时，为防止水进入构筑物的位置而修建的临时性围护结构。围堰高度应高出施工期间可能出现的最高水位（包括浪高）0.5～0.7 m。

二、围堰类型

围堰类型及适用条件见表 2-2-1。

表 2-2-1　围堰类型及适用条件

围堰类型		适用条件
土石围堰	土围堰	水深不大于 1.5 m，流速不大于 0.5 m/s，河边浅滩，河床渗水性较小
	土袋围堰	水深不大于 3.0 m，流速不大于 1.5 m/s，河床渗水性较小或淤泥较浅
	木桩竹条土围堰	水深 1.5～7 m，流速不大于 2.0 m/s，河床渗水性较小，能打桩，盛产竹木地区
	竹篱土围堰	水深 1.5～7 m，流速不大于 2.0 m/s，河床渗水性较小，能打桩，盛产竹木地区
	竹、铁丝笼围堰	水深 4 m 以内，河床难以打桩，流速较大
	堆石土围堰	河床渗水性很小，流速不大于 3.0 m/s，石块能就地取材

续表

围堰类型		适用条件
板桩围堰	钢板桩围堰	深水或深基坑，流速较大的砂类土、黏性土、碎石土及风化岩等坚硬河床。防水性能好，整体刚度较强
	钢筋混凝土板桩围堰	深水或深基坑，流速较大的砂类土、黏性土、碎石土河床。除用于挡水、防水外还可作为基础结构的一部分，亦可采取拔除周转使用，能节约大量木材
钢套箱围堰		流速不大于 2.0 m/s，覆盖层较薄，平坦的岩石河床，埋置不深的水中基础；也可用于修建桩基承台
双壁围堰		大型河流的深水基础，覆盖层较薄、平坦的岩石河床

➤ **重点提示：**（1）桥梁专业部分的内容主要按照施工顺序，由下而上进行介绍。同时应掌握围堰的高度要求。

（2）熟悉各类围堰的适用条件，重点掌握钢板桩、钢套箱等适用条件特殊的大型围堰。

考点 2　各类围堰施工要求★

一、土围堰及土袋围堰施工

土围堰及土袋围堰施工如图 2-2-2 所示。

（a）土围堰、土袋围堰施工图

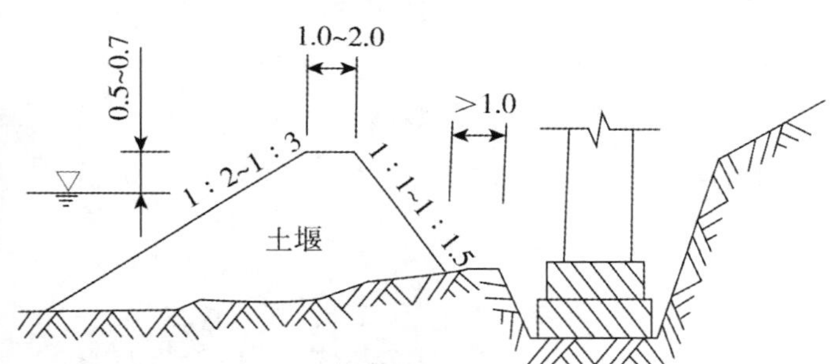

（b）土围堰截面示意图（单位：m）

图 2-2-2　土围堰、土袋围堰

（1）筑堰材料宜用黏性土、粉质黏土或砂质黏土。填出水面之后应进行夯实。填土应自上游开始至下游合龙。

（2）土围堰堰顶宽度可为 1～2 m。机械挖基时不宜小于 3 m；堰外边坡迎水一侧坡度宜为 1∶2～1∶3；堰内边坡坡度宜为 1∶1～1∶1.5；内坡脚与基坑边的距离不得小于 1 m。

二、钢板桩围堰施工要求

钢板桩围堰如图 2-2-3 所示。

图 2-2-3 钢板桩围堰

(1) 有大漂石及坚硬岩石的河床不宜使用钢板桩围堰。

(2) 施打钢板桩前，应在围堰上下游及两岸设测量观测点，控制围堰长、短边方向的施打定位。施打时，必须备有导向设备，以保证钢板桩的正确位置。

(3) 施打前，应对钢板桩的锁口用止水材料捻缝，以防漏水。

(4) 施打顺序一般从上游向下游合龙。

(5) 钢板桩可用捶击、振动、射水等方法下沉，但在黏土中不宜使用射水下沉办法。

(6) 经过整修或焊接后的钢板桩应用同类型的钢板桩进行锁口试验、检查；接长的钢板桩，其相邻两钢板桩的接头位置应上下错开。

(7) 打桩过程中，应随时检查桩的位置是否正确、桩身是否垂直，否则应立即纠正或拔出重打。

三、钢筋混凝土板桩围堰施工要求

钢筋混凝土板桩围堰如图 2-2-4 所示。

图 2-2-4 钢筋混凝土板桩围堰

(1) 板桩桩尖角度视土质坚硬程度而定。沉入砂砾层的板桩桩头，应增设加劲钢筋或钢板。

(2) 目前钢筋混凝土板桩中，空心板桩较多，空心多为圆形，用钢管作芯模。一般情况下，板桩的榫口为圆形的较好，桩尖一般斜度为 1∶1.5～1∶2.5。

四、套箱围堰施工要求

套箱围堰如图 2-2-5 所示。

图 2-2-5　套箱围堰

（1）无底套箱用木板、钢板或钢丝网水泥制作，内设木、钢支撑。套箱可制成整体式或装配式。

（2）制作中应防止套箱接缝漏水。

（3）下沉套箱前，同样应清理河床。当套箱设置在岩层上时，应整平岩面；当岩面有坡度时，套箱底的倾斜度应与岩面相同，以增加稳定性并减少渗漏。

五、双壁钢围堰施工要求

双壁钢围堰如图 2-2-6 所示。

图 2-2-6　双壁钢围堰

（1）各节、块拼焊时，应按预先安排的顺序对称进行。拼焊后应进行焊接质量检验及水密性试验。

（2）钢围堰浮运定位时，应对稳定性进行验算。在水深或水急处浮运时，可在围堰两侧设导向船。围堰下沉前初步锚定于墩位上游处。浮运、下沉过程中，围堰露出水面的高度不应小于 1 m。

（3）准确定位后，应向堰体壁腔内迅速、对称、均衡地灌水，使围堰落床。

（4）落床后应随时观测水域内流速增大而造成的河床局部冲刷情况，必要时可在冲刷段用卵石、碎石垫填整平。

（5）水下封底前，应清基，逐片检查清基是否合格。

➢ **重点提示：**了解常用围堰的施工要求，尤其对于其中的一些强制规定。以往考查以客观题为主，但在一级建造师执业资格考试中已经多次进行案例题的考查，要引起足够重视。

实战演练

［**2021 真题·单选**］在黏土中施打钢板桩时，不宜使用的方法是（　　）。

A. 捶击法　　B. 振动法　　C. 静压法　　D. 射水法

［**解析**］钢板桩围堰施工要求：钢板桩可用捶击、振动、射水等方法下沉，但在黏土中不宜使用射水下沉办法。

［**答案**］D

［2020 真题・单选］下列河床地层中，不宜使用钢板桩围堰的是（　　）。

A. 砂类土　　B. 碎石土

C. 含有大漂石的卵石土　　D. 强风化岩

［解析］含有大漂石及坚硬岩石的河床不宜使用钢板桩围堰。

［答案］C

［2018 真题・单选］关于套箱围堰施工技术要求的说法，错误的是（　　）。

A. 可用木板、钢板或钢丝网水泥制作箱体　　B. 箱体可制成整体式或装配式

C. 在箱体壁四周应留射水通道　　D. 箱体内应设木、钢支撑

［解析］套箱围堰施工要求：①无底套箱用木板、钢板或钢丝网水泥制作，内设木、钢支撑，套箱可制成整体式或装配式。②制作中应防止套箱接缝漏水。③下沉套箱前，同样应清理河床，当套箱设置在岩层上时，应整平岩面；当岩面有坡度时，套箱底的倾斜度应与岩面相同，以增加稳定性并减少渗漏。

［答案］C

［经典例题・单选］钢板桩围堰施工顺序按施工组织设计规定进行，一般（　　）。

A. 由下游分两头向上游施打至合龙

B. 由上游开始逆时针施打至合龙

C. 由上游分两头向下游施打至合龙

D. 由上游开始顺时针施打至合龙

［解析］钢板桩围堰施工顺序一般从上游向下游合龙。

［答案］C

考点 3 沉入桩施工技术★

桥梁下部结构桩基础示意图如图 2-2-7 所示。

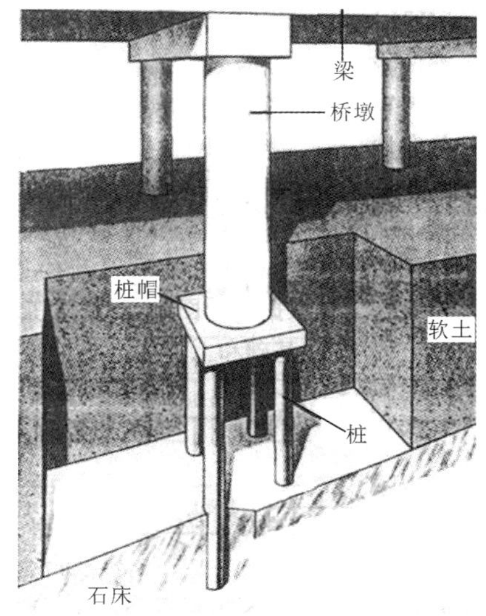

图 2-2-7　桥梁下部结构桩基础示意图

常用的沉入桩有钢筋混凝土桩、预应力混凝土桩和钢管桩。

一、准备工作

（1）沉桩前应掌握工程地质钻探资料、水文资料和打桩资料。

（2）沉桩前必须处理地上（下）障碍物，平整场地，并应满足沉桩所需的地面承载力。

（3）应根据现场环境状况采取降噪措施；城区、居民区等人员密集的场所不得进行沉桩施工。

（4）对地质复杂的大桥、特大桥，为检验其桩的承载能力和确定沉桩工艺应进行试桩。

（5）贯入度应通过试桩或进行沉桩试验后会同监理及设计单位研究确定。

二、施工技术要点

（1）预制桩的接桩可采用焊接、法兰连接或机械连接，压桩施工顺序如图 2-2-8 所示。

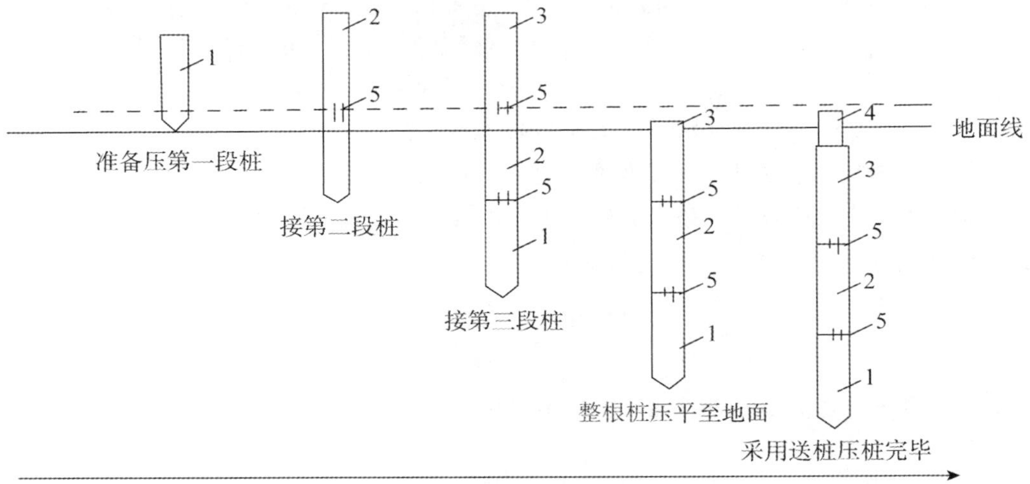

1—第一段；2—第二段；3—第三段；4—送桩；5—接桩处

图 2-2-8　压桩施工顺序

（2）沉桩时桩锤、桩帽或送桩帽应和桩身在同一中心线上；桩身垂直度偏差不得超过 0.5%。

（3）沉桩顺序：对于密集桩群，自中间向两个方向或四周对称施打，宜先深后浅、先大后小、先长后短。

（4）应视桩端土质确定何时终止锤击，一般情况下以控制桩端设计高程为主要控制标准、贯入度为辅助控制标准。

三、沉桩方式选择

（1）锤击沉桩宜用于砂类土、黏性土。

（2）振动沉桩宜用于锤击沉桩效果较差的密实的黏性土、砾石、风化岩。锤击沉桩、振动沉桩如图 2-2-9 所示。

图 2-2-9　锤击沉桩、振动沉桩

(3) 在密实的砂土、碎石土、砂砾的土层中用锤击法和振动沉桩法有困难时，可采用射水作为辅助手段进行沉桩施工，如图2-2-10所示。在黏性土中应慎用射水沉桩；在重要建筑物附近不宜采用射水沉桩。

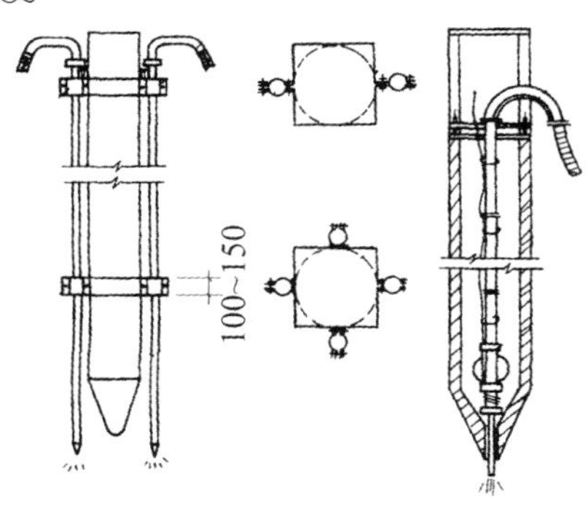

图2-2-10　射水法静力沉桩（单位：mm）

(4) 静力压桩宜用于软黏土（标准贯入度 $N<20$）、淤泥质土。

(5) 钻孔埋桩宜用于黏土、砂土、碎石土，以及河床覆土较厚的情况。

➤ **重点提示：** 沉入桩基础由于施工时噪声较大，目前在城市桩基础施工中应用较少，考频较低，考生应熟悉其施工技术要点及沉桩方式选择，多以客观题形式考查。

实战演练

[2023真题·单选] 预制桩，接桩方式不得用（　　）。

A. 粘结　　B. 机械连接

C. 焊接　　D. 法兰连接

[解析] 预制桩的接桩可采用焊接、法兰连接或机械连接，接桩材料工艺应符合规范。

[答案] A

[经典例题·单选] 应通过试桩或进行沉桩试验后会同监理及设计单位研究确定的沉入桩指标是（　　）。

A. 贯入度　　B. 桩端标高

C. 桩身强度　　D. 承载能力

[解析] 应通过试桩或进行沉桩试验后会同监理及设计单位研究确定贯入度。

[答案] A

[经典例题·单选] 应慎用射水沉桩的土层是（　　）。

A. 砂类土　　B. 黏性土

C. 碎石土　　D. 风化岩

[解析] 黏性土中应慎用射水沉桩。

[答案] B

考点4　钻孔灌注桩施工技术★★

一、泥浆护壁成孔

(一) 一般规定

(1) 施工前应掌握工程地质资料、水文地质资料，具备所用各种原材料及制品的质量检验

报告。

（2）施工前应按有关规定，制定安全生产、保护环境等措施。

（3）灌注桩施工应有齐全、有效的施工记录。

（二）成孔方式与设备选择

成孔方式分为泥浆护壁成孔、干作业成孔、沉管成孔及爆破成孔，成孔方式、设备及适用土质条件见表 2-2-2。

表 2-2-2 成孔方式、设备及适用土质条件

成孔方式与设备		适用土质条件
泥浆护壁成孔	正循环回转钻	黏性土、粉砂、细砂、中砂、粗砂，含少量砾石、卵石（含量少于 20%）的土、软岩
	反循环回转钻	黏性土、砂类土、粗砂、含少量砾石、卵石（含量少于 20%，粒径小于钻杆内径 2/3）的土
	冲抓钻	黏性土、粉土、砂土、填土、碎石土及风化岩层
	冲击钻	
	旋挖钻	
	潜水钻	黏性土、淤泥、淤泥质土及砂土
干作业成孔	长螺旋钻孔	地下水位以上的黏性土、砂土及人工填土非密实的碎石类土、强风化岩
	钻孔扩底	地下水位以上的坚硬、硬塑的黏性土及中密以上的砂土风化岩层
	人工挖孔	地下水位以上的黏性土、黄土及人工填土
沉管成孔	夯扩	桩端持力层为埋深不超过 20 m 的中、低压缩性黏性土、粉土、砂土和碎石类土
	振动	黏性土、粉土和砂土
爆破成孔		地下水位以上的黏性土、黄土碎石土及风化岩

（三）泥浆护壁成孔施工要求

（1）泥浆制备。

①泥浆制备宜选用高塑性黏土或膨润土。

②泥浆护壁施工期间护筒内的泥浆面应高出地下水位 1.0 m 以上，护筒顶面宜高出施工水位或地下水位 2 m，并宜高出地面 0.3 m。在清孔过程中应不断置换泥浆，直至灌注水下混凝土为止。

③灌注混凝土前，清孔后的泥浆相对密度应小于 1.10；含砂率不得大于 2%；黏度不得大于 20 Pa·s。

④现场应设置泥浆池和泥浆收集设施，废弃的泥浆、渣应进行处理，不得污染环境。

⑤泥浆的作用：护壁作用；排渣作用；冷却和滑润（补充）。

（2）正、反循环钻孔如图 2-2-11（a）（b）所示。

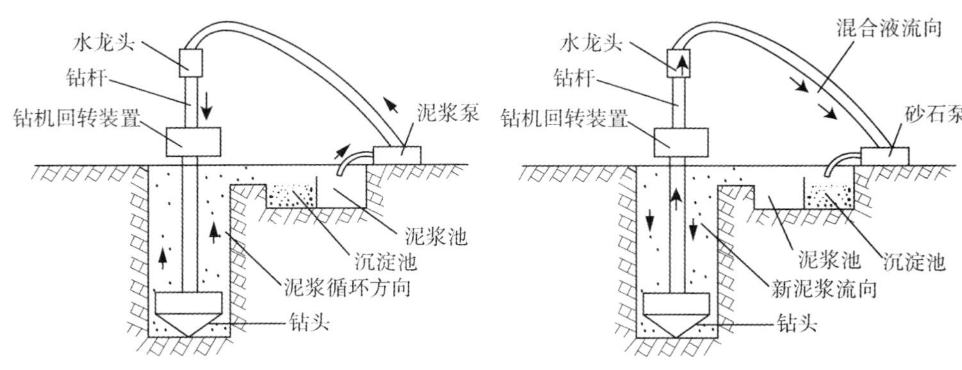

（a）正循环回转钻机成孔原理示意图　　（b）反循环回转钻机成孔原理示意图

图 2-2-11　正、反循环钻孔

①钻进过程中如发生斜孔、塌孔和护筒周围冒浆、失稳等现象时，应先停钻，待采取相应措施后再进行钻进。

②钻孔达到设计深度，灌注混凝土之前，孔底沉渣厚度应符合设计要求。设计未要求时，端承型桩的沉渣厚度不应大于 50 mm。摩擦型桩桩径不大于 1.5 m 时，沉渣厚度应小于等于 200 mm；桩径大于 1.5 m 或桩长大于 40 m 或土质较差时，沉渣厚度应不大于 300 mm。

（3）冲击钻成孔如图 2-2-12 所示。

图 2-2-12　冲击钻成孔

①冲击钻开孔时，应低锤密击，反复冲击造壁，保持孔内泥浆面稳定。

②应采取有效的技术措施防止扰动孔壁、塌孔、扩孔、卡钻和掉钻及泥浆流失等事故。

③每钻进 4～5 m 应验孔一次，在更换钻头前或容易缩孔处，均应验孔并应做记录。

④冲孔中遇到斜孔、梅花孔、塌孔等情况时，应采取措施后方可继续施工。

⑤稳定性差的孔壁应采用泥浆循环或抽渣筒排渣。

（4）旋挖钻成孔如图 2-2-13 所示。

图 2-2-13　旋挖钻成孔

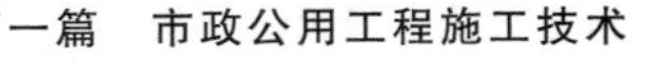

①旋挖钻成孔灌注桩应根据不同的地层情况及地下水位埋深，采用不同的成孔工艺。

②泥浆制备的能力应大于钻孔时的泥浆需求量，每台套钻机的泥浆储备量不少于单桩体积。

③旋挖钻成孔应采用跳挖方式，并根据钻进速度同步补充泥浆，保持所需的泥浆面高度不变。

二、干作业成孔

（一）长螺旋钻孔

长螺旋钻孔如图 2-2-14 所示。

图 2-2-14　长螺旋钻孔

（1）钻机定位后，应进行复检，钻头与桩位点偏差不得大于 20 mm，开孔时下钻速度应缓慢；钻进过程中，不宜反转或提升钻杆。

（2）在钻进过程中遇到卡钻、钻机摇晃、偏斜或发生异常声响时，应立即停钻，查明原因，采取相应措施后方可继续作业。

（3）钻至设计高程后，应先泵入混凝土并停顿 10～20 s，再缓慢提升钻杆。提钻速度应根据土层情况确定，并保证钻管内有一定高度的混凝土。

（4）混凝土压灌结束后，应立即将钢筋笼插至设计深度，并及时清除钻杆及泵（软）管内的残留混凝土。

（二）钻孔扩底

钻孔扩底钻头如图 2-2-15 所示。

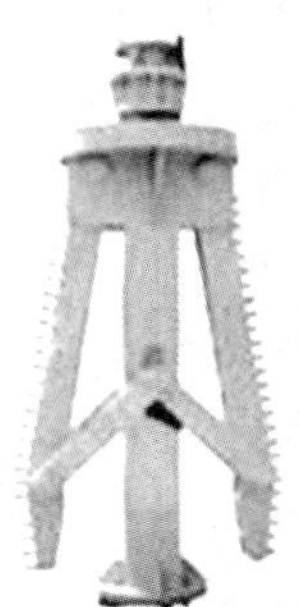

（a）土层扩底钻头

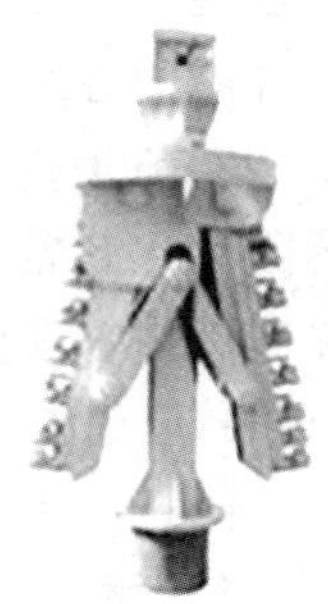

（b）牙轮扩底钻头

图 2-2-15　钻孔扩底钻头

（1）钻杆应保持垂直稳固，位置准确，防止因钻杆晃动引起孔径扩大。

（2）灌注混凝土时，第一次应灌到扩底部位的顶面，随即振捣密实；灌注桩顶以下 5 m 范围内混凝土时，应随灌注随振动，每次灌注高度不大于1.5 m。钻孔扩底施工流程如图2-2-16所示。

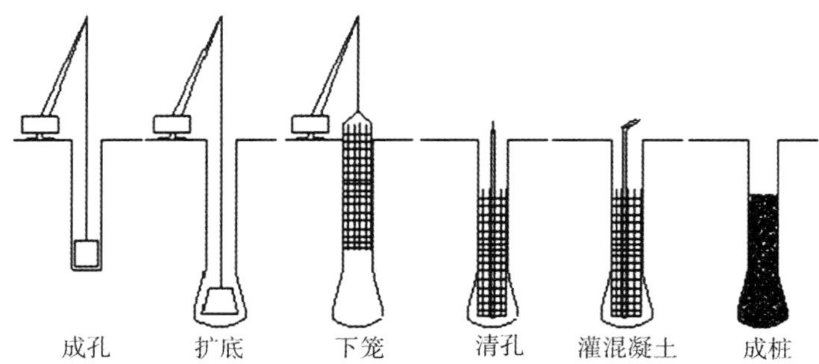

图 2-2-16　钻孔扩底施工流程

（三）人工挖孔

人工挖孔如图2-2-17所示。

图 2-2-17　人工挖孔

（1）人工挖孔必须在保证施工安全前提下选用。

（2）存在下列条件之一的，不得使用人工挖孔。

①地下水丰富，存在软弱土层、流沙等不良地质条件的区域。

②孔内空气污染物超过标准。

③机械成孔设备可以到达的区域。

（3）人工挖孔桩截面一般为圆形，也有方形桩；孔径（不含孔壁）不得小于1.2 m；挖孔深度不宜超过15 m。

（4）采用混凝土或钢筋混凝土支护孔壁技术，护壁的厚度、拉接钢筋、配筋、混凝土强度等级均应符合设计要求；井圈中心线与设计轴线的偏差不得大于20 mm；上下节护壁混凝土的搭接长度不得小于50 mm；每节护壁必须保证振捣密实，并应当日施工完毕；应根据土层渗水情况使用速凝剂；模板拆除应在混凝土强度大于5 MPa后进行。

（5）挖孔达到设计深度后，应进行孔底处理。必须做到孔底表面无松渣、泥、沉淀土。

➤ **重点提示：** 钻孔灌注桩是目前城市桥梁桩基础施工常用形式，主要涉及干作业及泥浆护壁成孔桩。要求能够对二者具体形式进行区分，重点掌握泥浆护壁成孔桩中正、反循环钻及冲击钻成孔工艺、施工技术要点。因涉及较多施工安全问题，较适合以案例题形式考查。

实战演练

[经典例题·单选] 在钻孔灌注桩钻孔过程中，护筒内的泥浆面应高出地下水位（　　）以上。

A. 0.5 m　　B. 0.8 m　　C. 1.0 m　　D. 2.0 m

[解析] 根据《城市桥梁工程施工与质量验收规范》(CJJ 2—2008) 可知，护筒内的泥浆面应高出地下水位 1.0 m 以上。

[答案] C

[经典例题·多选] 下列属于干作业成孔的有（　　）。

A. 长螺旋钻孔　　B. 正循环回转钻

C. 人工挖孔　　D. 冲击钻

E. 钻孔扩底

[解析] 干作业成孔包括长螺旋钻孔、钻孔扩底、人工挖孔。

[答案] ACE

考点 5 现浇桩基础钢筋笼与灌注混凝土施工要点★★★

一、一般规定

(1) 吊放钢筋笼入孔时，不得碰撞孔壁，就位后应采取加固措施固定钢筋笼的位置。安装钢筋骨架时，应将其吊挂在孔口的钢护筒上，或者在孔口地面上设置扩大受力面积的装置进行吊挂。安装时，应采取有效的定位措施，减小钢筋骨架中心与桩中心的偏差，使钢筋骨架保护层厚度满足要求。

(2) 沉管成孔灌注桩钢筋笼外径应比套管内径小 60～80 mm，用导管灌注水下混凝土的桩钢筋笼内径应比导管连接处的外径大 100 mm 以上。

(3) 灌注桩采用的水下灌注混凝土宜采用预拌混凝土，其骨料粒径不宜大于 40 mm。

(4) 灌注桩各工序应连续施工，钢筋笼放入泥浆后 4 h 内必须浇筑混凝土。

(5) 桩顶混凝土浇筑完成后应高出设计高程 0.5～1.0 m，确保桩头浮浆层凿除后桩基面混凝土达到设计强度。

(6) 当气温低于 0℃时，浇筑的混凝土应采取保温措施，浇筑时混凝土的温度不得低于 5 ℃。当气温高于 30 ℃时，应根据具体情况对混凝土采取缓凝措施。

(7) 灌注桩的实际浇筑混凝土量不得小于计算体积；套管成孔的灌注桩任何一段平均直径与设计直径的比值不得小于 1.0。

二、水下混凝土灌注施工要求

(1) 桩孔检验合格，吊装钢筋笼完毕后，安置导管浇筑混凝土。

(2) 混凝土配合比应通过试验确定，须具备良好的和易性，坍落度宜为 180～220 mm。

(3) 导管应符合下列要求。

①导管内壁应光滑圆顺，直径宜为 20～30 cm，节长宜为 2 m。

②导管不得漏水，使用前应试拼、试压，试压的压力宜为孔底静水压力的 1.5 倍。

③导管轴线偏差不宜超过孔深的 0.5%，且不宜大于 10 cm。

(4) 开始灌注混凝土时，导管底部至孔底的距离宜为 300～500 mm；导管第一次埋入混凝土时，灌注面以下不应少于1 m；正常灌注时导管埋入混凝土深度宜为2～6 m。

(5) 灌注水下混凝土必须连续施工，中途停顿时间不宜大于30 min，并应控制提拔导管速度，严禁将导管提出混凝土灌注面。灌注过程中的故障应记录备案。

灌注水下混凝土施工流程如图2-2-18所示。

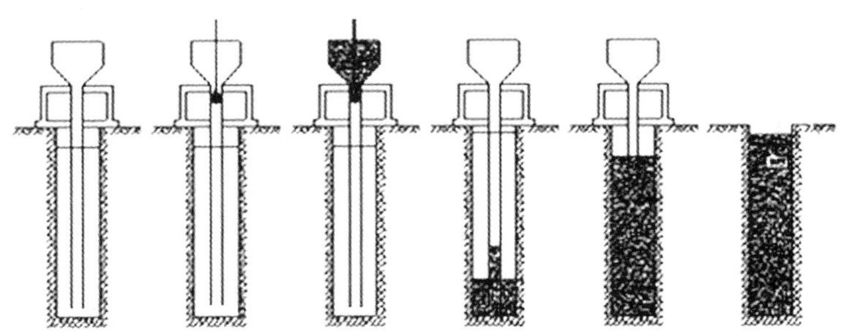

图 2-2-18　灌注水下混凝土施工流程

➤ **重点提示：** 本考点涉及水下混凝土的灌注施工要点，要求掌握灌注工序及导管下放要求中的一些数值规定，主要控制灌注过程中导管与混凝土面的埋深，防止出现桩身夹渣甚至断桩情况。

实战演练

[经典例题·单选] 为确保灌注桩顶质量，在桩顶设计标高以上应加灌一定高度，一般不宜小于（　　）。

A. 0.5 m　　B. 0.4 m　　C. 0.3 m　　D. 0.2 m

[解析] 桩顶混凝土浇筑完成后应高出设计高程0.5～1 m，确保桩头浮浆层凿除后桩基面混凝土达到设计强度。

[答案] A

[经典例题·单选] 钻孔灌注桩浇筑水下混凝土时，导管埋入混凝土深度最多为（　　）。

A. 2 m　　B. 4 m　　C. 6 m　　D. 8 m

[解析] 开始灌注混凝土时，导管底部至孔底的距离宜为300～500 mm；导管第一次埋入混凝土，灌注面以下不应少于1.0 m；导管埋入混凝土深度宜为2～6 m。

[答案] C

考点 6　承台、墩台、盖梁施工技术★

梁式桥如图2-2-19所示。

图 2-2-19　梁式桥

一、承台施工

(1) 承台施工前应检查基桩位置，确认符合设计要求，如偏差超过检验标准，应会同设计、监理工程师制定措施，实施后方可施工。

(2) 在基坑无水情况下浇筑钢筋混凝土承台，如设计无要求，基底应浇筑10 cm厚混凝土垫层。

(3) 在基坑有渗水情况下浇筑钢筋混凝土承台时应有排水措施，基坑不得积水。如设计无要求，基底可铺10 cm厚碎石，并浇筑5～10 cm厚混凝土垫层。

二、现浇混凝土墩台、盖梁

(一) 重力式混凝土墩台施工

重力式混凝土墩台施工如图2-2-20所示。

图 2-2-20　重力式混凝土墩台施工

(1) 墩台混凝土浇筑前应对基础混凝土顶面做凿毛处理，并清除锚筋的污物、锈迹。

(2) 墩台混凝土宜水平分层浇筑，每层高度宜为1.5～2 m。

(3) 墩台混凝土分块浇筑时，接缝应与墩台水平截面尺寸较小的一边平行。墩台分块数量：墩台水平截面积在200 m^2内时不得超过2块；在300 m^2以内时不得超过3块。墩台每块面积不得小于50 m^2。

(二) 柱式墩台施工

(1) 模板、支架除应满足强度、刚度要求外，在稳定计算过程中应考虑风力影响。

(2) 墩台柱与承台基础接触面应凿毛处理，清除钢筋污物、锈迹。浇筑墩台柱混凝土时，铺同配合比的水泥砂浆一层。墩台柱的混凝土宜一次连续浇筑完成。

(3) 柱身高度内有系梁连接时，系梁应与柱同步浇筑。V形墩柱混凝土应对称浇筑。

(4) 采用预制混凝土管做柱身外模时，预制管安装应符合下列要求。

①基础面宜采用凹槽接头，凹槽深度不得小于50 mm。

②上下管节安装就位后，应采用4根竖向方木对称设置在管柱四周并绑扎牢固，防止撞击错位。

③混凝土管柱外模应设斜撑，保证浇筑时的稳定。

④管节接缝应采用水泥砂浆等材料密封。

(5) 钢管混凝土墩柱应采用补偿收缩混凝土，一次连续浇筑完成。钢管的焊制与防腐应符合设计要求或相关规范规定。

(三) 在城镇交通繁华路段盖梁施工

在城镇交通繁华路段，宜采用整体组装模板、快装组合支架，从而减少占路时间。盖梁为悬臂梁时，混凝土浇筑应从悬臂端开始。禁止使用盖梁（系梁）无漏油保险装置的液压千斤顶卸落模板工艺。

三、预制混凝土柱和盖梁安装

（一）预制柱安装

预制柱安装如图 2-2-21 所示。

（1）基础杯口的混凝土强度必须达到设计要求，方可进行预制柱安装。

（2）预制柱安装就位后应采用硬木楔或钢楔固定，并加斜撑保持柱体稳定，在确保稳定后方可摘去吊钩。

（3）安装后应及时浇筑杯口混凝土，待混凝土硬化后拆除硬楔，浇筑二次混凝土，待杯口混凝土达到设计强度 75%后方可拆除斜撑。

（二）预制钢筋混凝土盖梁安装

预制盖梁安装如图 2-2-22 所示。

（1）预制盖梁安装前，应对接头混凝土面凿毛处理，预埋件应除锈。

（2）在墩台柱上安装预制盖梁时，应对墩台柱进行固定和支撑，确保稳定。

（3）盖梁就位时，应检查轴线和各部尺寸，确认合格后方可固定并浇筑接头混凝土。接头混凝土达到设计强度后，方可卸除临时固定设施。

图 2-2-21　预制柱安装

图 2-2-22　预制盖梁安装

四、重力式砌体墩台

（1）墩台砌筑前，应清理基础，保持洁净，并测量放线，设置线杆。

（2）墩台砌体应采用坐浆法分层砌筑，竖缝均应错开，不得贯通。

（3）砌筑墩台镶面石应从曲线部分或角部开始。

（4）桥墩分水体镶面石的抗压强度不得低于设计要求。

（5）砌筑的石料和混凝土预制块应清洗干净，保持湿润。

➤ **重点提示：** 本考点考查频率较低，考生应熟悉桩基础施工完成后的结构施工顺序：承台、墩台、盖梁。承台、墩台和柱的施工技术要点主要为大体积混凝土裂缝的控制。

实战演练

［**经典例题·多选**］关于重力式混凝土墩台施工要求，正确的有（　　）。

A. 墩台混凝土浇筑前应对基础混凝土顶面做凿毛处理，清除锚筋污锈

B. 墩台混凝土宜水平分层浇筑，每层高度宜为 1 m

C. 墩台混凝土分块浇筑时，每块面积不得小于 50 m^2

D. 明挖基础上灌注墩、台第一层混凝土时，要防止水分被基础吸收

E. 应采用补偿收缩混凝土

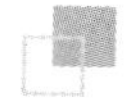

［解析］选项 B 墩台混凝土宜水平分层浇筑，每层高度宜为 1.5～2 m；选项 E 属于柱式墩台施工要求，而非重力式墩台。

［答案］ACD

第三节　城市桥梁上部结构施工

考点 1　装配式梁（板）施工技术★★★

扫码听课

一、装配式梁（板）施工方案

（1）施工方案编制前，应对施工现场条件和拟定运输路线交通情况进行充分调研和评估。

（2）依照吊装机具不同，梁板架设方法分为起重机架梁法（图 2-3-1）、跨墩龙门吊架梁法（图 2-3-2）和穿巷式架桥机架梁法（图 2-3-3）；每种方法的选择都应在充分调研和技术经济综合分析的基础上进行。浮运浮吊如图 2-3-4 所示。

图 2-3-1　起重机架梁法

图 2-3-2　跨墩龙门吊架梁法

图 2-3-3　穿巷式架桥机架梁法

图 2-3-4　浮运浮吊

二、装配式梁（板）的预制、场内移运和存放

（一）构件预制

预制场布置如图 2-3-5 所示。

图 2-3-5　预制场布置

（1）构件预制场场地要求：应平整、坚实；应根据地基及气候条件，设置必要的排水设施；应采取有效措施防止场地沉陷；砂石料场宜进行硬化处理。

（2）预制台座要求：在 2 m 长度上平整度的允许偏差应不超过 2 mm，且应保证底座或底模的挠度不大于 2 mm。

①腹板底部为扩大断面的 T 形梁，应先浇筑扩大部分并振实后，再浇筑其上部腹板。

②U 形梁（图 2-3-6）可上下一次浇筑或分两次浇筑。

③采用平卧重叠法支立模板、浇筑构件混凝土时，下层构件顶面应设临时隔离层；上层构件须待下层构件混凝土强度达到 5.0 MPa 后方可浇筑。

图 2-3-6　U 形梁

（二）构件的场内移运

（1）对后张预应力混凝土梁、板，在施加预应力后可将其从预制台座吊移至场内的存放台座上后再进行孔道压浆，但必须满足下列要求。

①仅限一次，不得在孔道压浆前多次倒运。

②吊移范围必须限制在存放区域，不得移往他处。

③吊移过程中不得对梁板产生任何冲击和碰撞。

（2）在孔道压浆后移运，浆体强度应不低于设计强度的 80%。

（3）吊点位置应按设计规定或计算决定。构件吊环应顺直，吊绳与起吊构件的交角小于 60°时，应设置吊架或起吊扁担，使吊环垂直受力。吊移板式构件时，不得吊错上、下面。

（三）构件的存放

预制场制梁区与存梁区如图 2-3-7 所示，预制梁体的存放如图 2-3-8 所示。

图 2-3-7　预制场制梁区与存梁区

图 2-3-8　预制梁体的存放

（1）存放台座应坚固稳定，且宜高出地面 200 mm 以上。存放场地应有相应的防水排水

设施。

（2）构件的支点处应采用垫木和其他适宜材料支承，不得将构件直接支承在坚硬的存放台座上；养护期未满应继续洒水养护。

（3）构件应按其安装的先后顺序编号存放，预应力混凝土梁、板的存放时间不宜超过 3 个月（特殊情况为 5 个月）。

（4）当构件多层叠放时，上下层垫木应在同一条竖直线上；叠放高度宜按构件强度、台座地基承载力、垫木强度以及堆垛的稳定性等经计算确定。大型构件宜为 2 层，不应超 3 层；小型构件 6～10 层。

三、装配式梁（板）的安装

自行式吊机吊装如图 2-3-9 所示；预制梁片拼装如图 2-3-10 所示。

图 2-3-9　自行式吊机吊装

图 2-3-10　预制梁片拼装

（一）吊运方案

（1）吊运应编制专项方案，并按有关规定进行论证、批准。

（2）吊运方案应对各受力部分的设备、杆件进行验算，特别是吊车等机具的安全性验算，起吊过程中构件内产生的应力验算必须符合要求。吊运梁长 25 m 以上的预应力简支梁应验算裸梁的稳定性。

（3）应按照起重吊装的有关规定，选择吊运工具、设备，确定吊车站位、运输路线与交通导行等具体措施。

（二）技术准备

技术准备内容：技术及安全交底；培训考核；测量放线。

（三）构件的运输方式

（1）板式构件：采用特制的固定架。板式构件运输如图 2-3-11 所示。

（2）小型构件：宜顺宽度方向侧立放置，采取措施防止倾倒。

（3）梁：应顺高度方向竖立放置，并采取防倾倒固定措施；装卸时，必须在支撑稳妥后方可卸除吊钩。梁体运输如图 2-3-12 所示。

采用平板或超长拖车运输时，车长应能满足支点间的距离要求，支点处应设活动转盘；运输道路应平整。拖车运输如图 2-3-13 所示。

采用水上运输方式时，应有相应的封仓加固措施。

图 2-3-11　板式构件运输

图 2-3-12　梁体运输

图 2-3-13　拖车运输

（四）简支梁、板安装

（1）安装构件前必须检查构件外形及其预埋件尺寸和位置。

（2）脱底模、移运、堆放和吊装就位时，混凝土抗压强度不应低于设计强度，设计无要求时，不应低于设计强度的 75%。后张预应力构件孔道水泥浆强度不应低于设计要求，设计无要求时，不应低于 30 MPa。

（3）支承结构的强度、桥梁支座的安装质量应符合要求。墩台、盖梁、支座顶面应清扫干净。

（4）架桥机安装时，抗倾覆稳定系数应不小于 1.3；架桥机过孔时，应将起重小车置于对稳定最有利的位置，且抗倾覆稳定系数应不小于 1.5。

（5）梁、板安装施工期间及架桥机移动过孔时，严禁行人、车辆和船舶在作业区域的桥下通行。

（6）梁板就位后，应及时设置保险垛或支撑将构件临时固定，对横向自稳性较差的 T 形梁和 I 形梁等，应与先安装的构件进行可靠的横向连接，防止倾倒，如图 2-3-14 所示。

图 2-3-14　预制梁片横向连接

（7）安装在同一孔跨的梁、板，其预制施工的龄期差不宜超过 10 d。梁、板上有预留孔洞的，其中心应在同一轴线上，偏差应不大于 4 mm。梁、板之间的横向湿接缝，应在一孔梁、板全部安装完成后方可进行施工。

（五）先简支后连续梁的安装

（1）安装梁、板时，临时支座顶面的相对高差应不大于 2 mm。

（2）施工程序应符合设计规定，应在一联梁全部安装完成后再浇筑湿接头混凝土。

（3）对湿接头处的梁端，应按施工缝的要求进行凿毛处理。永久支座应在设置湿接头底模之前安装。

（4）湿接头的混凝土宜在一天中气温相对较低的时段浇筑，且一联中全部湿接头应一次浇

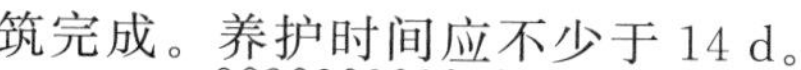

筑完成。养护时间应不少于 14 d。

(5) 湿接头应按设计要求施加预应力、进行孔道压浆；浆体达到强度后应立即拆除临时支座，按设计规定的程序完成体系转换。同一片梁的临时支座应同时拆除。

➢ **重点提示：**(1) 了解装配式梁（板）施工方案的编制程序及内容即可，加深对该分部工程的理解，了解基本的梁板架设方法。

(2) 掌握装配式桥梁构件吊装的结构强度标准要求，注意吊装前应编制专项方案并进行专业的人员培训、考核及相关技术安全交底，此处涉及较多安全问题，注意主观题的考查。

(3) 吊装构件时吊绳与起吊构件的交角的要求主要为尽量减少附加弯矩，减少吊装过程中对构件的损坏，在钢筋混凝土水池构件的吊装中也有所涉及。

实战演练

[**2022 真题·单选**] 装配式桥梁构件在移运吊装时，混凝土抗压强度不应低于设计要求；设计无要求时一般不应低于设计抗压强度的（　　）。

A. 70%　　B. 75%　　C. 80%　　D. 90%

[**解析**] 装配式桥梁构件在脱底模、移运、堆放和吊装就位时，混凝土的强度不应低于设计要求的吊装强度，设计无要求时，一般不应低于设计强度的 75%。

[**答案**] B

[**经典例题·单选**] 吊装或移运装配式钢筋混凝土或预应力混凝土构件时，当吊绳与构件的交角大于（　　）时，可不设吊架或扁担。

A. 30°　　B. 40°

C. 50°　　D. 60°

[**解析**] 吊装或移运装配式钢筋混凝土或预应力混凝土构件时，当吊绳与构件的交角大于60°时，可不设吊架或扁担。

[**答案**] D

[**经典例题·单选**] 关于梁板吊放技术要求的说法，错误的是（　　）。

A. 捆绑吊点距梁端悬出的长度不得大于设计规定

B. 采用千斤绳吊放混凝土 T 梁时，可采用让两个翼板受力的方法

C. 钢梁经过验算不超过容许应力时，可采用人字千斤绳起吊

D. 各种起吊设备在每次组装后，初次使用时，应先进行试吊

[**解析**] 采用千斤绳吊放混凝土 T 梁时，不得让两个翼板受力，故选项 B 错误。

[**答案**] B

[**经典例题·案例分析**]

背景资料：

A 公司中标承建一座城市高架桥，上部结构为 30 m 预制 T 梁，采用先简支后连续的结构形式，共 12 跨，桥宽 29.5 m，为双幅式桥面。项目部在施工方案确定后，便立即开始了预制场的施工。因为处理 T 梁预制台座基础沉降影响了工程进度，为扭转工期紧迫的被动局面，项目部加快调度，但一度出现技术管理问题：如千斤顶张拉超 200 次未安排重新标定；T 梁张拉后即把 T 梁吊移到存梁区压浆，以加快台座的周转率。被监理工程师要求停工整顿。

［问题］

1. 预制场施工方案的编制、审批程序是什么？

2. 预制台座基础如何施工才能保证不发生沉降？

3. 千斤顶张拉超过 200 次，但钢绞线的实际伸长量满足规范要求，即±6%以内，千斤顶是否可以不重新标定？说明理由。

4. 项目部加快台座的周转率做法正确吗？为什么？

［答案］

1. 预制场施工方案的编制、审批程序如下。

(1) 由项目负责人组织编制预制场的施工方案。

(2) 报企业技术负责人审批，并加盖公章。

(3) 报总监理工程师和建设单位审核签字确认。

2. 避免预制台座基础的施工如下。

(1) 选择地质条件良好、地基承载力足以满足梁重要求的现场区域。

(2) 如果地基达不到承载力要求，则须对地基进行处理：采用换填灰土夯实的方法或采用挤密桩的形式，保证处理后地基的承载力满足要求。

(3) 确保台座具有足够的强度和刚度。

(4) 做好预制场场地排水工作，以防止雨水浸泡地基。

3. 千斤顶应重新标定。理由：根据规定，千斤顶张拉作业以应力控制为主，以伸长量控制为辅，张拉满 6 个月或者张拉次数达到 200 次的千斤顶，必须重新标定后，方可继续投入使用。

4. 项目部加快台座的周转率做法不正确。理由：根据相关规范的规定，T 梁（预应力混凝土构件）应在台座上张拉后压浆，其水泥浆强度应满足设计要求，设计没有要求时，应达到设计强度等级的 75%，且不低于 30 MPa，才能吊移。

考点 2 移动模架法施工★

(1) 模架应利用专用设备组装，在施工时能确保质量和安全，如图 2-3-15 所示。

图 2-3-15　移动模架法

(2) 浇筑分段工作缝，必须设在弯矩零点附近，如图 2-3-16 所示。

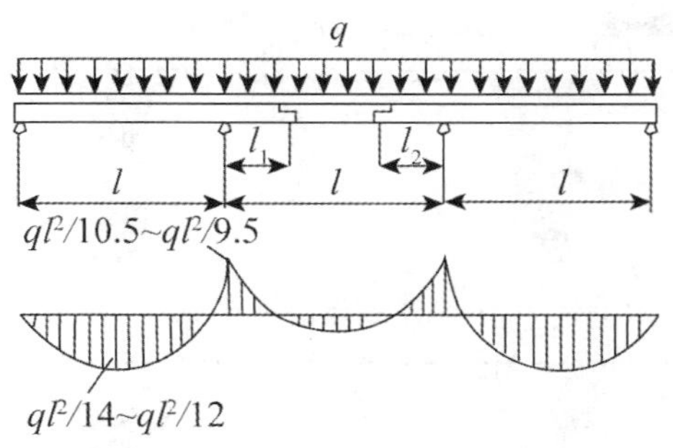

图 2-3-16　弯矩零点示意图

注：弯矩零点在梁跨 1/5～1/4 附近。

(3) 箱梁内、外模板在滑动就位时，模板平面尺寸、高程、预拱度的误差必须控制在容许范围内。

(4) 混凝土内预应力筋管道、钢筋、预埋件设置应符合规定和设计要求。

➢ **注意：** 移动模架法适用于多孔多跨。

➢ **重点提示：** 移动模架法考查较少，考生应熟悉其适用范围。对于施工缝位置的设置是通用条款：施工缝属于构件薄弱环节，应尽量避开受力较大的位置。

实战演练

[**经典例题·单选**] 在移动模架上浇筑预应力连续梁时，浇筑分段工作缝必须设在（　　）附近。

A. 正弯矩区

B. 负弯矩区

C. 无规定

D. 弯矩零点

[**解析**] 在移动模架上浇筑预应力连续梁时，浇筑分段工作缝必须设在弯矩零点附近。

[**答案**] D

考点 3　悬臂浇筑法施工★★

扫码听课

悬臂浇筑法，又称挂篮法，如图 2-3-17 所示。其主要设备是一对能行走的挂篮，挂篮在已经张拉锚固并与墩身连成整体的梁段上移动。绑扎钢筋、立模、浇筑混凝土、施加预应力都在其上进行。完成本段施工后，挂篮对称向前各移动一节段，进行下一梁段施工，循序渐进，直至悬臂梁段浇筑完成，施工流程如图 2-3-18 所示。

图 2-3-17　悬臂浇筑法施工

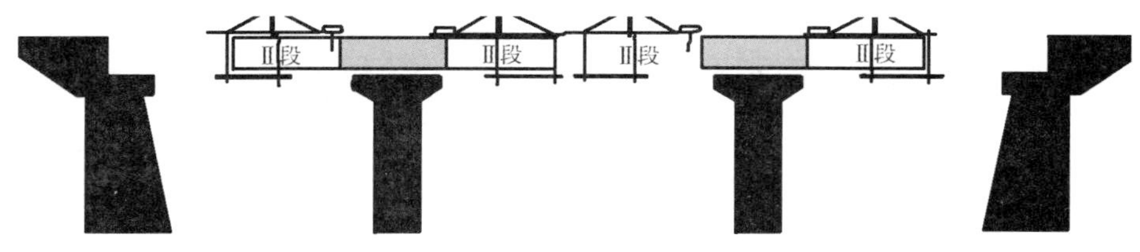

（a）利用挂篮浇筑Ⅱ梁段

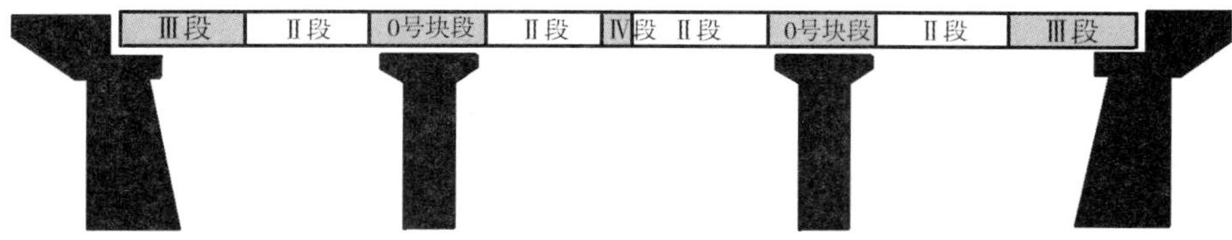

（b）浇筑Ⅳ梁段合龙

图 2-3-18　悬臂浇筑施工流程示意图

一、挂篮设计与组装

1. 挂篮结构主要设计参数

挂篮结构主要设计参数应符合下列规定：

（1）挂篮质量与梁段混凝土的质量比值控制在 0.3～0.5，特殊情况下不得超过 0.7。

（2）允许最大变形（包括吊带变形的总和）为 20 mm。

（3）施工、行走时的抗倾覆安全系数不得小于 2。

（4）自锚固系统的安全系数不得小于 2。

（5）斜拉水平限位系统和上水平限位安全系数不得小于 2。

2. 挂篮结构设计规定

（1）在下列任一条件下不得使用精轧螺纹钢筋吊杆连接挂篮上部与底篮。

①前吊点连接。

②其他吊点连接：上下钢结构直接连接（未穿过混凝土结构）；与底篮连接未采用活动铰；吊杆未设外保护套。

（2）禁止在挂篮后锚处设置配重平衡前方荷载。

3. 挂篮组装后检查

挂篮组装后，应全面检查安装质量，并应按设计荷载进行载重试验，以消除非弹性变形。挂篮结构如图 2-3-19 所示。

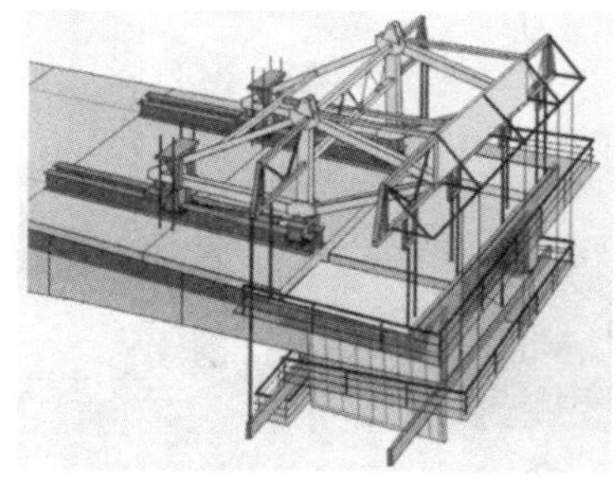

图 2-3-19　挂篮结构图

二、浇筑段落

悬浇梁体一般应分四大部分浇筑。

(1) 墩顶梁段（0号块）。

(2) 墩顶梁段（0号块）两侧对称悬浇梁段。

(3) 边孔支架现浇梁段。

(4) 主梁跨中合龙段。

三、悬浇顺序及要求

(一) 悬浇顺序

(1) 在墩顶托架或膺架上浇筑0号段并实施墩梁临时固结，如图2-3-20所示。

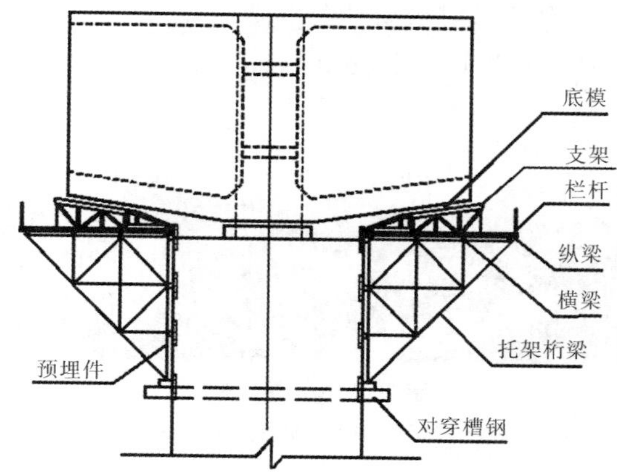

图 2-3-20　托架 0 号段施工示意图

(2) 在0号块段上安装悬臂挂篮，向两侧依次对称分段浇筑主梁至合龙前段。

(3) 在支架上浇筑边跨主梁合龙段。

(4) 最后浇筑中跨合龙段形成连续梁体系，如图2-3-21所示。

(a) 墩顶托架浇筑0号块

(b) 挂篮上对称浇筑悬挑梁段

(c) 邻近合龙段

(d) 合龙段浇筑

图 2-3-21　悬臂浇筑顺序图

(二) 浇筑要求

(1) 托架、膺架应经过设计，计算其弹性及非弹性变形。

(2) 在梁段混凝土浇筑前，应对挂篮（托架或膺架）、模板、预应力筋管道、钢筋、预埋件、混凝土材料、配合比、机械设备、混凝土接缝处理等情况进行全面检查，经有关方签字确认后方准许浇筑。

(3) 悬臂浇筑混凝土时，宜从悬臂前端开始，最后与前段混凝土连接。

(4) 桥墩两侧梁段悬臂施工应对称、平衡，平衡偏差不得大于设计要求。

四、张拉及合龙

(1) 预应力混凝土连续梁悬臂浇筑施工中，顶板、腹板纵向预应力筋的张拉顺序一般为上下对称、左右对称张拉，设计有要求时按设计要求施作。

(2) 预应力混凝土连续梁合龙顺序一般是先边跨、后次跨（次边跨、次中跨）、再中跨，如图2-3-22所示。

图 2-3-22 悬臂桥

(3) 连续梁（T构）的合龙、体系转换和支座反力调整规定如下。

①合龙段的长度宜为2 m。

②合龙前应按设计规定，将两悬臂端合龙口予以临时连接，并将合龙跨一侧墩的临时锚固放松或改成活动支座。

③合龙前，在两端悬臂预加压重，并于浇筑混凝土过程中逐步撤除，以使悬臂端挠度保持稳定。

④合龙宜在一天中气温最低时进行。

⑤合龙段的混凝土强度宜提高一级，以尽早施加预应力。

⑥连续梁的梁跨体系转换，应在合龙段及全部纵向连续预应力筋张拉、压浆完成，并解除各墩临时固结后进行。

⑦梁跨体系转换时，支座反力的调整应以高程控制为主，反力作为校核。

五、高程控制

预应力混凝土连续梁中，悬臂浇筑段前端底板和桥面高程的确定是连续梁施工的关键问题之一，确定悬臂浇筑段前端高程时应考虑如下因素。

(1) 挂篮前端的垂直变形值。

(2) 预拱度设置。

(3) 施工中已浇段的实际高程。

(4) 温度影响。

因此，施工过程中的监测项目为前三项。必要时结构物的变形值、应力也应进行监测，保证结构的强度和稳定。

➢ **重点提示：** 悬臂浇筑法是桥梁上部结构常见施工方法之一，常以客观题为主。重点掌握悬浇顺序及张拉、合龙的基本要求。因涉及预应力、后浇带等多个热门考点，建议重点掌握。

实战演练

[经典例题·单选] 预应力混凝土连续梁合龙顺序一般是（　　）。

A. 先中跨、后次跨、再边跨

B. 先边跨、后次跨、再中跨

C. 先边跨、后中跨、再次跨

D. 先中跨、后边跨、再次跨

[解析] 预应力混凝土连续梁合龙顺序一般是先边跨、后次跨、再中跨。

[答案] B

[经典例题·单选] 为确定悬臂浇筑段前段标高，施工过程中应加强监测，但监测项目不包括（　　）。

A. 挂篮前端的垂直变形值

B. 预拱度

C. 施工中已浇段的实际标高

D. 温度影响

[解析] 确定悬臂浇筑段前段标高时监测项目包括：①挂篮前端的垂直变形值；②预拱度设置；③施工中已浇段的实际标高。

[答案] D

第四节　管涵和箱涵施工

考点 1　管涵、拱形涵、盖板涵施工技术要点★

涵洞是城镇道路路基工程的重要组成部分，涵洞有管涵、拱形涵、盖板涵、箱涵。小型断面的涵洞通常用于排水，一般采用管涵形式。大断面涵洞分为拱形涵、盖板涵、箱涵，用作人行通道或车行道，如图 2-4-1 所示。

图 2-4-1　涵洞

一、管涵施工技术要点

（1）管涵通常采用工厂预制钢筋混凝土管的成品管节，管节断面形式分为圆形、椭圆形、卵形、矩形等。

（2）当管涵设计为混凝土或砌体基础时，基础上面应设混凝土管座，其顶部弧形面应与管身紧密贴合，使管节均匀受力。

（3）当管涵为无混凝土（或砌体）基础、管体直接设置在天然地基上时，应按照设计要求将管底土层夯压密实，并做成与管身弧度密贴的弧形管座，安装管节时应注意保持管座完整。管底土层承载力不符合设计要求时，应按规范要求进行处理、加固。

（4）管涵的沉降缝应设在管节接缝处。

二、拱形涵、盖板涵施工技术要点

（1）与路基（土方）同步施工的拱形涵、盖板涵可分为预制拼装钢筋混凝土结构，现场浇筑钢筋混凝土结构和砌筑墙体、预制或现浇钢筋混凝土混合结构等形式。

（2）依据道路施工流程可采取整幅施工或分幅施工法。分幅施工时，临时道路宽度应满足现况交通的要求，且边坡稳定。需支护时，应在施工前对支护结构进行施工设计。

（3）遇有地下水时，应先将地下水降至基底以下 500 mm 方可施工，且降水应连续进行。

（4）涵洞地基承载力必须符合设计要求，并应经检验确认合格。

（5）拱圈和拱上端墙应由两侧向中间同时、对称施工。

（6）涵洞两侧应在主结构防水层的保护层完成且保护层砌筑砂浆强度达到 3 MPa 后方可进行回填土。回填时，两侧应对称进行，高差不宜超过 30 cm。

（7）为涵洞服务的地下管线，应与主体结构同步配合进行施工。

➢ **重点提示：** 拱形涵、盖板涵施工近几年在考试中还未涉及，了解基本施工要求即可。

实战演练

［2018 真题·单选］ 关于涵洞两侧回填施工的做法，错误的是（　　）。

A. 涵洞两侧同时回填，两侧对称进行，高差不大于 300 mm

B. 填方中使用渣土、工业废渣等，需经过试验确认可靠

C. 在涵洞靠近防水层部位可填含有少量碎石的细粒土

D. 现浇钢筋混凝土涵洞，其胸腔回填土在混凝土强度达到设计强度 70%后进行

［解析］ 参照《城镇道路工程施工与质量验收规范》，涵洞两侧应同时回填，两侧填土高差不得大于 30 cm，选项 A 正确。填土中使用渣土、工业废渣等，需经过试验，确认可靠，并经建设单位、设计单位同意后方可使用，选项 B 正确。对有防水层的涵洞，靠近防水层部位应回填细粒土，填土中不得含有碎石、碎砖及粒径大于 10 cm 的硬块，选项 C 错误。现浇钢筋混凝土涵洞，其胸腔回填土宜在混凝土强度达到设计强度 70%后进行，顶板以上填土应在达到设计强度后进行，选项 D 正确。

［答案］ C

［经典例题·单选］ 拱形涵、盖板涵两侧应在主结构防水层的保护层砌筑砂浆强度达到（　　）才能回填土。

A. 1.5 MPa　　B. 2 MPa

C. 2.5 MPa　　D. 3 MPa

［解析］ 拱形涵、盖板涵两侧主结构防水层的保护层砌筑砂浆强度达到 3 MPa 才能回填土。

［答案］ D

考点 2 箱涵顶进施工技术★★

当新建道路下穿铁路、公路、城市道路路基施工时，通常采用箱涵顶进施工技术，如图 2-4-2 所示。

图 2-4-2　箱涵顶进施工

一、箱涵顶进准备工作

（一）作业条件

（1）现场做到“三通一平”，满足施工方案设计要求。

（2）完成线路加固工作和既有线路监测的测点布置。

（3）完成工作坑作业范围内的地上构筑物、地下管线调查，并进行改移或采取保护措施。

（4）工程降水（如需要）达到设计要求。

（二）机械设备、材料

设备、材料按计划进场并完成验收。

（三）技术准备

（1）施工组织设计已获批准，施工方法、施工顺序已经确定。

（2）全体施工人员进行培训、技术安全交底。

（3）完成施工测量放线。

二、工艺流程与施工技术要点

（一）工艺流程

现场调查→工程降水→工作坑开挖→后背制作→滑板制作→铺设润滑隔离层→箱涵制作→顶进设备安装→既有线加固→箱涵试顶进→吃土顶进→监控量测→箱体就位→拆除加固设施→拆除后背及顶进设备→工作坑恢复。

（二）箱涵顶进前检查工作

（1）箱涵主体结构混凝土强度必须达到设计强度，防水层及保护层按设计完成。

（2）顶进作业面（包括路基下）地下水位已降至基底下 500 mm 以下，并宜避开雨期施工，若在雨期施工，必须做好防洪、防雨及排水工作。

（3）顶进设备液压系统安装及预顶试验结果应符合要求。

（4）所穿越的线路管理部门的配合人员、抢修设备、通信器材准备完毕。

（三）箱涵顶进启动

（1）启动时，现场必须有主管施工技术人员专人统一指挥。

（2）液压泵站应空转一段时间，检查系统、电源、仪表无异常情况后试顶。

（3）每当油压升高 5～10 MPa 时，需停泵观察，应严密监控顶镐、顶柱、后背、滑板、箱涵结构等部位的变形情况，如发现异常情况，立即停止顶进；找出原因采取措施解决后方可重新加压顶进。

（4）当顶力达到 80%结构自重时箱涵未启动，应立即停止顶进；找出原因采取措施解决后方可重新加压顶进。

(5) 箱涵启动后，应立即检查后背、工作坑周围土体稳定情况，无异常情况，方可继续顶进。

(四) 顶进挖土

(1) 根据箱涵的净空尺寸、土质情况，可采取人工挖土或机械挖土法。一般宜选用小型反铲按设计坡度开挖，每次开挖进尺 0.5 m，并配装载机或直接用挖掘机装汽车出土。顶板切土，侧墙刃脚切土及底板前清土须由人工配合。挖土顶进应三班连续作业，不得间断。

(2) 侧刃脚切土深度应在 0.1 m 以上。当属斜交涵时，前端锐角一侧清土困难，应优先开挖。如设有中刃脚时应切土前进，使上下两层隔开，不得挖通露天，平台上不得积存土壤。

(3) 列车通过时严禁继续挖土，人员应撤离开挖面。当挖土或顶进过程中发生塌方，影响行车安全时，应迅速组织抢修加固，进行有效防护。

(4) 挖土工作应与观测人员密切配合，随时根据桥涵顶进轴线和高程偏差，采取纠偏措施。

(五) 顶进作业

(1) 每次顶进应检查液压系统、顶柱（铁）安装和后背变化情况等。

(2) 挖运土方与顶进作业循环交替进行。

(3) 箱涵身每前进一顶程，应观测轴线和高程，发现偏差及时纠正。

(4) 箱涵吃土顶进前，应及时调整好箱涵的轴线和高程。在铁路路基下吃土顶进，不宜对箱涵的轴线、高程做较大调整动作。

(六) 监控与检查

(1) 箱涵顶进前，应对箱涵原始（预制）位置的里程、轴线及高程测定原始数据并记录。顶进过程中，每一顶程要观测并记录各观测点左、右偏差值，高程偏差值，顶程及总进尺。观测结果要及时报告现场指挥人员，用于控制和校正。

(2) 箱涵自启动起，应详细记录顶进全过程的每一个顶程的千斤顶开动数量、位置，油泵压力表读数、总顶力及着力点。如出现异常应立即停止顶进，检查分析原因，采取措施处理后方可继续顶进。

(3) 箱涵顶进过程中，每天应定时观测箱涵底板上设置的观测标钉高程，计算相对高差，展图，分析结构竖向变形。对中边墙应测定竖向弯曲，当底板侧墙出现较大变位及转角时应及时分析研究，采取措施。

(4) 顶进过程中要定期观测箱涵裂缝及开展情况，重点监测底板、顶板、中边墙，中继间牛腿或剪力铰，顶板前、后悬臂板，发现问题应及时研究采取措施。

三、季节性施工技术措施

(1) 箱涵顶进应尽可能避开雨期。需在雨期施工时，应在汛期之前对拟穿越的路基、工作坑边坡等采取切实有效的防护措施。

(2) 雨期施工时应做好地面排水，工作坑周边应采取挡水围堰、排水截水沟等防止地面水流入工作坑的技术措施。

(3) 雨期施工开挖工作坑（槽）时，应注意保持边坡稳定。必要时可适当放缓边坡坡度或设置支撑；经常对边坡、支撑进行检查，发现问题要及时处理。

(4) 冬雨期施工应确保混凝土入模温度满足规定或设计要求。

➢ **重点提示：**箱涵顶进施工考查频率较低，掌握其施工工序，熟悉箱涵在顶进过程中的一些技术要求即可。箱涵顶进中涉及基坑、箱涵预制、顶进等工序，与城轨交通、管道等多个专业中涉及的工序大同小异，可进行对比、理解记忆。

实战演练

[经典例题·单选] 箱涵顶进作业应在地下水位降至基底以下（　　）进行，并宜避开雨期施工。

A. 0.5 m　　B. 0.4 m

C. 0.3 m　　D. 0.2 m

[解析] 顶进作业面（包括路基下）地下水位已降至基底下 500 mm 以下，并宜避开雨期施工，若在雨期施工，必须做好防洪、防雨及排水工作。

[答案] A

[2019 真题·多选] 关于箱涵顶进施工的说法，正确的有（　　）。

A. 箱涵顶进施工适用于带水作业，可在汛期施工

B. 实施前应按施工方案要求完成后背施工和线路加固

C. 在铁路路基下吃土顶进，不宜对箱涵做较大的轴线、高程调整动作

D. 挖运土方与顶进作业同时进行

E. 顶进过程中应重点监测底板、顶板、中边墙、中继间牛腿或剪力铰

[解析] 箱涵顶进应尽可能避开雨期。需在雨期施工时，应在汛期之前对拟穿越的路基、工作坑边坡等采取切实有效的防护措施，选项 A 错误。挖运土方与顶进作业循环交替进行，选项 D 错误。

[答案] BCE

第三章

城市轨道交通工程

第三章

名师导学

本章是市政工程基础内容，一共包括3节，第二、三节都是针对城市轨道交通主体结构施工技术的内容，考查频率高。在本章复习中，“明挖基坑施工”“喷锚暗挖（矿山）法施工”均为考查分值较高的内容，应当重点学习。在学习过程中，注意施工工艺流程、安全要点以及结构组成，加强对“明挖基坑”“浅埋暗挖法”“复合式衬砌结构”等关键施工方法的学习，其中“明挖基坑”可以作为通用知识点重点掌握。而“城市轨道交通工程结构与施工方法”可以作为次重点，一般多考查选择题。

考情分析

近四年考试真题分值统计表（单位：分）

节序	节名	2023 年			2022 年			2021 年			2020 年		
		单选	多选	案例	单选	多选	案例	单选	多选	案例	单选	多选	案例
第一节	城市轨道交通工程结构与施工方法	1	0	0	1	2	8	0	2	0	0	0	0
第二节	明挖基坑施工	0	2	4	1	2	0	1	2	9	2	0	11
第三节	喷锚暗挖（矿山）法施工	1	0	0	1	0	0	2	0	0	1	0	0
合计		2	2	4	3	4	8	3	4	9	3	0	11

注：2020—2023年每年有多批次考试真题，此处分值统计仅选取其中的一个批次进行分析。

第一节　城市轨道交通工程结构与施工方法

考点 1　地铁车站形式与结构组成★

一、地铁车站形式分类

地铁车站根据其所处位置、结构横断面、站台形式等进行不同分类，详见表 3-1-1。

表 3-1-1　地铁车站形式分类

分类方式	分类情况	备注
车站与地面相对位置	高架车站	车站位于地面高架结构上，分为路中设置和路侧设置两种
	地面车站	车站位于地面，采用岛式或侧式均可，路堑式为其特殊形式
	地下车站	车站结构位于地面以下，分为浅埋、深埋车站
结构横断面	矩形	矩形断面是车站中常选用的形式。一般用于浅埋、明挖车站。车站可设计成单层、双层或多层；跨度可选用单跨、双跨、三跨及多跨形式
	拱形	拱形断面多用于深埋或浅埋暗挖车站，有单拱和多跨连拱等形式。单拱断面由于中部起拱较高，而两侧拱脚相对较低，中间无柱，因此建筑空间显得高大宽阔，如建筑处理得当，常会得到理想的建筑艺术效果。明挖车站采用单跨结构时也有采用拱形断面的情况
	圆形	盾构法施工时常见的形式
	其他	马蹄形、椭圆形等
站台形式（图 3-1-1）	岛式站台	站台位于上、下行线路之间，具有站台面积、设施利用率高、能灵活调剂客流、使用方便、管理较集中等优点，常用于较大客流量的车站。其派生形式有曲线式、双鱼腹式、单鱼腹式、梯形式和双岛式等
	侧式站台	站台位于上、下行线路的两侧。侧式站台的高架车站能使高架区间断面形式更趋合理，常见于客流不大的地下站和高架的中间站。其派生形式有曲线式，单端喇叭式，双端喇叭式，平行错开式和上、下错开式等形式
	岛、侧混合站台	将岛式站台及侧式站台设在同一个车站内。岛、侧混合站台常见的有一岛一侧或一岛两侧形式，此种车站可同时在两侧的站台上、下车，共线车站往往会出现此种形式

（a）岛式站台

（b）侧式站台

（c）岛、侧混合站台

图 3-1-1　站台形式

二、地铁车站构造组成

地铁车站通常由车站主体（站台、站厅、设备用房、生活用房）、出入口及通道（包含人行天桥）、通风道及地面通风亭三大部分组成，地铁车站构造如图 3-1-2 所示。

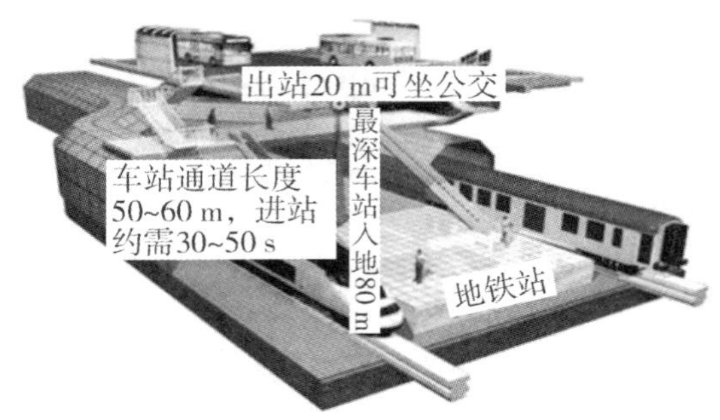

图 3-1-2　地铁车站构造

➤ **重点提示：** 区分不同形式的地铁车站分类形式，了解车站基本构造组成。此考点考频较低，较适合客观题的考查。

实战演练

［**2019 真题·单选**］矿山法施工的地铁车站不采用（　　）结构形式。

A. 框架　　B. 单拱　　C. 双拱　　D. 三拱

［**解析**］喷锚暗挖（矿山）法施工的地铁车站，视地层条件、施工方法及其使用要求的不同，可采用单拱式车站、双拱式车站或三拱式车站，并根据需要可做成单层或双层，选项 A 错误。

［**答案**］A

［**经典例题·多选**］地铁车站通常由（　　）等部分组成。

A. 车站主体　　B. 人行天桥

C. 行车道　　D. 出入口及通道

E. 通风道及地面通风亭

［**解析**］地铁车站通常由车站主体（站台、站厅、设备用房、生活用房），出入口及通道，通风道及地面通风亭三大部分组成。

［**答案**］ADE

考点 2　地铁车站的施工方法★

一、明挖法

（一）分类

明挖法施工的基坑可分为敞口放坡基坑和有围护结构基坑，如图 3-1-3 所示。

（a）敞口放坡基坑

（b）有围护结构基坑

图 3-1-3　明挖法施工

（二）明挖法施工工序

明挖法车站施工的典型工序如图 3-1-4 所示。

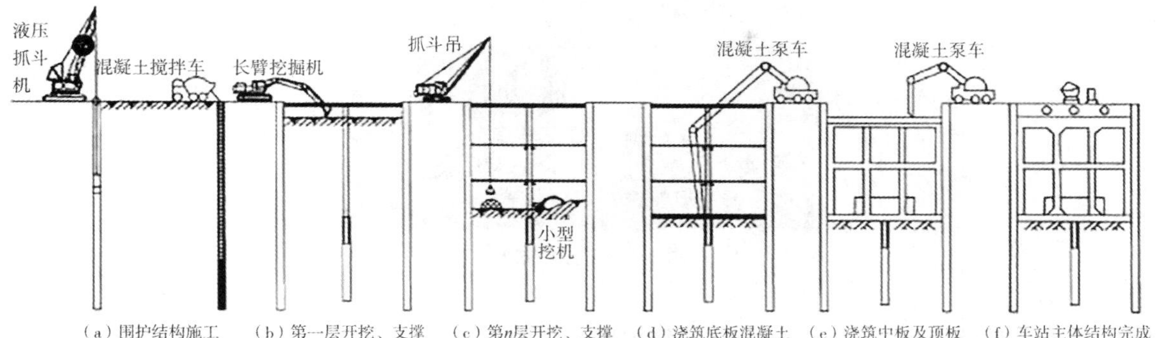

图 3-1-4　明挖法车站施工的典型工序

（三）基坑支护结构的安全等级

基坑支护结构的安全等级及破坏后果见表 3-1-2。

表 3-1-2　基坑支护结构的安全等级及破坏后果

安全等级	破坏后果
一级	支护结构失效、土体过大变形对基坑周边环境或主体结构施工安全的影响很严重
二级	支护结构失效、土体过大变形对基坑周边环境或主体结构施工安全的影响严重
三级	支护结构失效、土体过大变形对基坑周边环境或主体结构施工安全的影响不严重

（四）地铁车站主体构造

地铁车站主体构造如图 3-1-5 所示。

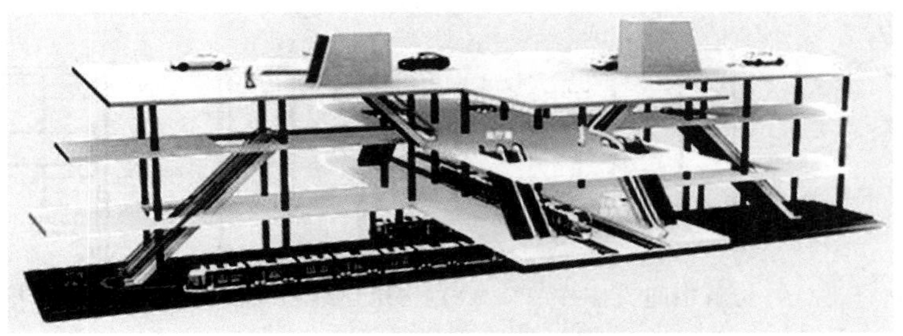

图 3-1-5　地铁车站主体构造

（1）顶板和楼板：形式有单向（梁式）板、井字板、无梁板或密肋板。

（2）侧墙：形式有单向板和密肋板（装配式），地下连续墙（与构件连接）。

（3）立柱：形式有方形、矩形、圆形、椭圆形，柱距为 6～8 m。

（4）底板：经常采用梁式板结构。无地下水岩石地层可不设受力底板，但应满足道床铺设的要求。

二、盖挖法

（一）盖挖法优点与缺点

盖挖法施工如图 3-1-6 所示。

图 3-1-6　盖挖法施工

1. 优点

(1) 围护结构变形小，能够有效控制周围土体的变形和地表沉降，有利于保护邻近建筑物和构筑物。

(2) 施工受外界气候影响小，基坑底部土体稳定，隆起小，施工安全。

(3) 盖挖逆作法用于城市街区施工时，可尽快恢复路面，对道路交通影响较小。

2. 缺点

(1) 盖挖法施工时，混凝土结构的水平施工缝的处理较为困难。

(2) 由于竖向出口少，需水平运输，后期开挖土方不方便。

(3) 作业空间小，施工速度较明挖法慢、工期长、费用高。

(二) 分类

盖挖顺作法、盖挖逆作法及盖挖半逆作法。

1. 盖挖顺作法

盖挖顺作法施工流程如图 3-1-7 所示。

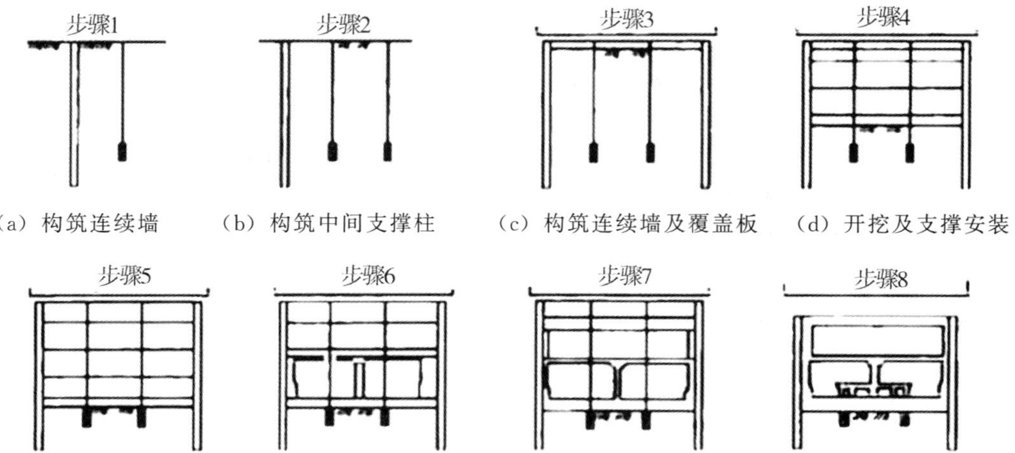

图 3-1-7　盖挖顺作法施工流程

(1) 用临时性设施（钢结构）作辅助措施维持道路通行，在夜间将道路封锁，掀开盖板进行基坑土方开挖或结构施工。

(2) 无法使用大型机械，需要采用特殊的小型、高效机具。

2. 盖挖逆作法

施工过程中不需设置临时支撑，其施工流程如图 3-1-8 所示。

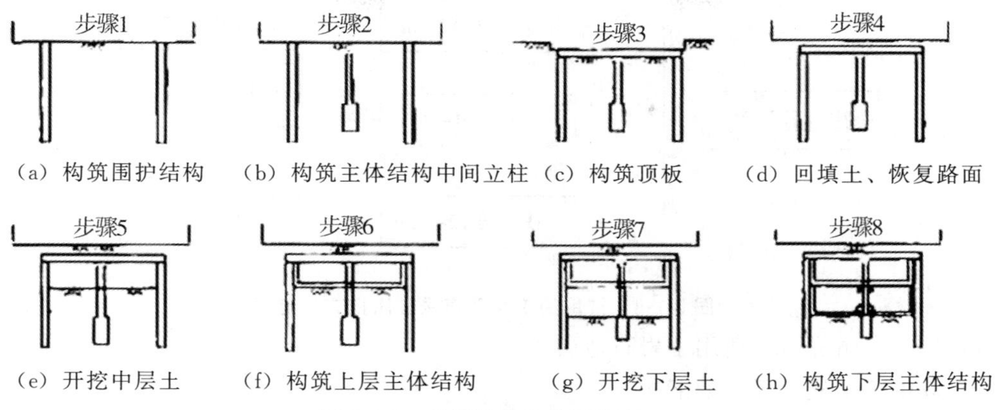

(a) 构筑围护结构 (b) 构筑主体结构中间立柱 (c) 构筑顶板 (d) 回填土、恢复路面

(e) 开挖中层土 (f) 构筑上层主体结构 (g) 开挖下层土 (h) 构筑下层主体结构

图 3-1-8 盖挖逆作法施工流程

3. 盖挖半逆作法

盖挖半逆作法类似盖挖逆作法，区别仅在于顶板完成及恢复路面的过程，在盖挖半逆作法施工中，一般都必须设置横撑并施加预应力。

(三) 施工缝处理问题

(1) 直接法：此方法较为传统，不易做到完全紧密接触。

(2) 注入法：需要预埋注浆孔。注入水泥浆或环氧树脂。

(3) 充填法：使用混凝土时充填高度为 1.0 m，使用砂浆时充填高度为 0.3 m；一般设置"V"形施工缝，倾角小于 30°为宜。充填时应使用无收缩或微膨胀的混凝土或砂浆。

(四) 盖挖法施工车站结构

1. 侧墙

侧墙为地下连续墙，按其受力特性可分为四种形式。

(1) 临时墙：仅用来挡土的临时围护结构。

(2) 单层墙：既是临时围护结构又作为永久结构的边墙，在砂性地层中不宜采用。在地下墙中可采用预埋直螺纹钢筋连接器将板的钢筋与地下墙的钢筋相接，确保单层侧墙与板的连接强度及刚度。

(3) 叠合墙：作为永久结构边墙的一部分，为地下墙与结构侧墙通过连接件或咬合面连为整体的形式。

(4) 复合墙：双层侧墙。地下墙在施工阶段作为围护结构，回筑时在地上墙内侧现浇钢筋混凝土内衬侧墙，与先施工的地下墙组成叠合结构，共同承受使用阶段的水土侧压力，板与双层墙组成现浇钢筋混凝土框架结构。

2. 中间竖向临时支撑系统

(1) 在永久柱的两侧单独设置临时柱。

(2) 临时柱与永久柱合一。

(3) 临时柱与永久柱合一，同时增设临时柱。

三、喷锚暗挖法

喷锚暗挖法施工遵循"新奥法"原理施工，浅埋暗挖法是在新奥法基础上发展而来的。下面主要介绍浅埋暗挖法施工技术。

常用的单跨隧道浅埋暗挖方法选择，如图 3-1-9 所示。

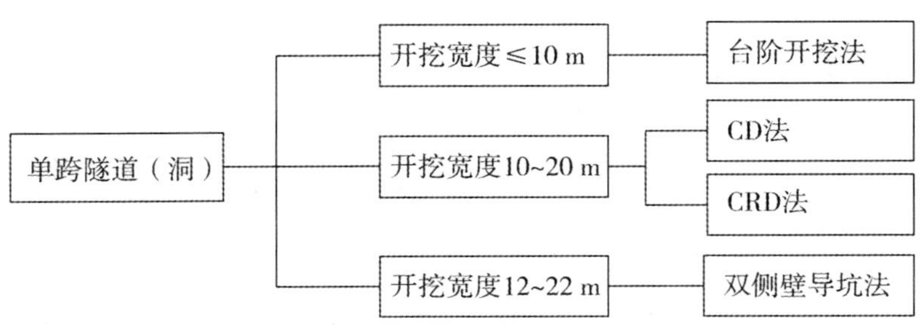

图 3-1-9 常用的单跨隧道浅埋暗挖方法选择

（1）单拱车站隧道：适用于岩石地层。

（2）双拱车站隧道形式如下。

①双拱塔柱式：为横向联络通道，净距不小于 1*D*（*D* 一般指隧道跨度）。

②双拱立柱式：用于石质较好的地层中。

（3）三拱车站：塔柱式和立柱式（第四纪地层中一般不宜广泛采用，以单层车站为宜）。

➤ **重点提示：** 熟悉各类地铁车站施工方法的工序及适用条件，能够对比各个施工方法的优缺点，根据具体情况比选合适的施工方法。

实战演练

[经典例题·单选] 为尽快恢复路面交通，城市街区地铁车站施工采用最多的方法是（　　）。

A. 明挖法　　B. 盖挖顺作法

C. 盖挖逆作法　　D. 盖挖半逆作法

[解析] 城市中施工采用最多的是盖挖逆作法。

[答案] C

[经典例题·单选] 在城镇交通要道区域采用盖挖法施工的地铁车站多采用（　　）结构。

A. 梯形　　B. 圆形

C. 拱形　　D. 矩形框架

[解析] 在城镇交通要道区域采用盖挖法施工的地铁车站多采用矩形框架结构。

[答案] D

考点 3 地铁区间隧道施工方法★

一、明挖法施工隧道

（1）适用条件：场地开阔、建筑物稀少、交通及环境允许。

（2）结构形式：通常采用矩形断面。

（3）分类：整体式、预制装配式。

二、喷锚暗挖（矿山）法施工隧道

（1）分类：新奥法、浅埋暗挖法。

（2）断面构造如图 3-1-10 所示。

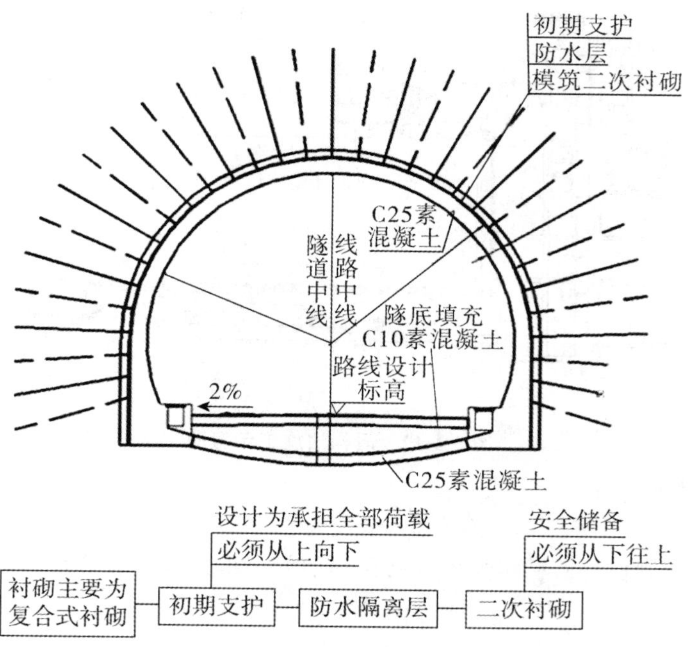

图 3-1-10　喷锚暗挖断面构造

（3）适用条件：第四纪软弱地层，需要严格控制地面沉降量。

（4）总原则：预支护、预加固一段，开挖一段；开挖一段，支护一段；支护一段，封闭成环一段。

（5）喷锚暗挖法施工工艺流程如图 3-1-11 所示。

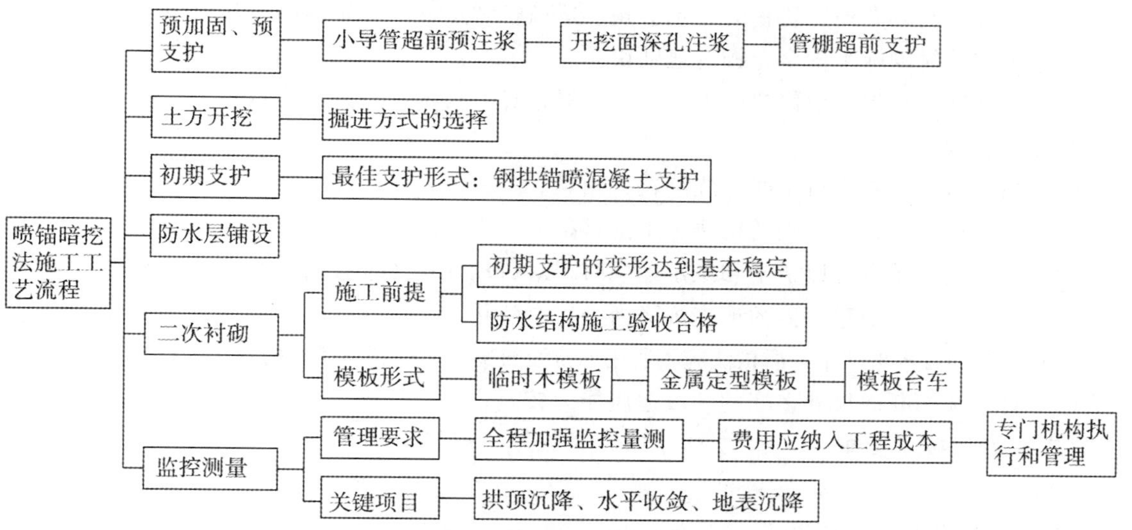

图 3-1-11　喷锚暗挖法施工工艺流程

三、盾构法施工隧道

盾构法施工示意图如图 3-1-12 所示。

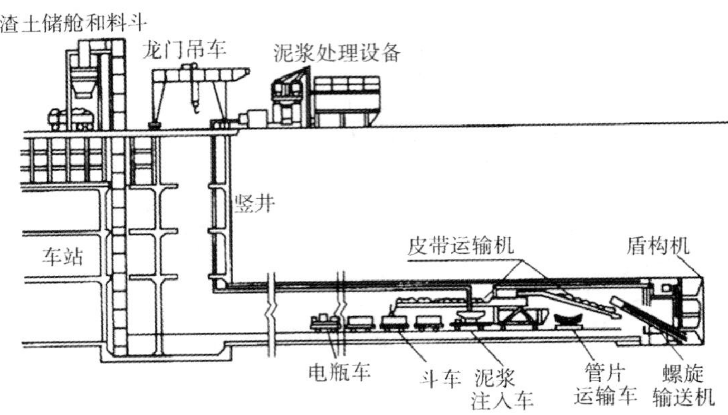

图 3-1-12　盾构法施工示意图

（一）盾构法概述

1. 施工流程

始发井、接收井制作→盾构机始发井就位→始发→推进并安装管片→衬砌背后注浆→进入接收井、拆解。

2. 盾构法优点

（1）不影响地面交通，减少对附近居民的噪声和振动影响。

（2）主要工序循环进行，施工易于管理，施工人员较少。

（3）适用于建造覆土较深的隧道。

（4）不受风雨等气候条件影响。

（5）穿过河底或其他建筑物时，不影响航运通行和建（构）筑物的正常使用。

（6）土方及衬砌施工安全、掘进速度快。

（7）在松软含水地层中修建埋深较大的长隧道具有技术和经济的优越性。

3. 盾构法缺点

（1）当隧道曲线半径过小时，施工较为困难。

（2）如隧道覆土太浅，则盾构法施工困难很大，水下施工不够安全。

（3）采用全气压方法以疏干和稳定地层时，对劳动保护要求较高，施工条件差。

（4）隧道上方一定范围内的地表沉降尚难完全防止。

（5）在饱和含水地层中，盾构法施工所用的拼装衬砌，对达到整体结构防水的技术要求较高。

（6）对于结构断面尺寸多变的区段适应能力较差。

（二）管片技术要求

1. 管片类型

管片类型如图 3-1-13 所示。

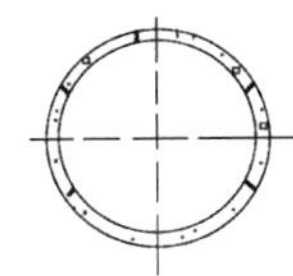
(a) 单层预制装配式

(b) 双层衬砌

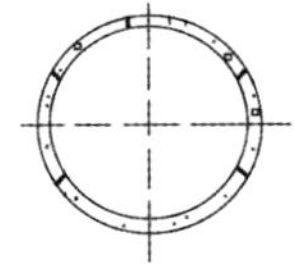
(c) 挤压混凝土整体式衬砌

图 3-1-13　管片类型

注：管片抗压强度应达到 60 MPa、抗渗等级大于 P12；最常用的是钢筋混凝土管片。

2. 管环构成

管片的组成和 K 型管片的插入方式如图 3-1-14 所示；管片间螺栓连接示意图如图 3-1-15 所示。

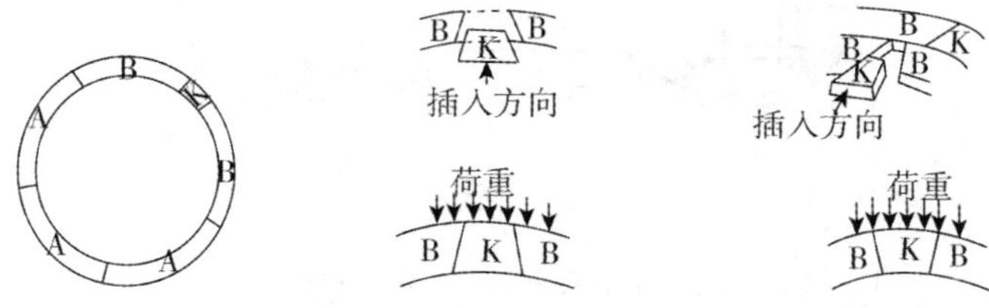

（a）管片的组成　（b）K 型管片径向插入　（c）K 型管片轴向插入

图 3-1-14　管片的组成和 K 型管片的插入方式

注： 拼装顺序为 A→B→K；优选轴向插入方式。

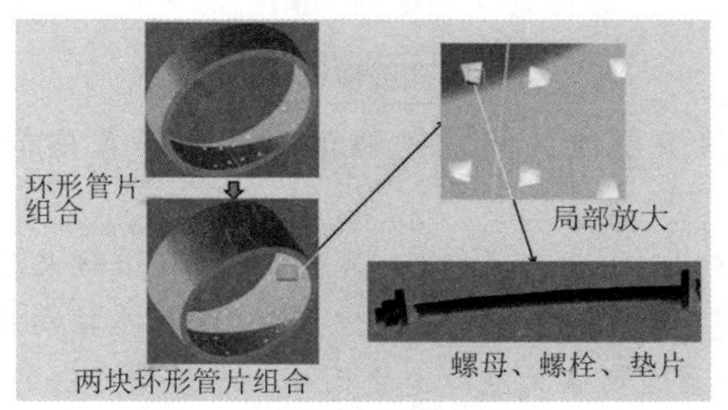

图 3-1-15　管片间螺栓连接示意图

3. 管片拼装

管片拼装方式如图 3-1-16 所示。

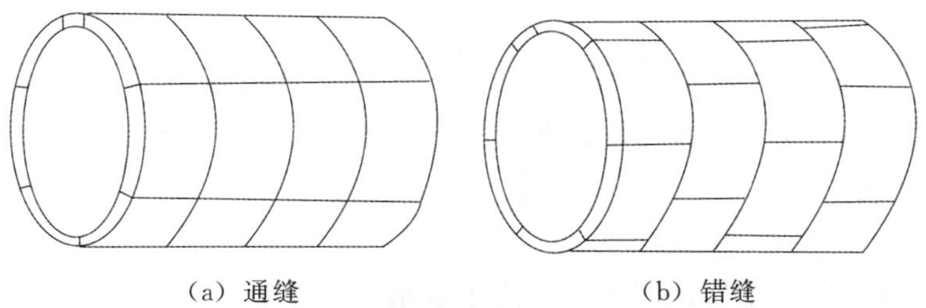

（a）通缝　（b）错缝

图 3-1-16　管片拼装方式

（1）通缝：工艺相对简单；变形大；对防水要求高。

（2）错缝：避免误差积累，减少管片破损；T 形接缝，有效减少渗水；小半径曲线径向变形控制好；配筋量稍大，整环空间刚度大。

（三）联络通道

联络通道结构如图 3-1-17 所示。

（1）作用：安全疏散乘客、隧道排水及防火、消防等。

（2）间距：相邻两个联络通道之间不应大于 600 m；并列反向开启甲级防火门。

（3）长度：5～9 m。

（4）方法：暗挖法、超前预支护方法（深孔注浆或冻结法）。

（5）风险最大：有承压水的砂土地层。

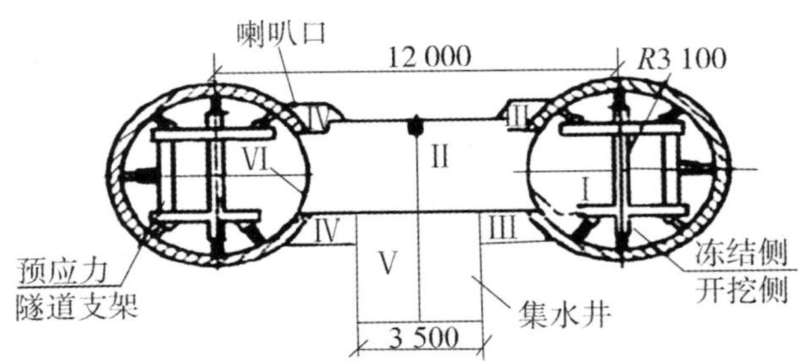

Ⅰ—冻结侧通道预留口钢管片；Ⅱ—通道；Ⅲ—冻结侧喇叭口；Ⅳ—对侧喇叭口；Ⅴ—集水井；Ⅵ—对侧门钢管片

图 3-1-17　联络通道结构图（单位：mm）

➤ **重点提示：** 考生应熟悉各类区间隧道施工方法的工序、适用条件及结构组成，做到有所区分。能够对比各个施工方法的优缺点，根据具体情况比选合适的施工方法。

实战演练

[经典例题·单选] 两条单线区间地铁隧道之间应设置横向联络通道，其作用不包括（　　）。

A. 隧道排水　　B. 隧道防火消防

C. 安全疏散乘客　　D. 机车转向调头

[解析] 联络通道是设置在两条地铁隧道之间的一条横向通道，起到安全疏散乘客、隧道排水、防火及消防等作用。

[答案] D

[经典例题·单选] 在松软含水地层，区间隧道一般采用（　　）。

A. 明挖法　　B. 盖挖法

C. 矿山法　　D. 盾构法

[解析] 在松软含水地层、地面构筑物不允许拆迁和施工条件困难地段，采用盾构法施工隧道能显示其优越性。

[答案] D

[经典例题·单选] 某地铁区间隧道，位于含水量大的粉质细砂层，地面沉降控制严格，且不具备降水条件，宜采用（　　）施工。

A. 浅埋暗挖法　　B. 明挖法

C. 盾构法　　D. 盖挖法

[解析] 明挖法、盖挖法、浅埋暗挖法均不得在含水层施工。

[答案] C

[经典例题·多选] 采用浅埋暗挖法开挖作业时，其总原则是（　　）。

A. 预支护、预加固一段，开挖一段　　B. 开挖一段，支护一段

C. 支护一段，开挖一段　　D. 封闭成环一段，支护一段

E. 支护一段，封闭成环一段

[解析] 采用浅埋暗挖法开挖作业时，其总原则是：预支护、预加固一段，开挖一段；开挖一段，支护一段；支护一段，封闭成环一段。

[答案] ABE

第二节　明挖基坑施工

考点 1　工程降水基本要求及地下水控制方法★

一、工程降水基本要求

为保证地下工程、基础工程正常施工，控制和减少对工程环境影响所采取的排水、降水、隔水或回灌等工程措施，统称为地下水控制。

（1）地下水控制设计和施工前应搜集下列资料。

①地下水控制范围、深度、起止时间等。

②地下工程开挖与支护设计施工方案，拟建（构）筑物基础埋深、地面高程等。

③场地与相邻地区的工程勘察等资料，当地地下水控制工程经验。

④周围建（构）筑物、地下管线分布状况和平面位置、基础结构和埋设方式等工程环境情况。

⑤地下水控制工程施工的供水、供电、道路、排水及有无障碍物等现场施工条件。

（2）地下水控制设计应满足下列规定。

①支护结构设计和施工的要求。

②地下结构施工的要求。

③工程周边建（构）筑物、地下管线、道路的安全和正常使用要求。

（3）地下水控制施工应根据设计要求编制施工组织设计或专项施工方案，并应包括下列主要内容。

①工程概况及设计依据。

②分析地下水控制工程的关键节点，提出针对性技术措施。

③制定质量保证措施。

④制定现场布置、设备、人员安排、材料供应和施工进度计划。

⑤制定监测方案。

⑥制定安全技术措施和应急预案。

（4）地下水控制实施过程中，应对地下水及工程环境进行监测。

（5）地下水控制的勘察、设计、施工、检测、维护资料应及时分析整理、保存。

（6）地下水控制工程不得恶化地下水水质，导致水质产生类别上的变化。

（7）地下水控制过程中抽排出的地下水经沉淀处理后应综合利用；当多余的地下水符合城市地表水排放标准时，可排入城市雨水管网或河湖，不应排入城市污水管道。

（8）在地下水控制施工、运行、维护过程中，应根据监测资料，判断分析地下水对工程环境影响程度及变化趋势，进行信息化施工，及时采取防治措施，适时启动应急预案。

二、地下水控制方法

（1）地下水控制方法可划分为降水、隔水和回灌三类。各种地下水控制方法可单独或组合使用。

（2）地下水控制可根据控制方法、工程环境限制要求、工程规模、地下水控制幅度、含水层特征、场地复杂程度，并结合基坑围护结构特点、开挖方法和工况等将地下水控制工程划分为简单、中等复杂、复杂三级。

（3）地下水控制工程复杂程度划分应符合下列规定。

①降水工程复杂程度分类见表 3-2-1。

表 3-2-1 降水工程复杂程度分类

条件		复杂程度分类		
		简单	中等复杂	复杂
工程环境限制要求		无明确要求	有一定要求	有严格要求
降水工程规模	面状围合面积 A/m^2	$A<5\ 000$	$5\ 000 \leqslant A \leqslant 20\ 000$	$A>20\ 000$
	条状宽度 B/m	$B<3.0$	$3.0 \leqslant B \leqslant 8.0$	$B>8.0$
	线状长度 L/km	$L<0.5$	$0.5 \leqslant L \leqslant 2.0$	$L>2.0$
水位降深值 s/m		$s<6$	$6.0 \leqslant s \leqslant 16.0$	$s>16.0$
含水层特征	含水层数	单层	双层	多层
	承压水	无承压水	承压含水层顶板低于开挖深度	承压含水层顶板高于开挖深度
	渗透系数 $k/(m \cdot d^{-1})$	$0.1 \leqslant k \leqslant 20.0$	$20.0<k \leqslant 50.0$	$k<0.1$ 或 $k>50.0$
	构造裂隙发育程度	构造简单，裂隙不发育	构造较简单，裂隙较发育	构造复杂，裂隙很发育
	岩溶发育程度	不发育	发育	很发育
场地复杂程度		简单场地	中等复杂场地	复杂场地

注：①降水工程复杂程度分类以工程环境、工程规模和降水深度为主要条件，符合主要条件之一即可，其他条件宜综合考虑。

②降水工程规模划分：长宽比小于等于 20 时为面状，大于 20 且小于等于 50 时为条状，大于 50 时为线状。

③场地复杂程度分类根据现行国家标准《岩土工程勘察规范（2009 年版）》（GB 50021—2001）确定。

②隔水工程复杂程度分类见表 3-2-2。

表 3-2-2 隔水工程复杂程度分类

条件		复杂程度分类		
		简单	中等复杂	复杂
工程环境限制要求		无明确要求	有一定要求	有严格要求
隔水深度 h/m		$h \leqslant 7.0$	$7.0<h \leqslant 13.0$	$k>13.0$
含水层特征	含水层数	单层	双层	多层
	渗透系数 $k/(m \cdot d^{-1})$	$k \leqslant 20.0$	$20<k \leqslant 50$	$k>50$
场地复杂程度		简单场地	中等复杂场地	复杂场地

注：①隔水工程复杂程度分类以工程环境和隔水深度为主要条件，符合主要条件之一即可，其他条件宜综合考虑。

②场地复杂程度分类根据现行国家标准《岩土工程勘察规范（2009 年版）》（GB 50021—2001）的相关规定确定。

③当需要采用两种以上地下水控制方法组合使用时，应划分为复杂工程。

（4）地下水控制设计施工的安全等级分为一级、二级、三级，见表 3-2-3。

表 3-2-3　安全等级分类

地下水控制工程复杂程度	安全等级
简单	一级
中等复杂	二级
复杂	三级

➤ **重点提示：**本考点为低频考点，了解工程降水基本要求以及地下水控制方法即可。

实战演练

[经典例题·单选] 某管道沟槽开挖宽度为 5 m，含水层构造较简单，裂隙较发育，工程环境有一定要求。按地下水控制复杂程度划分，属于（　　）降水工程。

A. 简单　　B. 中等简单

C. 中等复杂　　D. 复杂

[解析] 根据表 3-2-1，该降水工程复杂程度为中等复杂。

[答案] C

[经典例题·多选] 基坑施工的地下水控制应根据（　　）选用排水、降水、隔水或回灌等工程措施。

A. 降水机械设备　　B. 工程地质条件

C. 水文地质条件　　D. 基坑周边环境要求

E. 支护结构形式

[解析] 基坑施工的地下水控制应根据工程地质和水文地质条件、基坑周边环境要求及支护结构形式选用排水、降水、隔水或回灌等工程措施。

[答案] BCDE

考点 2　工程降水方法★★

一、一般规定

（1）降水设计应符合下列规定。

①应根据工程地质、水文地质条件、基坑开挖工况、工程环境条件进行多方案对比分析后制定降水技术方案。

②应提出对周边工程环境的监测要求，明确预警值、控制值和控制措施。

（2）降水运行时间应满足地下结构施工的要求，当存在抗浮要求时应延长降水运行工期。

（3）降水完成后应及时封井。

二、降水方法的分类和选择

（1）降水方法应根据场地地质条件、降水目的、降水技术要求、降水工程可能涉及的工程环境保护等因素按表 3-2-4 选用，并应符合下列规定：地下水控制水位应满足基础施工要求，基坑范围内地下水位应降至基础垫层以下不小于 0.5 m，对基底以下承压水应降至不产生坑底突涌的水位以下，对局部加深部位（电梯井、集水坑、泵房等）宜采取局部控制措施。

表 3-2-4 工程降水方法及适用条件

降水方法		适用条件		
		土质类别	渗透系数/（$m \cdot d^{-1}$）	降水深度/m
集水明排		填土、黏性土、粉土、砂土、碎石土	—	—
降水井	真空井点	粉质黏土、粉土、砂土	0.01～20.0	单级≤6，多级≤12
	喷射井点	粉土、砂土	0.1～20.0	≤20
	管井	粉土、砂土、碎石土、岩石	>1	不限
	渗井	粉质黏土、粉土、砂土、碎石土	>0.1	由下伏含水层的埋藏条件和水头条件确定
	辐射井	黏性土、粉土、砂土、碎石土	>0.1	4～20
	电渗井	黏性土、淤泥、淤泥质黏土	≤0.1	≤6
	潜埋井	粉土、砂土、碎石土	>0.1	≤2

（2）地下水控制应采取集水明排措施，拦截、排除地表（坑顶）、坑底和坡面积水。

（3）当采用渗井或多层含水层降水时，应采取措施防止下部含水层水质恶化，在降水完成后应及时进行分段封井。

（4）对风化岩、黏性土等富水性差的地层，可采用降、排、堵等多种地下水控制方法。

三、降水系统布设

（1）降水系统平面布置应根据工程的平面形状、场地条件及建筑条件确定，并应符合下列规定。

①面状降水工程降水井点宜沿降水区域周边呈封闭状均匀布置，距开挖上口边线距离不宜小于 1 m。

②线状、条状降水工程降水井宜采用单排或双排布置，两端应外延条状或线状降水井点围合区域宽度的 1～2 倍布置水井。

③降水井点围合区域宽度大于单井降水影响半径或采用隔水帷幕的工程，应在围合区域内增设降水井或疏干井。

④在运土通道出口两侧应增设降水井。

⑤当降水区域远离补给边界，地下水流速较小时，降水井点宜等间距布置；当邻近补给边界，地下水流速较大时，在地下水补给方向降水井点间距可适当减小。

⑥对于多层含水层，降水宜分层布置降水井点，当确定上层含水层地下水不会造成下层含水层地下水污染时，可利用一个井点降低多层地下水水位。

（2）真空井点布设除应符合上述（1）外，尚应符合下列规定。

①当真空井点孔口至设计降水水位的深度不超过 6.0 m 时，宜采用单级真空井点；当深度大于 6.0 m 且场地条件允许时，可采用多级真空井点降水，多级井点上下级高差宜取 4.0～5.0 m。

②井点系统的平面布置应根据降水区域平面形状、降水深度、地下水的流向以及土的性质确定，可布置成环形、U 形和线形（单排、双排）。

③井点间距宜为 0.8～2.0 m，距开挖上口线的距离不应小于 1.0 m（1.0～1.5 m）；集水

总管宜沿抽水水流方向布设，坡度宜为 0.25%～0.5%。

④降水区域四角位置井点宜加密。

⑤若降水区域场地狭小或在涵洞、地下的暗挖工程、水下降水工程，可布设水平、倾斜井点。

井点管示意图如图 3-2-1 所示。

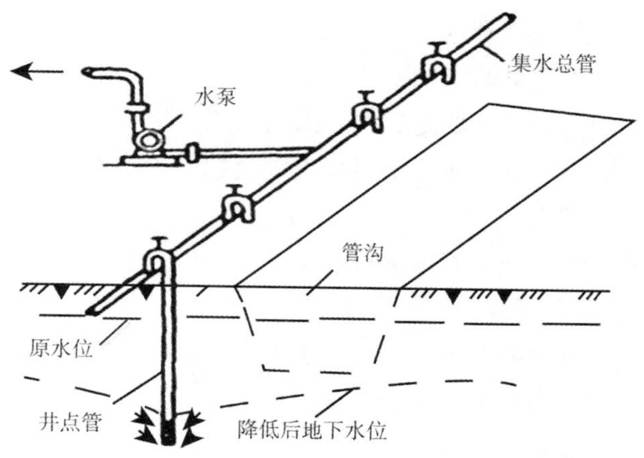

图 3-2-1　井点管示意图

(3) 集水明排应符合下列规定。

①对地表汇水、降水井抽出的地下水可采用明沟或管道排水。

②对坑底汇水可采用明沟或盲沟排水。

③对坡面渗水宜采用渗水部位插打导水管引至排水沟的方式排水。

④必要时可设置临时性明沟和集水井，临时性明沟和集水井随土方开挖过程适时调整。

⑤沿排水沟宜每隔 30～50 m 设置一口集水井。集水井、排水管沟不应影响地下工程施工。

⑥排水沟深度和宽度应根据基坑排水量确定，坡度宜为 0.1%～0.5%；集水井尺寸和数量应根据汇水量确定，深度应比排水沟深度大 1.0 m；排水管道的直径应根据排水量确定，排水管的坡度不宜小于 0.5%。

集水明排示意图如图 3-2-2 所示。

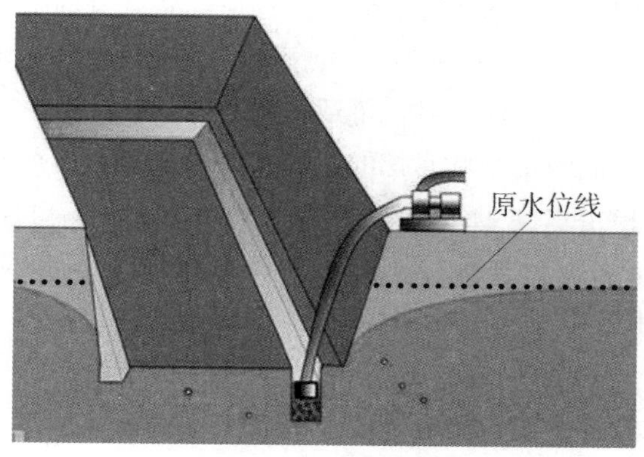

图 3-2-2　集水明排示意图

(4) 降水工程排水设施与市政管网连接口之间应设沉淀池。

第三章

四、降水施工

（1）降水施工准备阶段应符合下列规定。

①应根据施工组织设计对所有参加人员进行技术交底和安全交底。

②应进行工程环境监测的布设和初始数据的采集。

③当发现降水设计与现场情况不符时，应及时反馈情况。

（2）真空井点的成孔应符合下列规定。

①垂直井点：对易产生塌孔、缩孔的松软地层，成孔施工宜采用泥浆钻进、高压水套管冲击钻进法；对于不易产生塌孔、缩孔的地层，可采用长螺旋钻进、清水或稀泥浆钻进法。

②水平井点：钻探成孔后，将滤水管水平顶入，通过射流喷砂器将滤砂送至滤管周围；对容易塌孔的地层可采用套管钻进法。

③倾斜井点：宜按水平井点施工要求进行，并应根据设计条件调整角度，穿过多层含水层时，井管应倾向基坑外侧。

④成孔直径应满足填充滤料的要求，且不宜大于 300 mm。

⑤成孔深度不应小于降水井设计深度。

（3）真空井点施工安装应符合下列规定。

①井点管的成孔达到（2）要求及设计孔深后，应加大泵量、冲洗钻孔、稀释泥浆，返清水3～5 min后，方可向孔内安放井点管。

②井点管安装到位后，应向孔内投放滤料，滤料粒径宜为 0.4～0.6 mm。孔内投入的滤料数量宜大于计算值 5%～15%，滤料填至地面以下 1～2 m 的深度后应用黏土填满压实。

③井点管、集水总管应与水泵连接安装，抽水系统不应漏水、漏气。

④形成完整的真空井点抽水系统后，应进行试运行。

五、验收与运行维护

（1）正式运行前应进行联网试运行抽水试验，并应符合下列规定。

①应保持场区排水管网畅通并与市政管网连接，排水管道应满足排水量的要求，沉淀池、水量计量仪、水位测量仪等设施应符合设计要求。

②供电线路和配电箱的布设应满足降水要求，并应配备必要的备用电源、水泵和有关设备及材料。

③当降水深度大于设计要求的深度时，可适当调整降水井的数量或井的抽水量；当降水深度小于设计要求的深度或不能满足基坑开挖的深度时，应分批开启全部备用井。

④当基坑内观察井的稳定水位 24 h 波动幅度小于 20 mm 时，可停止试验。

（2）集水明排工程排水沟、集水井、排水导管的位置，排水沟的断面、坡度、集水坑（井）深度、数量及降排水效果应满足设计要求。

（3）降水运行维护应符合下列规定。

①对所有井点、排水管、配电设施应有明显的安全保护标识。

②降水期间应对抽水设备和运行状况进行维护检查，每天检查不应少于 2 次。

③当井内水位上升且接近基坑底部时，应及时处理，使水位恢复到设计深度。

④冬季降水时，对地面排水管网应采取防冻措施。

➤ **重点提示：** 注意集水明排排水沟及集水井的要求，真空井点施工规定，以及各类工程降水方法的适用范围。

实战演练

[经典例题·单选] 关于基坑（槽）内集水明排的说法，正确的是（　　）。

A. 排水主要为了提高土体强度

B. 沿排水沟宜每隔 10～30 m 设置一口集水井

C. 集水井底面应比沟底面低 1 m 以上，集水井尺寸和数量应根据汇水量确定

D. 排水管道的直径应根据管道长度确定

[解析] 集水明排应符合下列规定：①对地表汇水、降水井抽出的地下水可采用明沟或管道排水。②对坑底汇水可采用明沟或盲沟排水。③对坡面渗水宜采用渗水部位插打导水管引至排水沟的方式排水。④必要时可设置临时性明沟和集水井，临时明沟和集水井随土方开挖过程适时调整。⑤沿排水沟宜每隔 30～50 m 设置一口集水井。集水井、排水管沟不应影响地下工程施工。⑥排水沟深度和宽度应根据基坑排水量确定，坡度宜为 0.1%～0.5%；集水井尺寸和数量应根据汇水量确定，深度应比排水沟深度大 1.0 m；排水管道的直径应根据排水量确定，排水管的坡度不宜小于 0.5%。

[答案] C

[经典例题·单选] 关于真空井点施工安装的说法，正确的是（　　）。

A. 井点管的成孔达到设计孔深后，应减小泵量、冲洗钻孔、稀释泥浆

B. 井点管安装到位后，向孔内投放的滤料粒径宜为 0.4～0.6 mm

C. 井点管严禁与水泵连接安装，抽水系统不应漏水、漏气

D. 真空井点布设完成后立即开始进行降水作业

[解析] 真空井点施工安装应符合下列规定：①井点管的成孔达到规定要求及设计孔深后，应加大泵量、冲洗钻孔、稀释泥浆，返清水 3～5 min 后，方可向孔内安放井点管。②井点管安装到位后，应向孔内投放滤料，滤料粒径宜为 0.4～0.6 mm。孔内投入的滤料数量宜大于计算值 5%～15%，滤料填至地面以下 1～2 m 的深度后应用黏土填满压实。③井点管、集水总管应与水泵连接安装，抽水系统不应漏水、漏气。④形成完整的真空井点抽水系统后，应进行试运行。

[答案] B

[经典例题·多选] 明挖基坑降水技术方案应根据基坑的（　　）来确定。

A. 工程地质

B. 水文地质条件

C. 基坑开挖工况

D. 土方设备施工效率

E. 工程环境条件

[解析] 应根据工程地质、水文地质条件、基坑开挖工况、工程环境条件进行多方案对比分析后制定降水技术方案。

[答案] ABCE

考点 3 隔水帷幕★★

一、一般规定

(1) 当降水会对基坑周边建(构)筑物、地下管线、道路等造成危害或对工程环境造成长期不利影响时，可采用隔水帷幕方法控制地下水。

(2) 隔水帷幕方法可按表 3-2-5 进行分类。

表 3-2-5 隔水帷幕方法分类

分类方式	隔水帷幕方法
按布置方式	悬挂式竖向隔水帷幕、落底式竖向隔水帷幕、水平向隔水帷幕
按结构形式	独立式隔水帷幕，嵌入式隔水帷幕、支护结构自抗渗式隔水帷幕
按施工方法	高压喷射注浆(旋喷、摆喷、定喷)隔水帷幕、压力注浆隔水帷幕、水泥土搅拌桩隔水帷幕、冻结法隔水帷幕、地下连续墙或咬合式排桩隔水帷幕、钢板桩隔水帷幕、沉箱

(3) 隔水帷幕功能应符合下列规定。

①隔水帷幕设计应与支护结构设计相结合。

②应满足开挖面渗流稳定性要求。

③隔水帷幕应满足自防渗要求，渗透系数不宜大于 1.0×10^{-6} cm/s。

④当采用高压喷射注浆法、水泥土搅拌法、压力注浆法、冻结法布置隔水帷幕时，应结合工程情况进行现场工艺性试验，确定施工参数和工艺。

二、隔水帷幕设计

隔水帷幕施工方法的选择应根据工程地质条件、水文地质条件、场地条件、支护结构形式、周边工程环境保护要求综合确定。隔水帷幕施工方法及适用条件见表 3-2-6。

表 3-2-6 隔水帷幕施工方法及适用条件

施工方法	适用条件	
	土质类别	注意事项与说明
高压喷射注浆法	适用于黏性土、粉土、砂土、黄土、淤泥质土、淤泥、填土	坚硬黏性土的土层中含有较多的大粒径块石或有机质，地下水流速较大时，高压喷射注浆效果较差
注浆法	适用于除岩溶外的各类岩土	用于竖向帷幕的补充，多用于水平帷幕
水泥土搅拌法	适用于淤泥质土、淤泥、黏性土、粉土、填土、黄土、软土，对砂、卵石等地层有条件使用	不适用于含大孤石或障碍物较多且不易清除的杂填土，欠固结的淤泥、淤泥质土，硬塑、坚硬的黏性土，密实的砂土以及地下水渗流影响成桩质量的地层
冻结法	适用于地下水流速不大的土层	电源不能中断，冻融对周边环境有一定影响
地下连续墙	适用于除岩溶外的各类岩土	施工技术环节要求高，造价高，泥浆易造成现场污染、泥泞，墙体刚度大，整体性好，安全稳定
咬合式排桩	适用于黏性土、粉土、填土、黄土、砂、卵石	对施工精度、工艺和混凝土配合比均有严格要求

续表

施工方法	适用条件	
	土质类别	注意事项与说明
钢板桩	适用于淤泥、淤泥质土、黏性土、粉土	对土层适应性较差，多应用于软土地区
沉箱	适用于各类岩土层	适用于地下水控制面积较小的工程，如竖井等

注：①对碎石土、杂填土、泥炭质土、泥炭、pH较低的土或地下水流速较大时，水泥土搅拌桩、高压喷射注浆工艺宜通过试验确定其适用性。

②注浆帷幕不宜在永久性隔水工程中使用。

三、隔水帷幕施工

（1）施工前应根据现场环境及地下建（构）筑物的埋设情况复核设计孔位，清除地下、地上障碍。

（2）隔水帷幕的施工应与支护结构施工相协调，施工顺序应符合下列规定：

①独立的、连续性隔水帷幕，宜先施工帷幕，后施工支护结构。

②对嵌入式隔水帷幕，当采用搅拌工艺成桩时，可先施工帷幕桩，后施工支护结构；当采用高压喷射注浆工艺成桩或对支护结构形成包覆时，可先施工支护结构，后施工帷幕。

③当采用咬合式排桩帷幕时，宜先施工非加筋桩，后施工加筋桩。

④当采取嵌入式隔水帷幕或咬合支护结构时，应控制其养护强度，应同时满足相邻支护结构施工时的自身稳定性要求和相邻支护结构施工要求。

四、验收

（1）帷幕的施工质量验收尚应符合《建筑地基基础工程施工质量验收标准》（GB 50202—2018）和《地下防水工程质量验收规范》（GB 50208—2011）的相关规定。

（2）对封闭式隔水帷幕，宜通过坑内抽水试验，观测抽水量、坑内外水位变化等检验其可靠性。

（3）对设置在支护结构外侧的独立式隔水帷幕，可通过开挖后的隔水效果判定其可靠性。

（4）对嵌入式隔水帷幕，应在开挖过程中检查固结体的尺寸、搭接宽度，检查点应随机选取，对施工中出现异常和漏水部位应检查并采取封堵、加固措施。

➤ **重点提示：** 重点掌握隔水帷幕的施工方法与适用范围，注意其与维护结构的区别与联系。

实战演练

[经典例题·单选] 某基坑采用钻孔灌注桩作为基坑围护结构，施工场地范围存在两条既有管线，硬塑黏土，土中存在孤石，根据现场情况，（ ）不宜作为隔水帷幕施工方法。

A. 注浆法

B. 冻结法

C. 水泥土搅拌法

D. 地下连续墙法

[解析] 水泥土搅拌法不适用于含大孤石或障碍物较多且不易清除的杂填土，欠固结的淤泥、淤泥质土，硬塑、坚硬的黏性土，密实的砂土以及地下水渗流影响成桩质量的地层。

[答案] C

> **名师点拨：** 本题虽为隔水帷幕施工法考点，其实也扣住了围护结构施工法的考查。隔水帷幕与围护结构在搅拌墙、地下连续墙等方法中都属于通用知识点，需要考生重点掌握其工法适用性及施工工艺流程，具体细节参照前文的明挖基坑围护结构施工即可。复习过程中一定要注意考点的通用性，比如在前文的明挖基坑地基加固中提到的注浆加固方法，在后文的喷锚暗挖法小导管注浆预加固中也会涉及，工法原理一致，可以类比记忆。

考点 4 深基坑围护结构与支撑结构体系★★★

一、围护结构与支撑结构

（1）围护结构：板（桩）墙；应根据基坑深度、工程地质和水文地质条件、地面环境条件等（特别考虑城市施工特点），经技术、经济综合比较后确定。

（2）支撑结构：围檩（冠梁）及其他附属（内支撑、外拉锚）。

围护结构板（桩）墙与支撑结构如图 3-2-3 所示。

图 3-2-3 围护结构板（桩）墙与支撑结构

二、深基坑围护结构分类及施工要求

（一）预制混凝土板桩

预制混凝土板桩如图 3-2-4 所示。

（1）施工较为困难，对机械要求高，挤土现象很严重。

（2）需辅以止水措施。

（3）自重大，受起吊设备限制，不适合大深度基坑。

（二）钢板桩

钢板桩如图 3-2-5 所示。

（1）一般最大开挖深度 7～8 m；U 型钢板桩居多，即拉森型。

（2）成品制作，可反复使用。

（3）施工简便，但施工有噪声。

（4）刚度小，变形大，与多道支撑结合，在软弱土层中也可采用。

（5）新钢板桩止水性尚好，如有漏水现象，需增加防水措施。

图 3-2-4 预制混凝土板桩

图 3-2-5 钢板桩

(三) 钢管桩

钢管桩如图 3-2-6 所示。

(1) 其截面刚度大于钢板桩的截面刚度，在软弱土层中开挖深度较大。

(2) 需有防水措施相配合。

(四) 灌注桩

灌注桩如图 3-2-7 所示。

(1) 混凝土强度等级不宜低于 C25；间隔成桩，终凝后再进行相邻桩的成孔施工。

(2) 刚度大，可用在深大基坑。

(3) 成孔时噪声低，施工对周边地层、环境影响小。

(4) 需进行降水或与能止水的搅拌桩、旋喷桩等配合使用。

(5) 桩径：悬臂式宜≥600 mm；拉锚或支撑式宜≥400 mm。

图 3-2-6 钢管桩

图 3-2-7 灌注桩

(五) SMW 工法桩

SMW 工法桩如图 3-2-8 所示。

图 3-2-8 SMW 工法桩

(1) SMW 工法桩是利用搅拌设备就地切削土体，然后注入水泥类混合液搅拌形成的均匀的水泥土搅拌墙，最后在墙中插入型钢。具体施工流程如图 3-2-9 所示。

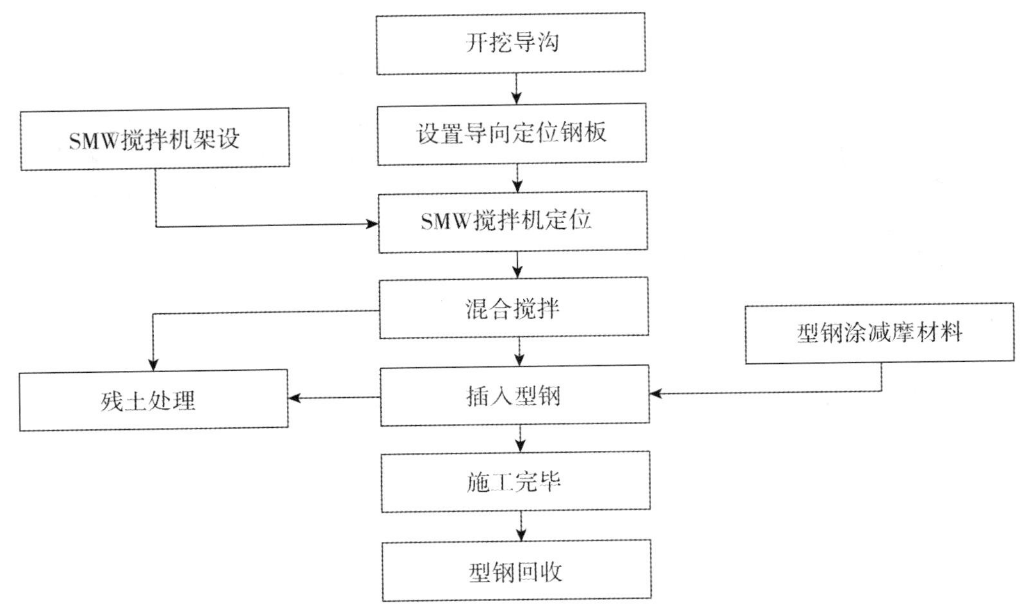

图 3-2-9 SMW 工法桩施工流程

(2) 特点：强度大，止水性好；内插的型钢可拔出反复使用，经济性好；用于软土地层时，一般变形较大。

(3) 水泥宜采用强度等级不低于 P·O 42.5 级的普通硅酸盐水泥，在填土、淤泥质土等特别软弱的土中以及在较硬的砂性土、砂砾土中钻进速度较慢时，水泥用量宜适当提高。砂性土中搅拌桩施工宜外加膨润土。

(4) 搅拌桩直径与内插 H 型钢截面关系见表 3-2-7。

表 3-2-7 搅拌桩直径与内插 H 型钢截面关系

搅拌桩直径	内插 H 型钢截面
650 mm	H500×300、H500×200
850 mm	H700×300
1 000 mm	H800×300、H850×300

(5) 单根型钢中焊接接头不宜超过两个，接头位置避免设在支撑位置或开挖面附近等型钢受力较大处；相邻型钢接头竖向位置宜相互错开，错开距离不宜小于 1 m，接头距离基坑底面不宜小于 2 m。

(六) 重力式水泥土挡墙/水泥土搅拌桩挡墙

(1) 特点：无支撑，墙体止水性好，造价低；墙体变位大。

(2) 开挖深度不宜大于 7 m；水泥土挡墙的 28 d 无侧限抗压强度不宜小于 0.8 MPa。

(3) 板厚不宜小于 150 mm；混凝土强度等级不宜低于 C15。

(七) 地下连续墙

(1) 特点：刚度大，开挖深度大，可适用于所有地层（除夹有孤石、大颗粒卵砾石等局部障碍物地层）；强度大，变位小，隔水性好，可兼作主体结构的一部分；可临近建、构筑物使用，环境影响小；造价高。

(2) 挖槽要求：专用成槽机械按工作原理可分为抓斗式、冲击式和回转式等。一字形槽段长度宜取 4～6 m，对环境有不利影响或槽壁稳定性较差时，应取较小的槽段长度。

（3）现浇地下连续墙施工工艺流程：开挖导沟→修筑导墙→开挖沟槽（泥浆制备及注入）→清除槽底淤泥和残渣→吊放接头管→（钢筋笼加工）吊放钢筋笼→下导管→灌注水下混凝土→拔出接头管。其施工操作现场如图 3-2-10 所示。

（a）开挖导沟

（b）导墙钢筋绑扎

（c）导墙混凝土浇筑

（d）导墙结构支撑

（e）成槽开挖

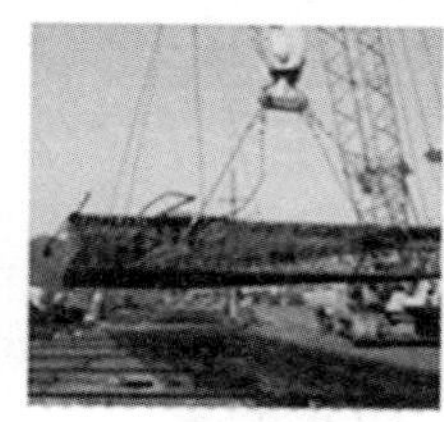
（f）钢筋笼起吊

（g）钢筋笼入槽

（h）混凝土浇筑

图 3-2-10　现浇地下连续墙施工示意图

（4）导墙是控制挖槽精度的主要构筑物，应建立于坚实的地基之上。主要作用有：基准作用、承重、存蓄泥浆、其他（防止泥浆漏失、阻止雨水流入、施工中补强）。

（5）槽段接头选用。

常用槽段接头选用有工字钢柔性接头（图 3-2-11）和十字形穿孔钢板刚性接头（图 3-2-12）。

图 3-2-11　工字钢柔性接头

图 3-2-12　十字形穿孔钢板刚性接头

①柔性接头：圆形锁口管接头、波纹管接头、楔形接头、工字形钢接头或混凝土预制接头等。

②刚性接头：可采用一字形或十字形穿孔钢板接头、钢筋承插式接头等；当槽段接头作为主体地下结构外墙且需形成整体墙时宜采用刚性接头。

三、支撑结构类型

（一）支撑结构体系

（1）内支撑：钢支撑体系（图 3-2-13）、钢管支撑体系、钢筋混凝土支撑体系（图 3-2-14）及钢–混凝土混合支撑体系。

图 3-2-13　钢支撑体系

图 3-2-14　钢筋混凝土支撑体系

（2）外拉锚：拉锚和土锚。

（二）应力传递路径

围护（桩）墙→围檩（冠梁）→支撑。

（三）两类支撑体系的形式和特点

两类支撑体系的形式和特点如图 3-2-15 所示。

现浇钢筋混凝土

- 刚度大、变形小
- 制作时间长，拆除困难
- 前期被动区土体位移大

钢结构

- 需要控制变形
- 装、拆方便，材料可周转使用
- 施工工艺要求高

图 3-2-15　两类支撑体系的形式和特点

（1）现浇钢筋混凝土支撑体系由围檩（圈梁）、支撑及角撑、立柱和其他附属构件组成。

（2）钢结构支撑体系通常由围檩、角撑、对撑、预应力设备（千斤顶自动调压或人工调压装置）、轴力传感器、支撑体系监测监控装置、立柱及其他附属装配式构件组成。

内支撑体系的施工：

①必须坚持先支撑后开挖的原则。

②围檩与围护结构之间紧密接触，不得留有缝隙。如有间隙，应用强度不低于 C30 的细石混凝土填充或采取其他可靠措施。

③钢支撑应按设计要求施加预应力。当监测到预应力出现损失时，应再次施加预应力。

④支撑拆除应在替换支撑的构件达到换撑要求承载力后进行。分块部位或后浇带处应设置可靠的传力构件。拆除方法：人工、机械、爆破。

➤ **重点提示：**（1）熟悉各类围护结构施工方法的工序及适用，其中钻孔灌注桩、SMW 桩、地下连续墙考查频率较高，建议重点掌握。

（2）支撑结构主要分为内支撑和外拉锚两种形式，其中考查以内支撑形式为主，了解其结构设置原则、受力形式。掌握现浇钢筋混凝土和钢结构两种内支撑形式特点，能够根据具体情况进行比选。

实战演练

［经典例题·单选］宜用于郊区距居民点较远的地铁基坑施工中的围护结构是（　　）。

A. 地下连续墙　　B. 工字钢桩

C. SMW 工法桩　　D. 灌注桩

［解析］工字钢桩打桩时，施工噪声一般都在 100 dB 以上，远超过环境保护法规定的限值，因此这种围护结构一般宜用于郊区距居民点较远的基坑施工中。

［答案］B

［经典例题·单选］关于地下连续墙施工的说法，错误的是（　　）。

A. 施工振动小，噪声低　　B. 不适用于卵砾石地层

C. 刚度大，开挖深度大　　D. 可作为主体结构的一部分

［解析］地下连续墙可适用于多种土层，除遇夹有孤石、大颗粒卵砾石等局部障碍物时会影响成槽效率外，对黏性土、无黏性土、卵砾石层等各种地层均能高效成槽。

［答案］B

［经典例题·单选］地铁基坑内支撑围护结构的挡土应力传递路径是（　　）。

A. 围檩→支撑→围护墙　　B. 围护墙→支撑→围檩

C. 围护墙→围檩→支撑　　D. 支撑→围护墙→围檩

［解析］基坑围护结构体系包括板（桩）墙、围檩（冠梁）及其他附属构件。板（桩）墙主要承受基坑开挖卸荷产生的土压力和水压力，并将此压力传递到支撑，是稳定基坑的一种施工临时挡墙结构。

［答案］C

［经典例题·单选］下列地铁基坑内支撑构件中，属于钢结构支撑体系特有的构件是（　　）。

A. 围檩　　B. 支撑　　C. 角撑　　D. 预应力设备

［解析］钢结构支撑体系通常由围檩、角撑、支撑、预应力设备、轴力传感器、支撑体系监测监控装置、立柱桩及其他附属装配式构件组成。其中预应力设备属于钢结构支撑体系特有的。

［答案］D

考点 5　基坑的变形控制★★

扫码听课

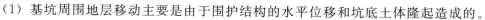

一、基坑变形特征

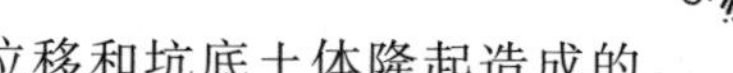

（1）基坑周围地层移动主要是由于围护结构的水平位移和坑底土体隆起造成的。

（2）围护墙体水平变形：当基坑开挖较浅，还未设支撑时，均表现为墙顶位移最大，向基坑方向水平位移，呈三角形分布。

（3）围护墙体竖向变位。

（4）基坑底部隆起。过大的坑底隆起可能是两种原因造成的：

①基坑底不透水土层由于其自重无法承受其下承压水水头压力而产生突然性的隆起；

②基坑由于围护结构插入坑底土层深度不足，也会产生坑内土体隆起破坏。

（5）地表沉降。

二、基坑变形控制的主要方法

（1）增加围护结构和支撑的刚度。

（2）增加围护结构的入土深度。

（3）加固基坑内被动区土体。

（4）减小每次开挖围护结构处土体的尺寸和开挖支撑时间。

（5）通过调整围护结构的深度和降水井的位置来控制降水对环境变形的影响。增加隔水帷幕深度甚至隔断透水层、提高管井滤头底高度、将降水井布置在基坑内均可减少降水对环境的影响。

➢ **注意：** 整理基坑变形控制记忆口诀："加刚深、固被动、小开挖、降水控"。

基坑变形控制施工如图 3-2-16 所示。

图 3-2-16　基坑变形控制施工

三、坑底稳定控制方法

（1）加深围护结构入土深度。

（2）坑底土体加固。

（3）坑内井点降水。

（4）适时施作底板结构。

➢ **重点提示：** 基坑的考查是历年的重点，基坑的变形主要是由于围护结构的水平位移和坑底土体隆起造成的，变形控制重点也是从这两方面入手的，理解其变形控制方法。客观题和主观题都适合考查，应重点掌握。

实战演练

[经典例题·单选] 不属于稳定深基坑坑底的方法是（　　）。

A. 增加围护结构入土深度　　B. 增加围护结构和支撑的刚度

C. 坑底土体加固　　D. 坑内井点降水

[解析] 坑底稳定控制方法包括加深围护结构入土深度、坑底土体加固、坑内井点降水、适时施作底板结构。

[答案] B

[经典例题·多选] 关于控制基坑变形的说法，正确的有（　　）。

A. 增加围护结构和支撑的刚度　　B. 增加围护结构的入土深度

C. 加固基坑内被动区土体　　D. 适时施加底板

E. 增加开挖、支撑时间

[解析] 基坑的变形控制的主要方法包括增加围护结构和支撑的刚度、增加围护结构的入土深度、加固基坑内被动区土体、减小每次开挖围护结构处土体的尺寸和开挖支撑时间、通过调整围护结构的深度和降水井的位置来控制降水对环境变形的影响。

[答案] ABC

考点 6 基槽土方开挖技术及边坡保护措施★★

扫码听课

一、基槽土方开挖技术

（一）基本规定

（1）应根据支护结构设计、降排水要求，确定基坑开挖方案。

（2）基坑周围地面应设排水沟，且应避免雨水、渗水等流入坑内，同时，基坑也应设置必要的排水设施。

（3）软土基坑必须分层、分块、均衡地开挖。分块开挖后必须及时施工支撑，当基坑开挖面上方的支撑、锚杆和土钉未达到设计要求时，严禁向下开挖。

（4）当开挖揭露的土层性状或地下水情况与勘察资料明显不符，或出现异常现象、不明物体时，应停止开挖，在采取相应措施后方可继续开挖。

（二）异常情况立即停止挖土，查清原因并及时采取措施

（1）围护结构变形明显加剧。

（2）支撑轴力突然增大。

（3）围护结构或止水帷幕出现渗漏。

（4）开挖暴露出的基底出现明显异常。

（5）围护结构发生异常声响。

（6）边坡出现失稳征兆。

（7）基坑周边建（构）筑物等变形过大或已经开裂。

二、基坑（槽）的土方开挖方法

（一）浅层土方开挖

第一层土方一般采用短臂挖掘机及长臂挖掘机直接开挖、出土，由自卸运输车运输。在条件具备的情况下，采用两台长臂液压挖掘机在基坑的两侧同时挖土，一起分段向前推进，可以极大提高挖土速度，为及时安装支撑提供条件。表层挖土示意图如图 3-2-17 所示，浅层接力挖土示意图如图 3-2-18 所示。

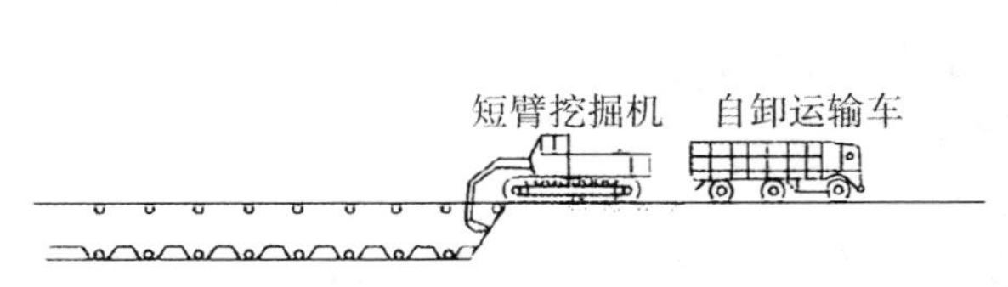

图 3-2-17　表层挖土示意图

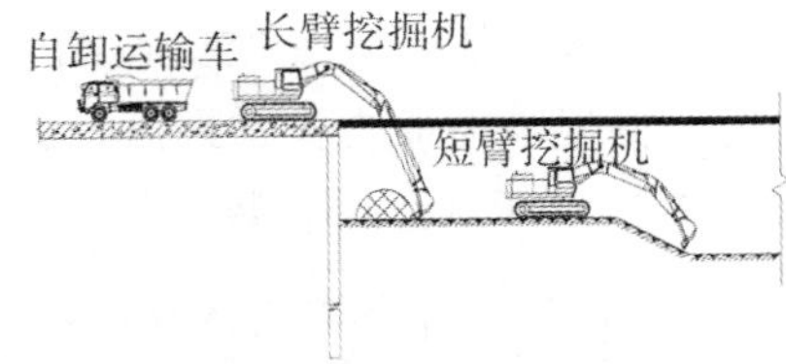

图 3-2-18　浅层接力挖土示意图

（二）深层土方开挖

当长臂挖掘机不能开挖时，应采用小型挖掘机，将开挖后的土方转运至围护墙边，用吊车提升出土，由自卸运输车运输；坑底以上 0.3 m 的土方采用人工开挖。深层抓斗吊车配合小型挖掘机挖土示意图如图 3-2-19 所示。

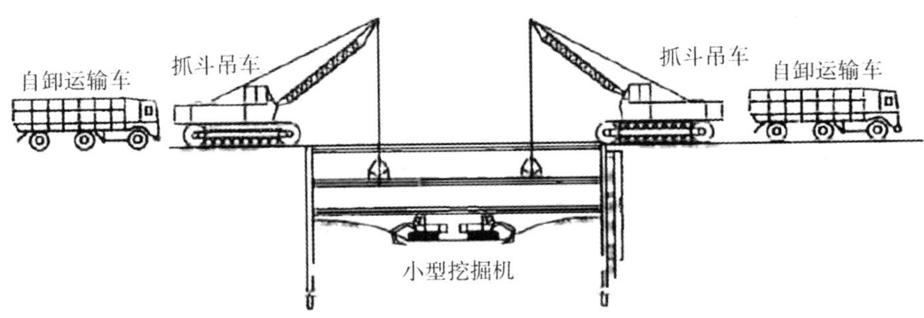

图 3-2-19 深层抓斗吊车配合小型挖掘机挖土示意图

(三) 基坑分块开挖顺序

地铁车站的长条形基坑开挖应遵循“分段分层、由上而下、先支撑后开挖”的原则。兼作盾构始发井的车站，一般从两端或一端向中间开挖，以方便端头井的盾构始发。

地铁车站端头井基坑的分块开挖方法如图 3-2-20 所示。对于地铁车站端头井，首先撑好标准段内的对撑，再挖斜撑范围内的土方，最后挖除坑内的其余土方。斜撑范围内的土方，应自基坑角点沿垂直于斜撑方向向基坑内分层、分段、限时地开挖并架设支撑。

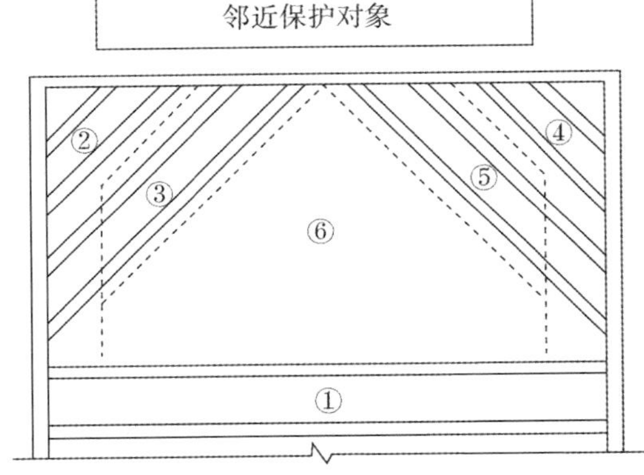

图 3-2-20 地铁车站端头井基坑的分块开挖方法

注：①～⑥为端头井挖土顺序，②③④⑤在限定时间 T_r 内完成。

遇到大面积基坑，其开挖要遵循“盆式开挖”原则。先开挖中间部分土方，周边预留土台；然后开槽逐步形成支撑；最后挖除角部土方，形成角撑。“盆式开挖”的开挖顺序及支撑方法如图 3-2-21 所示，图中数字代表开挖顺序。

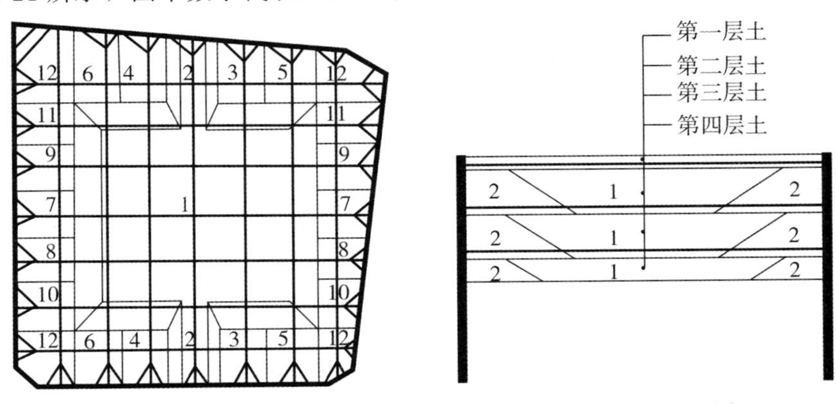

(a) 支撑设置顺序　　(b) 分层开挖顺序

图 3-2-21 大面积基坑开挖（盆式开挖）的开挖顺序及支撑方法

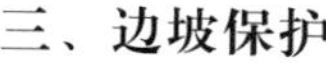

三、边坡保护

（一）基坑边（放）坡要求

放坡应以控制分级坡高和坡度为主，必要时辅以局部支护和防护措施，放坡设计与施工时应考虑雨水的不利影响。边坡开挖分级过渡平台如图 3-2-22 所示。

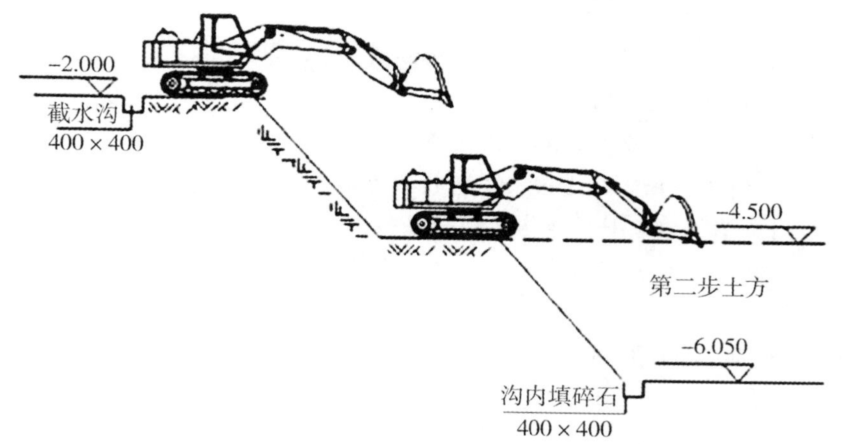

图 3-2-22　边坡开挖分级过渡平台（单位：结构尺寸为 mm，高程为 m）

（二）分级过渡平台

岩石边坡分级过渡平台宽度不宜小于 0.5 m；土质边坡分级过渡平台宽度不宜小于 1.0 m；下级坡度宜缓于上级坡度。

（三）基坑边坡稳定控制措施

（1）确定边坡坡度，做成折线形边坡或留置台阶。

（2）不得挖反坡。

（3）做好防、排、截水。

（4）严格禁止在基坑边坡坡顶堆放材料、土方和其他重物以及停放或行驶较大的施工机具。

（5）排水和坡面防护措施。

（6）严密监测坡顶位移，分析监测数据，若有失稳迹象，应采取有效措施。

（四）护坡措施

叠放沙包或土袋、水泥砂浆或细石混凝土抹面（30～50 mm）、挂网喷浆或混凝土（50～60 mm）、其他（锚杆喷射混凝土护面、塑料膜或土工织物覆盖坡面等）。

➤ **重点提示：**（1）基坑开挖过程中重点做好防排水措施，采取分层、分块的开挖方式，减少对地层的扰动。异常情况常常作为案例题中的场景呈现，应能够根据具体情况分析其原因并采取对应措施。

（2）要重点掌握边坡保护措施，这不单在城市轨道交通中涉及，对于其他专业中的放坡开挖基坑同样适用，为重要考点。

实战演练

［经典例题·单选］放坡基坑施工中，直接影响基坑稳定的重要因素是边坡（　　）。

A. 土体剪应力　　B. 土体抗剪强度

C. 土体拉应力　　D. 坡度

［解析］放坡基坑施工中，直接影响基坑稳定的重要因素是边坡坡度。

［答案］D

［经典例题・多选］基坑内支撑体系的布置与施工要点正确的有（　　）。

A. 宜采用对称平衡型、整体性强的结构形式

B. 应有利于基坑土方开挖和运输

C. 应与主体结构的结构形式、施工顺序相协调

D. 必须坚持先开挖后支撑的原则

E. 围檩与围护结构之间应预留变形用的缝隙

［解析］内支撑体系的施工：①内支撑结构的施工与拆除顺序应与设计一致，必须坚持先支撑后开挖的原则。②围檩与围护结构之间紧密接触，不得留有缝隙。如有间隙，应用强度不低于 C30 的细石混凝土填充密实或采用其他可靠连接措施。

［答案］ABC

［经典例题・多选］软土地区地铁车站施工时，曾多次发生纵向滑坡的工程事故，原因大都是（　　）。

A. 坡度过陡

B. 雨期施工

C. 排水不畅

D. 坡脚扰动

E. 不规范作业

［解析］软土地区地铁车站施工时，曾多次发生纵向滑坡的工程事故，分析原因大都是坡度过陡、雨期施工、排水不畅、坡脚扰动等原因引起。由于绝大多数地铁车站为长条形基坑，在基坑开挖过程中需要进行基坑内纵向放坡，通过本题了解纵向放坡要求即可。

［答案］ABCD

考点 7 地基加固的作用及方法★

一、地基加固的作用

（1）按加固部位不同，地基加固可分为基坑内和基坑外土体加固两种。

（2）基坑外土体加固的作用主要是止水，并可减少围护结构承受的主动土压力。

（3）基坑内土体加固的作用主要有：提高坑内土体的强度和侧向抗力，减少围护结构侧向位移，保护基坑周边建筑物及地下管线；减少坑底土体隆起；防止坑底土体渗流破坏；弥补围护墙体插入深度不足等。

二、地基加固的方式与方法

（一）加固方式

按平面布置形式分类，基坑内被动区加固形式有墩式加固、裙边加固、抽条加固、格栅式加固和满堂加固，如图 3-2-23 所示。

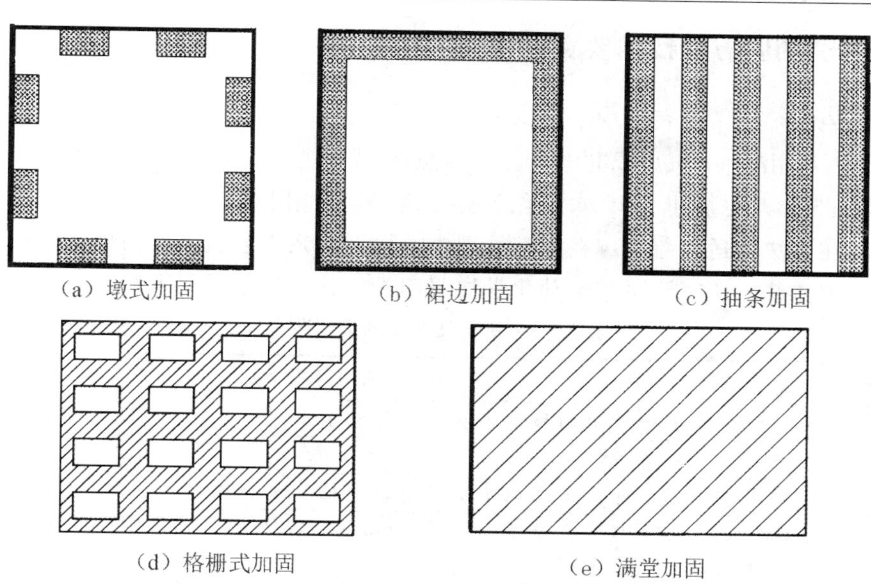

图 3-2-23 基坑内加固平面布置示意图

(1) 采用墩式加固时，土体加固一般多布置在基坑周边阳角位置或跨中区域。

(2) 基坑面积较大时，宜采用裙边加固。

(3) 长条形基坑可考虑采用抽条加固。

(4) 地铁车站的端头井一般采用格栅式加固。

(5) 环境保护要求高，或为了封闭地下水时，可采用满堂加固。

(二) 加固方法

(1) 较浅基坑——换填材料加固处理法，以提高地基承载力为主。

(2) 深基坑——采用水泥土搅拌、高压喷射注浆或其他方法对地基掺入一定量的固化剂或使土体固结，以提高土体的强度和侧向抗力为主。

➢ **重点提示：**(1) 理解记忆地基加固的目的，能够根据具体情况采取相应的加固措施。

(2) 地基加固方法在一级建造师执业资格考试中曾多次考查，常以客观题的形式呈现，应掌握其加固方式和加固方法。

实战演练

[经典例题·单选] 基坑面积较大时，宜采用（　　）。

A. 墩式加固　　B. 裙边加固　　C. 抽条加固　　D. 格栅式加固

[解析] 基坑面积较大时，宜采用裙边加固。

[答案] B

[2023 真题·多选] 基坑内土体加固的作用有（　　）。

A. 减少围护结构承受的主动土压力

B. 减少围护结构侧向位移

C. 减少坑底土体隆起

D. 减少基坑施工对环境扰动

E. 提升坑内土体侧向抗力

[解析] 基坑内土体加固的作用有：提升坑内土体的强度和侧向抗力，减少围护结构侧向位移，保护基坑周边建筑物及地下管线；减少坑底土体隆起；防止坑底土体渗流破坏；弥补围护墙体插入深度不足等。

[答案] BCDE

考点 8 各类加固方法技术要点★★

一、注浆法

（1）原理：利用液压、气压或电化学原理，通过注浆管把浆液均匀地注入地层中来加固土体。

（2）注浆材料：水泥浆材，即以水泥浆液为主的浆液，适用于岩土加固，是国内外常用的浆液。

（3）不同注浆法的适用范围：在地基处理中，根据注浆工艺所依据的理论可将注浆法分为渗透注浆、劈裂注浆、压密注浆和电动化学注浆四类，其适用范围见表 3-2-8。

表 3-2-8 不同注浆法的适用范围

注浆方法	适用范围
渗透注浆	只适用于中砂以上的砂性土和有裂隙的岩石
劈裂注浆	适用于低渗透性的土层
压密注浆	常用于中砂地基，黏土地基中若有适宜的排水条件也可采用
电动化学注浆	适用于地基土的渗透系数 $k<10^{-4}$ cm/s，只靠一般静压力难以使浆液注入土的孔隙的地层

（4）注浆加固土的强度具有较大的离散性，注浆检验应在加固后 28 d 进行。可采用标准贯入、轻型静力触探或面波等方法检测加固地层均匀性；按加固土体范围每间隔 1 m 进行室内试验，测定强度或渗透性。检验点数和合格率应满足相关规范要求，对不合格的注浆区应进行重复注浆。

二、水泥土搅拌法

（1）水泥土搅拌法适用于加固饱和黏性土、粉土等地基。它利用水泥（或石灰）等材料作为固化剂，通过特制的搅拌机械，就地将软土和固化剂（浆液或粉体）强制搅拌，使软土固结。水泥土搅拌法所用机械可分为浆液搅拌型（喷浆型）和粉体喷射型两种。目前，喷浆型湿法深层搅拌机械在国内常用的有单轴、双轴、三轴及多轴搅拌机四种。粉体喷射型仅有单轴搅拌机一种机型。

深层搅拌桩施工顺序如图 3-2-24 所示。

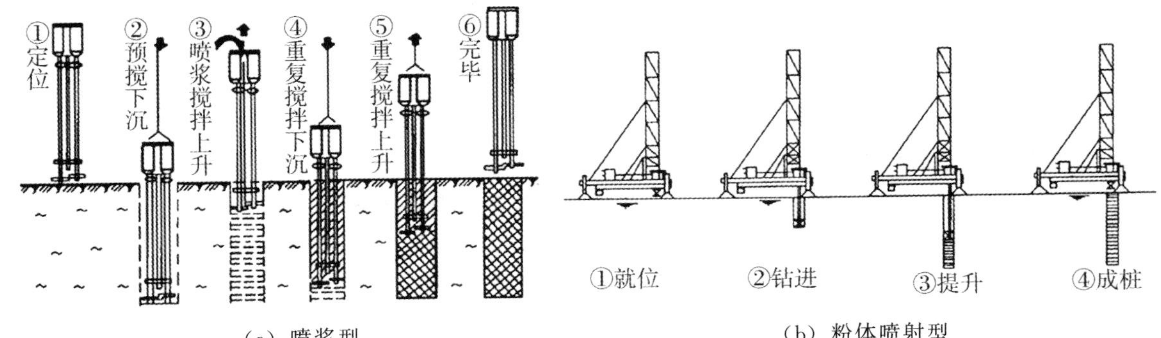

图 3-2-24 深层搅拌桩施工顺序

（2）水泥土搅拌法加固软土的优点。

①最大限度地利用了原土。

②搅拌时无振动、无噪声、无污染，可在密集建筑群中进行施工，对周围原有建筑物及地下沟管影响很小。

③根据上部结构的需要，可灵活地采用柱状、壁状、格栅状和块状等加固形式。

④与钢筋混凝土桩基相比，可节约钢材并降低造价。

（3）应根据室内试验确定需加固地基土的固化剂和外加剂的掺量，如果有成熟经验，也可根据工程经验确定。

（4）当采用深层搅拌法提高被动区土体抗力，又无法在紧贴围护墙体的位置形成固结体时，必须采用注浆等辅助加固措施，对中间未加固的土体进行填充加固。

（5）当采用深层搅拌法加固基坑内侧深层地基时，应注意施工对加固区上部土体的扰动，必要时采用低掺入比的水泥对加固区上部土体进行加固。

三、高压喷射注浆法

（1）高压喷射注浆法对淤泥、淤泥质土、流塑或软塑黏性土、粉土、砂土、黄土、素填土和碎石土等地基都有良好的处理效果，但对于硬黏性土及含有较多的块石或大量植物根茎的地基，因喷射流可能受到阻挡或削弱，使冲击破碎力急剧下降，造成切削范围小或影响处理效果。高压喷射注浆施工如图 3-2-25 所示。

图 3-2-25　高压喷射注浆施工

（2）高压喷射有旋喷（固结体为圆柱状）、定喷（固结体为壁状）和摆喷（固结体为扇状）三种基本形状，可用下列方法实现。

①单管法：喷射高压水泥浆液一种介质。

②双管法：喷射高压水泥浆液和压缩空气两种介质。

③三管法：喷射高压水流、压缩空气及水泥浆三种介质。

喷射注浆法施工工艺流程如图 3-2-26 所示。

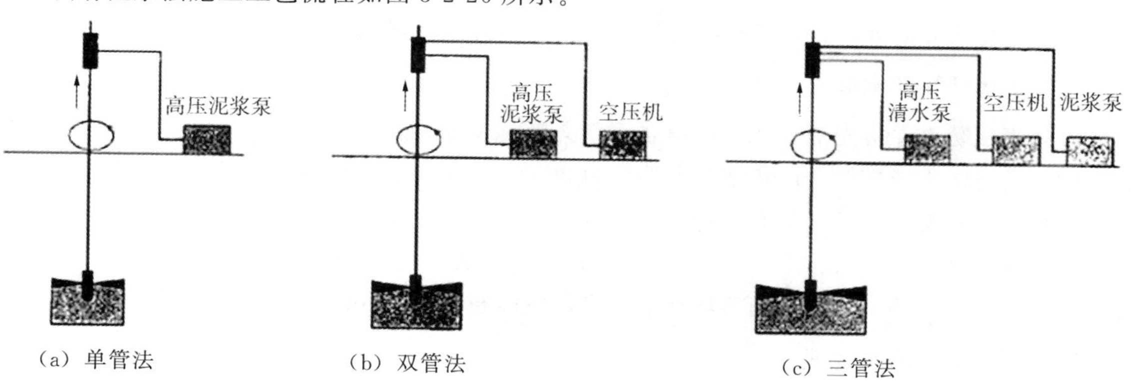

图 3-2-26　喷射注浆法施工工艺流程

（3）高压旋喷桩加固体的有效直径或范围应根据现场试验或工程经验确定。当用于止水帷幕时，加固体的搭接宽度应符合要求。

（4）高压喷射注浆的施工参数应根据土质条件、加固要求，通过试验或根据工程经验确定，并在施工中严格加以控制。单管法及双管法的高压水泥浆和三管法高压水的压力应大于 20 MPa。高压喷射注浆的主要材料为水泥，对于无特殊要求的工程，宜采用强度等级在42.5级及以上的普通硅酸盐水泥。根据需要可加入适量的外加剂及掺合料。外加剂和掺合料的用量，应通过试验确定。水胶比中的水灰比通常取0.8～1.5，常用1.0。

（5）高压喷射注浆的全过程包含钻机就位、钻孔、置入注浆管、高压喷射注浆和拔出注浆管等基本工序。当在高压喷射注浆过程中出现压力骤然下降、上升或冒浆异常时，应查明原因并及时采取措施。

➤ **重点提示：** 掌握不同加固方法的原理、工序及适用，能够根据具体情况采取相应加固方式。

实战演练

［经典例题·多选］ 高压喷射注浆法中的双管法的介质是（　　）。

A. 高压水流　　B. 高压水泥浆液　　C. 胶体　　D. 压缩空气

E. 泥浆

［解析］ 双管法喷射高压水泥浆液和压缩空气两种介质。

［答案］ BD

考点 9 地铁车站明挖法施工质量检查与验收★★

一、基坑开挖施工

（1）确保围护结构位置、尺寸、稳定性。

（2）自上而下、分层、分段地开挖施工；钢筋网片及喷射混凝土紧跟开挖，及时施加支撑或锚杆；临近基底时，应人工配合清底，不得超挖；基底须经勘察单位、设计单位、监理单位、施工单位验收合格。

二、结构施工

（1）混凝土强度分检验批检验评定，划入同一检验批的混凝土，施工持续时间不宜超过3个月。

（2）首次使用的混凝土配合比应进行开盘鉴定，原材料、强度、凝结时间、稠度等应满足设计配合比要求。

（3）终凝后及时养护，垫层养护时间不得少于7 d，结构养护时间不少于14 d。

三、主体结构防水施工

（1）底板防水卷材先铺平面，后铺立面，交接处应交叉搭接。

（2）卷材防水层搭接允许宽度：满粘法为80 mm；空铺法、点粘法、条粘法为100 mm。

（3）防水卷材在以下部位必须铺设附加层，其尺寸也符合以下规定：①阴阳角，500 mm幅宽；②变形缝，600 mm幅宽，上下各一层；③穿墙管周围，300 mm幅宽，150 mm长。

（4）涂膜防水层：前层干燥后再涂下一层，搭接80～100 mm。

四、特殊部位防水处理

（1）结构变形缝处端头模板应钉填缝板，填缝板、止水带中心线应和变形缝中心线重合，并用模板固定牢固。

（2）止水带不得穿孔或用铁钉固定。（垂直施工缝不设填缝板）

（3）结构外墙穿墙管处防水施工规定。

①穿墙管止水环和翼环应与主管连续满焊，并做防腐处理。

②预埋防水套管内的管道安装完毕后，应在两管间嵌防水填料，内侧用法兰压紧，外侧铺

贴防水层。

③每层防水层应铺贴严密，不留接槎，增设附加层时，应按设计要求施工。

➤ **重点提示**：地铁车站明挖法施工质量检查与验收一般和施工技术结合进行考查，作为施工流程中的节点控制要求，考查形式灵活，建议记忆。

考点 10 明挖基坑施工安全事故预防★★

一、明挖基坑安全控制重点

（一）基坑工程安全风险

基坑工程安全风险主要有：坍塌和淹没。

（二）基坑开挖安全控制技术措施

（1）确定基坑边坡和支护结构。

（2）按规定在基坑周围堆放物品。

①在支护结构达到设计强度要求前，严禁在设计预计滑裂面范围内堆载；需要进行稳定性验算。

②支撑结构上不应堆放材料和运行施工机械，当需要利用支撑结构兼做施工平台或栈桥时，应进行专门设计。

③应减少对周边环境、支护结构、工程桩等的不利影响。

④土方不应在邻近建筑及基坑周边影响范围内堆放，并应及时外运。

⑤基坑周边必须进行有效防护，并设置明显的警示标志；应设置堆放物料的限重牌，严禁堆放大量的物料。

⑥建筑基坑周围 6 m 以内不得堆放阻碍排水的物品或垃圾，保持排水畅通。

⑦开挖料运至指定地点堆放。

（3）制定好降水措施，确保基坑开挖期间的稳定。

（4）控制好边坡。

（5）严格按设计要求开挖和支护。

（三）基坑工程施工坍塌防范

1. 一般规定

（1）当采用连续墙作为围护结构时，拐角处连续墙不得采用“一”字形结构，接缝处宜采用旋喷桩、预留注浆管等止水措施。接缝处宜“先探后挖”，当发现渗漏及时注浆堵漏，接缝渗漏治理方案应纳入危大工程管理。

（2）围护结构完整性检测方法：声波透射法、钻芯法、低应变法。

（3）围护结构（含帷幕）渗漏水检测方法：声呐法、超声波法、光纤维法、电位差法等方法。

2. 施工阶段

（1）严格遵循自上而下、分层、分段；严格控制开挖与支撑时间、空间间隔，严禁超挖；软弱地层支撑应采用钢筋混凝土支撑等加强措施；应先撑后挖，采用换撑方案时应先撑后拆；严格换撑、拆撑验收，严禁支撑架设滞后、违规换撑、拆撑。

（2）对周边环境要求严格的地区，可采用伺服式钢支撑。

（3）钢支撑架设必须设置防坠落装置；出现应力损失应及时查明原因并进行应力补偿。

（4）进行支撑轴力、围护结构变形、地下水位、地面沉降等监控量测，若数据超过预警值，应分析原因，制定有效处置措施，未采取处置措施前严禁组织后续施工。

第三章

第三章

（四）应急响应

（1）建设单位应组织勘察、设计、施工、监理、监测、检测等各方参与基坑防坍塌演练。

（2）施工单位应建立健全生产安全事故应急工作责任制，编制基坑防坍塌专项应急预案和现场处置方案，建立应急抢险队伍，配备必要的应急救援装备和物资并经常维护保养；进入有限空间时，应做好防范坍塌措施。

（3）建设、施工单位与工程周边产权单位建立联动机制，一旦发生坍塌事件，第一时间通知。险情发生后，建设单位应按程序报告险情并组织现场抢险，协调有关工程专家及应急抢险队伍、设备进场。

（4）建立应急组织体系，配备足够的袋装水泥、土袋草包、临时支护材料、堵漏材料和设备、抽水设备等抢险物资和设备，配备一支有丰富经验的应急抢险队伍，根据现场实际情况进行应急演练。

（5）在基坑即将坍塌、淹埋时，应以人身安全为第一要务，及早撤离现场。

（五）抢险支护与堵漏

（1）围护结构缺陷造成的渗漏（图 3-2-27）：在缺陷处插入引流管引流，然后采用双快水泥封堵缺陷处，等封堵处的双快水泥形成一定强度后再关闭导流管。

（2）渗漏较为严重时（图 3-2-28）：应首先在坑内回填土以封堵水流，然后在坑外打孔灌注聚氨酯或双液浆等封堵渗漏处，封堵后再继续向下开挖基坑。

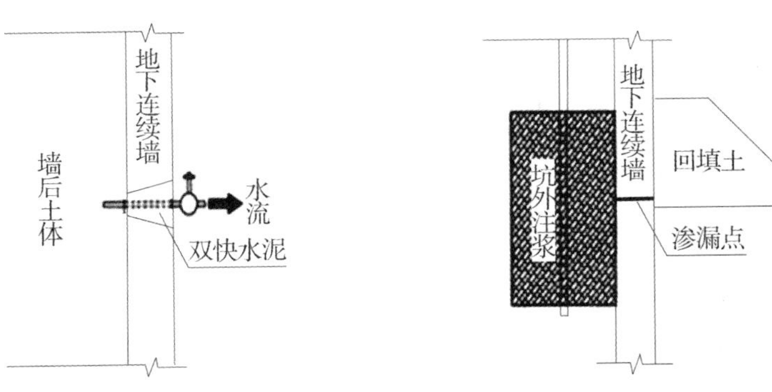

图 3-2-27　围护结构缺陷造成的渗漏　　图 3-2-28　渗漏较为严重时

（3）支护结构出现变形过大或较为危险的“踢脚”变形时：可采用坡顶卸载，适当增加内支撑或锚杆，被动土压区堆载或注浆加固等处理措施。

（4）整体或局部土体滑塌时：应在可能条件下降低土中水位，并进行坡顶卸载，加强未滑塌区段的监测和保护，严防事故继续扩大。

（5）坍塌或失稳征兆已经非常明显时：必须果断采取回填土、砂或灌水等措施，再进一步应对，防止险情发展成事故。

二、开挖过程中地下管线的安全保护措施

（1）工程地质条件及现况管线调查：调查各种管线、地面建筑物相关资料；必要时在管理单位人员在场情况下进行坑探；标注调查信息施工图，在现场设置醒目标志。

（2）编制地下管线保护方案。

（3）现况管线改移、保护措施。

①对于基坑开挖范围内的管线，与建设单位、规划单位和管理单位协商确定管线拆迁、改

移和悬吊加固措施。

②基坑开挖影响范围内的地下管线、地面建（构）筑物的安全受施工影响，或危及施工安全的基坑开挖，均应进行临时加固，经检查、验收，确认符合要求并形成文件后，方可施工。

③开工前，由建设单位召开调查配合会，由产权单位指认所属设施及其准确位置，设明显标志。

④在施工过程中，必须设专人随时检查地下管线、维护加固设施，以保持完好。

⑤观测管线沉降和变形并记录，若遇到异常情况，必须立即采取安全技术措施。

➢ **重点提示：** 明挖基坑安全事故属于历年高频考点，可与桥梁明挖扩大基础基坑开挖、车站主体施工、水池结构施工、管道沟槽开挖、垃圾填埋基坑开挖结合进行考查。安全事故属现场实践常见考查内容，复习中一定要予以重视。

实战演练

［2016 真题 · 案例节选］

背景资料：

某公司承建城市桥区泵站调蓄工程，其中调蓄池为地下式现浇钢筋混凝土结构，混凝土强度等级为C35，池内平面尺寸为62.0 m×17.3 m，筏板基础。场地地下水类型为潜水，埋深为6.6 m。

涉及基坑长63.8 m、宽19.1 m、深12.6 m，围护结构采用 ϕ800 mm 钻孔灌注桩排桩＋2 道 ϕ609 mm 钢支撑，桩间挂网喷射 C20 混凝土，桩顶设置钢筋混凝土冠梁。基坑围护桩外侧采用厚度 700 mm 止水帷幕，如图 3-2-29 所示。

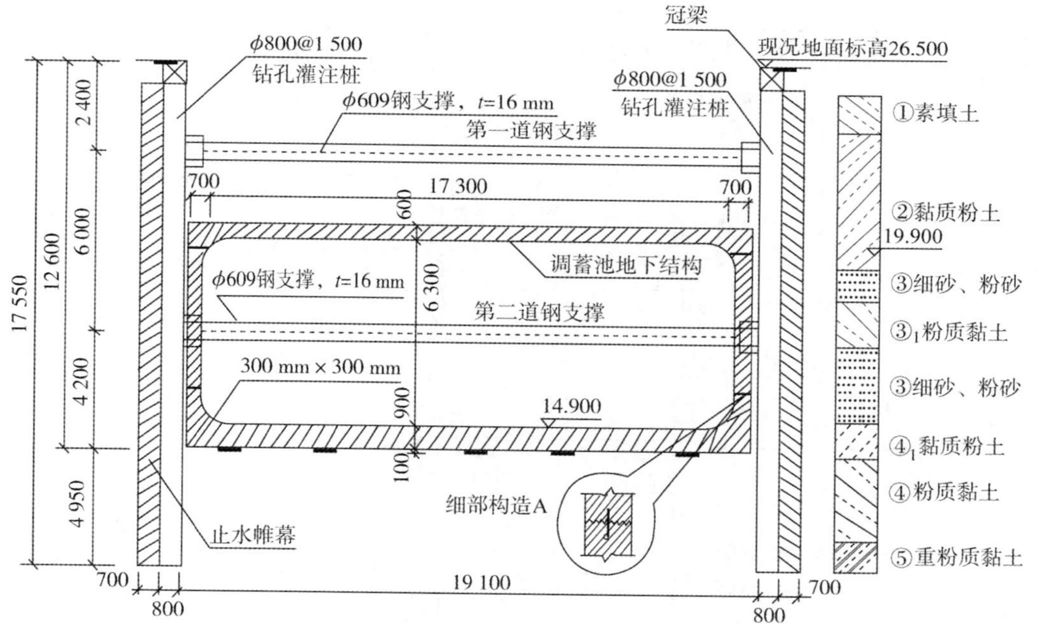

图 3-2-29　调蓄池结构与基坑围护断面图（单位：结构尺寸为 mm，高程为 m）

注：图中序号代表土层。

施工过程中，基坑土方开挖至深度 8 m 处，侧壁出现渗漏，并夹带泥沙；迫于工期压力，项目部继续开挖施工，同时安排专人巡视现场，加大地表沉降、桩身水平变形等项目的监测频率。

［问题］

3. 指出基坑侧壁渗漏后，项目部继续开挖施工存在的风险。

4. 指出基坑施工过程中风险最大的时段，并简述稳定坑底应采取的措施。

[答案]

3. 基坑侧壁渗漏继续开挖的风险：如果渗漏水主要为清水，一般及时封堵不会造成太大的环境问题；而如果渗漏造成大量水土流失则会造成围护结构背后土体过大沉降，严重的会导致围护结构背后土体失去抗力造成基坑倾覆。

4. (1) 基坑施工过程风险最大时段是基坑刚开挖完成后还未施作防护措施时，主要的风险是坍塌和淹没。

(2) 稳定坑底应采取的措施：加深围护结构入土深度、坑底土体加固、坑内井点降水、适时施作底板结构等措施。

第三节　喷锚暗挖（矿山）法施工

考点 1　工作井、马头门施工技术★★

扫码听课

施工流程以倒挂井壁法为例，如图 3-3-1 所示。

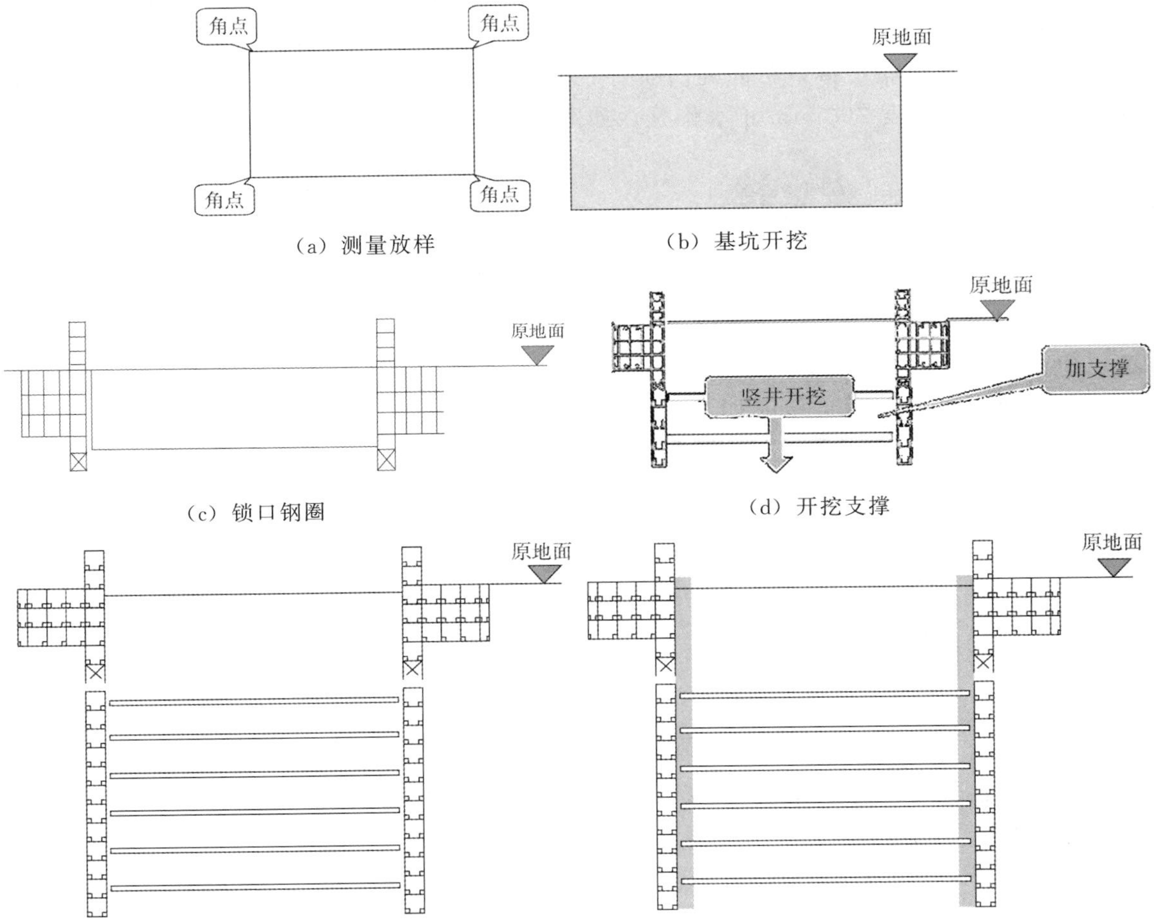

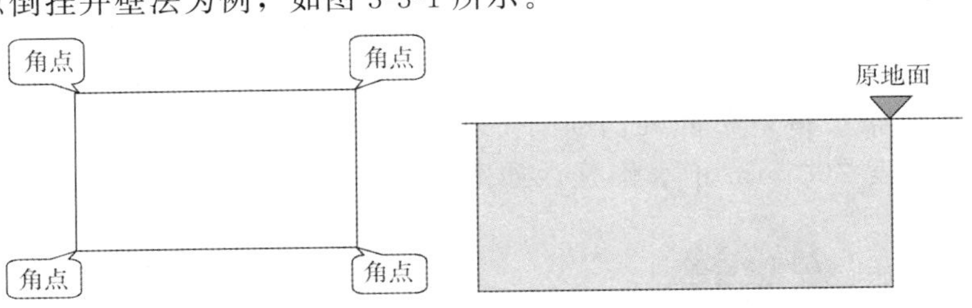

(a) 测量放样　　(b) 基坑开挖

(c) 锁口钢圈　　(d) 开挖支撑

(e) 竖井落底　　(f) 二衬施工

图 3-3-1　倒挂井壁法施工流程

一、施工准备

(1) 调查地下管线、建（构）筑物，做保护方案，做施工保护监测。

(2) 工作井施工范围内应人工开挖十字探沟，确定无管线后再开挖。

(3) 工作井井口防护应符合下列规定。

①应设置防雨棚、挡水墙（比周围地面高 300 mm 以上）。

②应设置安全护栏，护栏高度不应小于 1.2 m（底部 500 mm 封闭）。

③周边应架设安全警示装置（必须设置围挡及出入管理制度）。

二、作业区安全防护

(1) 机具、运输车辆最外着力点与井边距离不小于 1.5 m。

(2) 井口 2 m 范围内不得堆放材料。

(3) 工作井内必须设安全梯（图 3-3-2）或梯道，梯道应设扶手栏杆，梯道的宽度不应小于 1.0 m。

图 3-3-2　工作井内安全梯

三、工作井锁口圈梁

工作井锁口圈梁如图 3-3-3 所示。

图 3-3-3　工作井锁口圈梁

(1) 当埋深较大时，工作井上部应设置砖砌挡土墙、土钉墙或“格栅钢架＋喷射混凝土”等临时围护结构。

(2) 土方不得超挖，并应做好边坡支护。

(3) 开挖工作井的混凝土强度应达到设计强度的 70%及以上。

(4) 圈梁与格栅应按设计要求进行连接，井壁不得出现脱落。

四、工作井提升系统

工作井提升系统必须由有资质的单位安装、拆除，并进行安全检验。

（1）空载、满载或超载试运行过程中，每天应由专职人员检查一次，定期检测保养。防护井上设置防护棚，如图 3-3-4 所示。

（2）电动葫芦（图 3-3-5）应设缓冲器，在轨道两端设挡板。

（3）卷扬机（图 3-3-6）的钢丝绳在卷筒上安全圈数不应少于 3 圈。

（4）提升钢丝要有产品合格证；新绳悬挂前必须逐根试验；库存超过 1 年的提升钢丝，使用前应进行检验。

图 3-3-4　防护棚

图 3-3-5　电动葫芦

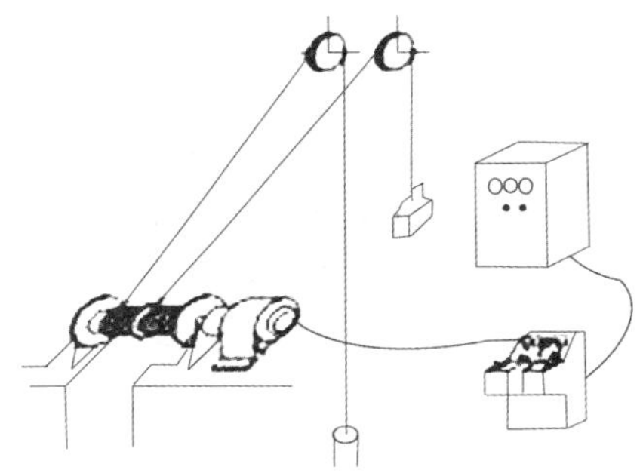

图 3-3-6　卷扬机

五、工作井开挖与支护

（1）地下水控制及地层应预加固。

（2）井口地面荷载不应超过设计规定值；井口设挡水墙；四周地面硬化；做排水措施。

（3）对称、分层、分块开挖；随挖随支护；先周边、后中部。

（4）初期支护应尽快封闭成环。

（5）喷射混凝土应密实、平整。

（6）平面尺寸和深度较大的工作井（图 3-3-7），及时安装临时支撑（图 3-3-8）。

（7）严格控制开挖断面和高程，不得欠挖，到底后及时封底。

（8）工作井开挖过程中应加强观察和监测。

图 3-3-7　工作井复合式衬砌构造

图 3-3-8　工作井临时支撑

六、马头门施工技术

马头门类型如图 3-3-9 所示。

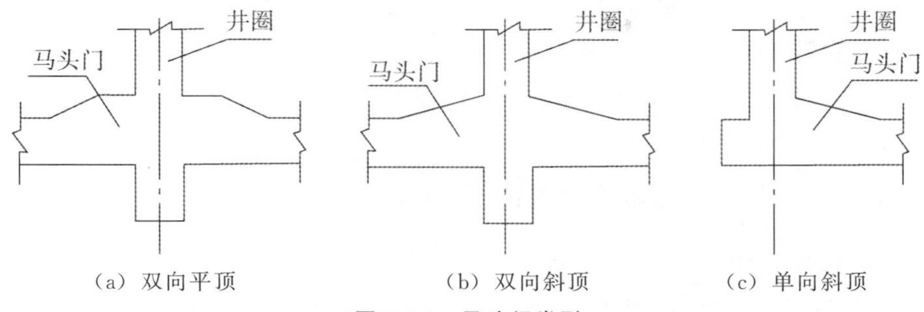

图 3-3-9　马头门类型

（1）工作井初期支护施工至马头门处应预埋暗梁及暗桩，并应沿马头门拱部外轮廓线打入超前小导管，注浆加固地层。马头门超前支护如图 3-3-10 所示，喷射混凝土如图 3-3-11 所示。

图 3-3-10　马头门超前支护　　**图 3-3-11　喷射混凝土**

（2）破除马头门前，应做好马头门区域的工作井或隧道的支撑体系的受力转换。

（3）分段破除工作井井壁：先拱部、再侧墙、最后底板。环形开挖预留核心土法施工如图 3-3-12所示。

图 3-3-12　环形开挖预留核心土法施工

➤ **注意：**在上台阶掌子面进尺 3～5 m 时开挖下台阶。

（4）马头门处隧道应密排三榀格栅钢架；隧道格栅主筋应与格栅主筋、连接筋焊接牢固；隧道纵向连接筋应与工作井主筋焊接牢固。

（5）同一工作井内的马头门不得同时施工。一侧隧道掘进 15 m 后，方可开启另一侧马头门。马头门标高不一致时，宜遵循"先低后高"的原则。

（6）施工中严格贯彻"管超前、严注浆、短开挖、强支护、勤量测、早封闭"的十八字方针。

（7）开挖过程中必须加强监测，一旦土体出现坍塌征兆或支护结构出现较大变形时，应立即停止作业，经处理后方可继续施工。

（8）停止开挖时，应及时喷射混凝土封闭掌子面；因特殊原因停止作业时间较长时，应对掌子面采取加强封闭措施。

➤ **重点提示：**本部分内容学习时应以工作井和马头门的施工技术为基础，结合相关的安全控制要点进行掌握，把握细节内容。

考点 2 浅埋暗挖法——支护与加固技术★★

一、支护与加固分类

（1）暗挖隧道内：超前锚杆或超前小导管支护、小导管周边注浆或围岩深孔注浆、设置临时仰拱、管棚超前支护。

（2）暗挖隧道外：地表锚杆或地表注浆加固、冻结法固结地层、降低地下水位法。

二、支护与加固技术措施

（一）地表锚杆（管）

（1）适用条件：浅埋暗挖、进出工作井地段和岩体松软破碎地段。

（2）布置形式：矩形或梅花形布置。

（3）施工流程：钻孔→吹净钻孔→用灌浆管灌浆→垂直插入锚杆杆体→在孔口将杆体固定。

（4）锚杆类型：中空注浆锚杆、树脂锚杆、自钻式锚杆、砂浆锚杆和摩擦型锚杆。

（二）冻结法固结地层

（1）主要优点：冻结加固的地层强度高；地下水封闭效果好；地层整体固结性好；对工程环境污染小。

（2）主要缺点：成本较高；有一定的技术难度。

（三）降低地下水位法

（1）富水地层、渗透性较好时，降低地下水位。

（2）含水的松散破碎地层宜采用降低地下水位法，不宜集中宣泄。

（3）降低地下水位的方法分为地面降水或隧道内辅助降水。

➤ **重点提示：**支护与加固是隧道施工中常用的措施，起到提前预防的作用，重点记忆隧道内、外常用的加固措施，做到有所区分。

实战演练

［经典例题·多选］下列属于暗挖隧道外常用的技术措施有（　　）。

A. 超前锚杆或超前小导管支护

B. 地表锚杆或地表注浆加固

C. 冻结法固结地层

D. 降低地下水位法

E. 设置临时仰拱

［解析］暗挖隧道外常用的技术措施包括地表锚杆或地表注浆加固、冻结法固结地层、降低地下水位法。

［答案］BCD

考点 3　浅埋暗挖法——超前小导管、管棚支护施工技术★★

一、超前小导管施工技术

超前小导管施工技术见表 3-3-1。

表 3-3-1　超前小导管施工技术

技术参数	施工技术	
	超前小导管	管棚支护
是否配合钢拱架	必须配合	必须配合
钢管直径	40～50 mm；端头封闭制成锥状，尾部设加强箍	80～180 mm；按设计要求加工、开孔
钢管长度	大于循环进尺 2 倍（3～5 m）	短：<10 m；长：>10 m
沿隧道纵向搭接长度	≥1 m	>3 m
钢管间距	根据地层特性	300～500 mm

超前小导管注浆加固横断面与纵断面示意图如图 3-3-13 所示。

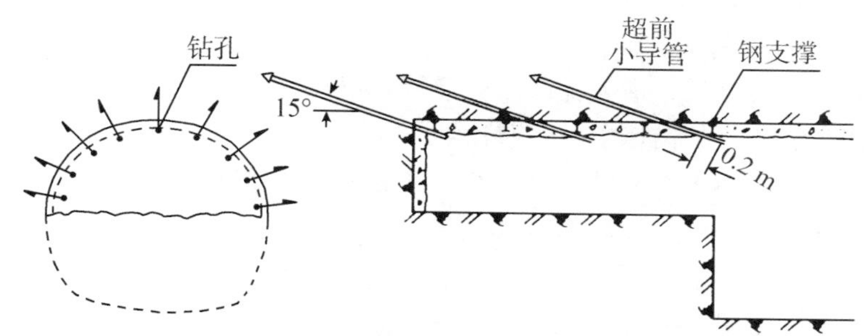

图 3-3-13　超前小导管注浆加固横断面与纵断面示意图

（一）适用条件

在软弱、破碎地层中成孔困难或易塌孔，且施作超前锚杆比较困难或者结构断面较大时适用超前小导管施工技术。打设超前小导管如图 3-3-14 所示；超前加固如图 3-3-15 所示；注浆及封堵如图 3-3-16 所示；预留注浆口如图 3-3-17 所示。

图 3-3-14　打设超前小导管

图 3-3-15　超前加固

图 3-3-16 注浆及封堵

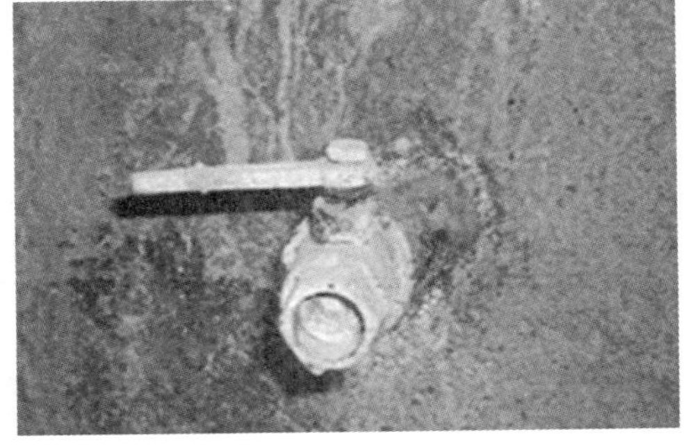

图 3-3-17 预留注浆口

(二) 技术要点

(1) 浆液要求：根据地质条件，经现场试验确定；根据浆液类型，确定合理的注浆压力和合适的注浆设备。

(2) 注浆材料：普通水泥单液浆、改性水玻璃浆、水泥-水玻璃浆、超细水泥等。

(3) 材料要求：水泥，强度等级 P·O 42.5 级及以上的硅酸盐水泥；水玻璃，浓度为 40～45° Bé (° Bé 为波美度，即将波美比重计浸入所测溶液中所得的度数)；外加剂，视不同地层和注浆工艺进行选择。

(4) 注浆施工应符合下列要求。

①注浆工艺：砂卵石地层，渗入注浆法；砂层，挤压、渗透注浆法；黏土层，劈裂或电动硅化注浆法；淤泥质软土层，高压喷射注浆法。

②注浆顺序：应由下而上、间隔对称进行；相邻孔位应错开、交叉进行。

超前小导管注浆设备示意图如图 3-3-18 所示。

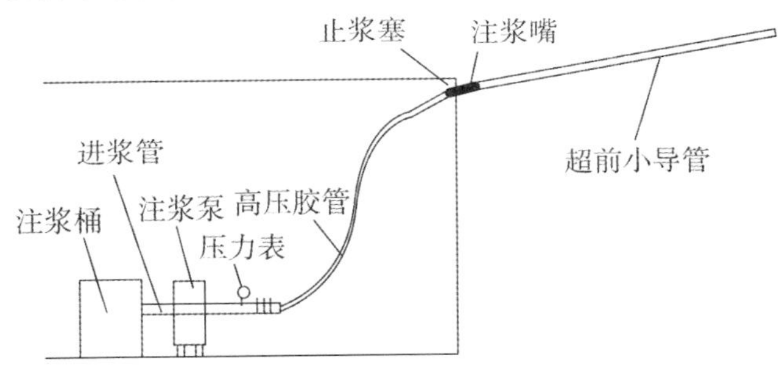

图 3-3-18 超前小导管注浆设备示意图

③注浆压力：对于渗透法，0.1～0.4 MPa；注浆终压应由地层条件、周边环境控制要求确定，一般宜不大于 0.5 MPa。每孔稳压时间不小于 2 min。对于劈裂法，应大于 0.8 MPa。

④注浆速度：不大于 30 L/min。

⑤施工期应进行监测 (地/路面隆起、地下水污染等)。

二、管棚支护施工技术

管棚支护横断面及纵断面示意图如图 3-3-19 所示。

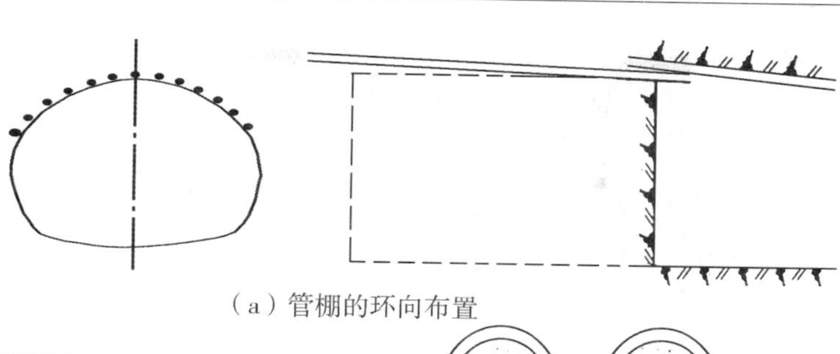

（a）管棚的环向布置

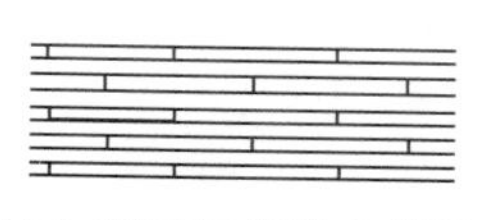

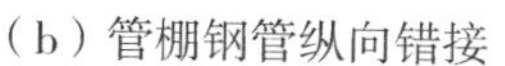

（b）管棚钢管纵向错接

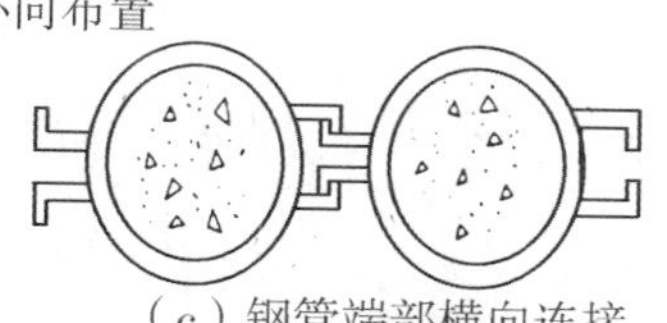

（c）钢管端部横向连接

图 3-3-19　管棚支护横断面及纵断面示意图

（一）适用条件

管棚支护适用于软弱地层和特殊困难地段，如极破碎岩体、塌方体、砂土质地层、强膨胀性地层、强流变性地层、裂隙发育岩体、断层破碎带、浅埋大偏压等围岩，并对地层变形有严格要求的工程。

在下列施工场合应考虑采用管棚进行超前支护。

（1）穿越铁路修建地下工程。

（2）穿越地下和地面结构物修建地下工程。

（3）修建大断面地下工程。

（4）隧道洞口段施工。

（5）通过断层破碎带等特殊地层。

（6）特殊地段，如大跨度地铁车站，重要文物保护区，河底、海底的地下工程施工等。

超前管棚断面如图 3-3-20 所示；管棚立体构造如图 3-3-21 所示；管棚钻孔施工如图 3-3-22 所示；进洞洞口管棚如图 3-3-23 所示。

图 3-3-20　超前管棚断面

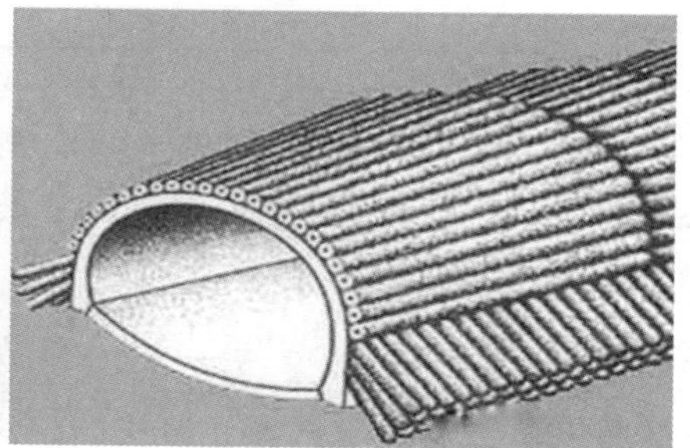

图 3-3-21　管棚立体构造

图 3-3-22　管棚钻孔施工

图 3-3-23　进洞洞口管棚

（二）技术要点

（1）工艺流程：测放孔位→钻机就位→水平钻孔→压入钢管→注浆（向钢管内或管周围土体）→封口→开挖。

（2）钻孔顺序：由高孔位向低孔位进行，钻孔直径比管棚直径大 30～40 mm。

（3）顶管倾角：用测斜仪控制上仰角度。

（4）分段注浆：设定压力，稳压 5 min 以上；注浆量达设计注浆量的 80%以上时停止注浆。

管棚支护基本类型为复合式衬砌结构，如图 3-3-24 所示。

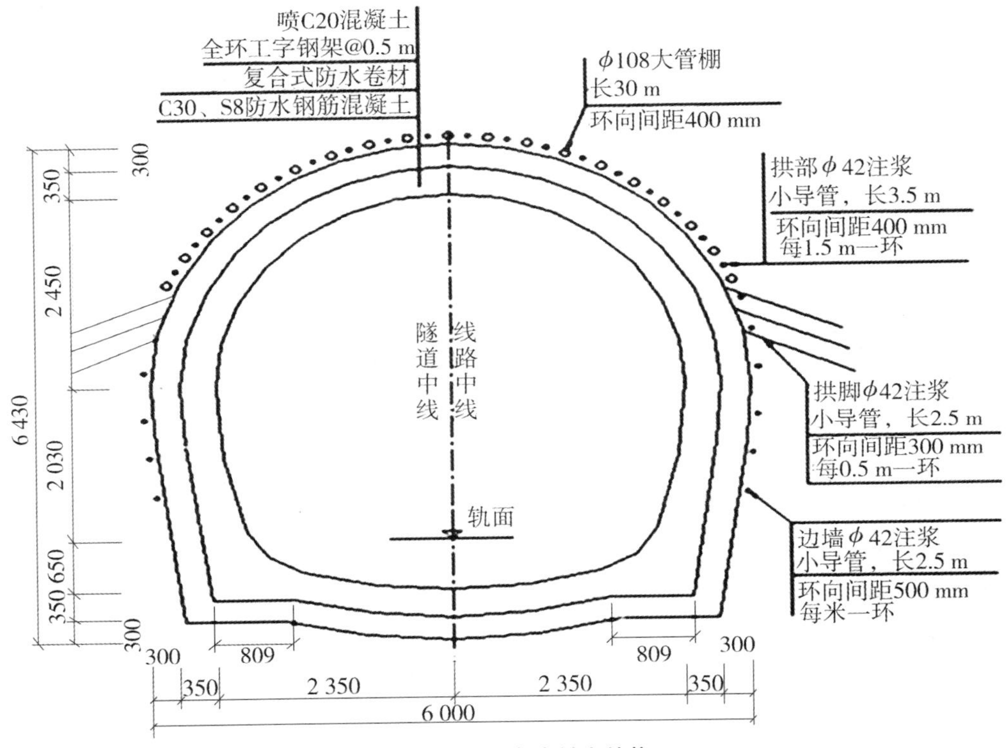

图 3-3-24　复合式衬砌结构

➢ **重点提示：** 本部分内容非常重要，考查频率也较高。超前小导管施工技术可与管棚支护施工技术结合进行学习，并注意区分。

实战演练

［经典例题·单选］ 关于选择注浆法的说法，正确的是（　　）。

A. 在砂卵石地层中宜采用高压喷射注浆法

B. 在黏土层中宜采用劈裂或电动硅化注浆法

C. 在砂层中宜采用渗入注浆

D. 在淤泥质软土层中宜采用劈裂注浆法

［解析］ 注浆工艺：砂卵石地层，渗入注浆法；砂层，挤压、渗透注浆法；黏土层，劈裂或电动硅化注浆法；淤泥质软土层，高压喷射注浆法。

［答案］ B

［经典例题·单选］关于暗挖隧道超前小导管注浆加固技术的说法，错误的是（　　）。

A. 根据工程条件试验确定浆液及其配合比

B. 应严格控制超前小导管的长度、开孔率、安设角度和方向

C. 超前小导管的尾部必须设置封堵孔，防止漏浆

D. 注浆时间应由实验确定，注浆压力可不控制

［解析］注浆时间和注浆压力应由试验确定。

［答案］D

考点 4　浅埋暗挖法——掘进技术★★

一、浅埋暗挖法与掘进方式

浅埋暗挖法与掘进方式对比见表 3-3-2。

表 3-3-2　浅埋暗挖法与掘进方式对比

施工方法	适用条件	沉降	工期	防水
全断面法	地层好、$L \leqslant 8$ m	一般	最短	好
台阶法	地层较差、$L \leqslant 10$ m	一般	短	好
环形开挖预留核心土法	地层差、$L \leqslant 12$ m	一般	短	好
单侧壁导坑法	地层差、$L \leqslant 14$ m	较大	较短	好
双侧壁导坑法（“眼镜”工法）	小跨扩大跨	较大	长	效果差
中隔壁法（CD 工法）	地层差、$L \leqslant 18$ m	较大	较短	好
交叉中隔壁法（CRD 工法）	地层差、$L \leqslant 20$ m	较小	长	好
中洞法	小跨、扩大跨	小	长	效果差
侧洞法	小跨、扩大跨	大	长	效果差
柱洞法	多层多跨	大	长	效果差
洞桩法（PBA 工法）	多层多跨	较大	长	效果差

二、掘进方式施工要求

（1）全断面法（图 3-3-25）：适用于土质稳定、断面较小的环境；围岩必须有足够的自稳能力。全断面法的优点是可以减少开挖对围岩的扰动次数，有利于围岩天然承载拱的形成，工序简便；缺点是对地质条件要求严格，围岩必须有足够的自稳能力。

（2）台阶法（图 3-3-26）：适用于土质较好的环境，软弱围岩、第四纪沉积地层；台阶数量和高度应综合考虑隧道断面高度、机械设备及围岩稳定性等因素确定。

台阶开挖高度宜为 2.5～3.5 m。台阶数量可采用二台阶或三台阶，不宜大于三台阶。一次循环开挖长度不宜大于 4 m。台阶长度不宜超过隧道宽度的 1 倍。

图 3-3-25　全断面法

图 3-3-26　台阶法

(3) 环形开挖预留核心土法（图 3-3-27，图中序号代表开挖顺序）：适用于一般土质或易坍塌软弱围岩、断面较大的环境；开挖进尺 0.5～1 m，台阶长度不宜超过隧道宽度的 1 倍；预支护或预加固；施工中一般不设或少设锚杆。

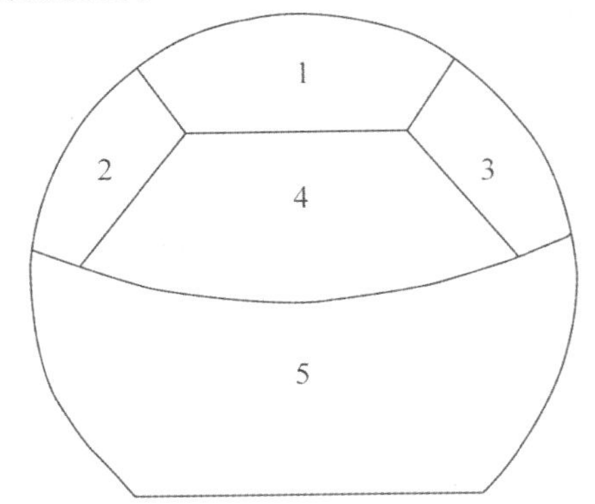

图 3-3-27　环形开挖预留核心土法

(4) 单侧壁导坑法（图 3-3-28）：适用于断面跨度大，地表沉降难以控制的软弱松散围岩；侧壁导坑宽度不宜超过 0.5 倍洞宽。

施工顺序：开挖侧壁导坑并进行初次支护（锚杆＋钢筋网或锚杆＋钢支撑或钢支撑，喷射混凝土），应尽快使导坑的初次支护闭合→开挖上台阶，进行拱部初次支护，使其一侧支承在导坑的初次支护上，另一侧支承在下台阶上→开挖下台阶，进行另一侧的初次支护，并尽快建造底部初次支护，使全断面闭合→拆除导坑临空部分的初次支护→建造内层衬砌。

(5) 双侧壁导坑法（图 3-3-29）：适用于隧道跨度很大，对地表沉陷要求严格，围岩条件特别差，单侧壁导坑法难以控制围岩变形的环境；导坑宽度不宜超过最大跨度的 1/3。

图 3-3-28　单侧壁导坑法

图 3-3-29　双侧壁导坑法

（6）中隔壁法（CD工法）（图3-3-30）：适用于地层差，岩体不稳定且对沉降要求严格的环境；在大跨度隧道中应用普遍。

（7）交叉中隔壁法（CRD工法）（图3-3-31）：当中隔壁法不能满足要求时，加设临时仰拱；其优点是开挖快速，可及时成环。

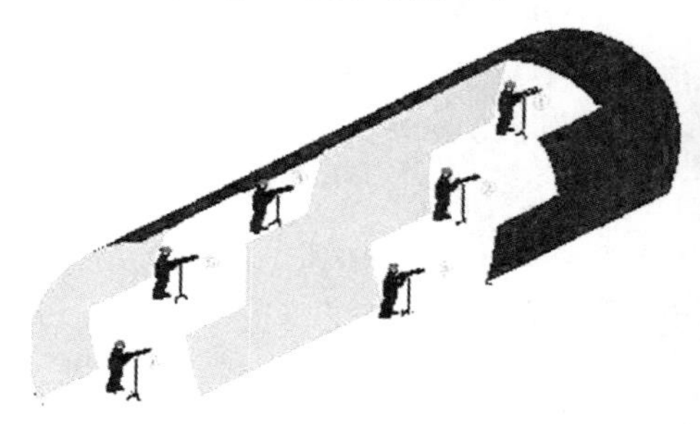

图3-3-30　CD工法

图3-3-31　CRD工法

（8）当地层条件差、断面特大时，一般设计成多跨结构，跨与跨之间有梁、柱连接，一般采用中洞法、侧洞法、柱洞法及洞桩法等施工技术；其核心思想是变大断面为中小断面，提高施工安全度。侧洞法开挖及二衬施工顺序示意图如图3-3-32所示。

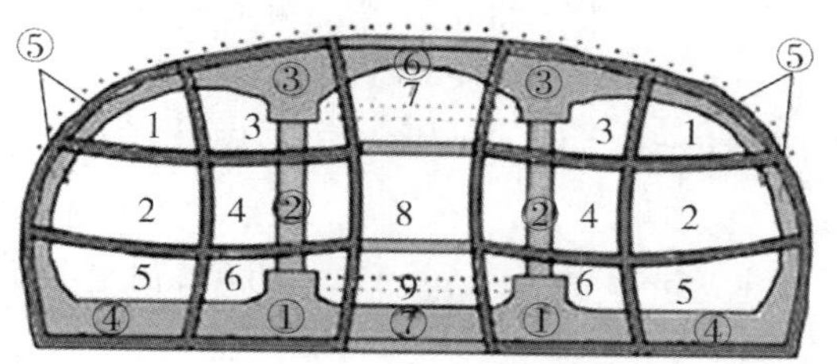

图3-3-32　侧洞法开挖及二衬施工顺序示意图

注：①两侧为CRD工法，两侧加中间是放大版的“眼镜”工法。

②数字1～9为开挖顺序，①～⑦为二衬施工顺序。

三、土方开挖质量控制与安全措施

（一）土方开挖质量控制

（1）宜用激光准直仪控制中线，用隧道断面仪控制外轮廓线。

（2）每开挖一榀钢拱架的间距，应及时架设支护、喷锚、形成闭合；严禁超挖。

（3）在稳定性差的地层中停止开挖，或停止作业时间较长时，应及时喷射混凝土封闭开挖面。

（二）开挖安全措施

（1）在城市进行爆破施工时，必须事先编制爆破方案，并由专业人员操作，报城市主管部门批准，在经公安部门同意后方可施工。

（2）同一隧道内相对开挖，当两开挖面距离为2倍洞跨且不小于10 m时，一端停止掘进，以保持开挖面稳定。

（3）当两条平行隧道（含导洞）相距小于1倍洞跨时，其开挖面前后错开距离不得小于15 m。

➢ **重点提示：**（1）此知识点考查频率较高，要求能够根据示意图掌握其开挖、支护顺序，重点记忆不同施工方法中的突出特点。

（2）浅埋暗挖法是城市区间隧道施工常用的工法，应掌握其不同掘进方式的适用条件及优缺点，并能够根据具体地层、断面尺寸等情况选择合适的掘进方式。环形开挖预留核心土法和单侧壁导坑法易考查开挖顺序。

实战演练

[2023 真题·单选] 浅埋暗挖施工的交叉中隔壁法（CRD 工法）是在中隔壁（CD 工法）基础上增设（　　）而形成。

A. 管棚　　B. 锚杆

C. 钢拱架　　D. 临时仰拱

[解析] CRD 工法是在 CD 工法基础上加设临时仰拱以满足施工要求。

[答案] D

[经典例题·多选] 全断面法的优点有（　　）。

A. 开挖对围岩的扰动次数少，有利于围岩天然承载拱的形成

B. 工序简单

C. 在所有喷锚暗挖（矿山）法开挖方式中工期最短

D. 无初期支护拆除量

E. 对地质条件要求严格，围岩必须有足够的自稳能力

[解析] 全断面法的优点是可以减少开挖对围岩的扰动次数，有利于围岩天然承载拱的形成，工序简便；缺点是对地质条件要求严格，围岩必须有足够的自稳能力。

[答案] ABCD

[经典例题·多选] 单跨跨径为 15 m 的隧道，可采用（　　）。

A. 全断面法　　B. CD 工法

C. CRD 工法　　D. 双侧壁导坑法

E. 单侧壁导坑法

[解析] 全断面法适用于地层好，跨度不大于 8 m 的隧道，选项 A 错误。单侧壁导坑法适用于地层差，跨度不大于 14 m 的隧道，选项 E 错误。

[答案] BCD

考点 5 浅埋暗挖法——初期支护★★★

一、初期支护分类

初期支护分为喷射混凝土、喷射混凝土＋锚杆、喷射混凝土＋锚杆＋钢筋网、喷射混凝土＋锚杆＋钢筋网＋钢架等支护结构形式，如图 3-3-33 所示。

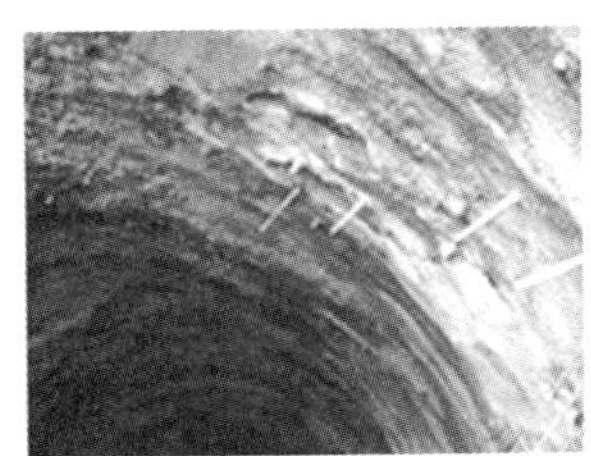

（a）喷射混凝土＋锚杆

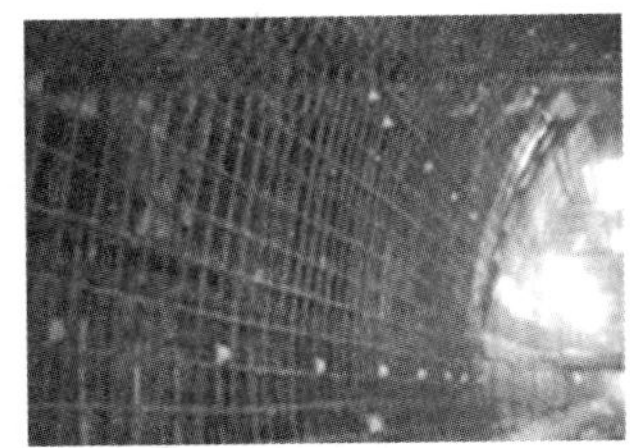

（b）喷射混凝土＋锚杆＋钢筋网

（c）喷射混凝土＋锚杆＋钢筋网＋钢架

图 3-3-33　初期支护分类

二、初期支护施工技术

（一）主要材料

（1）喷射混凝土：应采用早强混凝土，严禁选用碱活性集料，速凝剂应根据试验确定最佳

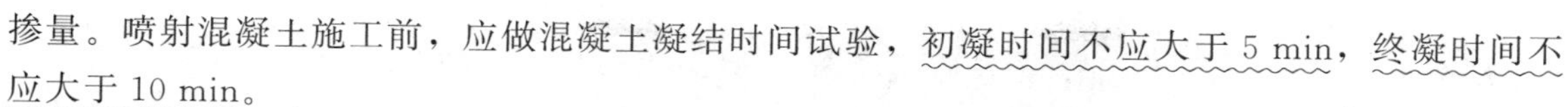

掺量。喷射混凝土施工前，应做混凝土凝结时间试验，初凝时间不应大于 5 min，终凝时间不应大于 10 min。

（2）钢筋网：直径为 6～12 mm。

（3）钢拱架：主筋直径不宜小于 18 mm。

（二）格栅加工及安装

（1）应在模具内焊接成型。

（2）加工制作要求。

①钢拱架“8”字筋（图 3-3-34）布置：方向相互错开，间距不得大于 50 mm。

②组装焊接应从两端均匀对称地进行，以减少应力变形。

③主筋相互平行，偏差不大于 5 mm；连接板与主筋垂直，偏差不大于 3 mm。

④钢筋网片应严格按设计图纸尺寸加工，每点均为四点焊接。

图 3-3-34　钢拱架“8”字筋

（3）首榀格栅拱架应进行试拼装，并应在经建设单位、监理单位、设计单位共同验收合格后方可批量加工。

（4）格栅拱架安装要求：

①格栅拱架安装定位后，应紧固外、内侧螺栓。

②格栅拱架节点应采用螺栓紧固；钢筋帮条焊应与主筋同材质。

格栅拱架节点螺栓连接如图 3-3-35 所示。

图 3-3-35　格栅拱架节点螺栓连接

（5）连接筋长度应为“格栅拱架间距＋搭接长度”；双面搭接焊时，搭接长度为 $5d$；单面焊时为 $10d$（d 为连接筋直径）。

（6）安装格栅拱架时，其拱脚不得置于虚土上，连接板下宜加垫板以减小拱架下沉量；相邻格栅纵向连接应牢固。

拱脚处虚土如图 3-3-36 所示，拱脚处脱空如图 3-3-37 所示。

图 3-3-36　拱脚处虚土

图 3-3-37　拱脚处脱空

(7) 在自稳能力较差的土层中安装格栅拱架时，应按设计要求在拱脚处打设锁脚锚管。

(8) 格栅架立及安装应符合下列要求：

①格栅架立纵向允许偏差应在±50 mm 以内，横向允许偏差应在±30 mm 以内，高程允许偏差应为±30 mm。

②安装格栅时，节点板栓接就位后应帮焊与主筋同直径的钢筋。单面焊长度不小于 $10d$。

(三) 喷射混凝土

(1) 喷头与受喷面应垂直，距离宜为 0.6～1.0 m。

(2) 喷射：分段、分片、分层，由下而上进行；分层喷射，在前一层终凝后进行。一次喷射厚度，边墙宜为 70～100 mm，拱部宜为 50～60 mm。

(3) 保护层：应符合设计要求。

(4) 养护：终凝 2 h 后进行养护，不小于 14 d；冬期不得洒水。

三、暗挖法施工安全措施

(一) 喷射混凝土初期支护

稳定岩体中，先开挖后支护，支护结构距开挖面不宜大于 5 m。不稳定岩土体中，支护必须紧跟土方开挖工序。

(二) 锁脚锚杆注浆加固

锁脚锚杆示意图如图 3-3-38 所示。

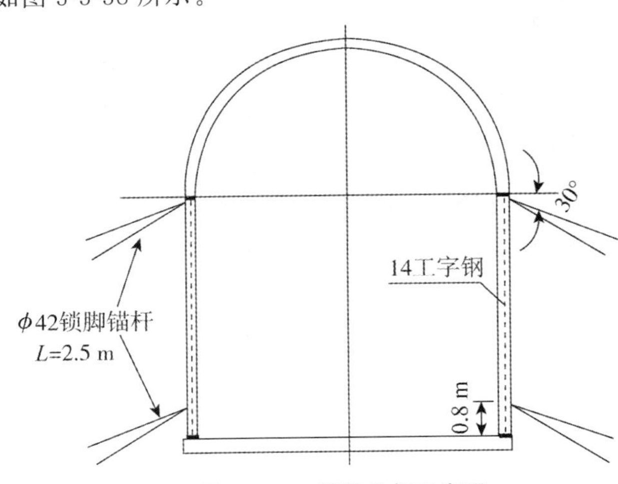

图 3-3-38　锁脚锚杆示意图

(1) 隧道拱脚应采用斜向下 20°～30°打入的锁脚锚杆（管）锁定。

(2) 锁脚锚杆（管）应与格栅焊接牢固，打入后应及时注浆。

（三）初期支护背后注浆

（1）初期支护应预埋注浆管，结构完成后，及时注浆加固，填充注浆滞后开挖面距离不得大于 5 m。

（2）注浆作业点与掘进工作面宜保持 5～10 m 的距离。

（3）注浆管应与格栅拱架主筋焊接或绑扎牢固，管端外露不应小于 100 mm。

（4）背后回填注浆应合理控制注浆量和注浆压力。

（5）根据地层变形的控制要求，可在初期支护背后多次进行回填注浆。注浆结束后，宜经雷达等检测手段检测合格，并应填写和保存注浆记录。

➤ **重点提示：** 掌握初期支护的施工技术要求，以及暗挖法施工的安全措施。

实战演练

［经典例题·单选］ 喷射混凝土应紧跟开挖工作面，应分段、分片、分层，（　　）进行。

A. 由下而上

B. 由上而下

C. 自左向右

D. 自右向左

［解析］ 喷射混凝土应紧跟开挖工作面，应分段、分片、分层，由下而上进行。

［答案］ A

［经典例题·单选］ 喷射混凝土施工前，应做混凝土凝结时间试验，初凝和终凝时间分别不应大于（　　）。

A. 3 min 和 5 min

B. 3 min 和 8 min

C. 5 min 和 10 min

D. 5 min 和 12 min

［解析］ 喷射混凝土施工前，应做混凝土凝结时间试验，初凝和终凝时间分别不应大于 5 min 和 10 min。

［答案］ C

考点 6　浅埋暗挖法——防水层、二次衬砌施工★★

一、防水结构施工原则

（一）相关规范规定

（1）《地下工程防水技术规范》（GB 50108—2008）："防、排、截、堵相结合，刚柔相济，因地制宜，综合治理"。

（2）《地铁设计规范》（GB 50157—2013）："以防为主，刚柔结合，多道防线，因地制宜，综合治理"。

（二）复合式衬砌与防水体系

（1）复合式衬砌由初期（一次）支护、防水层和二次衬砌（二衬）组成。

（2）以结构自防水为根本，辅加防水层组成防水体系，以变形缝、施工缝、后浇带、穿墙洞、预埋件、桩头等接缝部位混凝土及防水层施工为重点。

二、复合式衬砌防水层施工

复合式衬砌防水层施工优先选用射钉铺设，如图 3-3-39 所示。

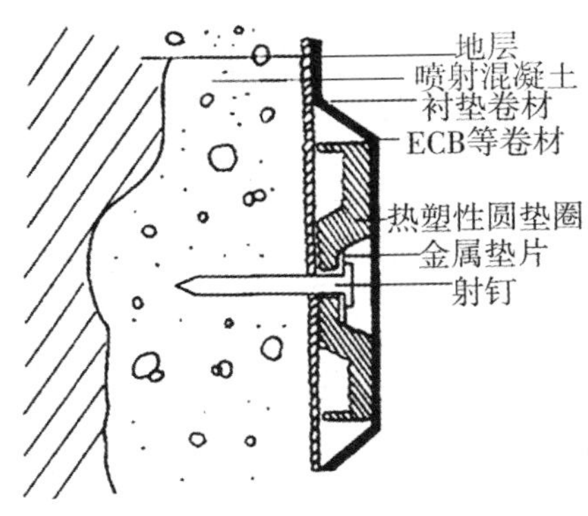

(a) 防水层施工断面图

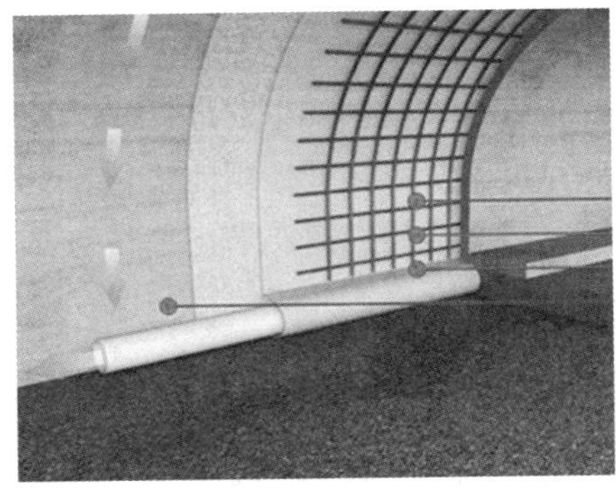

(b) 衬砌后防水层及排水示意图

图 3-3-39 复合式衬砌防水层施工

➤ **注意：**铺设防水层地段距开挖面不应小于爆破安全距离。

三、防水层、二次衬砌施工质量控制

(一) 防水层施工

(1) 防水层铺设基面：凹凸高差不应大于 50 mm，阴阳角圆弧半径不宜小于 100 mm。

(2) 专用热合机焊接，焊接均匀连续，双焊缝搭接的焊缝宽度不应小于 10 mm。

(二) 现浇混凝土二次衬砌

(1) 初期支护变形稳定后，在防水层铺设后进行。

(2) 钢筋绑扎中，当钢筋拱架呈不稳定状态时，必须设临时支撑架，钢筋拱架未形成整体且稳定前，严禁拆除临时支撑架。

(3) 二次衬砌混凝土施工。

①混凝土：二次衬砌采用补偿收缩混凝土，具有良好抗裂性能。

②坍落度：坍落度为 100～150 mm。

③模板：组合钢模板、模板台车，用模板台车施工二衬混凝土的实景图如图 3-3-40 所示。

④浇筑：采用泵送模筑，应连续进行，两侧拱脚对称、水平浇筑；不得出现水平和倾斜接缝；严禁在浇筑过程中向混凝土加水。

⑤振捣：两侧边墙采用插入式振动器，底部采用附着式振动器。

⑥仰拱混凝土强度达到 5 MPa 后人员方可通行，达到设计文件规定强度的 100%后车辆方可通行。

图 3-3-40 用模板台车施工二衬混凝土的实景图

➢ **重点提示**：（1）防水贯穿隧道整个施工过程，应掌握其设计原则及防水布置的重点，相应内容多以客观题的形式考查。

（2）防水层考频较低，熟悉二次砌衬的防水施工措施即可。

实战演练

［经典例题·单选］下列关于复合式衬砌防水层施工的说法，错误的是（　　）。

A. 复合式衬砌防水层施工应优先选用射钉铺设

B. 防水层施工时喷射混凝土表面应平顺，不得留有锚杆头或钢筋断头

C. 喷射混凝土表面漏水应及时引排，防水层接头应擦净

D. 铺设防水层地段距开挖面不应大于爆破安全距离

［解析］铺设防水层地段距开挖面不应小于爆破安全距离，选项 D 错误。

［答案］D

［经典例题·多选］依据《地铁设计规范》（GB 50157—2013）的规定，防水结构施工应遵循（　　）。

A. 以截为主　　B. 刚柔结合　　C. 多道防线　　D. 因地制宜

E. 综合治理

［解析］依据《地铁设计规范》(GB 50157—2013)，防水结构施工应遵循“以防为主，刚柔结合，多道防线，因地制宜，综合治理”。

［答案］BCDE

［2017 真题·案例节选］

背景资料：

某公司承建城区防洪排涝应急管道工程，受环境条件限制，其中一段管道位于城市主干路机动车道下，垂直穿越现有人行天桥，采用浅埋暗挖隧道形式；隧道开挖断面为 3.9 m×3.35 m。下穿人行天桥隧道横断面布置示意图如图 3-3-41 所示。

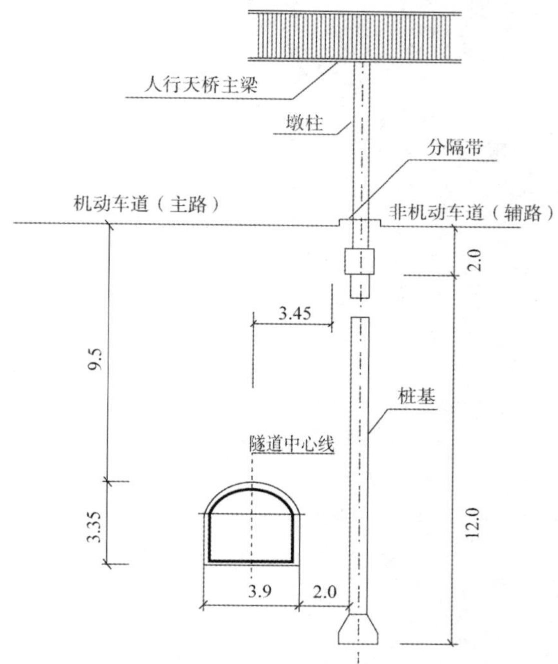

图 3-3-41　下穿人行天桥隧道横断面布置示意图（单位：m）

施工过程中，在沿线 3 座检查井位置施工，做工作井，井室平面尺寸长 6.0 m，宽 5.0 m。井室、隧道均为复合式衬砌结构，初期支护为钢格栅＋钢筋网＋喷射混凝土，二衬为模筑混凝土结构，衬层间设塑料板防水层，隧道穿越土层主要为砂层、粉质黏土层，无地下水。

施工前，项目部编制了浅埋暗挖隧道下穿道路专项施工方案，拟在工作井位置占用部分机动车道搭建临时设施，进行工作井施工和出土。施工安排 3 个竖井同时施作，隧道相向开挖。

[问题]

1. 根据图 3-3-41，分析隧道施工对周边环境可能产生的安全风险。

4. 简述隧道相向开挖贯通施工的控制措施。

6. 安装二衬层钢筋时，应对防水层采取哪些防护措施？

[答案]

1. 隧道施工对周边环境可能产生的安全风险：①城市主干道产生沉降破坏，导致交通安全受威胁；②桩基受到水平剪力过大，导致承载力降低；③人行天桥变形，行人安全受威胁；④道路中间进行工作井开挖，威胁行人及车辆安全；⑤工作井开挖容易造成路基范围土体卸荷而失稳，导致主干道发生变形，交通安全受威胁；⑥隧道施工穿越砂层易造成坍塌。

4. 同一隧道内相向开挖的两个开挖面距离为 2 倍洞跨且不小于 10 m 时，一端应停止掘进，进行封闭由另一端进行贯通施工，并保持开挖面稳定。

6. (1) 钢筋绑扎时钢筋头加装保护套，安装时注意角度不要对向防水层，防止刺破、磨损防水层，如果损坏应及时修复。

(2) 焊接钢筋时，在焊接作业与防水层之间增挂防护板，防止焊接过程中灼烧损坏防水层。

第四章

城镇水处理场站工程

名师导学

本章是市政工程基础内容，一共包括2节，第2节是针对城镇水处理场站工程施工技术的内容，考查频率高。在本章复习中，“现浇水池施工技术要点”“沉井施工技术”均为考查分值较高的内容，应当重点学习，注意加强对不同水处理场站的结构区分、沉井施工工艺流程、满水试验等关键内容的学习，“厂站构筑物结构形式与特点”可以作为次重点，一般多考查选择题。

考情分析

近四年考试真题分值统计表（单位：分）

节序	节名	2023年			2022年			2021年			2020年		
		单选	多选	案例	单选	多选	案例	单选	多选	案例	单选	多选	案例
第一节	城镇水处理场站工艺技术与结构特点	1	0	0	2	0	0	1	0	0	1	0	0
第二节	城镇水处理场站工程施工	0	2	4	1	0	8	0	0	0	0	0	5
合计		1	2	4	3	0	8	1	0	0	1	0	5

注：2020—2023年每年有多批次考试真题，此处分值统计仅选取其中的一个批次进行分析。

第一节　城镇水处理场站工艺技术与结构特点

考点 1 给水处理技术★

一、给水处理方法

(1) 处理对象通常为天然淡水水源，主要是来自江河、湖泊与水库的地表水和地下水（井水）两大类。水中含有的杂质，分为无机物、有机物和微生物三种，也可按杂质的颗粒大小以及存在形态分为悬浮物质、胶体和溶解物质三种。给水处理方法见表 4-1-1。

表 4-1-1　给水处理方法

方法	具体内容
自然沉淀	用以去除水中粗大颗粒杂质
混凝沉淀	使用混凝药剂沉淀或澄清，去除水中胶体和悬浮杂质等
过滤	使水通过细孔性滤料层，截流去除经沉淀或澄清后剩余的细微杂质；或不经过沉淀，原水直接加药、混凝、过滤，去除水中胶体和悬浮杂质
消毒	去除水中病毒和细菌，保证饮水卫生和生产用水安全
软化	降低水中钙、镁离子含量，使硬水软化
除铁、除锰	去除地下水中所含过量的铁和锰，使水质符合饮用水要求

(2) 处理目的是去除或降低原水中悬浮物质、胶体、有害细菌生物以及水中含有的其他有害杂质，使处理后的水质满足用户需求；基本原则是利用现有的各种技术、方法和手段，采用尽可能低的工程造价，将水中所含的杂质分离出去，使水质得到净化。

二、给水处理的工艺流程及适用条件

给水处理工艺流程及适用条件见表 4-1-2。

表 4-1-2　给水处理工艺流程及适用条件

工艺流程	适用条件
原水→简单处理（如筛网过滤或消毒）	水质较好
原水→接触过滤→消毒	一般用于处理浊度和色度较低的湖泊水和水库水，进水悬浮物一般小于 100 mg/L
原水→混凝沉淀或澄清→过滤→消毒	一般地表水处理厂广泛采用的常规处理流程，适用于浊度小于 3 mg/L 的河流水
原水→调蓄预沉→混凝沉淀或澄清→过滤→消毒	适用于高浊度水，黄河中上游的中小型水厂和长江上游高浊废水处理多采用二级沉淀（澄清）工艺

三、给水处理的预处理和深度处理

为了进一步发挥给水处理工艺的整体作用，提高对污染物的去除效果，改善和提高饮用水水质，除了常规处理工艺之外，还有预处理和深度处理。

(1) 按照对污染物的去除途径不同，预处理方法可分为氧化法和吸附法，其中氧化法又可分为

化学氧化法和生物氧化法。化学氧化法预处理技术主要有氯气预氧化及高锰酸钾氧化、紫外光氧化、臭氧氧化等预处理；生物氧化法预处理技术主要采用生物膜法，其形式主要是淹没式生物滤池，如进行 TOC 生物降解、氮去除、铁锰去除等。吸附法，如用粉末活性炭吸附、黏土吸附等。

（2）深度处理是指在常规处理工艺之后，再通过适当的处理方法，将常规处理工艺不能有效去除的污染物或消毒副产物的前身物（指能与消毒剂反应产生毒副产物的水中原有有机物，主要是腐殖酸类物质）去除，从而提高和保证饮用水质。目前，应用较广泛的深度处理方法主要有活性炭吸附法、臭氧氧化法、臭氧活性炭法、生物活性炭法、光催化氧化法、吹脱法等。

➢ **重点提示**：掌握不同给水处理方法的处理对象，能够根据具体的水质条件选择处理工艺流程。

实战演练

[经典例题·单选] 当地表水的浊度小于 3 mg/L 时，给水处理厂多采用的工艺流程是（　　）。

A. 原水→简单处理

B. 原水→接触过滤→消毒

C. 原水→混凝沉淀或澄清→过滤→消毒

D. 原水→调蓄预沉→自然预沉淀或混凝沉淀→混凝沉淀或澄清→过滤→消毒

[解析]“原水→混凝沉淀或澄清→过滤→消毒”为一般地表水处理厂广泛采用的常规处理流程，适用于浊度小于 3 mg/L 的河流水。

[答案] C

[2019 真题·多选] 给水处理目的是去除或降低原水中的（　　）。

A. 悬浮物

B. 胶体

C. 有害细菌生物

D. 钙、镁离子含量

E. 溶解氧

[解析] 给水处理目的是去除或降低原水中悬浮物质、胶体、有害细菌生物以及水中含有的其他有害杂质，使处理后的水质满足用户需求。

[答案] ABC

考点 2　污水处理技术★

一、处理方法与工艺

（1）处理目的是将输送来的污水通过必要的处理方法，使之达到国家规定的水质控制标准后回用或排放。从污水处理的角度，污染物可分为悬浮固体污染物、有机污染物、有毒物质、污染生物和污染营养物质。污水中有机物浓度一般用生物化学需氧量（BOD_5）、化学需氧量（COD）、总需氧量（TOD）和总有机碳（TOC）来表示。

（2）处理方法可根据水质类型分为物理处理、生物处理及化学处理，还可根据处理程度分为一级处理、二级处理及三级处理等工艺流程。

①物理处理是利用物理作用分离和去除污水中污染物质的方法。物理处理常用方法：筛滤

截留、重力分离、离心分离等，相应处理设备主要有格栅、沉砂池、沉淀池及离心机等。其中沉淀池同城镇给水处理中的沉淀池。

②生物处理常用方法：活性污泥法、生物膜法等，还有稳定塘（氧化塘）及污水土地处理法。

③化学处理常用方法：混凝法。用于城市污水处理的混凝法类同于城市给水处理中的混凝法。

（3）污泥须经处理才能防止二次污染，其处置方法常有浓缩、厌氧消化、好氧消化、好氧发酵、脱水、石灰稳定、生物膜法等。

二、工艺流程

（1）一级处理主要针对水中悬浮物质，常采用物理处理，经过一级处理后，污水悬浮物去除率可达40%左右，附着于悬浮物的有机物也可去除30%左右。

（2）二级处理主要去除污水中呈胶体和溶解状态的有机污染物。通常采用的方法是生物处理，具体方式有活性污泥法和生物膜法，如图4-1-1所示。经过二级处理后，BOD_5去除率可达90%以上。在当前污水处理领域，活性污泥处理系统是应用最为广泛的处理技术之一，曝气池是其反应器。

（3）深度处理是在一级处理、二级处理之后，进一步处理难降解的有机物以及可导致水体富营养化的氮、磷等可溶性无机物等。深度处理常用于二级处理以后，以进一步改善水质和达到国家有关排放标准为目的。深度处理使用的方法有混凝沉淀（澄清、气浮）、过滤、消毒，必要时可采用活性炭吸附、膜过滤、臭氧氧化和自然处理等。

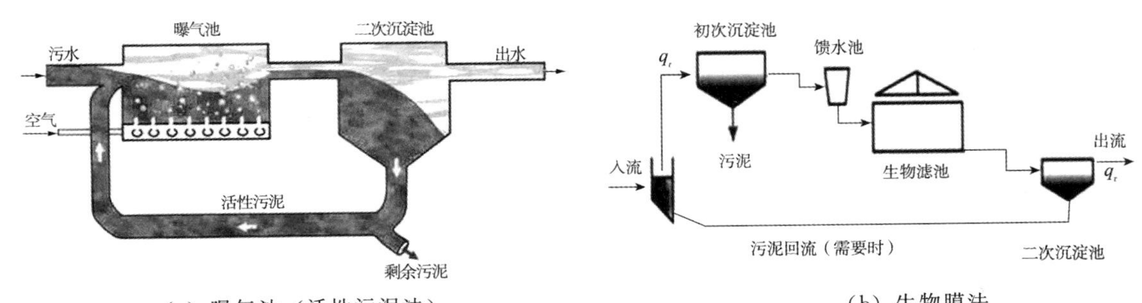

（a）曝气池（活性污泥法）　　（b）生物膜法

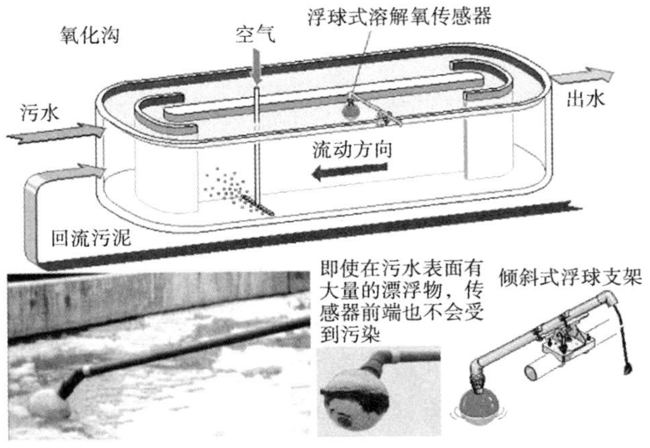

（c）氧化沟（二级处理）

图4-1-1　污水二级处理

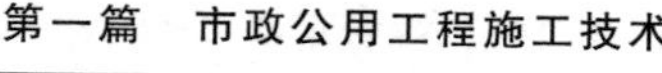

三、再生水回用

（一）再生水

再生水又称中水，指污水经适当处理后，达到一定的水质指标、满足某种使用要求的水。

（二）污水再生回用

污水再生回用后，可作为：

（1）农、林、渔业用水。

（2）城市杂用水，包含城市绿化、冲厕、道路清扫、车辆冲洗、建筑施工、消防等用水。

（3）工业用水。

（4）环境用水。

（5）补充水源水。

➢ **重点提示：** 掌握不同污水处理方法的分类，熟悉不同等级处理工艺的处理对象。

实战演练

［2023 真题·单选］ 去除污水中污染物的深度处理工艺是（　　）。

A. 高锰酸钾法　　B. 生物膜法

C. 生物活性炭法　　D. 黏土吸附法

［解析］ 深度处理是指在常规处理工艺之后，再通过适当的处理方法，将常规处理工艺不能有效去除的污染物或消毒副产物的前身物加以去除，从而提高和保证饮用水水质。应用较广泛的深度处理技术主要有活性炭吸附法、臭氧氧化法、臭氧活性炭法、生物活性炭法、光催化氧化法、吹脱法等。

［答案］ C

［2020 真题·单选］ 下列污水处理构筑物中，主要利用物理作用去除污染物的是（　　）。

A. 曝气池　　B. 沉砂池

C. 氧化沟　　D. 脱氮除磷池

［解析］ 物理处理是利用物理作用分离和去除污水中污染物质的方法。常用方法有筛滤截留、重力分离、离心分离等，相应处理设备主要有格栅、沉砂池、沉淀池及离心机等。

［答案］ B

［经典例题·多选］ 再生水回用，可作为（　　）。

A. 城市绿化、洗澡用水

B. 道路清扫用水

C. 饮用水

D. 建筑施工用水

E. 消防用水

［解析］ 污水再生回用后，可作为：①农、林、渔业用水；②城市杂用水包含城市绿化、冲厕、道路清扫、车辆冲洗、建筑施工、消防等用水；③工业用水；④环境用水；⑤补充水源水。

［答案］ BDE

第四章

考点 3 厂站构筑物组成、结构形式与特点★★

扫码听课

一、厂站构筑物组成

（1）给水处理构筑物包括配水井、药剂间、混凝沉淀池、澄清池（图 4-1-2）、过滤池、反应池（图 4-1-3）、吸滤池、清水池、二级泵站等。

图 4-1-2 澄清池

图 4-1-3 反应池

（2）污水处理构筑物包括进水闸井、进水泵房、格筛间、沉砂池、初沉淀池、二次沉淀池、曝气池（图 4-1-4）、氧化沟、生物塘、消化池（如图 4-1-5 所示的卵形消化池）、沼气储罐等。

图 4-1-4 曝气池

图 4-1-5 卵形消化池

（3）工艺辅助构筑物指主体构筑物的走道平台、梯道、设备基础、导流墙（槽）、支架、盖板、栏杆等的细部结构工程，各类工艺井（如吸水井、泄空井、浮渣井）、管廊桥架、闸槽、水槽（廊）、堰口、穿孔、孔口等。

（4）辅助建筑物。

①生产辅助性建筑物：各项机械设备的建筑厂房，如鼓风机房、污泥脱水机房、发电机房、变配电设备房及化验室、控制室、仓库、砂料场等。

②生活辅助性建筑物：综合办公楼、食堂、浴室、职工宿舍等。

（5）配套工程指为水处理厂生产及管理服务的工程，包括厂区道路、厂内给排水、厂内照明、厂区绿化等工程。

（6）工艺管线指水处理构筑物之间、水处理构筑物与机房之间的各种连接管线，包括进水管、出水管、污水管、给水管、回用水管、污泥管、出水压力管、空气管、热力管、沼气管、投药管线等。

二、厂站构筑物结构形式与特点

1. 结构形式

（1）水处理（调蓄）构筑物和泵房多数采用地下或半地下钢筋混凝土结构。

（2）工艺辅助：断面较薄，尺寸精确，现场安装。

（3）工艺管线：使用水流性能好、抗腐蚀性高、抗地层变位性好的 PE 管、球墨铸铁管等

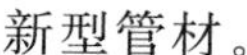

新型管材。

2. 特点

厂站构筑物的特点是构件断面较薄，配筋率较高，具有较高抗渗性和良好的整体性要求。

➢ **重点提示：**（1）熟悉、区分给水处理和污水处理构筑物，通常以客观题形式考查。（2）熟悉厂站构筑物的形式及特点，主要从其功能、受力等要求的角度考查。

实战演练

[经典例题·单选] 下列厂站构筑物中，属于给水处理构筑物的是（　　）。

A. 初沉池　　B. 二次沉淀池

C. 过滤池　　D. 曝气池

[解析] 给水处理构筑物包括配水井、药剂间、混凝沉淀池、澄清池、过滤池、反应池、吸滤池、清水池、二级泵站等。

[答案] C

[经典例题·单选] 关于厂站构筑物的特点，说法错误的是（　　）。

A. 构件多采用薄板或薄壳型结构，断面薄，配筋率高

B. 较高抗渗性

C. 良好整体性

D. 高耐腐蚀性

[解析] 厂站构筑物的特点是构件断面较薄，配筋率较高，具有较高抗渗性和良好的整体性要求。

[答案] D

[2019 真题·多选] 水处理厂配套工程包括（　　）。

A. 厂区道路　　B. 厂区内部环路　　C. 厂内给排水　　D. 厂内照明

E. 厂区绿化

[解析] 配套工程指为水处理厂生产及管理服务的工程，包括厂区道路、厂内给排水、厂内照明、厂区绿化等工程。

[答案] ACDE

考点 4 试运行要求★

一、试运行目的、内容与基本程序

（一）试运行目的

（1）对土建工程和设备安装进行全面、系统的质量检查和鉴定，以作为工程质量验收的依据。

（2）通过试运行发现土建工程和设备安装工程存在的缺陷，以便及早处理，避免事故发生。

（3）通过试运行考核主辅机械协联动作的正确性，掌握设备的技术性能，制定运行时必要的技术数据和操作规程。

（4）结合运行进行一些现场测试，以便进行技术经济分析，满足设备运行安全、低耗、高效的要求。

（5）通过试运行确认水厂土建和安装工程质量符合规程、规范要求，以便进行全面的验收和移交工作。

(二) 主要内容与基本程序

1. 主要内容

(1) 检验、试验和监视运行。设备首次启动时,以试验为主,通过试验掌握运行性能。

(2) 按规定全面、详细记录试验情况,整理成技术资料。

(3) 正确评估试运行资料、质量检查和鉴定资料等,并建立档案。

2. 基本程序

(1) 单机试车。

(2) 设备机组充水试验。

(3) 设备机组空载试运行。

(4) 设备机组负荷试运行。

(5) 设备机组自动开停机试运行。

二、试运行要求

(一) 准备工作要求

(1) 所有单项工程验收合格,并进行现场清理。

(2) 设备部分、电器部分检查。

(3) 辅助设备检查与单机试车。

(4) 编写试运行方案并获准。

(5) 成立试运行组织,责任清晰明确。

(6) 参加试运行人员培训,考试合格。

(二) 单机试车要求

(1) 单机试车,一般空车试运行不少于 2 h。

(2) 各执行机构运作调试完毕,动作反应正确。

(3) 自动控制系统的信号元件及元件动作正常。

(4) 监测并记录单机运行数据。

(三) 联机运行要求

(1) 按工艺流程,各构筑物逐个通水联机试运行正常。

(2) 全厂联机试运行、协联运行正常。

(3) 先采用手工操作,待处理构筑物和设备全部运转正常后,方可转入自动控制运行。

(4) 全厂联机运行应不少于 24 h。

(5) 监测并记录各构筑物运行情况和运行数据。

(四) 设备及泵站空载运行要求

(1) 处理设备及泵房机组首次启动。

(2) 处理设备及泵房机组运行 4～6 h 后,停机试验。

(3) 完成机组自动开、停机试验。

(五) 设备及泵站负荷运行要求

(1) 手动或自动启动负荷运行。

(2) 检查、监视各构筑物负荷运行状况。

(3) 不通水情况下,运行 6～8 h,一切正常后停机。

(4) 停机前应抄表一次。

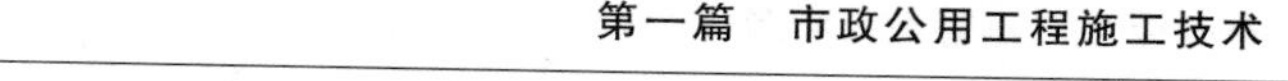

(5) 检查各台设备是否出现过热、过流、噪声等异常现象。

(六) 连续试运行要求

(1) 处理设备及泵房单机组累计运行达 72 h。

(2) 连续试运行期间，开机、停机均不少于 3 次。

(3) 处理设备及泵房机组联合试运行时间一般不少于 6 h。

(4) 水处理和泥处理工艺系统试运行满足工艺要求。

(5) 填写设备负荷联动（系统）试运行记录表。

(6) 整理分析试运行技术经济资料。

➢ **重点提示：**(1) 场站试运行要求属于低频考点，熟悉几个重要的时间要求即可。

(2) 给水与污水处理的构筑物和设备在安装、试验、验收完成后，在正式运行前必须进行全厂试运行。

实战演练

[2022 真题 · 单选] 水处理厂正式运行前必须进行全厂（　　）。

A. 封闭　　B. 检测

C. 试运行　　D. 大扫除

[解析] 给水与污水处理的构筑物和设备在安装、试验、验收完成后，在正式运行前必须进行全厂试运行。

[答案] C

[经典例题 · 单选] 给水与污水处理厂试运转联机运行时，要求全厂联机运行应不少于（　　）。

A. 48 h　　B. 12 h　　C. 24 h　　D. 5 h

[解析] 给水与污水处理厂试运转联机运行时，要求全厂联机运行应不少于 24 h。

[答案] C

第二节　城镇水处理场站工程施工

考点 1　预应力混凝土水池施工技术★★★

一、现浇水池施工方案与流程

(一) 施工方案

施工方案包括结构形式、材料与配合比、施工工艺及流程、模板及其支架施工、钢筋加工安装、混凝土施工、预应力施工等主要内容。

(二) 整体式现浇池体结构施工流程

整体式现浇池体结构施工流程：测量定位→土方开挖及地基处理→垫层施工→防水层施工→底板浇筑→池壁及顶板支撑柱浇筑→顶板浇筑→功能性试验。整体式现浇池体施工现场如图 4-2-1所示。

图 4-2-1　整体式现浇池体施工现场

（三）单元组合式现浇钢筋混凝土水池工艺流程

单元组合式现浇钢筋混凝土水池工艺流程：土方开挖及地基处理→中心支柱浇筑→池底防渗层施工→浇筑池底混凝土垫层施工→池内防水层施工→池壁分块浇筑→底板分块浇筑→底板嵌缝→池壁防水层施工→功能性试验。单元组合式现浇钢筋混凝土水池施工示意图如图 4-2-2 所示。

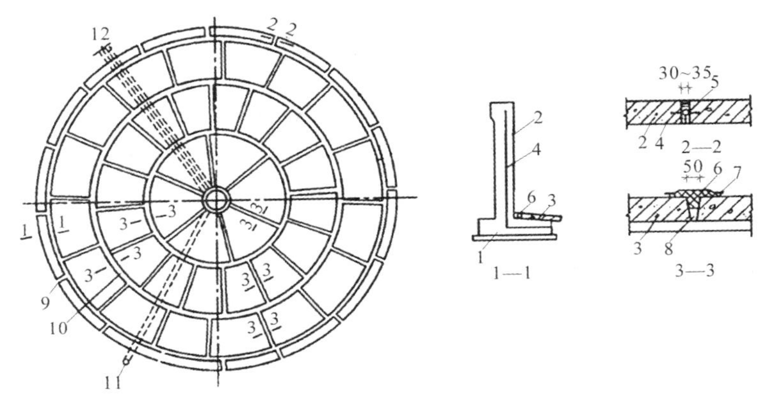

（a）圆形水池单元组合结构

1、2、3—单元组合混凝土结构；4—钢筋；5—池壁内缝填充处理；

6、7、8—池底板内缝填充处理；9—水池壁单元立缝；10—水池底板水平缝；11、12—工艺管线

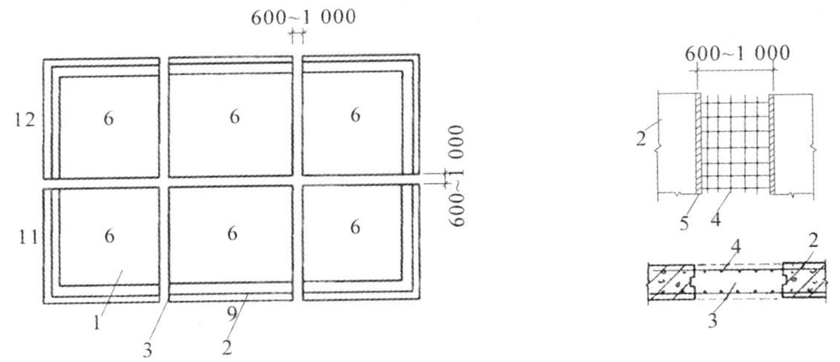

（b）矩形水池单元组合结构

1、2—块（单元）；3—后浇带；4—钢筋（缝带处不切断）；5—端面凹形槽

图 4-2-2　单元组合式现浇钢筋混凝土水池施工示意图

二、现浇水池施工技术要点

（一）模板及其支架施工

（1）模板及其支架应满足浇筑混凝土时的承载能力、刚度和稳定性要求，且应安装牢固。

（2）各部位的模板安装位置正确、拼缝紧密不漏浆；对拉螺栓、垫块等安装稳固；模板上的预埋件、预留孔洞不得遗漏，且安装牢固；在安装池壁的最下一层模板时，应在适当位置预留清扫杂物用的窗口。在浇筑混凝土前，应将模板内部清扫干净，经检验合格后，再将窗口封闭。

（3）采用穿墙螺栓来平衡混凝土浇筑对模板侧压力时，应选用两端能拆卸的螺栓或在拆模板时可拔出的螺栓。

（4）池壁与顶板连续施工时，池壁内模立柱不得同时作为顶板模板立柱。池壁模板可先安装一侧，绑完钢筋后，分层安装另一侧模板，或采用一次安装到顶而分层预留操作窗口的施工方法。

（二）止水带安装

止水带安装如图 4-2-3 所示。

（1）塑料或橡胶止水带接头应采用热接，不得采用叠接。

（2）金属止水带接头应采用折叠咬接或搭接（必须采用双面焊接）；搭接长度不得小于 20 mm。

（3）金属止水带在伸缩缝中的部分应涂刷防锈和防腐涂料。

（4）不得在止水带上穿孔或用铁钉固定就位。

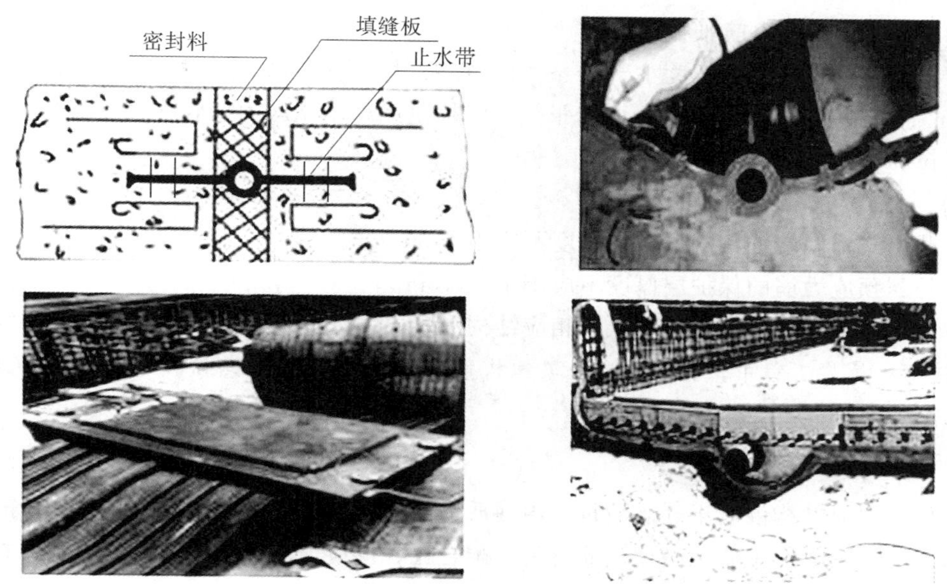

图 4-2-3　止水带安装

三、无粘结预应力施工

（一）无粘结预应力筋技术要求

（1）无粘结预应力筋外包层材料，应采用聚乙烯或聚丙烯，严禁使用聚氯乙烯。无粘结预应力筋剖面示意图如图 4-2-4 所示。

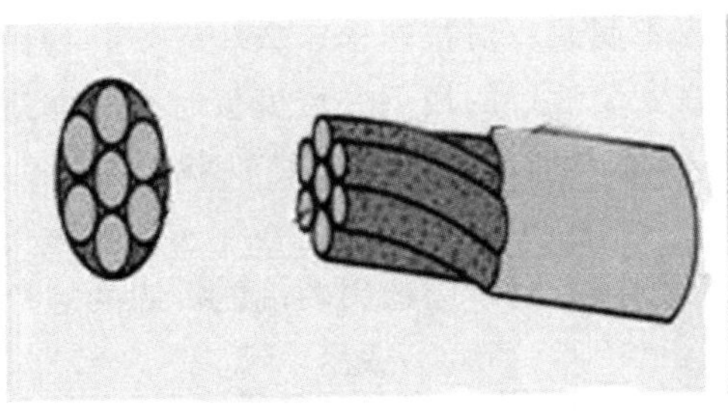

图 4-2-4　无粘结预应力筋剖面示意图

(2) 无粘结预应力筋涂料层应采用专用防腐油脂。

(3) 必须采用Ⅰ类锚具。

(二) 无粘结预应力筋布置安装

(1) 锚固肋数量和布置，应符合设计要求；当无设计要求时，应保证张拉段无粘结预应力筋长不超过 50 m，且锚固肋数量为双数。

(2) 安装时，上下相邻两无粘结预应力筋锚固位置应错开一个锚固肋。

(3) 应在浇筑混凝土前安装、放置无粘结预应力钢筋。

(4) 无粘结预应力筋不应有死弯，有死弯时必须切断。

(5) 无粘结预应力筋中严禁有接头。

(三) 无粘结预应力筋张拉

张拉段无粘结预应力筋长度小于 25 m 时，宜采用一端张拉；张拉段无粘结预应力筋长度大于 25 m 而小于 50 m 时，宜采用两端张拉；张拉段无粘结预应力筋长度大于 50 m 时，宜采用分段张拉和锚固。

(四) 封锚要求

(1) 凸出式锚固端锚具的保护层厚度不应小于 50 mm。

(2) 外露预应力筋的保护层厚度不应小于 50 mm。

(3) 封锚混凝土强度等级不得低于相应结构混凝土强度等级，且不得低于 C40。

➢ **注意：** 桥梁工程中，普通预应力筋结构张拉强度不应低于 75%，封锚混凝土强度不得低于 C30。

四、混凝土施工

(1) 施工时对结构混凝土外观质量、内在质量有较高的要求，设计上一般有抗冻、抗渗、抗裂要求。对此，混凝土施工必须从原材料、配合比、供应、浇筑、养护各环节加以控制，以确保实现设计的使用功能。

(2) 混凝土浇筑后应加遮盖洒水养护，保持湿润不少于 14 d。洒水养护至达到规定的强度。

五、模板及支架拆除

若采用整体模板时，侧模板应在混凝土强度能保证其表面及棱角不因拆除模板而受损坏时，方可拆除；底模板应在与结构同条件养护的混凝土试块达到表 4-2-1 规定强度时，方可拆除。

表 4-2-1　底模板混凝土试块强度规定

序号	构件类型	构件跨度 L/m	达到混凝土设计抗压强度的百分率
1	板	≤2	≥50%
		2<L≤8	≥75%
		>8	≥100%
2	梁、拱、壳	≤8	≥75%
		>8	≥100%
3	悬臂构件	—	≥100%

➢ **重点提示**：(1) 掌握整体式现浇钢筋混凝土池体结构施工流程，熟悉单元组合式现浇钢筋混凝土水池工艺流程。对于工序的考查在客观题中往往设问“哪些工序属于或不属于本施工流程”，而主观题中则多是补充工序缺项。

(2) 一级建造师执业资格考试中对于现浇水池施工考查频率较高；二级建造师执业资格考试中也应引起足够重视，重点掌握其施工流程及重点工序（模板及其支架施工、止水带安装）的技术要求。

第四章

实战演练

[2022 真题·单选] 池壁（墙）混凝土浇筑时，常用来平衡模板侧向压力的是（　　）。

A. 支撑钢管　　B. 对拉螺栓

C. 系缆风绳　　D. U 形钢筋

[解析] 采用穿墙螺栓来平衡混凝土浇筑对模板侧压力时，应选用两端能拆卸的螺栓或在拆模板时可拔出的螺栓。

[答案] B

[经典例题·单选] 塑料或橡胶止水带接头应采用（　　）。

A. 粘接　　B. 叠接　　C. 热接　　D. 咬接

[解析] 塑料或橡胶止水带接头应采用热接，不得采用叠接。

[答案] C

[经典例题·单选] 无粘结预应力筋外包层材料，严禁使用（　　）。

A. 聚氯乙烯　　B. 聚乙烯

C. 聚丙烯　　D. HDPE

[解析] 无粘结预应力筋外包层材料，应采用聚乙烯或聚丙烯，严禁使用聚氯乙烯。

[答案] A

[经典例题·单选] 一般来说，2 m 的板整体预制，当强度达到设计强度的（　　）就可以拆底膜。

A. 50%　　B. 75%

C. 80%　　D. 100%

[解析] 2 m 的板应在与结构同条件养护的混凝土试块达到设计强度的 50%时，方可拆除。

[答案] A

[**经典例题·多选**] 现浇水池施工方案包括（　　）。

A. 结构形式、材料与配合比

B. 施工工艺及流程

C. 技术措施

D. 钢筋加工安装

E. 文明施工措施

[**解析**] 施工方案包括结构形式、材料与配合比、施工工艺及流程、模板及其支架施工、钢筋加工安装、混凝土施工、预应力施工等主要内容。

[**答案**] ABD

考点 2 装配式水池吊装方案及施工技术

一、构件吊装方案

吊装前编制的吊装方案主要包括以下内容。

(1) 工程概况。

(2) 主要技术措施。

(3) 吊装进度计划。

(4) 质量安全保证措施。

(5) 环保、文明施工等保证措施。

二、预制构件安装

(1) 安装前应经复验合格；有裂缝的构件，应进行鉴定。构件应标注中心线。壁板两侧面宜凿毛，冲洗干净，界面处理满足安装要求。

(2) 曲梁宜采用三点吊装，交角不应小于 45°；当小于 45°时，应进行强度验算。安装就位后，应采取临时固定措施。曲梁应在梁的跨中临时支撑，待上部二期混凝土达到设计强度的75%及以上时，方可拆除支撑。

三、现浇壁板缝混凝土

(1) 壁板接缝的内模宜一次安装到顶，外模应分段随浇随支。分段支模高度不宜超过1.5 m。

(2) 接缝的混凝土强度应符合设计规定，无相应设计无要求时，应比壁板混凝土强度提高一级。

(3) 浇筑选在壁板间缝宽较大时进行；混凝土分层浇筑厚度不宜超过 250 mm。

(4) 用于接头或拼缝的混凝土或砂浆，宜采取微膨胀和快速水泥。

考点 3 沉井施工技术★★

预制、沉井施工技术是市政公用工程常用的施工方法，适用于含水、软土地层条件下半地下或地下泵房等构筑物施工。沉井施工示意图如图 4-2-5 所示。

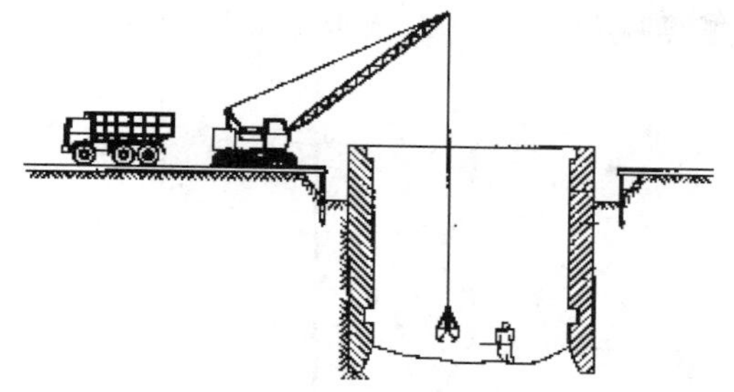

图 4-2-5　沉井施工示意图

一、沉井准备工作

（一）基坑准备

（1）当沉井施工影响附近建（构）筑物、管线或河岸设施时，应采取控制措施，并应进行沉降和位移监测，测点应设在不受施工干扰和方便测量的地方。

（2）地下水位应控制在沉井基坑底以下 0.5 m，基坑内的水应及时排除；采用沉井筑岛法制作时，岛面高程应比施工期最高水位高出 0.5 m 以上。沉井施工程序如图 4-2-6 所示。

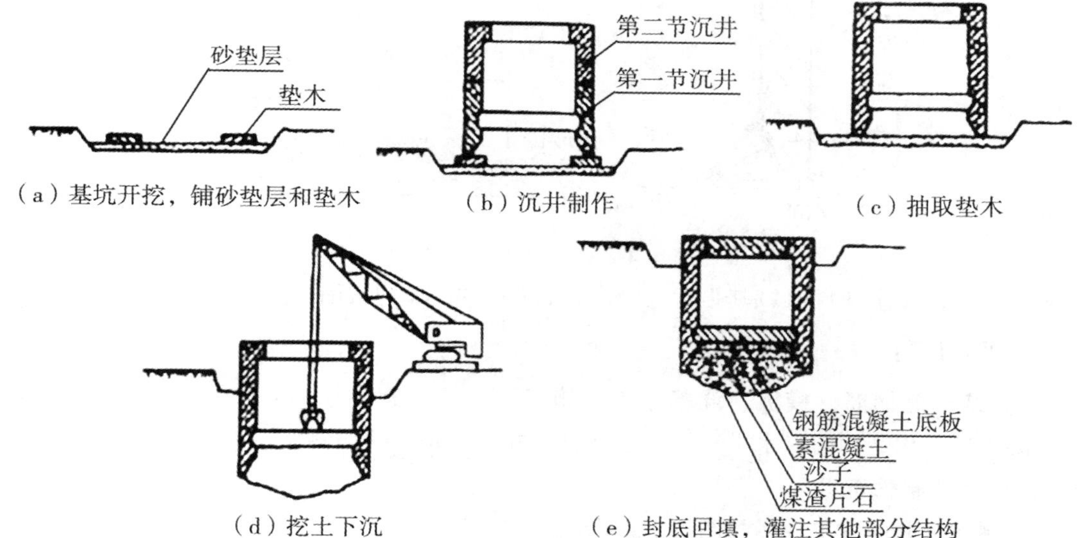

图 4-2-6　沉井施工程序

（二）地基与垫层施工

（1）制作沉井的地基应具有足够的承载力，当地基承载力不能满足沉井制作阶段的荷载时，应按设计进行地基加固。

（2）刃脚的垫层采用砂垫层上铺垫木或素混凝土的方式，且应满足下列要求。

①垫层的结构厚度和宽度应根据土体地基承载力、沉井下沉结构高度和结构形式，经计算确定；素混凝土垫层的厚度还应便于沉井下沉前凿除。

②砂垫层分布在刃脚中心线的两侧范围，应方便抽除垫木；砂垫层宜采用中粗砂，并应分层铺设、分层夯实。

➢ **注意：**刃脚在沉井井筒的下部，形状为内刃环刀，其作用是使井筒下沉时减少井壁下端切土的阻力并便于操作人员挖掘靠近沉井刃脚外壁的土体。刃脚的高度视土质的坚硬程度而异，当土质松软时应适当加高。为防止脚踏面受到损坏，可用角钢加固刃脚。当采用爆破法清除刃脚下的障碍物时，要在刃脚的外缘用钢板包住，以达到加固的目的。刃脚加固构造如图 4-2-7所示。

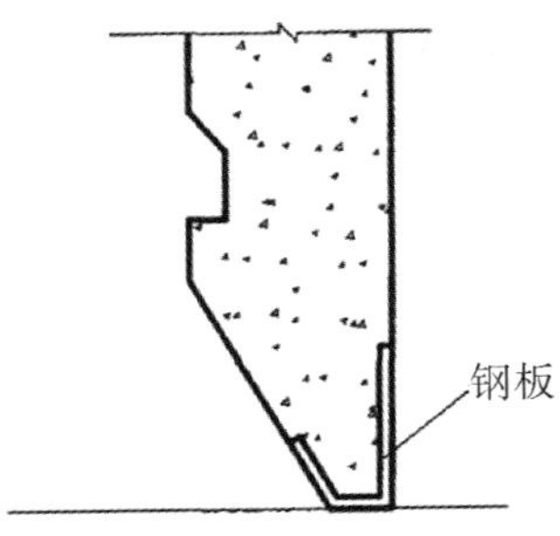

图 4-2-7 刃脚加固构造

③垫木铺设应使刃脚底面在同一水平面上，并符合设计起沉高程要求；平面布置要均匀对称，每根垫木的长度中心应与刃脚底面中心线重合，定位垫木的布置应使沉井有对称的着力点。刃脚垫木设置如图 4-2-8 所示。

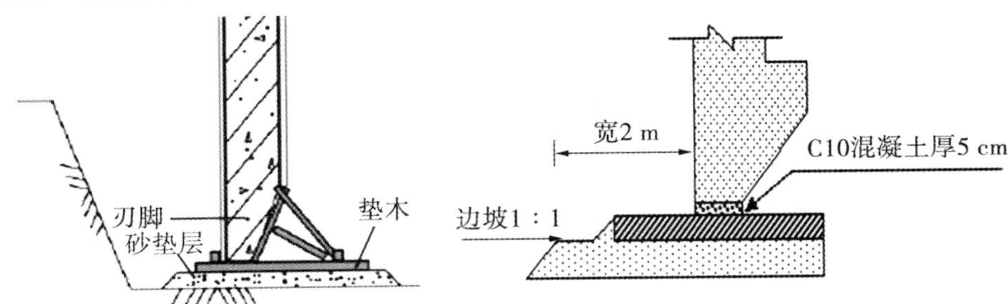

图 4-2-8 刃脚垫木设置

④采用素混凝土垫层时，其强度等级应符合设计要求，表面平整。

二、沉井预制

(一) 结构的钢筋、模板、混凝土工程施工

混凝土应对称、均匀、水平连续分层浇筑，并应防止沉井偏斜。

(二) 分节制作沉井

分节制作沉井的施工现场如图 4-2-9 所示。

图 4-2-9 分节制作沉井的施工现场

(1) 每节制作高度应符合施工方案要求，且第一节制作高度必须高于刃脚部分；当井内设有底梁或支撑梁时，应与刃脚部分整体浇捣。

(2) 当设计无要求时，混凝土强度应达到设计强度等级 75%后，方可拆除模板或浇筑后一节混凝土。

(3) 混凝土施工缝处理应采用凹凸缝或设置钢板止水带，施工缝应凿毛并清理干净；内外

模板采用对拉螺栓固定时，其对拉螺栓的中间应设置防渗止水片；钢筋密集部位和预留孔底部应辅以人工振捣，保证结构密实。

（4）沉井每次接高时各部位的轴线位置应一致、重合，及时做好沉降和位移监测；必要时应对刃脚地基承载力进行验算，并采取相应措施确保地基及结构的稳定。

（5）分节制作、分次下沉的沉井，前次下沉后进行后续接高施工。

①应验算接高后稳定系数等，并应及时检查沉井的沉降变化情况，严禁在接高施工过程中沉井发生倾斜和突然下沉。

②后续各节的模板不应支撑于地面上，模板底部应距地面不小于 1 m，搭设的外排脚手架应与模板脱开。

三、下沉施工

（一）排水下沉

（1）应采取措施，确保排水下沉过程中不危及周围建（构）筑物、道路或地下管线，并保证下沉过程和终沉时的坑底稳定。

（2）下沉过程中应进行连续排水，保证沉井范围内的地层水被疏干。

（3）挖土应分层、均匀、对称进行；对于有底梁或支撑梁的沉井，其相邻格仓高差不宜超过 0.5 m；开挖顺序应根据地质条件、下沉阶段、下沉情况综合运用和灵活掌握，严禁超挖。

（二）不排水下沉

（1）沉井内水位应符合施工设计控制水位；当下沉有困难时，应根据内外水位、井底开挖几何形状、下沉量及速率、地表沉降等监测资料综合分析，调整井内外的水位差。

（2）机械设备的配备应满足沉井下沉以及水中开挖、出土等要求，运行正常；废弃土方、泥浆应专门处置，不得随意排放。

（三）沉井下沉控制

（1）下沉应平稳、均衡、缓慢，若发生偏斜，应调整开挖顺序和方式，“随挖随纠、动中纠偏”。

（2）应按施工方案规定的顺序和方式开挖。

（3）沉井下沉影响范围内的地面四周不得堆放任何东西，车辆来往要减少震动。

（4）沉井下沉监控测量。

①下沉时，标高、轴线位移每班至少测量一次，每次下沉稳定后应进行高差和中心位移量的计算。

②终沉时，每小时测量一次，严格控制超沉，沉井封底前每 8 h 的自沉量应小于 10 mm。

③如发生异常情况应加密测量。

④大型沉井应进行结构变形和裂缝观测。

（四）辅助法下沉

沉井辅助下沉措施有阶梯形外壁设计、触变泥浆套助沉、空气幕助沉、爆破方法辅助下沉。

（1）当沉井外壁采用阶梯形以减少下沉摩擦阻力时，在井外壁与土体之间应有专人随时均匀灌入黄沙，四周灌入黄沙的高差不应超过 500 mm。

（2）当采用触变泥浆套助沉时，应采用自流渗入、管路强制压注补给等方法；触变泥浆的

第四章

性能应满足施工要求，泥浆补给应及时，以保证泥浆液面高度；施工中应采取措施防止泥浆套损坏失效，下沉到位后应进行泥浆置换。

（3）当采用空气幕助沉时，管路和喷气孔、压气设备及系统装置的设置应满足施工要求；开气应自上而下，停气应缓慢减压，压气与挖土应交替作业；确保施工安全。

（4）当沉井采用爆破方法辅助下沉时，应符合国家有关爆破安全的规定。

四、沉井封底

（一）干封底

干封底如图 4-2-10 所示。

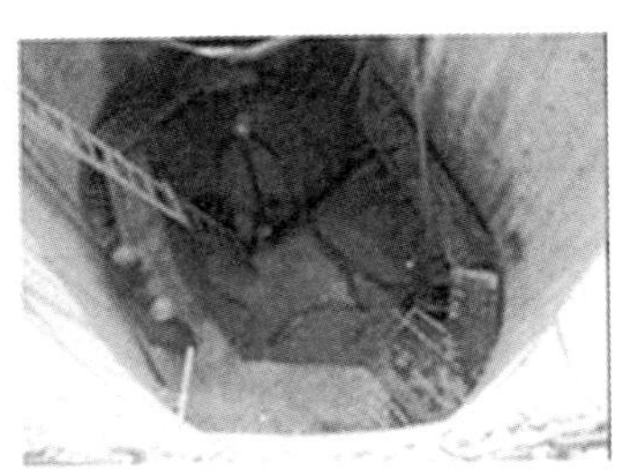

图 4-2-10　干封底

（1）在井点降水条件下施工的沉井应继续降水，并稳定保持地下水位距坑底不小于0.5 m。

（2）当采用全断面封底时，混凝土垫层应一次性连续浇筑；当有底梁或支撑梁分格封底时，应对称逐格浇筑。

（3）封底前应设置泄水井，当底板混凝土强度达到设计强度等级且满足抗浮要求时，方可封填泄水井、停止降水。

（二）水下封底

水下封底如图 4-2-11 所示。

图 4-2-11　水下封底

（1）浇筑前，每根导管应有足够的混凝土量，浇筑时能一次将导管底埋住。

（2）水下封底的浇筑，应从低处开始，逐渐向周围扩大；当井内有隔墙、底梁或混凝土供应量受到限制时，应分仓对称浇筑。

（3）每根导管的混凝土应连续浇筑，且导管埋入混凝土的深度不宜小于 1.0 m；各导管间混凝土浇筑面的平均上升速度不应小于 0.25 m/h；相邻导管间混凝土上升速度宜相近，最终浇筑成的混凝土面应略高于设计高程。

（4）当水下封底混凝土强度达到设计强度等级，沉井能满足抗浮要求时，方可将井内水抽除，并凿除表面松散混凝土进行钢筋混凝土底板施工。

➢ **重点提示：** 沉井施工工艺除了在水池中涉及，还在城市轨道交通、管道施工的工作井中有所应用，应掌握其基本工艺流程，熟悉具体的技术标准要求。

实战演练

[**经典例题·单选**] 沉井封底前每 8 h 的自沉量应小于（　　）。

A. 10 mm　　B. 15 mm　　C. 20 mm　　D. 25 mm

[**解析**] 终沉时，每小时测一次，严格控制超沉，沉井封底前每 8 h 的自沉量应小于 10 mm。

[**答案**] A

[**2023 真题·多选**] 沉井辅助下沉措施有（　　）。

A. 阶梯形外壁设计　　B. 触变泥浆套

C. 空气幕　　D. 疏干降水

E. 土体固化

[**解析**] 沉井辅助下沉措施有阶梯形外壁设计、触变泥浆套助沉、空气幕助沉、爆破方法辅助下沉。

[**答案**] ABC

[**2018 真题·多选**] 关于沉井刃脚垫木的说法，正确的有（　　）。

A. 应使刃脚底面在同一水平面上，并符合设计起沉高程要求

B. 平面布置要均匀对称

C. 每根垫木的长度中心应与刃脚底面中心线重合

D. 定位垫木的布置应使沉井有对称的着力点

E. 抽除垫木应按顺序依次进行

[**解析**] 刃脚的垫层采用砂垫层上铺垫木或素混凝土的方式，且应满足下列要求：①垫层的结构厚度和宽度应根据土体地基承载力、沉井下沉结构高度和结构形式，经计算确定；素混凝土垫层的厚度还应便于沉井下沉前凿除。②砂垫层分布在刃脚中心线的两侧范围，应方便抽除垫木；砂垫层宜采用中粗砂，并应分层铺设、分层夯实。③垫木铺设应使刃脚底面在同一水平面上，并符合设计起沉高程要求；平面布置要均匀对称，每根垫木的长度中心应与刃脚底面中心线重合，定位垫木的布置应使沉井有对称的着力点。④采用素混凝土垫层时，其强度等级应符合设计要求，表面平整。

[**答案**] ABCD

[**经典例题·多选**] 关于沉井干封底的要求，正确的有（　　）。

A. 在沉井封底前应用大石块将刃脚下垫实

B. 封底前应整理好坑底和清除浮泥，对超挖部分应回填石灰土至规定高程

C. 钢筋混凝土底板施工前，井内应无渗漏水

D. 封底前应设置泄水井

E. 当底板混凝土强度达到设计强度等级且满足抗浮要求时，方可封填泄水井、停止降水

[**解析**] 选项 B 错误，封底前应整理好坑底和清除浮泥，对超挖部分应回填砂石至规定高程。

[**答案**] ACDE

考点 4　水池施工中的抗浮措施★

当地下水位较高或在雨、汛期施工时，在水池等给水排水构筑物施工过程中需要采取措施

第四章

防止水池浮动。

一、当构筑物有抗浮结构设计时

(1) 当地下水位高于基坑底面时，在水池基坑施工前必须采取人工降水措施，把水位降至基坑底下不少于 500 mm。

(2) 在水池底板混凝土浇筑完成并达到规定强度时，应及时施作抗浮结构。

二、当构筑物无抗浮结构设计时，水池施工应采取抗浮措施

(一) 应采取降排水措施的水池（构筑物）工程施工

(1) 受地表水、地下动水压力作用影响的地下结构工程。

(2) 采用排水法下沉和封底的沉井工程。

(3) 基坑底部存在承压含水层，且经验算，基底开挖面至承压含水层顶板之间的土体重力不足以平衡承压水水头压力，需要减压降水的工程。

(二) 施工过程降、排水要求

(1) 选择可靠的降低地下水位方法，严格进行降水施工。

(2) 基坑受承压水影响时，应进行承压水降压计算，对承压水降压的影响进行评估。

(3) 降、排水应输送至抽水影响半径范围以外的河道或排水管道，并防止环境水源进入施工基坑。

(4) 在施工过程中不得间断降、排水，并应对降、排水系统进行检查和维护；构筑物未具备抗浮条件时，严禁停止降、排水。

第四章

三、当构筑物无抗浮结构设计时，雨、汛期水池施工过程必须采取抗浮措施

(1) 雨、汛期施工时，施工中常采用的抗浮措施如下。

①基坑四周设防汛墙，防止外来水进入基坑；建立防汛组织，强化防汛工作。

②在构筑物下及基坑内四周埋设排水盲管（盲沟）和抽水设备，一旦发生基坑内积水随即排除。

③备有应急供电和排水设施并保证其可靠性。

(2) 当构筑物的自重小于其承受的浮力时，会导致构筑物浮起；应考虑因地制宜的措施，引入地下水和地表水等外来水进入构筑物，使构筑物内外无水位差，以减小其浮力，使构筑物结构免于破坏。

➤ **重点提示：** 本考点考频较低，熟悉抗浮措施即可。

实战演练

[经典例题·多选] 当构筑物无抗浮结构设计时，雨、汛期水池施工中的抗浮措施有（　　）。

A. 构筑物下及基坑内四周埋设排水盲管（盲沟）和抽水设备

B. 基坑四周设防汛墙，防止外来水进入基坑

C. 必要时放水进入构筑物，使构筑物内外无水位差

D. 增加池体钢筋所占比例

E. 备有应急供电和排水设施并保证其可靠性

[解析] 本题考查无抗浮结构设计时，雨、汛期水池的抗浮措施，雨、汛期特点为水量大且集中，容易短时积累产生对水池的影响。选项 A、B、C 为必须项，而选项 E 为辅助要求。

[答案] ABCE

考点 5 满水试验★★

扫码听课

一、满水试验必备条件与准备工作

（一）满水试验前必备条件

（1）池体的混凝土或砖、石砌体的砂浆已达到设计强度要求。

（2）现浇钢筋混凝土池体的防水层、防腐层施工之前；装配式预应力混凝土池体施加预应力且锚固端封锚之后，保护层喷涂之前；砖砌池体防水层施工之后，石砌池体勾缝之后。

（3）设计预留孔洞、预埋管口及进出水口等已做临时封堵。

（4）池体抗浮稳定性满足设计要求。

（5）试验用的充水、充气和排水系统已准备就绪。

（6）各项保证试验安全的措施已满足要求。

（二）满水试验准备工作

（1）选定好洁净、充足的水源；注水和放水系统设施及安全措施准备完毕。

（2）有盖池体顶部的通气孔、人孔盖已安装完毕，必要的防护设施和照明等标志已配备齐全。

（3）安装水位观测标尺、标定水位测针。

（4）准备现场测定蒸发量的设备，将水箱固定在水池中。

（5）蒸发量测定设备应设置敞口钢板水箱，严密不渗；直径为 500 mm、高 300 mm，设水位测针，注水 200 mm。

（6）对池体有观测沉降要求时，应选定观测点，测量并记录池体各观测点初始高程。

二、满水试验流程要求与标准

满水试验是给水排水构筑物的主要功能性试验之一，如图 4-2-12 所示。

图 4-2-12　满水试验

（一）试验流程

试验准备→水池注水→水池内水位观测→蒸发量测定（无盖）→整理试验结论。

（二）试验要求

1. 池内注水要求

（1）向池内注水宜分 3 次进行，每次注水为设计水深的 1/3。对大中型池体，可先注水至池壁底部施工缝以上，检查底板抗渗质量，当无明显渗漏时，再继续注水至第一次注水深度。

（2）注水时水位上升速度不宜超过 2 m/d。相邻两次注水的间隔时间不应小于 24 h。

（3）每次注水宜测读 24 h 的水位下降值，计算渗水量。

2. 水位观测要求

（1）利用水位标尺测针观测、记录注水时的水位值。

（2）注水至设计水深 24 h 后，开始测读水位测针的初读数。

（3）测读水位的初读数与末读数之间的间隔时间应不少于 24 h。

（4）测定时间必须连续。

3. 蒸发量测定要求

（1）池体有盖时可不测，蒸发量忽略不计。

（2）池体无盖时，需作蒸发量测定。

（3）每次测定水池中水位时，同时测定水箱中水位。

（三）试验标准

（1）水池渗水量计算，按池壁（不含内隔墙）和池底的浸湿面积计算。

（2）渗水量合格标准：钢筋混凝土结构水池不得超过 2 L/（m^2 · d）；砌体结构水池不得超过 3 L/（m^2 · d）。

➢ **重点提示：**（1）熟悉满水试验前必备条件和满水试验准备工作，该知识点多以客观题的形式考查，考频较低。

（2）重点掌握满水试验的流程，掌握主要工序的技术标准要求，能够判断渗水量是否达标，涉及较多数字的考核。

实战演练

［经典例题 · 单选］关于满水试验前必备条件的说法，错误的是（　　）。

A. 池体的混凝土或砖、石砌体的砂浆已达到设计强度要求

B. 现浇钢筋混凝土池体的防水层、防腐层施工之前做满水试验

C. 装配式预应力混凝土池体施加预应力且锚固端封锚之后，保护层喷涂之前做满水试验

D. 选定好洁净、充足的水源

［解析］满水试验前必备条件如下：①池体的混凝土或砖、石砌体的砂浆已达到设计强度要求。②现浇钢筋混凝土池体的防水层、防腐层施工之前；装配式预应力混凝土池体施加预应力且锚固端封锚之后，保护层喷涂之前；砖砌池体防水层施工之后，石砌池体勾缝之后。③设计预留孔洞、预埋管口及进出水口等已做临时封堵。④池体抗浮稳定性满足设计要求。⑤试验用的充水、充气和排水系统已准备就绪。⑥各项保证试验安全的措施已满足要求。

［答案］D

［经典例题 · 单选］某水池高度 15 m，设计水深 13 m，进行满水试验时，把第三次水注满至少需要（　　）。

A. 4.5 d　　B. 6 d　　C. 6.5 d　　D. 8.5 d

［解析］13 m 分 3 次，每次 13/3 m，每天上升速度不能超过 2 m/d，每次注水间隔至少 24 h，因此注满水时间至少需要 13/2＋2＝8.5（d）。

➢ **名师点拨：**在满水试验时间计算这个考点中，依据问题不同，答案会产生差异。如果单纯提问注满水的时间，比如本题的问法，则按照快速计算的公式 $H/2+2$ 可以快速应对。另外一种问法叫作完成注水，这里还需要再加上 1 d 结构的吸水时间，因此取（$H/2+2$）＋1，就完成了注水工作。而如果是提问做完满水试验的时间，则取（$H/2+2$）＋2。因而做题之前一定要读清楚题干的意图，如果这种问题进入案例考查计算过程，答题中注意将注水的要求先用文字描述清楚再列公式，千万不要只写一个结果在答题卡上。

［答案］D

[经典例题·多选] 关于满水试验的说法，正确的有（　　）。

A. 向池内注水分3次进行，每次注入为设计水深的1/3

B. 池体无盖时，须做蒸发量测定

C. 注水时水位上升速度不宜超过2 m/d

D. 渗水量不得超过3 L/(m^2·d)

E. 相邻两次充水的间隔时间，应不少于12 h

[解析] 向池内注水宜分3次进行，每次注水为设计水深的1/3。对大中型池体，可先注水至池壁底部施工缝以上，检查底板抗渗质量，当无明显渗漏时，再继续注水至第一次注水深度。注水时水位上升速度不宜超过2 m/d。相邻两次注水的间隔时间不应小于24 h。渗水量合格标准：钢筋混凝土结构水池不得超过2 L/(m^2·d)；砌体结构水池不得超过3 L/(m^2·d)。

[答案] ABC

第五章

城市管道工程

名师导学

本章是市政工程基础内容，一共包括 3 节，都是针对施工技术的内容，考查频率高，常以案例题形式进行考查。在本章复习中，与管道施工相关内容均为考查分值较高的内容，应当重点学习，注意梳理清楚管路布设施工工艺流程，加强对如“不开槽管道施工方法”“供热管道安装与焊接技术”“燃气管道施工与安装要求”等内容的学习，而“城市管道维护、修复与更新”“供热管道功能性试验”可以作为次重点，一般多考查选择题。

第五章

考情分析

近四年考试真题分值统计表（单位：分）

节序	节名	2023 年			2022 年			2021 年			2020 年		
		单选	多选	案例	单选	多选	案例	单选	多选	案例	单选	多选	案例
第一节	城市给水排水管道工程施工	2	0	0	0	2	0	0	2	10	2	2	4
第二节	城镇供热管网工程施工	1	2	0	2	0	8	1	0	0	2	2	0
第三节	城镇燃气管道工程施工	1	2	0	1	2	0	1	2	0	0	0	0
合计		4	4	0	3	4	8	2	4	10	4	4	4

注：2020—2023 年每年有多批次考试真题，此处分值统计仅选取其中的一个批次进行分析。

第一节　城市给水排水管道工程施工

考点 1　沟槽施工方案★

一、主要内容

（1）开槽管道施工现场，如图 5-1-1 所示。

图 5-1-1　开槽管道施工现场

（2）沟槽形式、开挖方法及堆土要求。

（3）无支护沟槽的边坡要求；有支护沟槽的支撑形式、结构、支拆方法及安全措施。

（4）施工设备机具的型号、数量及作业要求。

（5）不良土质地段沟槽开挖时采取的护坡和防止沟槽坍塌的安全技术措施。

（6）施工安全、文明施工、沿线管线及构（建）筑物保护要求等。

（7）施工降水排水方案（对于有地下水影响的土方施工）。

二、确定主管道沟槽底部开挖宽度

（1）沟槽底部的开挖宽度应符合设计要求。

（2）当设计无要求时，可按经验公式计算确定：

$$B=D_0+2\times(b_1+b_2+b_3)$$

式中　B——管道沟槽底部的开挖宽度（mm）；

D_0——管道的外径（mm）；

b_1——管道一侧的工作面宽度（mm），见表 5-1-1；

b_2——有支撑要求时管道一侧的支撑厚度，可取150～200 mm；

b_3——现场浇筑混凝土或钢筋混凝土管渠一侧模板厚度（mm）。

表 5-1-1　管道一侧的工作面宽度

管道的外径 D_0/mm	管道一侧的工作面宽度 b_1/mm		
	混凝土类管道		金属类管道、化学建材管道
$D_0\leqslant 500$	刚性接口	400	300
	柔性接口	300	
$500<D_0\leqslant 1\ 000$	刚性接口	500	400
	柔性接口	400	

续表

管道的外径 D_0/mm	管道一侧的工作面宽度 b_1/mm		
	混凝土类管道		金属类管道、化学建材管道
$1\ 000<D_0\leqslant 1\ 500$	刚性接口	600	500
	柔性接口	500	
$1\ 500<D_0\leqslant 3\ 000$	刚性接口	800～1 000	700
	柔性接口	600	

注：①当槽底需设排水沟时，b_1应适当增加。

②当管道有现场施工的外防水层时，b_1宜取800 mm。

③当采用机械回填管道侧面时，b_1须满足机械作业的宽度要求。

三、确定沟槽边坡

两侧槽壁放坡坡度的依据有：土质类别、基坑开挖深度、坡顶荷载情况、支撑情况等。当地质条件良好、土质均匀、地下水位低于沟槽底面高程，且开挖深度在5 m以内、沟槽不设支撑时，沟槽开挖及其断面示意图如图5-1-2和图5-1-3所示。深度在5 m以内的沟槽边坡最陡坡度应符合表5-1-2的规定。

图 5-1-2　沟槽开挖

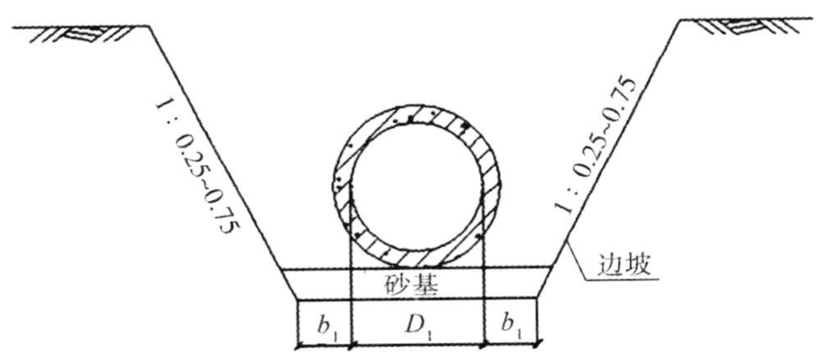

图 5-1-3　沟槽开挖断面示意图

表 5-1-2　深度在5 m以内的沟槽边坡最陡坡度

土质类别	边坡最陡坡度（高：宽）		
	坡顶无荷载	坡顶有静载	坡顶有动载
中密的砂土	1：1.00	1：1.25	1：1.50
中密的碎石类土（充填物为砂土）	1：0.75	1：1.00	1：1.25
硬塑的粉土	1：0.67	1：0.75	1：1.00
中密的碎石类土（充填物为黏性土）	1：0.50	1：0.67	1：0.75
硬塑的粉质黏土、黏土	1：0.33	1：0.50	1：0.67
老黄土	1：0.10	1：0.25	1：0.33
软土（经井点降水后）	1：1.25	—	—

➤ **重点提示：**熟悉沟槽施工方案的主要内容；能够根据表5-1-2提供的边坡最陡坡度计算沟槽边坡高度、宽度，并根据不同土质类别、坡顶荷载情况，比较其坡度设置大小。

实战演练

[2016 真题·案例节选]

背景资料：

某公司承建城市道路改扩建工程，工程内容包括：①在原有道路两侧各增设隔离带、非机动车道及人行道。②在北侧非机动车道下新增一条长 800 m 直径为 DN500 的雨水主管道，雨水口连接支管直径为 DN300，管材均采用 HDPE 双壁波纹管，胶圈柔性接口；主管道两端接入现状检查井，管底埋深为 4 m，雨水口连接管位于道路基层内……

[问题]

3. 写出确定主管道沟槽底开挖宽度及两侧槽壁放坡坡度的依据。

[答案]

3.（1）确定主管道沟槽底开挖宽度的依据有：①沟槽底部的开挖宽度应符合设计要求；②当设计无要求时，可按经验公式计算确定：$B=D_0+2\times(b_1+b_2+b_3)$。

（2）两侧槽壁放坡坡度的依据有：土质类别、基坑开挖深度、坡顶荷载情况、支撑情况等。

考点 2　沟槽开挖与支护★★★

扫码听课

一、分层开挖及深度

（1）人工开挖沟槽的槽深超过 3 m 时应分层开挖，每层的深度不超过 2 m。

（2）人工开挖多层沟槽的层间留台宽度：放坡开槽时不应小于 0.8 m，直槽时不应小于 0.5 m。

二、沟槽开挖规定

（1）槽底原状地基土不得扰动，机械开挖时槽底预留 200～300 mm 土层，由人工开挖至设计高程，整平。

（2）槽底不得受水浸泡或受冻。当槽底受局部扰动或受水浸泡时，宜采用天然级配砂砾石或石灰土回填；当槽底扰动土层为湿陷性黄土时，应按设计要求进行地基处理。

（3）当槽底土层为杂填土、腐蚀性土时，应全部挖除并按设计要求进行地基处理。

（4）在沟槽边坡稳固后，设置供施工人员上下沟槽的安全梯。

三、支撑与支护

在软土或其他不稳定土层中采用横排撑板支撑（图 5-1-4）时，开始支撑的沟槽开挖深度不得超过 1.0 m；开挖与支撑交替进行，每次交替的深度宜为 0.4～0.8 m。每根横梁或纵梁不得少于两根横撑。横撑的水平间距宜为 1.5～2 m，垂直间距不宜大于 1.5 m。

若围护结构为钢板桩，钢板桩拔除后应及时回填桩孔且填实。当采用灌砂回填时，非湿陷性黄土地区可冲水助沉；当有地面沉降控制要求时，宜采取边拔桩边注浆等措施。

第五章

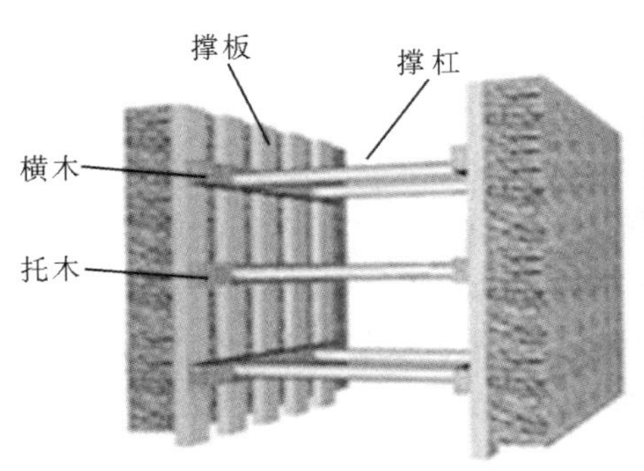

图 5-1-4 横排撑板支撑

➤ **重点提示：** 重点掌握沟槽开挖规定，与道路路堑施工原理类似，一级建造师执业资格考试中已多次考查，常以案例题的形式呈现。

实战演练

[经典例题·单选] 在软土或其他不稳定土层中采用横排撑板支撑时，开始支撑的沟槽开挖深度不得超过（　　）。

A. 0.4 m　　B. 0.6 m　　C. 0.8 m　　D. 1.0 m

[解析] 在软土或其他不稳定土层中采用横排撑板支撑时，开始支撑的沟槽开挖深度不得超过 1.0 m；开挖与支撑交替进行，每次交替的深度宜为 0.4～0.8 m。

[答案] D

[经典例题·单选] 机械开挖沟槽应预留一定厚度土层，再由人工开挖至槽底设计高程。机械开挖时槽底预留厚度为（　　）。

A. 50～100 mm　　B. 100～150 mm

C. 150～200 mm　　D. 200～300 mm

[解析] 槽底原状地基土不得扰动，机械开挖时槽底预留 200～300 mm 土层，由人工开挖至设计高程。

➤ **名师点拨：** 开挖工作通常要求以机械开挖为主，人工为辅，无论是开挖基坑还是开挖沟槽底部都应该预留有人工开挖厚度。这里需要注意，由于供热管道比较特殊，因此供热管道槽底预留清底厚度为 15 cm，而其余管道的预留厚度与基坑的预留厚度保持一致。

[答案] D

考点 3 地基处理与安管技术★★

一、地基处理

（1）管道地基应符合设计要求。当管道天然地基的强度不能满足设计要求时，应按设计要求加固。

（2）当槽底局部超挖或发生扰动时，若超挖深度不超过 150 mm，可用挖槽原土回填夯实，其压实度不应低于原地基土的密实度；当槽底地基土壤含水量较大，不适于压实时，应采取换填等有效措施。

（3）当排水不良造成地基土扰动时，若扰动深度在 100 mm 以内，宜填天然级配砂石或砂砾处理；若扰动深度在 300 mm 以内，但下部坚硬，宜填卵石或块石，并用砾石填充空隙，找平表面。

(4) 当设计要求换填时，应按要求清槽，并经检查合格；回填材料应符合设计要求或有关规定。

(5) 柔性管道地基处理宜采用砂桩、搅拌桩等复合地基。

二、安管

(1) 管节及管件下沟前应做准备工作。管节、管件下沟前，必须对管节外观质量进行检查，排除缺陷，以保证接口安装的密封性。

(2) 当采用法兰和胶圈接口时，安装应按照施工方案严格控制上、下游管道接装长度、中心位移偏差及管节接缝宽度和深度。

(3) 当采用焊接接口时，两端管的环向焊缝处齐平，错口的允许偏差应为0.2倍壁厚，内壁错边量不宜超过管壁厚度的10%，且不得大于2 mm。

(4) 当采用电熔连接、热熔连接接口时，应选择在当日温度较低或接近最低时进行；电熔连接、热熔连接时电热设备的温度控制、时间控制，挤出焊接时对焊接设备的操作等，必须严格按接头的技术指标和设备的操作程序进行；接头处应有沿管节圆周平滑对称的内、外翻边；接头检验合格后，内翻边宜铲平。

(5) 金属管道应按设计要求进行内外防腐施工和施作阴极保护工程。

➤ **重点提示：** 沟槽开挖要严格控制标高，尽量利用原状土，减少超挖；对于超挖情况，能根据具体深度选择合理的处理方式，可作为案例题进行考查，应重点掌握。

实战演练

[经典例题·单选] 当采用焊接接口时，两端管的环向焊缝处齐平，内壁错边量不宜超过管壁厚度的10%，且不得大于（　　）。

A. 0.1 mm　　B. 1 mm　　C. 2 mm　　D. 10 mm

[解析] 采用焊接接口时，两端管的环向焊缝处齐平，错口的允许偏差应为0.2倍壁厚，内壁错边量不宜超过管壁厚度的10%，且不得大于2 mm。

[答案] C

考点 4　不开槽管道施工★★

扫码听课

一、不开槽管道施工方法

不开槽管道施工方法通常也称为暗挖施工方法，主要包括顶管（含曲线）法（图5-1-5）、盾构法（图5-1-6）、浅埋暗挖法（图5-1-7）、水平定向钻法（图5-1-8）、夯管法（图5-1-9）等。

图5-1-5　顶管法

图5-1-6　盾构法

图 5-1-7　浅埋暗挖法

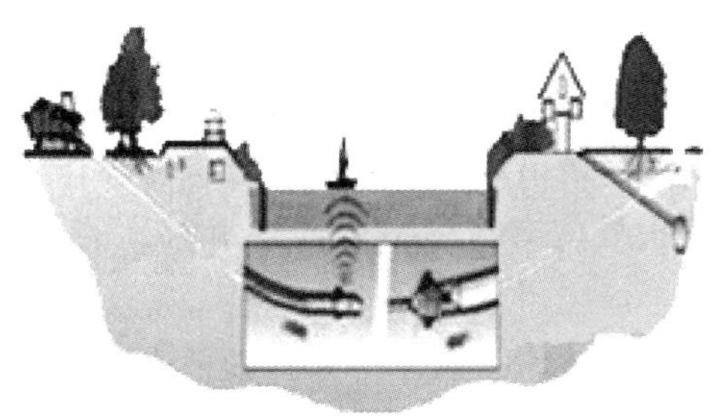

图 5-1-8　水平定向钻法

图 5-1-9　夯管法

二、不开槽法施工方法比选

（一）施工方法分类

施工方法分类如图 5-1-10 所示。

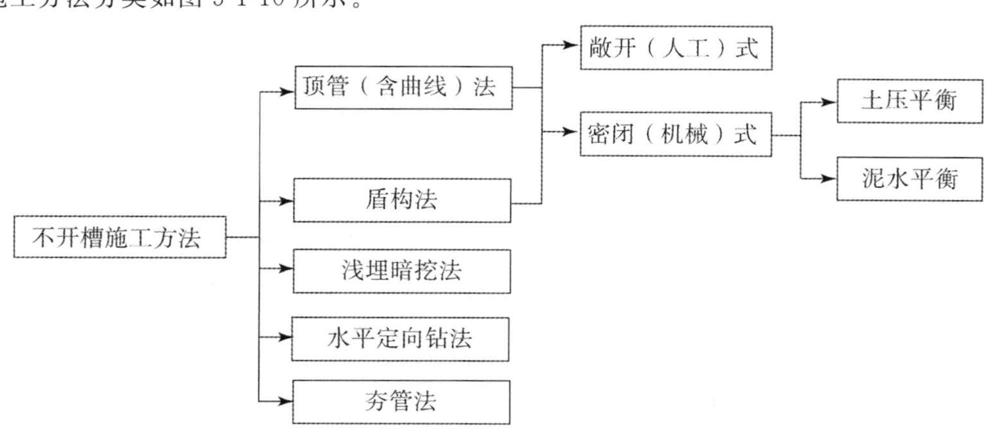

图 5-1-10　施工方法分类

（二）不开槽法施工方法比较

不开槽法施工方法与适用条件见表 5-1-3。

表 5-1-3　不开槽法施工方法与适用条件

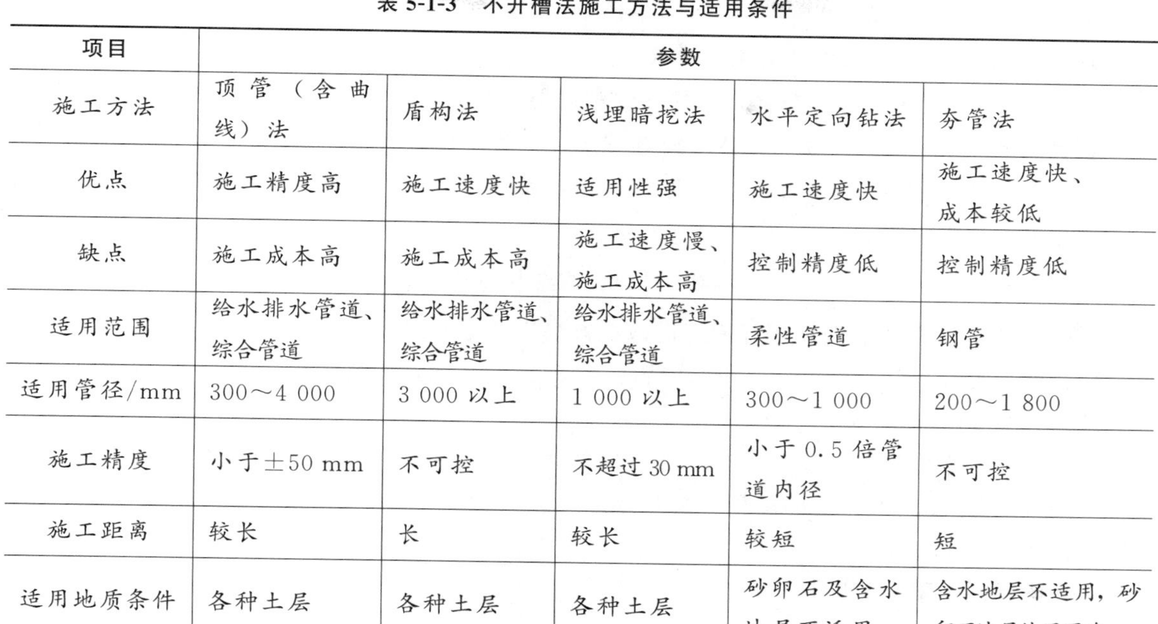

项目	参数				
施工方法	顶管（含曲线）法	盾构法	浅埋暗挖法	水平定向钻法	夯管法
优点	施工精度高	施工速度快	适用性强	施工速度快	施工速度快、成本较低
缺点	施工成本高	施工成本高	施工速度慢、施工成本高	控制精度低	控制精度低
适用范围	给水排水管道、综合管道	给水排水管道、综合管道	给水排水管道、综合管道	柔性管道	钢管
适用管径/mm	300～4 000	3 000 以上	1 000 以上	300～1 000	200～1 800
施工精度	小于±50 mm	不可控	不超过 30 mm	小于 0.5 倍管道内径	不可控
施工距离	较长	长	较长	较短	短
适用地质条件	各种土层	各种土层	各种土层	砂卵石及含水地层不适用	含水地层不适用，砂卵石地层使用困难

三、设备施工安全有关规定

（一）施工设备、装置应符合的规定

（1）施工设备、主要配套设备和辅助系统安装完成后，应经试运行及安全性检验，合格后方可掘进作业。

（2）操作人员应经过培训，考试合格方可上岗。

（3）管（隧）道内涉及的水平运输设备、注浆系统、喷浆系统以及其他辅助系统应满足施工技术要求和安全、文明施工要求。

（4）施工供电应设置双路电源，并能自动切换；动力、照明应分路供电，作业面移动照明应采用低压供电。

（5）采用顶管、盾构、浅埋暗挖法施工的管道工程，应根据管（隧）道长度、施工方法和设备条件等确定管（隧）道内通风系统模式；设备供排风能力、管（隧）道内人员作业环境等还应满足国家有关标准规定。

（6）采用起重设备或垂直运输系统时：

①起重设备必须经过起重荷载计算。

②使用起重设备或垂直运输系统前应按有关规定进行检查验收，合格后方可使用。

③起重作业前应试吊，在吊离地面 100 mm 左右时，应检查重物捆扎情况和制动性能，确认安全后方可起吊；起吊时工作井内严禁站人，当吊运重物下井距作业面底部小于 500 mm 时，操作人员方可近前工作。

④严禁超负荷使用。

（7）所有设备、装置在使用中应按规定定期检查、维修和保养。

（二）监控测量

施工中应根据设计要求、工程特点及有关规定，对管（隧）道沿线影响范围内的地表或地下管线等建（构）筑物设置观测点，进行监控测量。监控测量的信息应及时反馈，以指导施工，发现问题应及时处理。

➢ **重点提示**：(1) 熟悉常用不开槽管道施工方法。

(2) 表 5-1-3 的考查频率较高，要求能够根据具体地层情况、不同方法的优缺点、适用范围等条件比选适用的施工方法，重点记忆各施工方法的适用特点。

(3) 掌握“设备施工安全有关规定”中的具体要求，其中涉及的内容往往是通用的，各专业大同小异，理解记忆。

实战演练

[2020 真题·多选] 选择不开槽管道施工方法应考虑的因素有（　　）。

A. 施工成本　　B. 施工精度　　C. 测量方法　　D. 地质条件

E. 适用管径

[解析] 不开槽管道施工方法与适用条件见表 5-1-3，由表可知，不开槽管道施工方法应考虑的因素有施工成本、适用管径、施工精度、施工距离、适用地质条件等。

[答案] ABDE

[经典例题·案例节选]

背景资料：

（略）

[问题]

起重设备安装完成后，在正式起吊之前应做好哪些准备工作？

[答案]

起重设备在正式起吊之前应进行的准备工作有：①安全性检验，合格后方可使用；②操作人员应经过岗前培训，考试合格持证上岗；③起重作业前应试吊；④严禁超负荷使用；⑤工作井上、下作业时必须有联络信号。

考点 5 砌筑施工★

给水排水工程中砌体结构的构筑物，主要是沟道（管渠）、工艺井、闸井和检查井等。

一、基本要求

（一）材料

(1) 用于砌筑结构的机制烧结砖应边角整齐、表面平整、尺寸准确；强度等级符合设计要求，一般不低于 MU10；其外观质量应符合《烧结普通砖》(GB/T 5101—2017) 中一等品的要求。

(2) 用于砌筑结构的石材强度等级应符合设计要求；无相应设计要求时，不得小于 30 MPa。石料应质地坚实均匀，无风化剥层和裂纹。

(3) 用于砌筑结构的混凝土砌块应符合设计要求和相关标准规定。

(4) 砌筑砂浆应采用水泥砂浆，其强度等级应符合设计要求，且不应低于 M10；水泥应符合《砌体结构工程施工质量验收规范》(GB 50203—2011) 中的规定。

（二）一般规定

(1) 砌筑前应检查地基或基础，确认其中线高程、基坑（槽）符合规定，地基承载力符合设计要求，并按规定验收。

(2) 砌筑前砌块（砖、石）应充分湿润；砌筑砂浆配合比应符合设计要求；砌筑应采用满

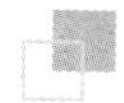

铺满挤法。砌体应上下错缝、内外搭砌、丁顺规则有序。

（3）砌体的沉降缝、变形缝、止水缝应位置准确，砌体应平整和垂直贯通，缝板、止水带应安装正确，沉降缝、变形缝应与基础的沉降缝、变形缝贯通。

（4）砌筑结构管渠宜按变形缝分段施工，当砌筑施工需间断时，应预留阶梯形斜槎。

（5）砌筑后的砌体应及时进行养护，并不得遭受冲刷、振动或撞击。

（6）禁止使用污水检查井砖砌工艺。

二、砌筑施工要点

（一）变形缝施工

（1）变形缝内应清除干净，两侧应涂刷冷底子油一道。

（2）灌注沥青等填料应待灌注底板缝的沥青冷却后，再灌注墙缝，并应连续灌满、灌实。

（二）砖砌拱圈

砖砌拱圈如图5-1-11所示。

（1）砌筑前，拱胎应充分湿润，冲洗干净，并均匀涂刷隔离剂。

（2）砌筑应自两侧向拱中心对称进行，灰缝匀称，拱中心位置正确，灰缝砂浆饱满严密。

（3）应采用退槎法砌筑，每块砌块退半块留槎，拱圈应在24 h内封顶，两侧拱圈之间应满铺砂浆，拱顶上不得堆置器材。

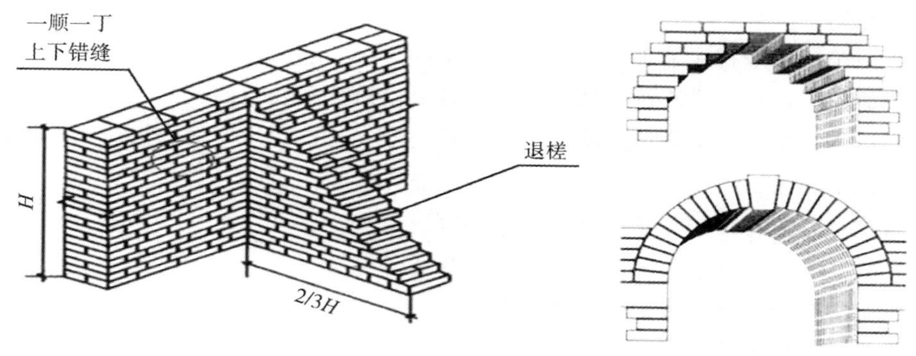

图5-1-11　砖砌拱圈

（三）反拱砌筑

反拱砌筑如图5-1-12所示。

（1）砌筑前，应按设计要求的弧度制作反拱的样板，沿设计轴线每隔10 m设一块。

（2）反拱砌筑完成后，待砂浆强度达到设计抗压强度的75%时，方可踩压。

（3）反拱表面应光滑平顺，高程允许偏差应为±10 mm。

（4）当砂浆强度达到设计抗压强度标准值的75%时，方可在无振动条件下拆除拱胎。

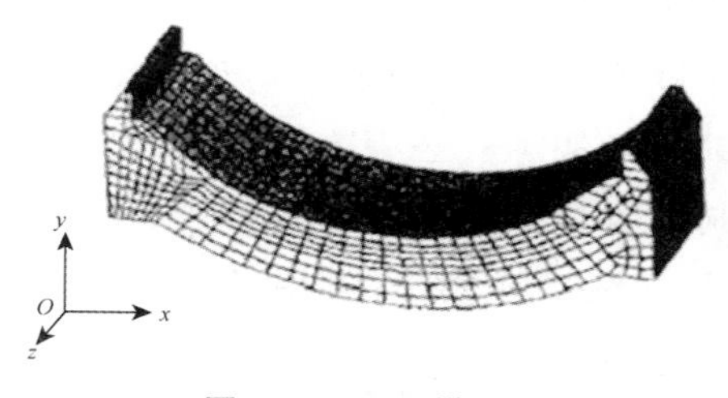

图5-1-12　反拱砌筑

第五章

(四) 圆井砌筑

圆井砌筑施工如图 5-1-13 所示。

(1) 排水管道检查井内的流槽，宜与井壁同时砌筑。排水管道检查井的混凝土基础应与管道基础同时浇筑。

(2) 砌块应垂直砌筑；收口砌筑时，应按设计要求的位置设置钢筋混凝土梁；圆井采用砌块逐层砌筑收口时，四面收口的每层收进不应大于 30 mm，偏心收口的每层收进不应大于 50 mm。

(3) 砌块砌筑时，铺浆应饱满，灰浆与砌块四周粘结紧密、不得漏浆，上下砌块应错缝砌筑。

(4) 砌筑时应同时安装踏步，踏步安装后在砌筑砂浆未达到规定抗压强度等级前不得踩踏。

(5) 内外井壁应采用水泥砂浆勾缝；当有抹面要求时，抹面应分层压实。

图 5-1-13　圆井砌筑施工

(五) 砂浆抹面

(1) 墙壁表面粘结的杂物应清理干净，并洒水湿润。

(2) 宜分两道完成：第一道应刮平造成粗糙纹；第二道抹平后分两次压实抹光。

(3) 抹面应压实抹平，施工缝留成阶梯形；接槎时应先将留槎均匀涂刷水泥浆一道并依次抹压；阴阳角应抹成圆角。

(4) 终凝后应及时保持湿润养护，养护时间不宜少于 14 d。

(六) 石砌体勾缝

(1) 勾缝前应清扫干净砌体表面，并洒水湿润。

(2) 勾缝灰浆宜采用细砂拌制的 1：1.5 水泥砂浆；砂浆嵌入深度不应小于 20 mm。

(3) 不得有假缝、通缝、丢缝、断裂和粘结不牢等现象。

(4) 勾缝完毕应清扫砌体表面粘附的灰浆。

➢ **重点提示：** 沟道的砌筑施工目前应用越来越少，熟悉其基本要求即可，近几年考查的概率较小。

实战演练

[经典例题·单选] 下列砌筑要求中，不属于圆井砌筑施工要点的是（　　）。

A. 砌筑时应同时安装踏步

B. 根据样板挂线，先砌中心的一列砖，并找准高程后接砌两侧

C. 井内的流槽宜与井壁同时砌筑

D. 用砌块逐层砌筑收口时，偏心收口的每层收进不应大于 50 mm

[解析] 选项 B 说的是“反拱砌筑”，而非“圆井砌筑”。

[答案] B

考点 6　压力管道的水压试验★

给水排水管道功能性试验分为压力管道的水压试验和无压管道的严密性试验。给水排水管道如图 5-1-14 所示。

(a) 压力管道（给水管道）

(b) 无压管道（排水管道）

图 5-1-14　给水排水管道

一、水压试验基本规定

(1) 压力管道的水压试验分为预试验阶段和主试验阶段；试验合格的判定依据分为允许压力降值和允许渗水量值，按设计要求确定。设计无要求时，应根据工程实际情况，选用其中一项值或同时采用两项值作为试验合格的最终判定依据。

(2) 压力管道的水压试验进行实际渗水量测定时，宜采用注水法。

(3) 当管道采用两种（或两种以上）管材时，宜按不同管材分别进行试验；不具备分别试验的条件而必须组合试验，且设计无具体要求时，应采用不同管材的管段中试验控制最严的标准进行试验。

(4) 当大口径球墨铸铁管、玻璃钢管、预应力钢筒混凝土管或预应力混凝土管等管道的单口水压试验合格，且设计无要求时，压力管道可免去预试验阶段，而直接进行主试验阶段。

(5) 管道的试验长度：除设计有要求外，压力管道水压试验的管段长度不宜大于 1.0 km。

二、管道试验方案与准备工作

(1) 试验方案。

试验方案主要内容包括：后背及堵板的设计；进水管路、排气孔及排水孔的设计；加压设备、压力计的选择及安装设计；排水疏导措施；升压分级的划分及观测制度的规定；试验管段的稳定措施和安全措施。管道试验如图 5-1-15 所示。

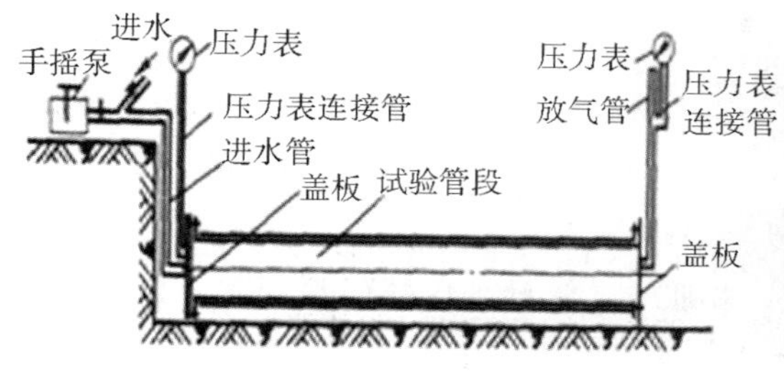

图 5-1-15　管道试验

（2）压力管道试验准备工作。

①试验管段所有敞口应封闭，不得有渗漏水现象。开槽施工管道顶部回填高度不应小于0.5 m，宜留出接口位置以便检查渗漏处。

②试验管段不得用闸阀作为堵板，不得含有消火栓、水锤消除器、安全阀等附件。

③水压试验前应清除管道内的杂物。

④应做好水源引接、排水等疏导方案。

（3）管道内注水与浸泡。

①应从下游缓慢注入，注入时在试验管段上游的管顶及管段中的高点应设置排气阀，将管道内的气体排除。

②试验管段注满水后，宜在不大于工作压力条件下充分浸泡后再进行水压试验，浸泡时间规定：

a. 球墨铸铁管、钢管、化学建材管不少于24 h。

b. 内径大于1 000 mm的现浇钢筋混凝土管渠、预自应力混凝土管、预应力钢筒混凝土管不少于72 h。

c. 内径小于1 000 mm的现浇钢筋混凝土管渠、预自应力混凝土管、预应力钢筒混凝土管不少于48 h。

三、试验过程与合格判定

（1）预试验阶段。

将管道内水压缓缓地升至规定的试验压力并稳压30 min，期间如有压力下降可注水补压；检查管道接口、配件等处有无漏水、损坏现象，若有漏水、损坏现象，应及时停止试压，查明原因并采取相应措施后重新试压。

（2）主试验阶段。

停止注水补压，稳压15 min，15 min后压力下降不超过所允许压力下降数值时，将试验压力降至工作压力并保持恒压30 min，进行外观检查，若无漏水现象，则水压试验合格。

➤ **重点提示：**压力管道往往指的是给水管道，应熟悉其基本试验流程及基本规定，考试中多以客观题形式考查，常以无压管道严密性试验内容作为干扰。

实战演练

[经典例题·单选] 压力管道水压试验的管段长度不宜大于（　　）km。

A. 4.0　　B. 3.0　　C. 2.0　　D. 1.0

[解析] 管道的试验长度：除设计有要求外，压力管道水压试验的管段长度不宜大于1.0 km。

[答案] D

考点 7 无压管道的严密性试验★

一、严密性试验基本规定

（1）污水、雨污水合流管道及湿陷土、膨胀土、流沙地区的雨水管道，必须经严密性试验合格后方可投入运行。

（2）管道的严密性试验分为闭水试验和闭气试验，应按设计要求确定；设计无要求时，应

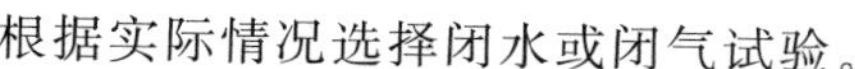

根据实际情况选择闭水或闭气试验。

（3）当大口径球墨铸铁管、玻璃钢管、预应力钢筒混凝土管或预应力混凝土管等管道的单口水压试验合格，且设计无要求时，无压管道应认同为严密性试验合格，不再进行闭水或闭气试验。

（4）管道的试验长度。

①无压力管道的闭水试验，试验管段应按井距分隔，抽样选取，带井试验；若条件允许，可一次试验不超过 5 个连续井段。

②当管道内径大于 700 mm 时，可按管道井段数量抽样选取 1/3 进行试验；试验不合格时，抽样井段数量应在原抽样基础上加倍进行试验。

二、管道试验方案与准备工作

（1）试验方案（同水压试验）。

（2）无压管道闭水试验准备工作。

①管道及检查井外观质量已验收合格。

②管道未回填土且沟槽内无积水。

③全部预留孔应封堵，不得渗水。

④应做好水源引接、排水疏导等方案。

（3）无压管道闭气试验适用条件。

①混凝土类的无压管道在回填土前进行的严密性试验。

②地下水位应低于管外底 150 mm，环境温度为－15～50 ℃。

③下雨时不得进行闭气试验。

（4）管道内注水与浸泡。

试验管道注满水后浸泡的时间不应少于 24 h。

三、试验过程与合格判定

（一）闭水试验

闭水试验如图 5-1-16 所示。

图 5-1-16　闭水试验

（1）试验水头的确定方法。

①试验段上游设计水头不超过管顶内壁时，试验水头应以试验段上游管顶内壁加 2 m 计。

②试验段上游设计水头超过管顶内壁时，试验水头应以试验段上游设计水头加 2 m 计。

③计算出的试验水头小于 10 m，但已超过上游检查井井口时，试验水头应以上游检查井井口高度为准。

（2）渗水量的观测时间不得小于 30 min，若渗水量不超过允许值，则试验合格。

（二）闭气试验

闭气试验如图 5-1-17 所示。

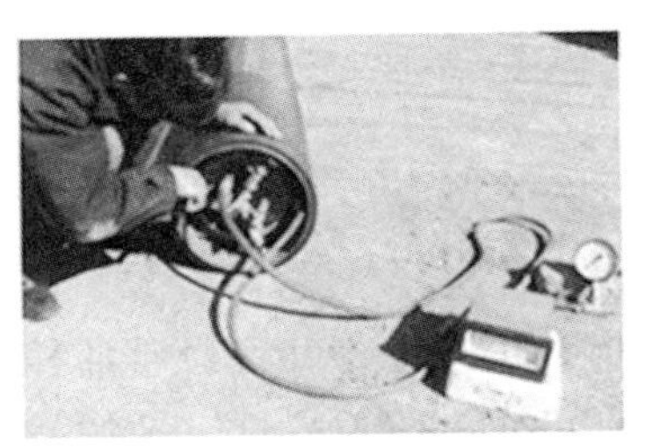

图 5-1-17　闭气试验

（1）将进行闭气试验的排水管道两端用管堵密封，然后向管道内填充空气至一定的压力，在规定闭气时间测定管道内气体的压降值。

（2）管道内气体压力达到 2 000 Pa 时开始计时，满足该管径的标准闭气时间规定时，计时结束，记录此时管内实测气体压力 P，若 $P \geqslant 1\ 500$ Pa，则管道闭气试验合格，反之为不合格。

➢ **重点提示：** 无压管道通常指排水管道，依靠坡度排水，常设置辅助的排水措施，主要分为闭水试验和闭气试验，以闭水试验为主，其严密性要求较有压管道低，掌握基本试验流程及要求即可。

实战演练

[经典例题・单选] 下列管道功能性试验的说法，正确的是（　　）。

A. 压力管道严密性试验分为闭水试验和闭气试验

B. 无压管道水压试验分为预试验和主试验阶段

C. 向管道注水应从下游缓慢注入

D. 下雨时可以进行闭气试验

[解析] 给水排水管道功能性试验分为压力管道的水压试验和无压管道的严密性试验，选项 A、B 错误。下雨时不得进行闭气试验，选项 D 错误。

[答案] C

[经典例题・单选] 给水排水管道功能性试验中，下列试验段的划分错误的是（　　）。

A. 无压力管道的闭水试验管段应按井距分隔，抽样选取，带井试验

B. 当管道采用两种（或两种以上）管材时，不必按管材分别进行水压试验

C. 无压力管道的闭水试验若条件允许可一次试验不超过 5 个连续井段

D. 无压力管道内径大于 700 mm 时，可按井段数量抽样选取 1/3 进行闭水试验

[解析] 选项 B，当管道采用两种（或两种以上）管材时，宜按不同管材分别进行试验；不具备分别试验的条件而必须组合试验，且设计无具体要求时，应采用不同管材的管段中试验控制最严的标准进行试验。

[答案] B

考点 8　城市管道维护、修复与更新★

一、城市管道维护

（一）城市管道巡视检查

（1）检查方法：人工检查法、自动监测法、分区检测法、区域泄漏普查系统法等。

第五章

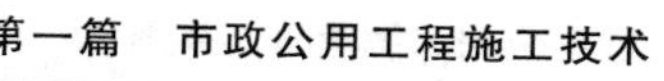

（2）检测手段：探测雷达、声呐、红外线检查、闭路监视系统等方法及仪器设备。

（二）管道维护安全防护

（1）养护人员必须接受安全技术培训，考核合格后方可上岗。

（2）作业人员必要时可戴防毒面具、佩戴防水表、穿防护靴、戴防护手套、戴安全帽等，穿上系有绳子的防护腰带，配备无线通信工具和安全灯等。

（3）针对管网维护可能产生的气体危害和病菌感染等危险源，在评估基础上，采取有效的安全防护措施和预防措施，作业区和地面设专人值守，确保人身安全。

二、城市管道修复与更新

（一）局部修补

（1）局部修补又称局部结构修补，是在基本完好的管道上纠正缺陷和降低管道渗漏量的作业。当管道的结构完好，仅有局部缺陷（裂隙或接头损坏）时，可考虑使用局部修补。

（2）局部修补要解决的问题包括：

①提供附加的结构性能，以有助于受损管能承受结构荷载。

②提供防渗的功能。

③能代替遗失的管段等。

（3）局部修补主要用于管道内部的结构性破坏以及裂纹等的修复。目前，进行局部修补的方法很多，主要有密封法、补丁法、铰接管法、局部软衬法、灌浆法、机器人法等。

（二）全断面修复

1. 内衬法

传统的内衬法（图 5-1-18）也称为插管法。该法适用于管径为 60～2 500 mm、管线长度在600 m以内的各类管道的修复（改进后可适用于管径为 75～1 200 mm，长度在 600 m 以内的管道修复）。用于内衬法的化学建材管材主要有醋酸-丁酸纤维素（CAB）、聚氯乙烯（PVC）、PE 管等。此法施工简单、速度快、可适应大曲率半径的弯管，但存在管道断面受损失较大、环形间隙要求灌浆、一般只用于圆形断面管道等缺点。

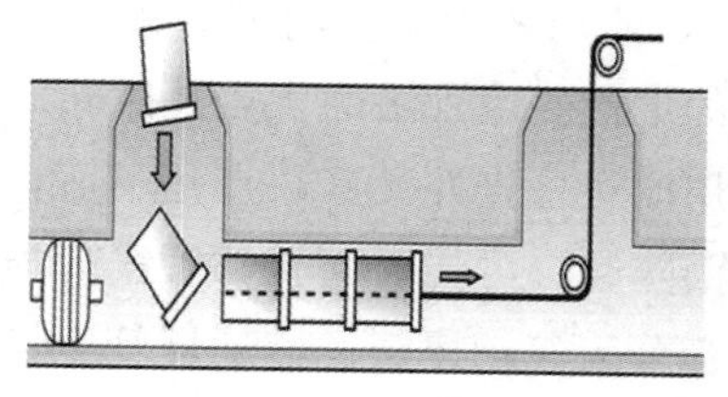

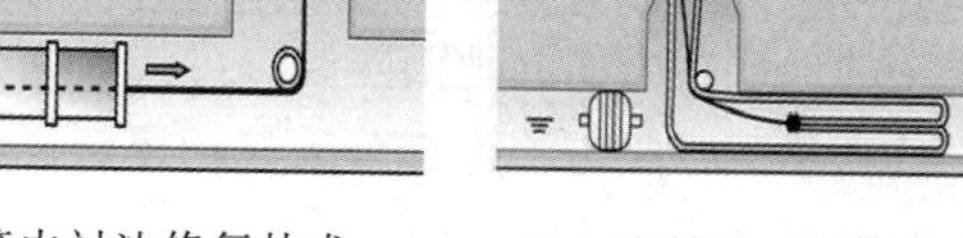

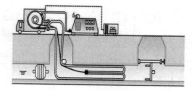

（a）短管内衬法修复技术　（b）翻转法（CIPP）修复技术

图 5-1-18　内衬法

2. 缠绕法

缠绕法（图 5-1-19）是借助螺旋缠绕机，将 PVC 或 PE 等塑料制成的、带连锁边的加筋条带缠绕在旧管内壁上形成一条连续的管状内衬层。通常，衬管与旧管直径的环形间隙需灌浆。此法适用于管径为 50～2 500 mm，管线长度在 300 m 以内的各种圆形断面管道的结构性或非结构性的修复，尤其适用于污水管道。其优点是可以长距离施工、施工速度快、适应大曲率半径的弯管和管径的变化、可利用现有检查井，但也有管道的过流断面会有损失、对施工人员的技术要求较高等缺点。

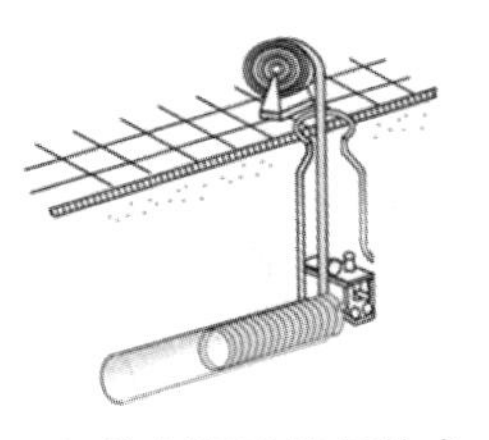

图 5-1-19 缠绕法

3. 喷涂法

喷涂法（图 5-1-20）主要用于管道的防腐处理，也可用于在旧管内形成结构性内衬。施工时，将水泥浆或环氧树脂均匀地喷涂在旧管道内壁上。此法适用于管径为 75～4 500 mm、管线长度在 150 m 以内的各种管道的修复。其优点是不存在支管的连接问题，过流断面损失小，可适应管径、断面形状及弯曲度的变化；其缺点是树脂固化需要一定的时间，管道严重变形时施工难以进行，对施工人员的技术要求较高。

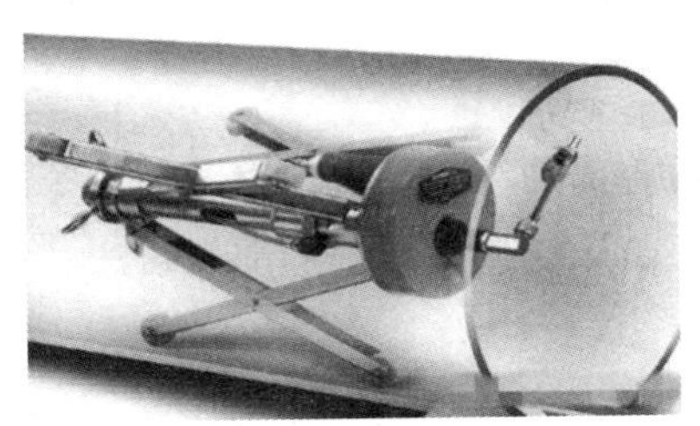

图 5-1-20 喷涂法

(三) 管道更新

常用的管道更新是指以待更新的旧管为导向，在将其破碎的同时，将新管拉入或顶入的管道更新技术。这种方法可用相同或稍大直径的新管更换旧管。

1. 破管外挤

破管外挤也称爆管法或胀管法（图 5-1-21），是使用爆管工具将旧管破碎，并将其碎片挤到周围的土层，同时将新管或套管拉入，完成管道的更换。爆管法的优点是破除旧管和更换新管一次完成，施工速度快，对地表的干扰少；可以利用原有检查井。其缺点是不适合弯管的更换；在旧管线埋深较浅或在不可压密的地层中会引起地面隆起；可能引起相邻管线的损坏；分支管的连接需开挖进行。按照爆管工具的不同，又可将爆管分为气动爆管、液动爆管、切割爆管三种。旧管道碎屑在不同土层中的分布情况如图 5-1-22 所示。

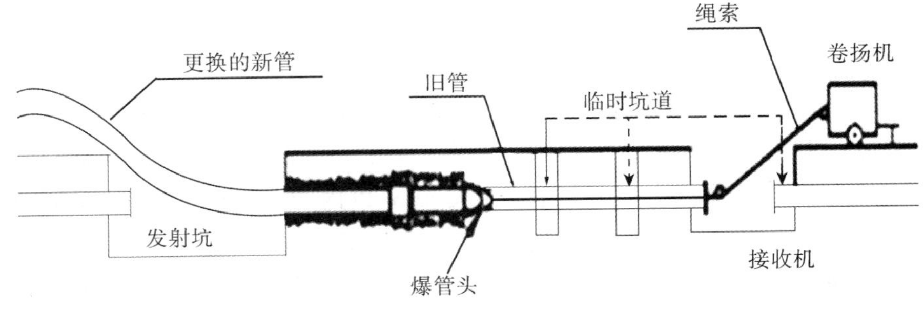

图 5-1-21 爆管法施工工艺

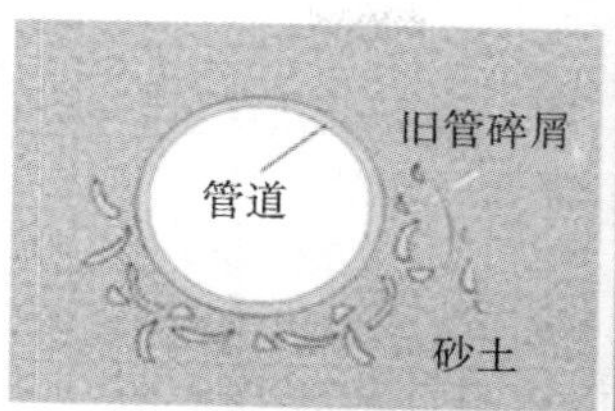

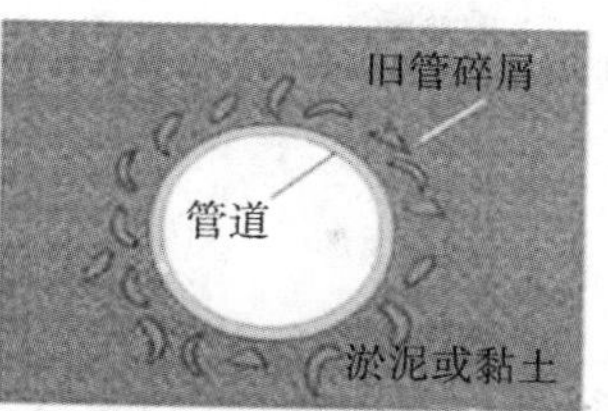

图 5-1-22　旧管道碎屑在不同土层中的分布情况

(1) 气动或液动爆管法一般适用于管径小于 1 200 mm、由脆性材料制成的管，如陶土管、混凝土管、铸铁管等，新管可以是聚乙烯（PE）管、聚丙烯（PP）管、陶土管和玻璃钢管等。新管的直径可以与旧管的直径相同或更大，视地层条件的不同，最大可比旧管大 50%。

(2) 切割爆管法主要用于更新钢管。这种爆管工具由爆管头和扩张器组成，爆管头上有若干盘片，由它在旧管内划痕，随后扩张器上的刀片将旧管切开，同时将切开后的旧管撑开，以便将新管拉入。切割爆管法适用于管径为 50～150 mm、长度在 150 m 以内的钢管，新管多用 PE 管。

2. 破管顶进

(1) 如果管道处于较坚硬的土层，旧管破碎后外挤存在困难，可使用破管顶进法。该法是使用经改进的微型隧道施工设备或其他的水平钻机，以旧管为导向，将旧管连同周围的土层一起切削破碎，形成直径相同或更大直径的孔，同时将新管顶入，完成管线的更新，破碎后的旧管碎片和土由螺旋钻杆排出。

(2) 破管顶进法主要用于直径为 100～900 mm、长度在 200 m 以内、埋深较大（一般大于 4 m）的陶土管、混凝土管或钢筋混凝土管，新管为球墨铸铁管、玻璃钢管、混凝土管或陶土管。该法的优点是对地表和土层无干扰；可在复杂的土层，尤其是含水层中施工；能够更换管线的走向和坡度已偏离的管道；基本不受地质条件限制。其缺点是需开挖两个工作井，地表需有足够大的工作空间。

➢ **重点提示：**(1)“城市管道维护”属于低频考点，熟悉管道维护安全防护规定即可。(2) 重点掌握“城市管道修复与更新”，注意区分不同方法的适用范围与限制特点。

实战演练

[**2023 真题·单选**] 下列管道修复方法中，属于局部结构修补管道的是（　　）。

A. 插管法　　B. 缠绕法

C. 灌浆法　　D. 喷涂法

[**解析**] 局部结构修补主要用于管道内部的结构性破坏以及裂纹等的修复。目前，进行局部结构修补的方法很多，主要有密封法、补丁法、铰接管法、局部软衬法、灌浆法、机器人法等。

[**答案**] C

[**2019 真题·单选**] 下列方法中，用于排水管道更新的是（　　）。

A. 缠绕法　　B. 内衬法

C. 爆管法　　D. 喷涂法

[**解析**] 缠绕法、内衬法和喷涂法属于管道修复，爆管法（破管外挤）和破管顶进属于管道更新。

[**答案**] C

［经典例题·案例节选］

背景资料：

（略）

［问题］

管道作业人员进行埋地管线维护作业时，应佩戴哪些装备？

［答案］

作业人员必要时可戴上防毒面具，佩戴防水表、穿防护靴、戴防护手套、戴安全帽等，穿上系有绳子的防护腰带，配备无线通信工具和安全灯等。

第二节　城镇供热管网工程施工

考点 1　供热管道的分类★

供热管道如图 5-2-1 所示。

图 5-2-1　供热管道

一、按热媒种类分类

（1）蒸汽热网：分为高压、中压、低压蒸汽热网。

（2）热水热网。

①高温热水热网：$t>100$ ℃。

②低温热水热网：$t\leqslant 100$ ℃。

二、按所处地位分类

（1）一级管网（一次热网）：从热源至换热站的供热管道系统。

（2）二级管网（二次热网）：从换热站至热用户的供热管道系统。

三、按敷设方式分类

（1）地上（架空）敷设：按支撑结构高度不同可分为高支架（$H\geqslant 4$ m）、中支架（2 m$\leqslant H<4$ m）、低支架（$H<2$ m），此种方式广泛应用于工厂区和城市郊区。

（2）地下敷设：可分为管沟敷设和直埋敷设。

四、按系统形式分类

（1）开式系统：直接消耗一次热媒，中间设备极少，但一次热媒补充量大。

（2）闭式系统：一次热网与二次热网采用换热器连接，一次热网热媒损失很小，但中间设备多，实际使用较广泛。

五、按供回分类

（1）供水管（蒸汽热网时：供汽管）：从热源至热用户（或换热站）的管道。

(2) 回水管（蒸汽热网时：凝水管）：从热用户（或换热站）回至热源的管道。

➢ **重点提示**：类似于其他专业的分类考查，了解不同的分类方法，能够区分即可。

实战演练

[2023 真题・单选] 蒸汽热网的凝水管又称为（　　）。

A. 供水管

B. 排水管

C. 回水管

D. 放空管

[解析] 回水管（蒸汽热网时：凝水管）：从热用户（或换热站）返回热源的管道。

[答案] C

[经典例题・多选] 热力网中闭式系统的特点是（　　）。

A. 实际使用广泛

B. 消耗热媒量小

C. 消耗热媒量大

D. 中间设备少

E. 中间设备多

[解析] 闭式系统中一次热网与二次热网采用换热器连接，一次热网热媒损失很小，但中间设备多，实际使用较广泛。

[答案] ABE

考点 2　供热管道施工准备工作

一、施工测量

(1) 施工单位应根据建设单位或设计单位提供的城镇平面控制网点和城市水准网点的位置、编号、精度等级及其坐标和高程资料，确定管网施工线位和高程。

(2) 管线工程施工定线测量应符合下列规定。

①测量应按主线、支线的次序进行。

②管线的起点、终点、各转角点及其他特征点应在地面上定位。

③地上建筑、检查室、支架、补偿器、阀门等的定位可在管线定位后实施。

(3) 供热管线工程竣工后，应全部进行平面位置和高程测量，竣工测量宜选用施工测量控制网。

(4) 土建工程竣工测量应对起终点、变坡点、转折点、交叉点、结构材料分界点、埋深、轮廓特征点等进行实测。

(5) 对管网施工中已露出的其他与热力管线相关的地下管线和构筑物，应测其中心坐标、上表面高程、与供热管线的交叉点。

二、土建及地下穿越工程

(1) 施工前，应对工程影响范围内的障碍物进行现场核查，逐项查清障碍物构造情况、使用情况以及与拟建工程的相对位置。

(2) 对工程施工影响范围内的各种既有设施应采取保护措施，不得影响地下管线及建(构)筑物的正常使用功能和结构安全。

(3) 开挖低于地下水位的基坑（槽）、管沟时，应根据当地工程地质资料，采取降水措施或地下水控制措施。降水之前，应按当地水务或建设主管部门的规定，将降水方案报批或组织进行专家论证。在降水施工的同时，应做好降水监测、环境影响监测和防治，以及水土资源的

第五章

保护工作。

(4) 穿越既有设施或建(构)筑物时，其施工方案应取得相关产权或管理单位的同意。

(5) 冬雨期施工要求。

①土方开挖不宜在冬期施工。如必须在冬期施工时，其施工方法应按冬施方案进行。

②采用防止冻结法开挖土方时，可在冻结前用保温材料覆盖或将表层土翻耕耙松，其翻耕深度应根据当地气候条件确定，一般不小于0.3 m。

➤ **重点提示：**掌握供热管道下穿的基本安全规定，可作为案例题的考查。

实战演练

[经典例题·单选] 供热管道采用防止冻结法开挖土方时，可在冻结前将表层土翻耕耙松，其翻耕深度一般不小于(　　)。

A. 0.1 m　　B. 0.3 m

C. 0.6 m　　D. 0.8 m

[解析] 采用防止冻结法开挖土方时，可在冻结前用保温材料覆盖或将表层土翻耕耙松，其翻耕深度应根据当地气候条件确定，一般不小于0.3 m。

[答案] B

考点3 供热管道安装与焊接技术★★

一、焊接工艺方案主要内容

(1) 管材、板材性能和焊接材料。

(2) 焊接方法。

(3) 坡口形式及制作方法。

(4) 焊接结构形式及外形尺寸。

(5) 焊接接头的组对要求及允许偏差。

(6) 焊接电流的选择。

(7) 焊接质量保证措施。

(8) 检验方法及合格标准。

二、管道安装与焊接施工要点

(1) 在管道中心线和支架高程测量复核无误后，方可进行管道安装。

(2) 管道安装顺序：先安装干管，再安装检查室，最后安装支线。

(3) 钢管对口时，纵向焊缝之间应相互错开100 mm弧长以上，管道任何位置不得有十字形焊缝；焊口不得置于建筑(构)物等的墙壁中。

(4) 管道两相邻环形焊缝中心之间的距离应大于钢管外径，且不得小于150 mm。

(5) 对接管口时，应检查管道平直度，在距接口中心200 mm处测量，允许偏差为0～1 mm，在所对接管道的全长范围内，最大偏差值不应超过10 mm。管口对接示意图如图5-2-2所示。

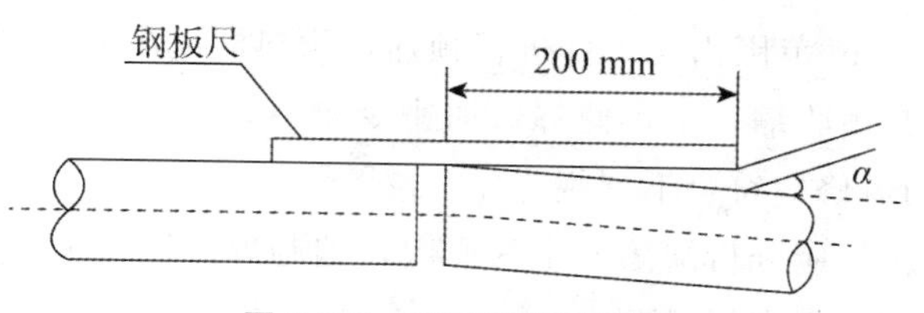

图 5-2-2　管口对接示意图

（6）不得采用在焊缝两侧加热延伸管道长度、螺栓强力拉紧、夹焊金属填充物和使补偿器变形等方法强行对口焊接。

（7）管道支架处不得有环形焊缝。

（8）壁厚不等的管口对接，应符合下列规定。

①外径相等或内径相等，薄件厚度小于等于 4 mm 且厚度差大于 3 mm，以及薄件厚度大于 4 mm，且厚度差大于薄件厚度的 30%或超过 5 mm 时，应将厚件削薄。

②内径外径均不等，单侧厚度差超过①中所列数值时，应将管壁厚度大的一端削薄，削薄后的接口处厚度应均匀。

（9）焊件组对时的定位焊应符合下列规定。

①在焊接前应对定位焊缝进行检查，当发现缺陷时，待处理合格后方可焊接。

②应采用与根部焊道相同的焊接材料和焊接工艺，并由合格焊工施焊。

③钢管的纵向焊缝（螺旋焊缝）端部不得进行定位焊。

➢ **注意：**补充焊接的几个概念。

（1）定位焊：为装配和固定焊件接头的位置而设置的焊接。

（2）点焊：是在焊接接头区进行的临时焊接，它可以使待焊管子装配牢固，以免焊接时发生错位。点固焊缝长度一般在 20～50 mm，间隔角度为 90°，正式焊接时，这些点固焊缝就会熔化到焊缝金属中。

（3）焊道的四种基本类型。

①始焊道或根部焊道：点固焊后焊接的第一道焊缝。

②热焊道：通常也被称为第二焊道，施焊的目的是将根部焊道中的熔渣去除。

③填充焊道或中间焊道：指点焊之后和盖面焊道之前的所有焊道。

④盖面焊道：要求焊缝表面光滑，并且有一个 2.5～5 mm 的余高，以起到加强焊缝的作用。

（4）焊道示意图如图 5-2-3 所示。

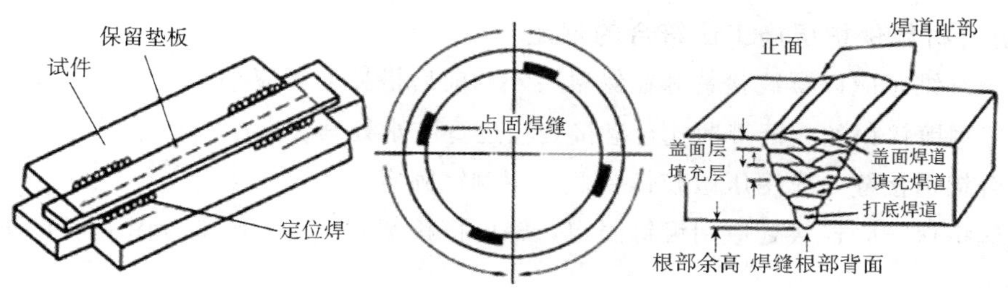

图 5-2-3　焊道示意图

（10）在 0 ℃以下的气温中焊接，应符合下列规定。

①现场应有防风、防雪措施。

②焊接前应清除管道上的冰、霜、雪。

③应在焊口两侧 50 mm 范围内对焊件进行预热，预热温度应根据焊接工艺确定。

④焊接时应使焊缝自由收缩，不得使焊口加速冷却。

(11) 不合格焊缝的返修应符合下列规定。

①对需要返修的焊缝，应分析缺陷产生的原因，编制焊接返修工艺文件。

②同一部位的返修次数不应超过两次。

三、直埋保温管安装

(1) 管道安装前应检查沟槽底高程、坡度、基底处理是否符合设计要求，管道内杂物及砂土应清除干净。

(2) 接头保温。

①直埋管接口保温应在管道安装完毕及强度试验合格后进行。

②接头外护层安装完毕后，必须全部进行气密性检验并应合格。气密性检验的压力为 0.02 MPa，保压的时间不应少于 2 min。压力稳定后用肥皂水仔细检查密封处，无气泡为合格。

(3) 直埋蒸汽管道必须设置排潮管；钢质外护管必须进行外防腐；工作管的现场接口焊接应采用氩弧焊打底，焊缝应进行 100% X 射线探伤检查。

(4) 直埋蒸汽管道外护管的现场补口应符合下列规定。

①钢质外护管宜采用对接焊，接口焊接应采用氩弧焊打底，并应进行 100%超声波探伤检验；在焊接外护管时，应对已完成的工作管保温材料采取防护措施以防止焊接烧灼。

②外护管接口应做严密性试验，试验压力应为 0.2 MPa。

四、保温

(1) 管道、管路附件和设备的保温应在压力试验、防腐验收合格后进行。

(2) 保温材料进场时应对品种、规格、外观等进行检查验收，并应从进场的每批材料中，任选 1～2 组试样进行导热系数、保温层密度、厚度和吸水（质量含水、憎水）率、耐热性等测定。

(3) 应对预制直埋保温管保温层和保护层进行复检，并应提供复检合格证明文件。

(4) 当保温层厚度超过 100 mm 时，应分为两层或多层逐层施工。

五、保温保护层

(一) 复合材料保护层施工应符合的规定

(1) 玻璃纤维布应以螺纹状紧缠在保温层外，前后搭接均不应小于 50 mm，布带两端及每隔 300 mm 应用镀锌钢丝或钢带捆扎，搭接处应进行防水处理。

(2) 复合铝箔接缝处应用压敏胶带粘贴、用铆钉固定。

(3) 玻璃钢保护壳连接处应用铆钉固定，轴向搭接宽度应为 50～60 mm，环向搭接宽度应为 40～50 mm。

(4) 用于软质保温材料保护层的铝塑复合板正面应朝外，不得损伤其表面，轴向接缝应用保温钉固定，且间距应为 60～80 mm，环向搭接宽度应为 30～40 mm，纵向搭接宽度不得小于 10 mm。

(5) 当垂直管道及设备的保护层采用复合铝箔、玻璃钢保护壳和铝塑复合板等时，应由下向上，成顺水接缝。

（二）石棉水泥保护层施工应符合的规定

（1）石棉水泥不得采用闪石棉等国家禁止使用的石棉制品。

（2）保护层应分两层抹成，首层应找平、挤压严实，第二层应在首层稍干后加灰泥压实。

（3）抹面保护层未硬化前应防雨、雪。当环境温度低于 5 ℃，应采取防冻措施。

（三）金属保护层施工应符合的规定

（1）当设计无要求时，宜选用镀锌薄钢板或铝合金板。

（2）水平管道的施工可直接将金属板卷合在保温层外，并应按管道坡向自下而上安装。两板环向半圆凸缘应重叠，金属板接口应在管道下方。

（3）搭接处应用铆钉固定，其间距不应大于 200 mm。

（4）当在结露或潮湿环境安装时，金属保护层应嵌填密封剂或在接缝处包缠密封带。

（5）金属保护层上不得踩踏或堆放物品。

➤ **重点提示：**熟悉管道安装及焊接的基本施工内容及要点，重点掌握焊缝的施工要点及质量检验标准，焊缝是供热管道的薄弱环节。

实战演练

［经典例题·单选］对接管口时，应检查管道平直度，在距接口中心 200 mm 处测量，允许偏差（　　）mm。

A. 0～1　　B. 0～2

C. 0～3　　D. 0～4

［解析］对接管口时，应检查管道平直度，在距接口中心 200 mm 处测量，允许偏差为 0～1 mm，在所对接钢管的全长范围内，最大偏差值不应超过 10 mm。

［答案］A

［经典例题·单选］关于管道定位焊的说法，错误的是（　　）。

A. 采用与根部焊道相同的焊接材料

B. 采用与根部焊道相同的焊接工艺

C. 在螺旋管焊缝的端部应进行定位焊

D. 定位焊缝是正式焊缝

［解析］在螺旋管、直缝管焊接的纵向焊缝处不得进行点焊，选项 C 错误。

［答案］C

考点 4　管道支、吊架安装★

一、支、吊架特点

支、吊架承受巨大的推力或管道的荷载，并协助补偿器传递管道温度伸缩位移（如滑动支架）或限制管道温度伸缩位移（如固定支架），在热力管网中起重要作用，如图 5-2-4 所示。常用支、吊架的作用及特点见表 5-2-1。

图 5-2-4　支、吊架

表 5-2-1　常用支、吊架的作用及特点

名称		作用	特点
支架	固定支架	使管道在该点无任何方向位移	承受作用力很大，多设置在补偿器和附件旁
	滑动支架	管道在该处允许有较小的滑动	形式简单，加工方便，使用广泛
	导向支架	限制管道向某一方向位移（轴向）	形式简单，作用重要，使用较广泛
	弹簧支架	管道有垂直位移时使用，不能承受水平荷载	形式较复杂，使用在重要场合
	滚动支架	近似于滑动支架	变滑动为滚动，一般只用于热媒温度较高且无横向位移的架空管道上
吊架	刚性吊架	承受管道荷载，在垂直方向进行刚性约束	加工、安装方便，能承受管道荷载及水平位移
	弹簧吊架	承受管道荷载，减振作用	形式较复杂，使用在重要场合，三向位移

二、支、吊架安装

（1）管道安装前，应先完成管道支、吊架的安装。

（2）管道支架支承面的标高可采用加设金属垫板的方式进行调整，垫板不得大于两层，垫板应与预埋铁件或钢结构进行焊接。

（3）管道支、吊架处不应有管道焊缝。

（4）固定支架安装应符合下列规定。

①有轴向补偿器的管段，在安装补偿器前，管道和固定支架之间不得进行固定；有角向型、横向型补偿器的管段应与管道同时进行安装与固定。

②固定支架卡板和支架结构接触面应贴实，但不得焊接，以免形成“死点”，发生事故；管道与固定支架、滑托等焊接时，不得损伤管道母材。

③固定支架、导向支架等型钢支架的根部，应做防水护墩。

（5）固定墩制作。

①结构形式一般为矩形、倒“T”形、单井、双井、翅形和板凳形。

②混凝土强度等级不应低于 C30，钢筋应采用 HPB300、HRB400，直径不应小于 10 mm；钢筋应双层布置，间距不应大于 250 mm，保护层不应小于 40 mm。供热管道穿过固定墩处，固定节两边除设置加强筋外，对于局部混凝土高热区应采取隔热或耐热措施。

③当地下水对钢筋混凝土有腐蚀作用时，应对固定墩进行防腐处理。

➤ **重点提示：**低频考点，熟悉供热管道支、吊架的设置形式及基本要求即可。

实战演练

[**2019 真题·多选**] 关于供热管道支、吊架安装的说法，错误的有（　　）。

A. 管道支、吊架的安装应在管道安装检验前完成

B. 活动支架的偏移方向、偏移量及导向性能应符合设计要求

C. 调整支承面标高的垫板不得与钢结构焊接

D. 有角向型补偿器的管段，固定支架不得与管道同时进行安装与固定

E. 弹簧支、吊架的临时固定件应在试压前拆除

[**解析**] 调整支撑面标高的垫板应与预埋铁件或钢结构进行焊接，选项C错误。有角向型补偿器的管段，固定支架应与管道同时进行安装与固定，选项D错误。弹簧支、吊架的临时固定件应在管道安装、试压、保温完毕后拆除，选项E错误。

[**答案**] CDE

考点 5　法兰连接和阀门安装★

一、法兰连接应符合的规定

(1) 法兰连接端面应保持平行，法兰偏差不大于法兰外径的1.5%，且不得大于2 mm；不得采用加偏垫、多层垫或加强力拧紧法兰一侧螺栓的方法来消除法兰接口端面的偏差。

(2) 法兰与法兰、法兰与管道应保持同轴，螺栓孔中心偏差不得超过孔径的5%，垂直允许偏差为0～2 mm。

(3) 不得采用先加垫片并拧紧法兰螺栓，再焊接法兰焊口的方式进行法兰焊接安装。

(4) 法兰内侧应进行封底焊。

(5) 法兰螺栓应涂二硫化钼油脂或石墨机油等防锈油脂保护。

(6) 法兰距支架或墙面的净距不应小于200 mm。

二、阀门安装应符合的规定

阀门如图5-2-5所示。

图5-2-5　阀门

(1) 阀门进场前应进行强度和严密性试验，试验完成后应进行记录。

(2) 阀门的开关手轮应放在便于操作的位置；水平安装的闸阀、截止阀的阀杆应处于上半周范围内。

(3) 阀门吊装应平稳，不得用阀门手轮作为吊装的承重点。

(4) 焊接安装时，焊机地线应搭在同侧焊口的钢管上，不得搭在阀体上。

(5) 焊接蝶阀应符合下列规定。

①阀板的轴应安装在水平方向上，轴与水平面的最大夹角不应大于60°，不得垂直安装。

②焊接安装前应关闭阀板，并采取保护措施。

第五章

（6）焊接球阀应符合下列规定。

①当焊接球阀水平安装时，应将阀门完全开启；当垂直安装，且焊接阀体下方焊缝时应将阀门关闭。

②球阀焊接过程中应对阀体进行降温。

（7）放气阀、除污器、泄水阀安装应在无损探伤、强度试验前完成，截止阀安装应在严密性试验前完成。

➤ **重点提示：**低频考点，熟悉法兰和阀门的设置形式及基本要求即可。

实战演练

［经典例题·单选］法兰连接端面应保持平行，法兰偏差不大于法兰外径的1.5%，且不得大于（　　）。

A. 1 mm　　B. 1.5 mm　　C. 2 mm　　D. 2.5 mm

［解析］法兰偏差不大于法兰外径的1.5%，且不得大于2 mm；不得采用加偏垫、多层垫或加强力拧紧法兰一侧螺栓的方法来消除法兰接口端面的偏差。

［答案］C

考点 6　补偿器安装★★

扫码听课

一、补偿器的作用

释放温度应力，消除或减小热变形。补偿器安装位置如图5-2-6所示。

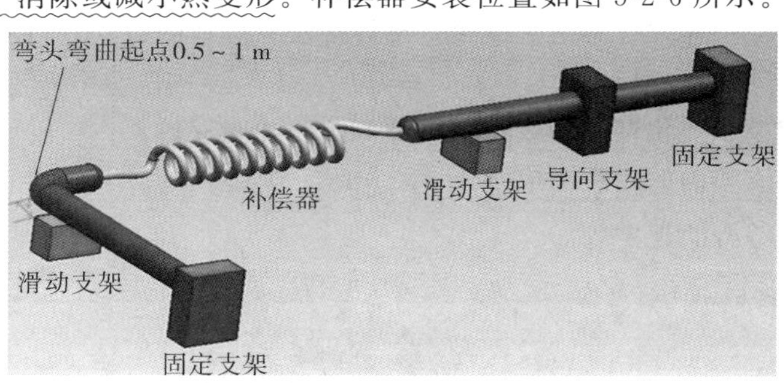

图5-2-6　补偿器安装位置

二、补偿器类型比选

供热管网中，常用补偿器类型对比见表5-2-2。

表5-2-2　常用补偿器类型对比

名称	补偿原理	特点
自然补偿（图5-2-7）	利用管道自身弯管段的弹性进行补偿	最简单经济的补偿，在设计中首先采用，但一般补偿量较小
波纹管补偿器（图5-2-8）	利用波纹管的可伸缩性进行补偿	补偿量大，品种多，规格全，安装与检修都较方便，被广泛使用，但其内压轴向推力大，价格较贵
球形补偿器（图5-2-9）	利用球形的转向性进行补偿	补偿能力大，空间小，局部阻力小，投资少，安装方便，适合在长距离架空管上安装，但热媒易泄漏

续表

名称	补偿原理	特点
套筒补偿器（图 5-2-10）	利用套筒的可伸缩性进行补偿	补偿能力大，占地面积小，成本低，流体阻力小，但热媒易泄漏，维护工作量大，产生推力较大
方形补偿器（图 5-2-11）	利用 4 个 90°弯头的弹性进行补偿	加工简单，安装方便，安全可靠，价格低廉，但占空间大，局部阻力大
旋转补偿器（图 5-2-12）	通过成双旋转筒和 L 形力臂形成力偶，使大小相等、方向相反的一对力，由力臂回绕 Z 轴中心旋转，以吸收两边管道产生的热伸长量	主要由芯管、外套管及密封结构等组成。其突出特点是在管道运行过程中处于无应力状态。其他特点：补偿距离长（200～500 m 设计一组）；无内压推力；密封性能好，由于密封形式为径向密封，不产生轴向位移，尤其耐高压

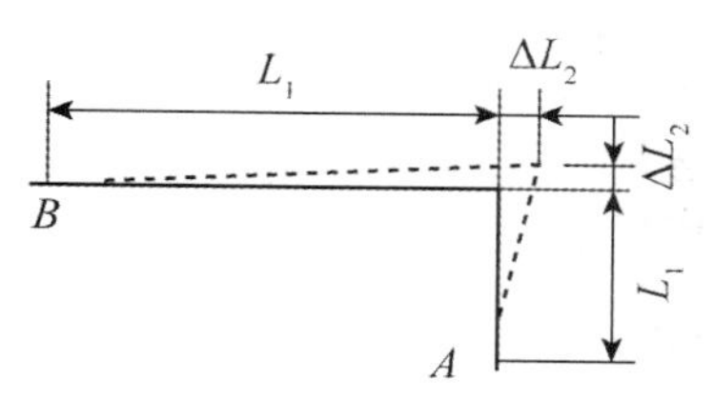

（a）L 形补偿　　（b）Z 形补偿

图 5-2-7　自然补偿

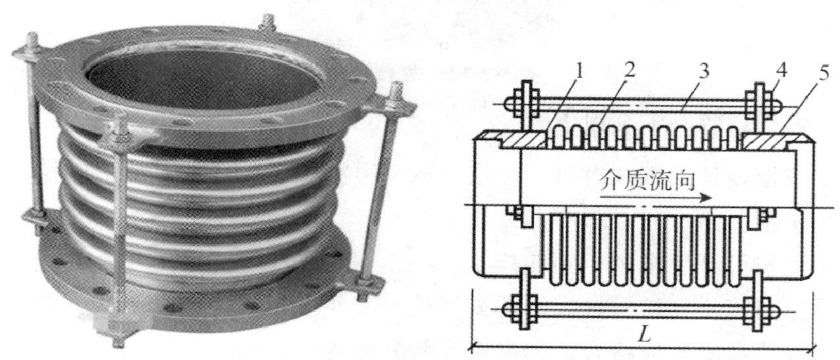

1—导流管；2—波纹管；3—限位拉杆；4—限位螺母；5—端管

图 5-2-8　波纹管补偿器

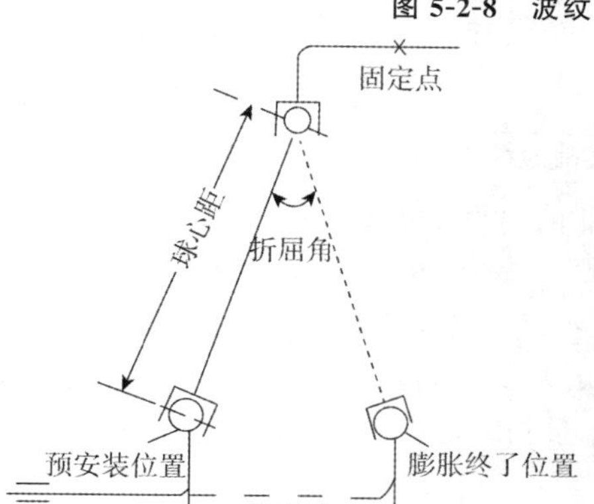

图 5-2-9　球形补偿器

第五章

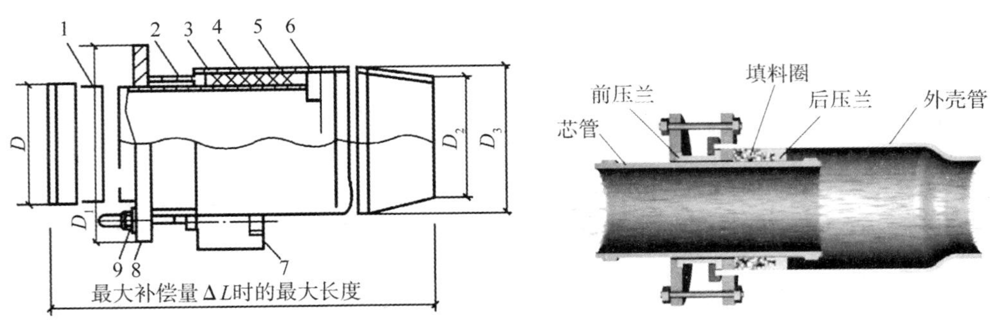

1—套管；2—前压兰；3—壳体；4—填料圈；5—后压兰；6—防脱肩；7—T 形螺栓；8—垫圈；9—螺母

图 5-2-10　套筒补偿器

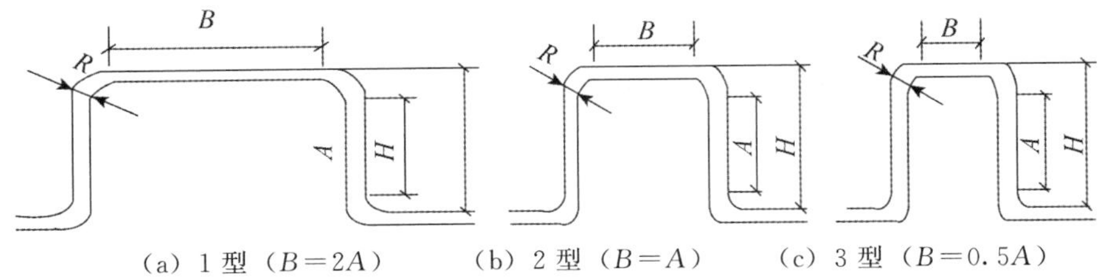

(a) 1 型（$B=2A$）　(b) 2 型（$B=A$）　(c) 3 型（$B=0.5A$）

图 5-2-11　方形补偿器

图 5-2-12　旋转补偿器

三、补偿器安装应符合下列规定

(1) 安装前应按设计图纸核对每个补偿器的型号和安装位置，并应对补偿器的外观进行检查、核对产品合格证。

(2) 补偿器应按设计要求进行预变位。

(3) 补偿器应与管道保持同轴，不得采用使补偿器变形的方法来调整管道的安装偏差。

(4) 波纹管补偿器安装应符合：轴向波纹管补偿器的流向标记应与管道介质流向一致；角向型波纹管补偿器的销轴轴线应垂直于管道安装后形成的平面。

➢ **重点提示：** 补偿器属于供热管道的主要部件，可以释放管道温度应力，为高频考点，应掌握其分类及不同补偿器的设置原理。

实战演练

[2019 真题·单选] 供热管网旋转补偿器的突出特点是（　　）。

A. 耐高压　　B. 补偿距离长

C. 密封性能好　　D. 在管道运行过程中无应力

[解析] 旋转补偿器的突出特点是在管道运行过程中处于无应力状态。其他特点：补偿距离长；无内压推力；密封性能好，由于密封形式为径向密封，不产生轴向位移，尤其耐高压。

[答案] D

［经典例题·单选］最简单经济的补偿是利用管道自身弯管段的弹性来进行补偿，叫作（　　）。

A. 直接补偿　　B. 弯头补偿　　C. 自然补偿　　D. 管道补偿

［解析］自然补偿是利用管道自身弯管段的弹性进行补偿，是最简单经济的补偿，在设计中首先采用，但一般补偿量较小。

［答案］C

考点 7　换热站设施安装★

一、换热站设施及特点

换热站的设施取决于供热介质的种类和用热装置的性质。

（1）当供热介质为蒸汽时，主要设施有集汽管、调节和检测供热参数（压力、温度、流量）的仪表、换热器、凝结水箱、凝结水泵和水封等。

（2）当供热介质为热水时，主要设施有水泵、换热器、储水箱、软化设备、过滤器、除污器、调节及检测仪器仪表等。

（3）组装式换热站由板式换热器、循环泵、补水泵、过滤器、检测系统、控制系统及附属设备组装为一体，实现了工厂化生产，既能用于采暖及空调系统，又能用于生活热水系统，具有结构紧凑、造价低、质量轻、占地少、施工周期短、安装维修方便、运行可靠、噪声低的优点，而且一般都有自动控制调节系统，水泵有变频器，可实现换热站无人值守。

二、土建与工艺之间的交接

管道及设备安装前，土建施工单位、工艺安装单位及监理单位应对预埋吊点的数量及位置，设备基础位置、表面质量、几何尺寸、高程及混凝土质量，预留孔洞的位置、尺寸及高程等共同复核检查，并办理书面交验手续。

三、换热站内设施安装规定

（1）应仔细核对一次水系统供回水管道方向与外网的对应关系，切忌接反。

（2）站内设备一般采用法兰连接，管道连接采用焊接，焊缝的无损探伤检验应按设计要求进行，在无设计要求时，应按《城镇供热管网工程施工及验收规范》（CJJ 28—2014）中有关焊接质量检验的规定执行。

（3）换热站内管道安装应有坡度，最小坡度2‰。在管道高点设置放气装置，在管道低点设置放水装置。

（4）设备基础地脚螺栓底部锚固环钩的外缘与预留孔壁和孔底的距离不得小于15 mm；拧紧螺母后，螺栓外露长度应为2～5倍螺距；灌注地脚螺栓用的细石混凝土强度等级应比基础混凝土的强度等级提高一级；拧紧地脚螺栓时，灌注的混凝土应达到设计强度75%以上。装设胀锚螺栓的钻孔不得与基础或构件中的钢筋、预埋管和电缆等埋设物相碰，且不得采用预留孔。

（5）蒸汽管道和设备上的安全阀应有通向室外的排汽管，热水管道和设备上的安全阀应有接到安全地点的排水管。

（6）泵的吸入管道和输出管道应有各自独立、牢固的支架，泵不得直接承受系统管道、阀门等的重量和附加力矩。

（7）对于水平吸入的离心泵，当入口管变径时，应在靠近泵的入口处设置偏心异径管。当

第五章

管道从下向上进泵时，应采用顶平安装。当管道从上向下进泵时，宜采用底平安装。

(8) 管道与泵或阀门连接后，不应再对该管道进行焊接和气割。

(9) 泵的试运转应在其各附属系统单独试运转正常后进行，且应在有介质情况下进行试运转，泵在额定工况下连续试运转时间不应少于 2 h。

➤ **重点提示：** 低频考点，熟悉换热站内设施安装的基本规定即可。

实战演练

[**经典例题·单选**] 换热站内管道安装应有坡度，最小坡度为（　　）。

A. 1‰　　B. 2‰　　C. 2.5‰　　D. 3‰

[**解析**] 换热站内管道安装应有坡度，最小坡度 2‰。在管道高点设置放气装置，在管道低点设置放水装置。

[**答案**] B

[**2017 真题·多选**] 关于热力站工程施工的说法，错误的有（　　）。

A.《城镇供热管网工程施工及验收规范》(CJJ 28—2014) 不适用于热力站工程施工

B. 站内管道应有一定的坡度

C. 安全阀的排汽管应接到室内安全地点

D. 设备基础非胀锚地脚螺栓可使用预留孔

E. 泵的吸入管道可采用共用支架

[**解析**] 换热站内设施安装应符合下列规定：站内设备一般采用法兰连接，管道连接采用焊接，焊缝的无损探伤检验应按设计要求进行，在无设计要求时，应按《城镇供热管网工程施工及验收规范》(CJJ 28—2014) 中有关焊接质量检验的规定执行，选项 A 错误。蒸汽管道和设备上的安全阀应有通向室外的排汽管，选项 C 错误。泵的吸入管道应有各自独立、牢固的支架，泵不得直接承受系统管道、阀门等的重量和附加力矩，选项 E 错误。

[**答案**] ACE

考点 8 供热管道功能性试验★

一、强度和严密性试验的规定

强度试验应在试验段内的管道接口防腐、保温施工及设备安装前进行；严密性试验应在试验范围内的管道工程全部安装完成后进行，其试验长度宜为一个完整的设计施工段。供热管道功能性试验如图 5-2-13 所示。

图 5-2-13　供热管道功能性试验

(1) 强度试验：试验压力为 1.5 倍的设计压力，且不得低于 0.6 MPa，目的是试验管道本身与安装时焊口的强度。

(2) 严密性试验：试验压力为 1.25 倍的设计压力，且不得低于 0.6 MPa，在强度试验合格的基础上进行，且应该是管道安装全部完成，是对管道的一次全面检验。

（3）供热管道功能性试验均应以洁净水作为试验介质。

（4）水压试验的检验内容及检验方法见表5-2-3。

表5-2-3　水压试验的检验内容及检验方法

<table>
<tr><th>项目</th><th colspan="2">试验方法及质量标准</th><th>检验范围</th></tr>
<tr><td>强度试验</td><td colspan="2">升压到试验压力稳压10 min无渗漏、无压降后降至设计压力，稳压30 min无渗漏、无压降为合格</td><td>每个试验段</td></tr>
<tr><td rowspan="3">严密性试验</td><td colspan="2">升压至试验压力，并趋于稳定后，应详细检查管道、焊缝、管路附件及设备等无渗漏，固定支架无明显的变形等</td><td rowspan="3">全段</td></tr>
<tr><td>一级管网及站内</td><td>稳压在1 h内压降不大于0.05 MPa为合格</td></tr>
<tr><td>二级管网</td><td>稳压在30 min内压降不大于0.05 MPa为合格</td></tr>
</table>

二、供热管道清洗的规定

（1）供热管网的清洗应在试运行前进行。

（2）清洗方法可分为人工清洗、水力冲洗和气体吹洗。

（3）清洗前，应编制清洗方案。方案中应包括清洗方法、技术要求、操作及安全措施等内容。

（4）供热管道用水清（冲）洗应符合下列要求。

①冲洗应按主干线、支干线、支线分别进行。

②冲洗进水管的截面积不得小于被冲洗管截面积的50%，排水管截面积不得小于进水管截面积。

（5）供热管道用蒸汽清（吹）洗应符合下列要求。

①吹洗出口管在有条件的情况下，以斜上方45°为宜，距出口100 m范围内，不得有人工作或有怕烫的建筑物。必须划定安全区、设置标志，在整个吹洗作业过程中，应有专人值守。

②为了管道安全运行，蒸汽吹洗前应缓慢升温进行暖管，暖管速度不宜过快，并应及时疏水。

③吹洗次数应为2～3次，每次的间隔时间宜为20～30 min。

三、供热管道的试运行规定

（1）试运行前应编制试运行方案。在环境温度低于5 ℃的条件下进行试运行时，应制定可靠的防冻措施。试运行方案应由建设单位、设计单位、施工单位、监理单位和接受管理单位审查同意并应进行技术交底。

（2）试运行的时间应为连续运行72 h。

➢ **重点提示：**（1）供热管道功能性试验主要包括强度和严密性试验，熟悉其试验目的及试验压力规定。

（2）管道吹洗属于低频考点，熟悉供热管网清洗的基本流程和规定即可。

（3）“供热管道的试运行规定”属于低频考点，熟悉供热管道试运行方案的审查流程及试运行时间即可。

第五章

实战演练

[经典例题·单选] 某供热管网设计压力为 0.2 MPa，其严密性试验的试验压力为（ ）MPa。

A. 0.3
B. 0.4
C. 0.5
D. 0.6

[解析] 严密性试验的试验压力为 1.25 倍的设计压力，且不得低于 0.6 MPa，本题设计压力为 0.2 MPa，1.25 倍设计压力不足 0.6 MPa，因此严密性试验的试验压力为 0.6 MPa。

➢ 名师点拨：本题考查严密性试验压力，涉及计算问题，此类问题换算完试验压力后，注意与底限压力比较大小，避免误选。与此类问题相似的还有混凝土强度的要求，比如前文桥梁工程预应力施工中，先张法与后张法施加预应力的强度都要求为设计强度的 75%以上，这里也可以给出强度要求进行换算。考试中还常考"数字记忆点"相关内容，如在后文中会涉及燃气管道穿越工程，随桥敷设的要求中提出了工作压力的内容，往往题目中需要匹配的选项为管道级别的描述，因此这种数字记忆点必须掌握到位，还应该灵活进行倍数、级别的匹配记忆。

[答案] D

[经典例题·单选] 不属于供热管网清洗的方法是（ ）。

A. 气体吹洗
B. 水力冲洗
C. 人工清洗
D. 清管球清扫

[解析] 清洗方法可分为人工清洗、水力冲洗和气体吹洗。

[答案] D

[经典例题·单选] 供热管道试运行的时间应为连续（ ）。

A. 2 h
B. 12 h
C. 48 h
D. 72 h

[解析] 试运行的时间应为连续运行 72 h。

[答案] D

[经典例题·多选] 关于供热管道强度试验判断合格的标准，说法正确的有（ ）。

A. 无渗漏
B. 无压降
C. 无异常响动
D. 压降不大于 0.05 MPa
E. 固定支架无明显的变形

[解析] 强度试验：升压到试验压力稳压 10 min 无渗漏、无压降后降至设计压力，稳压 30 min 无渗漏、无压降为合格。

[答案] AB

第三节　城镇燃气管道工程施工

考点 1 城镇燃气管道的分类★

目前城镇燃气分为人工煤气、天然气和液化石油气。城镇燃气管道的分类如下。

一、根据用途分类

（1）长距离输气管道（长输管道）。

（2）城镇燃气输配管道（分为输气管道、分配管道、用户引入管、室内燃气管道，级别划分为GB1级）。

（3）工业企业燃气管道（包括工厂引入管、厂区、车间、炉前燃气管道）。

二、根据敷设方式分类

（1）地下燃气管道（一般情况）。

（2）架空燃气管道（建筑物间距过小或地下管线和构筑物密集、工厂厂区采用的管道）。

三、根据输气压力分类

我国城镇燃气管道根据最高工作输气压力一般分为八类，见表5-3-1。

表5-3-1　我国城镇燃气管道按最高工作输气压力（表压）分类

名称		最高工作输气压力/MPa
超高压燃气管道		$P>4.0$
高压燃气管道	A	$2.5<P\leqslant4.0$
	B	$1.6<P\leqslant2.5$
次高压燃气管道	A	$0.8<P\leqslant1.6$
	B	$0.4<P\leqslant0.8$
中压燃气管道	A	$0.2<P\leqslant0.4$
	B	$0.01<P\leqslant0.2$
低压燃气管道		$P\leqslant0.01$

一般由高压或次高压燃气管道构成大城市输配管网系统的外环网，次高压燃气管道是给大城市供气的主动脉。高压和次高压管道燃气必须通过调压站才能给城市分配管网中的次高压燃气管道、高压储气罐和中压燃气管道供气。次高压和中压燃气管道的燃气必须通过区域调压站、用户专用调压站，才能供给城市分配管网中的低压燃气管道，或给工厂企业、大型商业用户以及锅炉房直接供气。

➤ **重点提示：**熟悉城镇燃气管道的不同分类形式，能够区分辨别，多以客观题形式考查。

实战演练

[经典例题·单选] 输气压力为0.6 MPa的燃气管道为（　　）。

A. 低压燃气管道　B. 中压燃气管道A　C. 次高压燃气管道B　D. 次高压燃气管道A

[解析] 根据表5-3-1，输气压力为0.6 MPa的燃气管道为次高压燃气管道B。

[答案] C

考点2　燃气管道施工与安装要求★★★

一、燃气管道材料选用

（1）高压和中压燃气管道A，应采用钢管。

（2）中压和低压燃气管道B，宜采用钢管或机械接口铸铁管。

（3）当中、低压地下燃气管道采用聚乙烯管材时，应符合有关标准的规定。

二、室外燃气管道安装

（一）管道安装基本要求

（1）地下燃气管道不得从建筑物和大型构筑物的下方穿越。

（2）地下燃气管道埋设的最小覆土厚度应符合下列要求：埋设在车行道下时，不得小于0.9 m；埋设在非车行道（含人行道及田地）下时，不得小于0.6 m。

（3）地下燃气管道不得在堆积易燃、易爆材料和具有腐蚀性液体的场地下方穿越，并不宜与其他管道或电缆同沟敷设。

（4）燃气管道穿越铁路、高速公路、电车轨道或城镇主要干道时，应符合下列要求。

①穿越铁路或高速公路的燃气管道，其外应加套管，并提高绝缘防腐等级。

②穿越铁路的燃气管道的套管，应符合下列要求。

a. 套管埋设的深度应符合铁路管理部门的要求，铁路轨底至套管顶不应小于1.20 m。

b. 套管宜采用钢管或钢筋混凝土管。

c. 套管内径应比燃气管道外径大100 mm以上。

d. 套管两端与燃气管的间隙应采用柔性的防腐、防水材料密封，其一端应装设检漏管。

e. 套管端部距路堤坡脚外的距离不应小于2.0 m。

③燃气管道穿越电车轨道或城镇主要干道时，宜敷设在套管或管沟内；穿越高速公路的燃气管道的套管、穿越电车轨道或城镇主要干道的燃气管道的套管或管沟，应符合下列要求。

a. 套管内径应比燃气管道外径大100 mm以上，套管或管沟两端应密封，在重要地段的套管或管沟端部宜安装检漏管。

b. 套管或管沟端部距电车道边轨不应小于2.0 m；距道路边缘不应小于1.0 m。

④穿越高铁、电气化铁路、城市轨道交通时，应采取防止杂散电流腐蚀的措施。

（5）燃气管道宜垂直穿越铁路、高速公路、电车轨道或城镇主要干道。

（6）燃气管道通过河流时，可采用穿越河底或采用管桥跨越的形式。跨越河流时应符合下列要求。

①利用道路桥梁跨越河流的燃气管道，其管道的输送压力不应大于0.4 MPa。

②当燃气管道随桥梁敷设或采用管桥跨越河流时，必须采取安全防护措施。

③燃气管道随桥梁敷设，宜采取如下安全防护措施。

a. 敷设于桥梁上的燃气管道应采用加厚的无缝钢管或焊接钢管，尽量减少焊缝，对焊缝进行100%无损探伤。

b. 当过河架空的燃气管道向下弯曲时，向下弯曲部分与水平管夹角宜采用45°形式。

c. 对管道应做较高等级的防腐保护。

（7）当燃气管道穿越河底时，应符合下列要求。

①燃气管宜采用钢管。

②燃气管道至规划河底的覆土厚度应根据水流冲刷条件及规划河床标高确定。对于不通航河流，不应小于0.5 m；对于通航河流，不应小于1.0 m，还应满足疏浚和投锚深度要求。

③稳管措施应根据计算确定。

④在埋设燃气管道位置的河流两岸上、下游应设立标志。

⑤燃气管道对接安装引起的误差不得大于3°，否则应设置弯管，次高压燃气管道的弯管应考虑盲板力。

（二）对口焊接的基本要求

（1）通常采用对口器固定、倒链吊管找正对圆的方法，不得强力对口。

（2）对口时将两管道纵向焊缝（螺旋焊缝）相互错开，间距应不小于100 mm弧长。

（3）对口完成后应立即进行定位焊，定位焊的焊条应与管口焊接焊条材质相同，焊缝根部

必须焊透，定位焊应均匀、对称，总长度不应小于焊道总长度的50%。钢管的纵向焊缝（螺旋焊缝）端部不得进行定位焊。

（4）定位焊完毕后，拆除对口器，进行焊口编号，对好的口必须当天焊完。

（5）按照试焊确定的工艺方法进行焊接，一般采用氩弧焊打底，焊条电弧焊填充、盖面。

（6）施工单位首先编制作业指导书并试焊，对其首次使用的管材、焊接材料、焊接方法、焊后热处理等，应进行焊接工艺评定，并应根据评定报告确定焊接工艺。

（7）分层施焊，先用氩弧焊打底，然后分层用焊条电弧焊焊接。

（三）焊口防腐

（1）完成现场无损探伤和分段强度试验后进行补口防腐。防腐前钢管表面的处理应符合《涂装前钢材表面处理规范》（SY/T 0407—2012）的规定，其等级不低于Sa2.5级。

（2）补口防腐前必须将焊口两侧直管段铁锈全部清除，呈现金属本色，找出防腐接槎，用管道防腐材料做补口处理。然后用电火花检漏仪（2.5 kV）检查，当出现击穿针孔时，应做加强防腐并做好记录。

（3）焊口除锈可采用喷砂除锈的方法，除锈后及时防腐。

（4）弯头及焊缝防腐可采用冷涂方式，其厚度、防腐层数与直管段相同，防腐层表层固化2 h后进行电火花仪检测。

（5）外观检查要求涂层表面平整、色泽均匀、无气泡、无开裂、无收缩。

（6）固定口可采用辐射交联聚乙烯热收缩套（带），也可采用环氧树脂辐射交联聚乙烯热收缩套（带）三层结构。

（7）固定口搭接部位的聚乙烯层应打磨至表面粗糙。

（8）热收缩套（带）与聚乙烯层搭接宽度应不小于100 mm；采用热收缩带时，应采用固定片固定，周间搭接宽度不小于80 mm。

三、新建燃气管道阴极保护系统的施工

（1）阴极保护系统棒状牺牲阳极的安装应符合下列规定。

①阳极可采用水平式或立式安装。

②牺牲阳极距管道外壁宜为0.5～3.0 m。成组布置时，阳极间距宜为2.0～3.0 m。

③牺牲阳极与管道间不得有其他地下金属设施。

④牺牲阳极应埋设在土壤冰冻线以下。

⑤测试装置处，牺牲阳极引出的电缆应通过测试装置连接到管道上。每个测试装置中应至少有两根电缆与管道相连。

（2）阴极保护测试装置应坚固耐用、方便测试，装置上应注明编号，并应在运行期间保持完好状态。接线端子和测试柱均应采用铜制品并应封闭在测试盒内。

（3）电缆安装应符合下列规定。

①阴极保护电缆应采用铜芯电缆。

②测试电缆的截面积不宜小于4 mm^2。

③用于牺牲阳极的电缆截面积不宜小于4 mm^2，用于强制电流阴极保护中阴、阳极的电缆截面积不宜小于16 mm^2。

④电缆与管道连接宜采用铝热焊方式，并应连接牢固、电气导通，且在连接处应进行防腐

第五章

绝缘处理。

⑤测试电缆回填时应保持松弛。

四、燃气管道埋设的基本要求

(一)沟槽开挖

(1)混凝土路面和沥青路面的开挖应使用切割机切割。

(2)管道沟槽应按设计规定的平面位置和高程开挖。当采用人工开挖且无地下水时,槽底预留值宜为0.05~0.10 m;当采用机械开挖或有地下水时,槽底预留值不小于0.15 m;管道安装前应人工清底至设计高程。

(3)局部超挖部分应回填压实。当沟底无地下水时,超挖在0.15 m以内,可采用原土回填;超挖在0.15 m及以上,可采用石灰土处理。当沟底有地下水或含水量较大时,应采用级配砂石或天然砂回填至设计高程。超挖部分回填后应压实,其密实度应接近原地基天然土的密实度。

(4)在湿陷性黄土地区,不宜在雨期施工。若在雨期施工,应切实排除沟内积水,开挖时应在槽底预留0.03~0.06 m厚的土层进行压实处理。

(5)沟底遇有废弃构筑物、硬石、木头、垃圾等杂物时必须清除,并应铺一层厚度不小于0.15 m的砂土或素土,整平压实至设计高程。

(6)对软土基及特殊性腐蚀土壤,应按设计要求处理。

(二)沟槽回填

(1)不得采用冻土、垃圾、木材及软性物质回填。管道两侧及管顶以上0.5 m内的回填土,不得含有碎石、砖块等杂物,且不得采用灰土回填。

(2)沟槽的支撑应在管道两侧及管顶以上0.5 m回填完毕并压实后,在保证安全的情况下进行拆除,并应采用细砂填实缝隙。

(3)回填土应分层压实,每层虚铺厚度宜为0.2~0.3 m,管道两侧及管顶以上0.5 m内的回填土必须采用人工压实,管顶0.5 m以上的回填土可采用小型机械压实,每层虚铺厚度宜为0.25~0.4 m。

(三)警示带敷设

(1)埋设燃气管道的沿线应连续敷设警示带,如图5-3-1所示。警示带敷设在管道的正上方且距管顶的距离宜为0.3~0.5 m,但不得敷设于路基和路面里。

(2)警示带宜采用黄色聚乙烯等不易分解的材料,并印有明显、牢固的警示语,字体不宜小于100 mm×100 mm。

图5-3-1 燃气管道警示带

➢ **重点提示:** 燃气管道施工与安装要求涉及内容较多,但主要都是从安全角度出发,因为燃气管道不同于其他管道,较易出现安全事故,应理解记忆其施工及安装过程中的基本安全规定。

第五章

实战演练

［2019 真题·单选］新建城镇燃气管道阴极保护系统安装的做法，错误的是（　　）。

A. 牺牲阳极可采用水平式安装

B. 牺牲阳极与管道间不得有其他地下金属设施

C. 牺牲阳极应埋设在土壤冰冻线以上

D. 每个测试装置中应至少有两根电缆与管道相连

［解析］牺牲阳极应埋设在土壤冰冻线以下，选项C错误。

［答案］C

［经典例题·多选］下列关于穿越铁路的燃气管道套管的要求，正确的有（　　）。

A. 套管顶至铁路轨底不应小于1.20 m，并应符合铁路管理部门的要求

B. 套管宜采用铸铁管

C. 套管内径应比燃气管道外径大50 mm以上

D. 套管两端与燃气管的间隙应采用刚性材料密封

E. 套管端部距路堤坡脚外距离不应小于2.0 m

［解析］穿越铁路的燃气管道的套管，应符合下列要求：①套管埋设的深度应符合铁路管理部门的要求，铁路轨底至套管顶不应小于1.20 m；②套管宜采用钢管或钢筋混凝土管；③套管内径应比燃气管道外径大100 mm以上；④套管两端与燃气管的间隙应采用柔性的防腐、防水材料密封，其一端应装设检漏管；⑤套管端部距路堤坡脚外的距离不应小于2.0 m。

［答案］AE

［经典例题·多选］燃气管道穿越河底时，应符合（　　）等要求。

A. 稳管措施应根据施工经验确定

B. 燃气管道宜采用钢管

C. 燃气管道至规划河底的覆土厚度应根据管径大小确定

D. 在埋设燃气管道位置的河流两岸上、下游应设立标志

E. 燃气管道对接安装引起的误差不得大于3°，否则应设置弯管

［解析］燃气管道穿越河底时，应符合下列要求：①燃气管宜采用钢管。②燃气管道至规划河底的覆土厚度应根据水流冲刷条件及规划河床标高确定。对不通航河流，不应小于0.5 m；对通航的河流，不应小于1.0 m，还应满足疏浚和投锚深度要求。③稳管措施应根据计算确定。④在埋设燃气管道位置的河流两岸上、下游应设立标志。⑤燃气管道对接安装引起的误差不得大于3°，否则应设置弯管，次高压燃气管道的弯管应考虑盲板力。

［答案］BDE

考点 3 聚乙烯燃气管道安装

一、聚乙烯管道优缺点

（1）优点：质量轻、耐腐蚀、阻力小、柔韧性好、节约能源、安装方便、造价低等。可缠绕，可做深沟熔接，可使管材顺着深沟蜿蜒敷设，减少接头数量，抗内、外部及微生物的侵蚀，内壁光滑流动阻力小，导电性弱，无须外层保护及防腐，有较好的气密性，气体渗透率低，维修费用低，经济优势明显。

（2）缺点：有使用范围小、易老化、承压能力低、抗破坏能力差等缺点，一般用于中、低

压燃气管道中，不得用于室外明设管道。

二、进场检验与存放

（一）验收项目

验收项目包括包装、检验合格证、检测报告、原料级别和牌号、外观、颜色、长度、不圆度、外径或内径及壁厚、生产日期、产品标志。当对物理力学性能存在异议时，应委托第三方进行检验。

（二）贮存

1. 存放原则

管材、管件和阀门应按不同类型、规格和尺寸分别存放，遵循“先进先出”原则。

2. 仓储要求

（1）存放在符合相关规定的仓库（存储型物流建筑）或半露天堆场（货棚）内。

（2）仓库的门窗、洞口应有防紫外线照射措施。

（3）半露天堆场内材料不应受到暴晒、雨淋，应有防紫外线照射措施。

（4）材料应远离热源，严禁与油类或化学品混合存放。

（5）材料在室外临时存放时，管材管口应采用保护端盖封堵，管件和阀门应存放在包装箱或储物箱内，并用遮盖物遮盖，防日晒、雨淋。

3. 存放方式

（1）管材：应水平堆放在平整的支撑物或地面上。当直管采用三角形式堆放或两侧加支撑保护的矩形堆放时，堆放高度不宜超过 1.5 m；当直管采用分层货架存放时，每层货架高度不宜超过 1 m。

（2）管件和阀门：应成箱存放在货架或叠放在平整地面上；当叠放时，堆放高度不宜超过 1.5 m。使用前不得拆除密封包装。

4. 存放时间

不应长期户外存放。从生产到使用期间，管材存放时间不宜超过 4 年。若密封包装的管件存放时间超过 6 年，应对其抽样检验。

5. 抽检项目

（1）管材：静液压强度（165 h；80 ℃）、电熔接头的剥离强度、断裂伸长率。

（2）管件：静液压强度（165h；80 ℃）、热熔对接连接的拉伸强度或电熔管件的熔接强度。

（3）阀门：静液压强度（165 h；80 ℃）、电熔接头的剥离强度、操作扭矩和密封性能试验。

三、聚乙烯管材、管件和阀门连接方式

聚乙烯管材、管件和阀门连接方式见表 5-3-2。

表 5-3-2　聚乙烯管材、管件和阀门连接方式

管材、管件和阀门连接情况	连接方式
相同聚乙烯管材、管件和阀门的连接	热熔对接 小口径（手持式熔接器） 大口径（固定式全自动热熔焊机）

续表

管材、管件和阀门连接情况		连接方式
不同聚乙烯管材、管件和阀门的连接	不同级别（PE80 与 PE100） 不同熔体质量流动率（差值大于 0.05 g/min，190 ℃，5 kg） 不同焊接端部标准尺寸比（SDR）	电熔承插
公称外径<90 mm 或壁厚<6 mm 的相同聚乙烯管材、管件和阀门的连接		电熔承插
聚乙烯管材、管件和阀门与金属管道或金属附件的连接		钢塑转换接头
		法兰（宜设置检查井）

四、聚乙烯管材、管件和阀门连接要点

（一）热熔对接连接

聚乙烯管道连接程序如图 5-3-2 所示。

（a）夹紧并清洁管口

（b）调整并修平管口

（c）加热板吸热

（d）加压对接

（e）保持压力冷却定型

（f）焊接成型

图 5-3-2　聚乙烯管道连接程序

（1）根据管材或管件的规格，选用相应的夹具，将连接件的连接端伸出夹具，自由长度不应小于公称直径的 10%，移动夹具使连接件端面接触，并校直对应的待连接件，使其在同一轴线上，错边不应大于壁厚的 10%。

（2）应将聚乙烯管材或管件的连接部位擦拭干净，并铣削连接件断面，使其与轴线垂直。切削平均厚度不宜大于 0.2 mm，切削后的熔接面应防止污染。

（3）连接件的端面应采用热熔对接连接设备加热。

（4）吸热时间达到规定要求后，应迅速撤出加热板，待连接件加热面熔化应均匀，不得有损伤。在规定的时间内使待连接面完全接触，并应保持规定的热熔对接压力。

（5）接头冷却应采用自然冷却。在保压冷却期间，不得拆开夹具，不得移动连接件或在连接件上施加任何外力。

（二）电熔连接

电熔连接指将管材或管件的连接部位插入内埋电阻丝的专用电熔管件内，通电加热，使连接部位熔融后形成接头的方式。

1. 电熔承插连接

将电熔管件套在管材、管件上，预埋在电熔管件内表面的电阻丝通电发热，产生的热能加

第五章

热、熔化电熔管件的内表面和与之承插的管子外表面，使之融为一体。电熔承插连接设备与管件如图 5-3-3 所示。

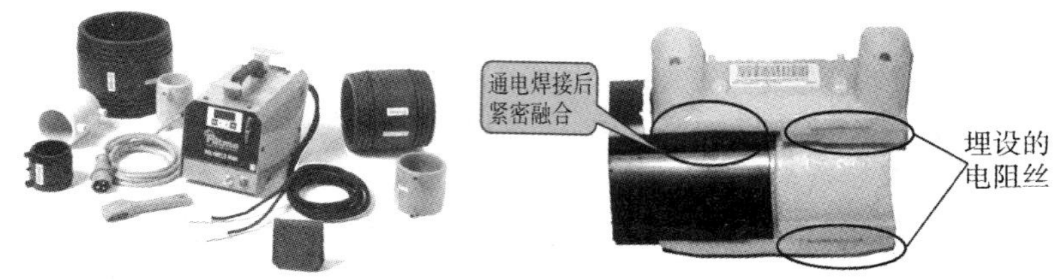

图 5-3-3 电熔承插连接设备与管件

(1) 管材的连接部位应擦净，并应保持干燥；管件应在焊接时再拆除封装袋。

(2) 应测量电熔管件承口长度，并在管材或插口管件的插入端标出插入长度，刮除插入段表皮的氧化层，刮削表皮厚度宜为 0.1～0.2 mm，并应保持洁净。

(3) 插入端插入电熔管件承口内至标记位置，同时应对配合尺寸进行检查，避免强力插入。

(4) 校直待连接的管材和管件，使其在同一轴线上，在采用专用夹具固定后，方可通电焊接。

2. 电熔鞍形连接

采用电熔鞍形连接管件，实现管道的分支连接，具有操作方便、安全可靠的优点。电熔鞍形连接管件如图 5-3-4 所示。

第五章

图 5-3-4 电熔鞍形连接管件

(1) 检查电熔鞍形管件鞍形面与管道连接部位的适配性，并应采用支座或机械装置固定管道连接部位的管段，使其保持直线度和圆度。

(2) 通电前，应将电熔鞍形管件用专用夹具固定在管道连接部位。

(3) 钻孔操作应在支管强度试验和气密性试验合格后进行。

(三) 法兰连接

(1) 将法兰盘套入待连接的聚乙烯法兰连接件的端部，将法兰连接件平口端与聚乙烯管道进行连接，如图 5-3-5 所示。

(2) 两法兰盘上螺孔应对中，法兰面应相互平行，螺栓孔与螺栓直径应配套，螺栓规格应一致，螺母应在同一侧；紧固法兰盘上的螺栓应按对称顺序分次均匀紧固，不得强力组装；螺栓拧紧后宜伸出螺母 1～3 倍螺距。法兰盘在静置 8～10 h 后，应二次紧固。

(3) 法兰盘、紧固件应经防腐处理，并应符合设计要求。

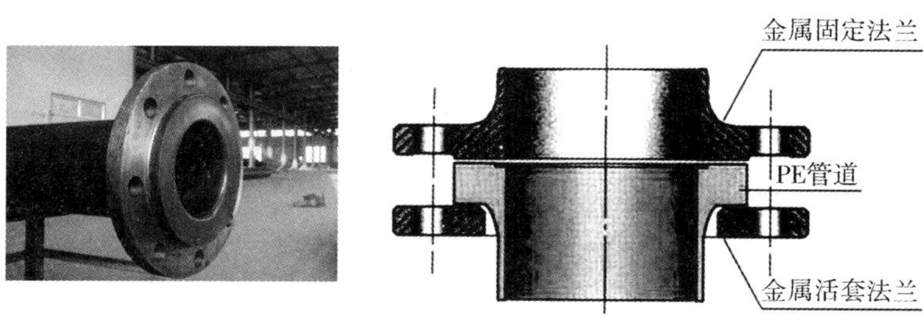

图 5-3-5 聚乙烯管道端部法兰盘

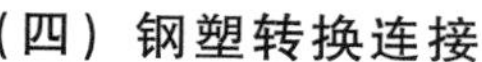

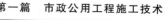

（四）钢塑转换连接

（1）钢塑转换管件的钢管端与钢管焊接时，应对钢塑过渡段采取降温措施。

（2）连接后应对接头进行防腐处理，防腐等级应符合设计要求并经检验合格。

钢塑转换连接如图 5-3-6 所示。

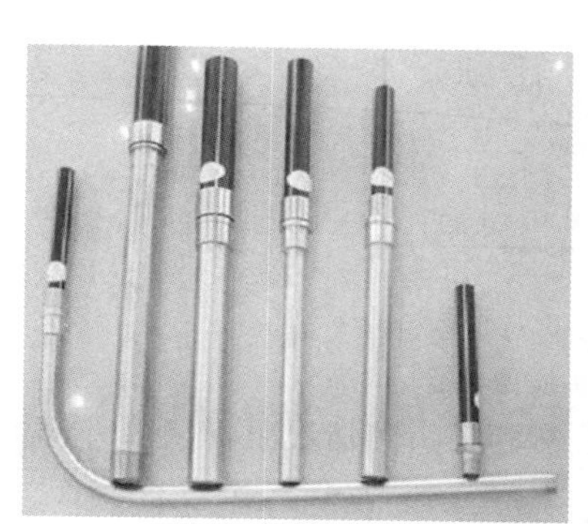

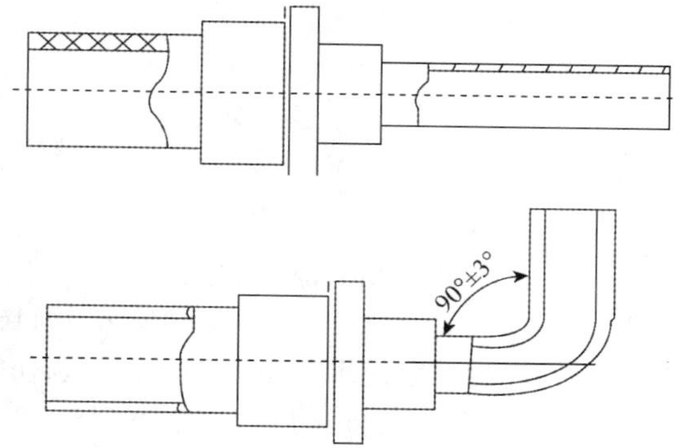

图 5-3-6 钢塑转换连接

五、聚乙烯燃气管道连接注意事项

（1）管道连接前应对管材、管件及管道附属设备按设计要求进行核对，并应在施工现场进行外观检查，管材表面划伤深度不应超过管材壁厚的 10%，且不应超过 4 mm，符合要求方可使用。

（2）聚乙烯管材与管件的连接和钢骨架聚乙烯复合管材与管件的连接，必须根据不同连接形式选用专用的连接机具，不得采用螺纹连接或粘接。连接时，不得采用明火加热。

（3）管道热熔或电熔连接的环境温度宜在 −5～40 ℃范围内，在环境温度低于 −5 ℃或风力大于 5 级的条件下进行热熔或电熔连接操作时，应采取保温、防风措施，并应调整连接工艺；在炎热的夏季进行热熔或电熔连接操作时，应采取遮阳措施。

六、聚乙烯燃气管道埋地敷设应符合的要求

（1）聚乙烯管道和钢骨架聚乙烯复合管道与热力管道、建（构）筑物或其他相邻管道之间的水平净距和垂直净距，应符合相关规定要求，并应确保燃气管道周围土壤温度不大于 40 ℃。

（2）管道下管时，不得用金属材料直接捆扎和吊运管道，并应防止管道划伤、扭曲或承受过大的拉伸和弯曲。

（3）聚乙烯燃气管道宜呈蜿蜒状敷设，并可随地形在一定的起伏范围内自然弯曲敷设，不得使用机械或加热方法弯曲管道。

（4）管道敷设时，应随管走向敷设示踪线、警示带、保护板，设置地面标志。

①示踪线：应敷设在聚乙烯燃气管道的正上方，并应有良好的导电性和有效的电气连接，示踪线上应设置信号源井。

②保护板：应有足够的强度，且上面应有明显的警示标识；保护板宜敷设在管道上方距管顶大于 200 mm、距地面 300～500 mm 处，但不得敷设在路面结构层内。

（5）采用拖管法埋地敷设时，在管道拖拉过程中，沟底不应有可能损伤管道表面的石块或尖凸物，拖拉长度不宜超过 300 m。

七、聚乙烯管道连接质量检查与验收

（一）热熔对接连接接头质量检验应符合的规定

连接完成后，应对接头进行外观质量检查，以及 100%的翻边对称性（卷边对称性）检验、接头对正性检验，不少于 15%的翻边切除检验。水平定向钻非开挖施工应进行 100%接头

翻边切除检验。

（1）翻边对称性检验：接头应具有沿管材整个圆周平滑对称的翻边，翻边最低处的深度（A）不应低于管材表面，如图 5-3-7（a）所示。

（2）接头对正性检验：焊缝两侧紧邻翻边的外圆周的任何一处错边量（V）不应超过管材壁厚的 10%，如图 5-3-7（b）所示。

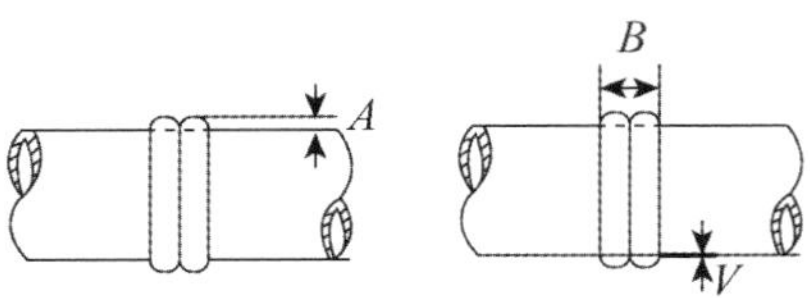

（a）翻边对称性检验　（b）接头对正性检验

图 5-3-7　热熔对接连接接头质量检验

（3）翻边切除检验：应使用专用工具，在不损伤管材和接头的情况下，切除外部的焊接翻边，如图 5-3-8 所示。翻边切除检验应符合下列要求。

①翻边应是实心圆滑的，根部较宽，合格的实心翻边如图 5-3-9 所示。

②翻边下侧不应有杂质、小孔、扭曲和损坏。

③每隔 50 mm 进行 180°的翻边背弯试验，不应有开裂、裂缝，接缝处不得露出熔合线，如图 5-3-10 所示。

第五章

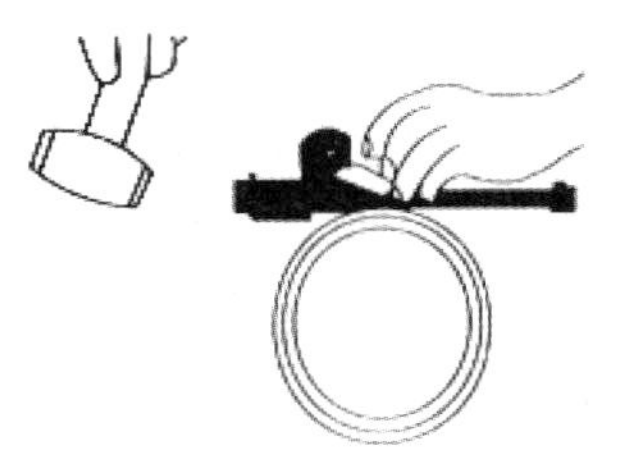

图 5-3-8　翻边切除检验

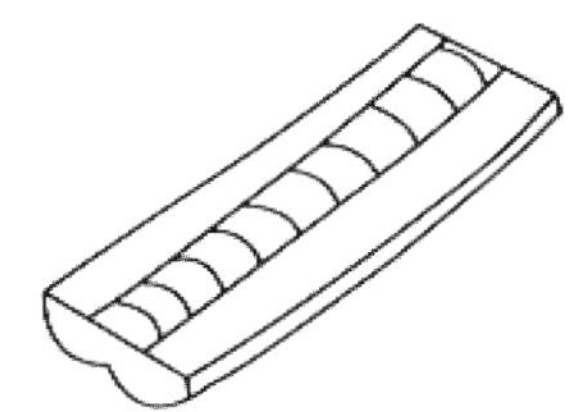

图 5-3-9　合格的实心翻边

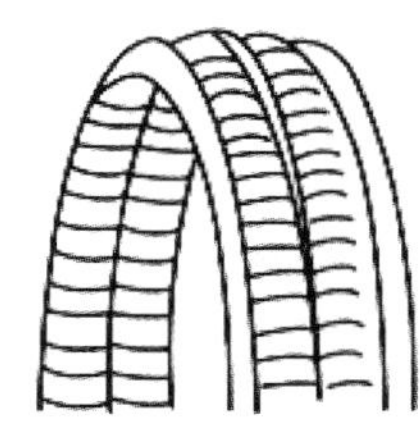

图 5-3-10　翻边背弯试验

（4）当抽样检验的焊缝全部合格时，则应认为该批焊缝全部合格；若出现不符合的情况，则判定该批焊缝不合格，并应按下列规定加倍抽样检验。

①每出现一道不合格焊缝，则应加倍抽检该焊工所焊的同一批焊缝，按原标准进行检验。

②如第二次抽检仍出现不合格焊缝，则应对该焊工所焊的同批全部焊缝进行检验。

（二）电熔连接接头质量检验应符合的规定

1. 电熔承插连接质量检验

（1）电熔管件与管材或插口管件的轴线应对正。

（2）管材或插口管件在电熔管件端口处的周边表面应有明显的刮皮痕迹。

（3）电熔管件端口的接缝处不应有熔融料溢出。

（4）电熔管件内的电阻丝不应被挤出。

（5）从电熔管件上的观察孔中应能看到指示柱移动或有少量熔融料溢出，溢料不得呈流淌状。

（6）每个电熔承插连接接头均应进行上述检验，出现与上述条款不符合的情况，应判定为不合格。

2. 电熔鞍形连接质量检验

（1）电熔鞍形管件周边的管道表面上应有明显的刮皮痕迹。

（2）鞍形分支或鞍形三通的出口应垂直于管道的中心线。

（3）管道管壁不应塌陷。

（4）熔融料不应从鞍形管件周边溢出。

（5）从鞍形管件上的观察孔中应能看到指示柱移动或有少量熔融料溢出，溢料不得呈流淌状。

（6）每个电熔鞍形连接接头均应进行上述检验，出现与上述条款不符合的情况，应判定为不合格。

➢ **重点提示：**重点掌握聚乙烯燃气管道施工基本程序，掌握不同类型管道连接方法的区别并做到合理选择。结合质量检验要求，记忆检验项目及合格标准。

实战演练

[2017 真题・案例节选]

背景资料：

某公司承建一项天然气管线工程，全长 1 380 m，公称外径 DN110，采用聚乙烯燃气管道（SDR11 PE100），直埋敷设，热熔连接。

管材进场后，监理工程师检查发现聚乙烯直管现场露天堆放，堆放高度达 1.8 m，项目部既未采取安全措施，也未采用棚护，监理工程师签发通知单要求项目部整改。

管道焊接前，项目部组织焊工进行现场试焊，试焊后，项目部相关人员对管道连接接头的质量进行了检查，并根据检查情况完善了焊接作业指导书。

[问题]

2. 根据背景资料，指出直管堆放的最高高度应为多少 m？并应采取哪些安全措施？管道采用棚护的主要目的是什么？

4. 热熔焊接对焊接工艺评定检验与试验项目有哪些？

[答案]

2. （1）直管堆放的最高高度应为 1.5 m。

（2）安全措施。

①应存放在通风良好的库房或棚内，远离热源，并应有防晒、防雨淋的措施。

②严禁与油类或化学品混合存放，库区应有防火措施。

③应水平堆放在平整的支撑物或地面上，采用三角形堆放或两侧加支撑保护的矩形堆放。

④应采用遮盖物遮盖。

⑤从生产到使用期间，存放时间不宜超过 4 年，管件不宜超过 6 年。

（3）管道采用棚护是为了防雨、防晒，防止管道腐蚀受损、老化变形。

4. （1）施工单位首先编制作业指导书并试焊，对其首次使用的管材、焊接材料、焊接方法、焊后热焊缝处理等，应进行焊接工艺评定，并根据评定报告确定焊接工艺。

（2）连接完成后，应对接头进行外观质量检查，100%翻边对称性（卷边对称性）检验、接头对正性检验，不少于 10%的翻边切除检验，每隔 50 mm 进行 180°的背弯试验，拉伸性能试验等。

考点 4 燃气管网附属设备安装要求★

燃气管网附属设备包括阀门、补偿器、排水器、放散管等。

一、阀门

安装阀门前应按产品标准要求进行强度和严密性试验，经试验合格的阀门应做好标记（安全阀应铅封），不合格者不得安装。

（1）方向性：一般阀门的阀体上有标志，箭头所指方向即介质的流向，必须特别注意，不得装反（安全阀、减压阀、止回阀等要求介质单向流通；截止阀为了便于开启和检修，也要求介质由下而上通过阀座）。

（2）阀门手轮不得向下，避免仰脸操作；落地阀门手轮朝上，不得歪斜；在工艺允许的前提下，阀门手轮宜位于齐胸高，以便于启阀；明杆闸阀不要安装在地下，以防腐蚀；减压阀要求直立地安装在水平管道上，不得倾斜；安全阀也应垂直安装。

二、补偿器

（1）补偿器的作用是消除管段胀缩应力。补偿器常安装在阀门的下侧（按气流方向）。

（2）安装波形补偿器时，应按设计规定的补偿量进行预拉伸（压缩）。补偿器应与管道保持同轴，不得偏斜。安装时不得用补偿器的变形来调整管位的安装误差。

三、排水器（凝水器、凝水缸）

为排除燃气管道中的冷凝水和石油伴生气管道中的轻质油，管道敷设时应有一定坡度，以便在最低处设排水器，将汇集的水或油排出。

四、放散管

放散管专门用来排放管道内部的空气或燃气。放散管装在最高点和每个阀门之前（按燃气流动方向）。放散管上安装球阀，燃气管道正常运行中必须关闭球阀。

五、阀门井

为保证管网的安全与操作方便，地下燃气管道上的阀门一般都设置在阀门井内。

六、绝缘接头与绝缘法兰

绝缘接头与绝缘法兰是同时具有埋地钢质管道要求的密封性能和电化学保护工程所要求的电绝缘性能的管道接头的统称。绝缘接头包括一对钢质凸缘法兰、固定套、密封件、法兰间的绝缘环、法兰与固定套间的绝缘环、绝缘填料及与法兰小端分别焊接的一对钢质短管；绝缘法兰包括钢法兰、两法兰间的绝缘环或绝缘密封件、法兰紧固件和绝缘套管、绝缘垫片以及与两片法兰分别焊接的一对钢制短管。绝缘接头与绝缘法兰的作用是将燃气输配管线的各段间、燃气调压站与输配管线间相互绝缘隔离，保护其不受电化学的腐蚀，延长使用寿命。

绝缘接头和绝缘法兰分别如图 5-3-11 和图 5-3-12 所示。

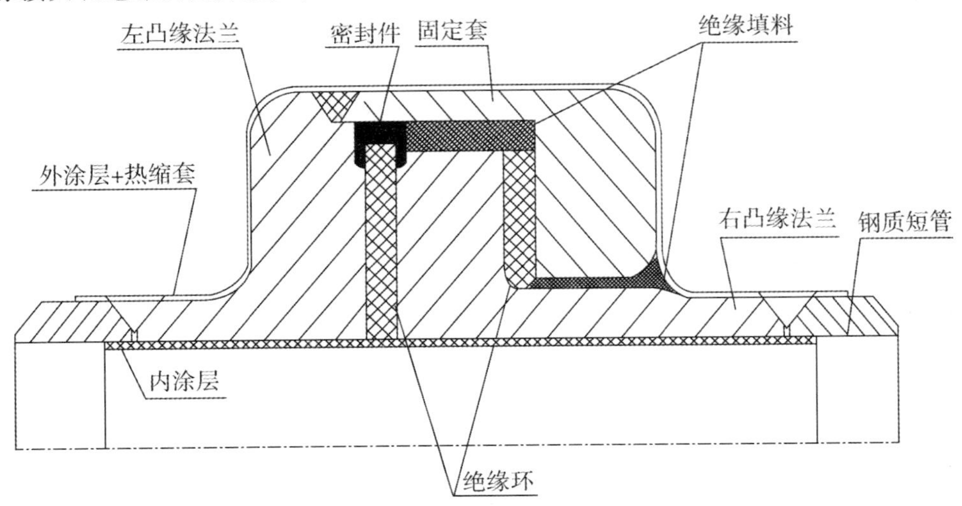

图 5-3-11　绝缘接头

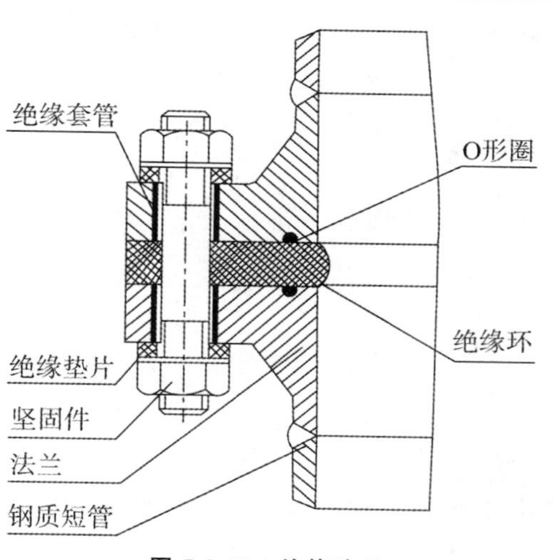

图 5-3-12 绝缘法兰

（一）安装环境要求

（1）埋地的绝缘接头应位于管道的水平或竖直管段上，不应安装在常年积水或管道走向的低洼处。

（2）绝缘接头的安装位置应便于检查和维护，宜设置在进、出场站紧急切断阀（ESD 阀）组外。

（3）绝缘接头与管件之间宜有不少于 6 倍公称直径且不小于 3 m 的距离。

（4）绝缘接头安装位置两端 12 m 范围内不宜有待焊接死口。

（5）绝缘接头不应作为应力变形的补偿器。

（二）焊接安装要求

（1）绝缘接头与相连管线焊接前应按规定进行焊接工艺评定。

（2）施焊前，应对绝缘接头外观、尺寸和质量证明文件进行检查，合格后方可焊接。

（3）绝缘接头与管道组焊前，应将焊接部位打磨干净，确保焊接部位无油脂或其他有可能影响焊接质量的缺陷。

（4）绝缘接头与管道焊接时应保证与管道对齐，不得强力组对，且应保证焊接处自由伸缩、无阻碍。

（5）现场焊接安装时，绝缘接头中间部位温度不应超过 120 ℃，必要时应采取冷却措施。

（6）焊接过程中，不应损坏绝缘接头内、外表面防腐层，确保绝缘接头不受到机械损坏、不出现变形。

（7）焊接后的绝缘接头与管线应按管线补口要求进行防腐。防腐作业时，绝缘接头的表面温度不应高于 120 ℃。

（三）填埋与包覆要求

（1）埋地：在系统压力试验和严密性试验合格、检查无误后方可填埋。

（2）地上：地上的绝缘接头、绝缘法兰的外表面应进行防腐防紫外线包覆处理。

➢ **重点提示：** 熟悉燃气管道附属设备的种类及作用，能够根据提供的概念判断是哪种附件。

实战演练

[经典例题·多选] 要求介质单向流通的阀门有（　　）。

A. 安全阀　　B. 减压阀　　C. 止回阀　　D. 截止阀

E. 球阀

[解析] 安全阀、减压阀、止回阀等要求介质单向流通；截止阀为了便于开启和检修，也要求介质由下而上通过阀座。

[答案] ABCD

考点 5 管道吹扫★

管道安装完毕后应依次进行管道吹扫、强度试验和严密性试验。采用水平定向钻和插入法敷设的聚乙烯管道，功能性试验应在敷设前进行；在回拖或插入后，应随同管道系统再次进行严密性试验。安装前应编制施工方案，制定安全措施，做好交底工作，确保施工人员及附近民众与设施的安全。

一、气体吹扫或清管球清扫

(1) 球墨铸铁管道、聚乙烯管道和公称直径小于 100 mm 或长度小于 100 m 的钢制管道，可采用气体吹扫。

(2) 公称直径大于或等于 100 mm 的钢制管道，宜采用清管球进行清扫。

二、管道吹扫应符合的要求

(1) 吹扫范围内管道安装工程除补口、涂漆外，已按设计文件全部完成。

(2) 管道安装检验合格后，应由施工单位负责组织吹扫工作，并应在吹扫前编制吹扫方案。

(3) 应按主管、支管、庭院管的顺序进行吹扫，吹扫出的脏物不得进入已吹扫合格的管道。

(4) 吹扫管段内的调压器、阀门、孔板、过滤网、燃气表等设备不参与吹扫，待吹扫合格后再安装复位。

(5) 吹扫口应设在开阔地段并加固，吹扫时应设安全区域，吹扫出口前严禁站人。

(6) 吹扫压力不得大于管道的设计压力，且不应大于 0.3 MPa。

(7) 吹扫介质宜采用压缩空气，严禁采用氧气和可燃性气体。

(8) 吹扫合格设备复位后，不得再进行影响管内清洁的其他作业。

(9) 在对聚乙烯管道吹扫及试验时，进气口应采取油水分离及冷却等措施，确保管道进气口气体干燥且温度不高于 40 ℃，排气口应采取防静电措施。

三、试验管道长度要求

(1) 每次吹扫长度不宜超过 500 m，超过时宜分段吹扫。

(2) 当管道长度在 200 m 以上且无其他管段或储气容器可利用时，应在适当部位安装吹扫阀，采取分段储气，轮换吹扫；若管道长度不足 200 m，可采用管道自身储气放散的方式吹扫，打压点与放散点应分别设在管道的两端。

四、管道吹扫试验检查与验收

(一) 气体吹扫要求

(1) 吹扫气体流速不宜小于 20 m/s。

(2) 吹扫口与地面的夹角应在 30°～45°之间，吹扫口管段与被吹扫管段必须采取平缓过渡

焊接方式连接，不同管材吹扫口直径应符合表5-3-3和表5-3-4中的规定。

表5-3-3　金属管道吹扫口直径（单位：mm）

末端管道公称直径DN	DN＜150	150≤DN≤300	DN≥350
吹扫口公称直径	与管道同径	150	250

表5-3-4　聚乙烯管道吹扫口直径（单位：mm）

末端管道公称外径 d_n	d_n＜160	160≤d_n≤315	d_n≥355
吹扫口公称直径	与管道同径	≥160	≥250

（3）当目测排气无烟尘时，应在排气口设置白布或涂白漆木靶板进行检验，5 min内靶上无铁锈、尘土等其他杂物为合格。

（二）清管球清扫要求

（1）管道直径必须是同一规格，不同管径的管道应断开分别进行清扫。

（2）对影响清管球通过的管件、设施，在清管前应采取必要措施。

（3）管道内的残存水、尘土、铁锈、焊渣等杂物随清管球清至管道末端收球筒内，杂物从清扫口排除。清管球清扫后应进行检验，如不合格可采用气体再吹扫，直至合格。

➤ **重点提示：** 管道吹扫试验是燃气管道中特有的试验，考查频率较高，应掌握其基本流程及规定。

实战演练

［经典例题·单选］燃气管道进行吹扫时，吹扫压力不得大于管道的设计压力，且应不大于（　　）。

A. 0.15 MPa　　B. 0.3 MPa　　C. 0.6 MPa　　D. 0.9 MPa

［解析］吹扫压力不得大于管道的设计压力，且应不大于0.3 MPa。

［答案］B

考点6　燃气管道功能性试验★★

一、强度试验

为减少环境温度的变化对试验的影响，强度试验前，埋地管道回填土宜回填至管上方0.5 m以上，并留出焊接口。

（一）试验长度

强度试验应分段进行，试验管道分段最大长度宜按表5-3-5执行。

表5-3-5　试验管道分段最大长度

设计输气压力PN/MPa	试验管道分段最大长度/m
PN≤0.4	1 000
0.4＜PN≤1.6	5 000
1.6＜PN≤4.0	10 000

（二）试验压力

一般情况下试验压力为设计输气压力的1.5倍，但钢管的试验压力不得低于0.4 MPa，聚乙烯管（SDR11的试验压力不得低于0.4 MPa，聚乙烯管（SDR17.6）的试验压力不得低于0.2 MPa。强度试验在吹扫试验合格、管线回填后进行（需露出接口）。

(三) 试验要求

(1) 水压试验时，当压力达到规定值后，应稳压 1 h，观察压力计应不少于 30 min，无压力降为合格。

(2) 气压试验时，采用泡沫水检测焊口，当发现有漏气点时，及时标出漏洞的准确位置，待全部接口检查完毕后，将管内的介质放掉，方可进行补修，补修后重新进行强度试验。

(3) 强度试验检查验收（补充质量检验部分）：当升压至试验压力后稳压 1 h，观察压力计不应少于 30 min，无压力降为合格。

二、严密性试验

(一) 试验压力

(1) 严密性试验应在强度试验合格、管线全线回填后进行。

(2) 严密性试验压力根据管道设计输气压力而定，当设计输气压力 PN<5 kPa 时，试验压力为 20 kPa；当设计输气压力 PN≥5 kPa 时，试验压力为设计输气压力的 1.15 倍，但不得低于 0.1 MPa。

(二) 严密性试验检查验收（补充质量检验部分）

管道内压力升至试验压力后，稳压 24 h，每小时记录不应少于 1 次。当采用水银压力计时，修正压降小于 133 Pa 为合格；当采用电子压力计时，压力无变化为合格。

➢ **重点提示：** 熟悉燃气管道强度试验及严密性试验的流程及基本规定即可，考查频率较低。

实战演练

[经典例题·单选] 燃气管道进行强度试验时，试验压力一般为设计输气压力的（　　）。

A. 1.15 倍　　B. 1.25 倍　　C. 1.5 倍　　D. 2 倍

[解析] 一般情况下试验压力为设计输气压力的 1.5 倍，但钢管的试验压力不得低于 0.4 MPa，聚乙烯管（SDR11 的试验压力不得低于 0.4 MPa，聚乙烯管（SDR17.6）的试验压力不得低于 0.2 MPa。强度试验是在吹扫试验合格、管线回填后进行（须露出接口）。

[答案] C

[经典例题·单选] 燃气管道进行严密性试验时，设计输气压力为 0.1 MPa，试验压力应为（　　）。

A. 20 kPa　　B. 0.115 MPa

C. 0.1 MPa　　D. 0.6 MPa

[解析] 严密性试验压力根据管道设计输气压力而定，当设计输气压力 PN<5 kPa 时，试验压力为 20 kPa；当设计输气压力 PN≥5 kPa 时，试验压力为设计输气压力的 1.15 倍，但不得低于 0.1 MPa。

[答案] B

[经典例题·单选] 关于燃气管道严密性试验，说法正确的是（　　）。

A. 严密性试验应在强度试验前进行

B. 埋地燃气管道做严密性试验之前，应全线回填

C. 燃气管道严密性试验不允许有压力降

D. 严密性试验压力根据管道设计输气压力而定

［解析］严密性试验应在强度试验合格后进行，且管线全线应回填，选项A、B错误。严密性试验前应向管道内充气至试验压力，燃气管道的严密性试验稳压的持续时间一般不少于24 h，实际压力降不超过允许值为合格，选项C错误。严密性试验压力根据管道设计输气压力而定，当设计输气压力PN＜5 kPa时，试验压力为20 kPa；当设计输气压力PN≥5 kPa时，试验压力为设计输气压力的1.15倍，但不得低于0.1 MPa，选项D正确。

［答案］D

第六章

生活垃圾填埋处理工程

名师导学

本章是市政工程基础内容，是针对垃圾填埋施工技术的内容。在本章复习中，与垃圾填埋施工相关内容均为考查分值较高的内容，应当重点学习，注意梳理清楚垃圾填埋防渗层构造，加强对“HDPE 防渗膜铺设与焊接”“GCL 垫的搭接”“泥质防水层施工流程”等内容的学习。

考情分析

近四年考试真题分值统计表（单位：分）

章名	2023 年			2022 年			2021 年			2020 年		
	单选	多选	案例	单选	多选	案例	单选	多选	案例	单选	多选	案例
生活垃圾填埋处理工程	1	2	0	1	0	0	1	0	0	1	0	0
合计	1	2	0	1	0	0	1	0	0	1	0	0

注：2020—2023 年每年有多批次考试真题，此处分值统计仅选取其中的一个批次进行分析。

考点 1　填埋场、填埋区结构特点

一、生活垃圾卫生填埋场、填埋区的一般要求

（1）填埋场应配置垃圾坝、防渗系统、地下水与地表水收集导排系统、渗沥液收集导排系统、填埋作业、封场覆盖及生态修复系统、填埋气导排处理与利用系统、安全与环境监测、污水处理系统、臭气控制与处理系统等。

（2）填埋场用地面积和库容应满足工作年限不小于 10 年。

（3）填埋场应设置围栏、大门等设施，防止自由进入现场非法倾倒，发生安全事故。

二、生活垃圾卫生填埋场、填埋区的结构形式

生活垃圾卫生填埋场、填埋区工程的结构层次从上至下主要为渗沥液收集导排系统、防渗系统和基础层。单层防渗系统结构形式如图 6-1-1 所示。

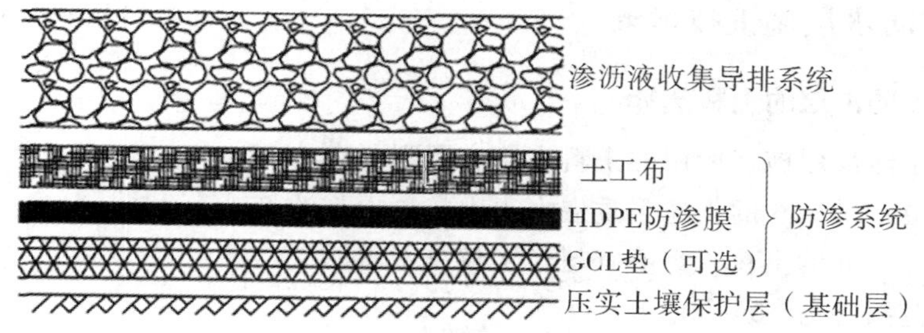

图 6-1-1　单层防渗系统断面示意图

双层防渗系统基本结构包括渗沥液导排系统、主防渗层及上、下保护层、渗沥液检测层、次防渗层及上、下保护层和基础层。应根据需要设置地下水导排系统和反滤层。库区底部双层衬里结构示意图如图 6-1-2 所示。

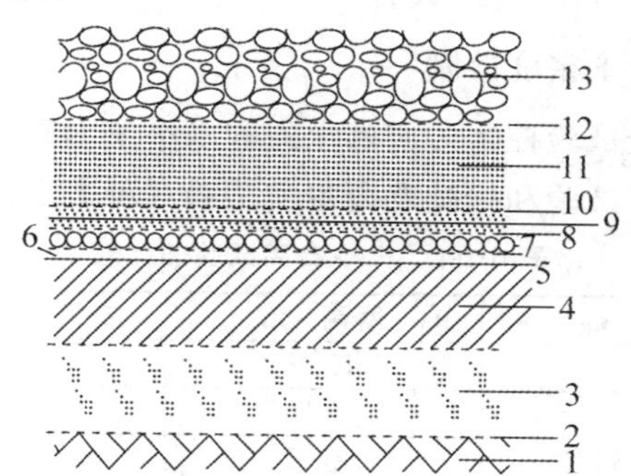

1—基础层；2—反滤层（可选择层）；3—地下水导流层（可选择层）；4—膜下保护层；
5—膜防渗层；6—膜上保护层；7—渗沥液检测层；8—膜下保护层；9—膜防渗层；
10—膜上保护层；11—渗沥液导流层；12—反滤层；13—垃圾层

图 6-1-2　库区底部双层衬里结构示意图

位于地下水贫乏地区的防渗系统可采用单层高密度聚乙烯土工膜衬里结构，也可采用高密度聚乙烯土工膜加膨润土防水毯形成的复合防渗衬里结构。防渗层下方应设立黏土保护层。

在特殊地质及环境要求较高的地区应采用双层防渗结构。上层防渗层应为主防渗层，下层防渗层应为次防渗层，二层中间应设置渗沥液检测层。

➤ **重点提示**：熟悉垃圾填埋场的结构层种类、位置及防渗层的质量检验方法，考频较低。

实战演练

[经典例题·单选] 下列不属于垃圾卫生填埋场、填埋区工程的结构层的是（　　）。

A. 渗沥液收集导排系统　　B. 过滤层

C. 防渗系统　　D. 基础层

[解析] 垃圾卫生填埋场、填埋区工程的结构层次从上至下主要为渗沥液收集导排系统、防渗系统和基础层。

➤ **名师点拨：** 本题还应该特别注意在结构层中防渗系统的构成，防渗系统主要包含GCL垫、HDPE防渗膜以及膜上土工布保护层，如图6-1-1所示。如果题干问防渗系统的组成部分，一定注意不要把泥质防水层包含进去。

[答案] B

考点 2 泥质防水层施工技术★

一、压实黏土防渗层的土料选择

(1) 压实黏土防渗层施工所用的土料应符合下列要求。

①粒径小于0.075 mm的土粒干重应大于土粒总干重的25%。

②粒径大于5 mm的土粒干重不宜超过土粒总干重的20%。

③塑性指数范围宜为15～30。

(2) 宜先在填埋场当地查勘满足上述要求的土料场，土料场查勘应符合下列规定。

①应采用试坑和钻孔的方法确定黏土料场的垂直和水平分布范围。为保障土料充分及质量稳定，宜选择厚度不小于1.5 m的黏土料场。

②拟采用的黏土料场中宜每100 m^2 设置1个取样点，取样点总数不应少于5个。

二、压实黏土的含水率及干密度控制

主要采用击实试验和渗透试验控制压实黏土的含水率及干密度。其中，击实试验采用修正普氏击实试验、标准普氏击实试验和折减普氏击实试验三种击实试验，见表6-1-1。

表6-1-1　三种击实试验的比较

试验类型	锤重/kg	落高/cm	击实分层数/层	每层锤数/次
修正普氏击实试验	4.5	45.7	5	25
标准普氏击实试验	2.5	30.5	3	25
折减普氏击实试验	2.5	30.5	3	15

土样的最佳击实峰值曲线如图6-1-3所示。

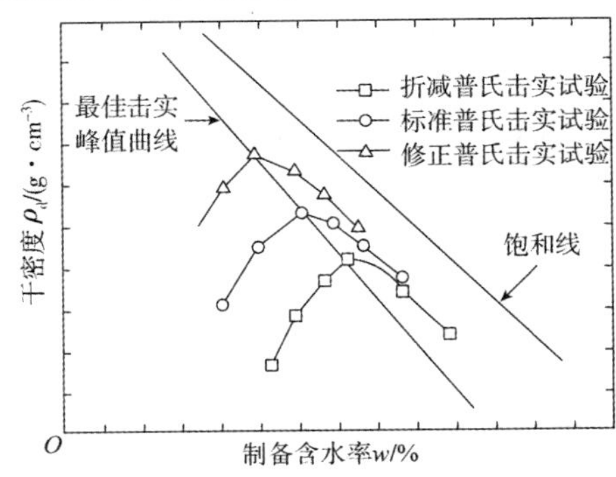

图6-1-3　土样的最佳击实峰值曲线

第六章

（1）压实黏土防渗层施工时应严格控制含水率和干密度，以达到防渗和抗剪强度的要求。

（2）应采用位于最佳击实峰值曲线湿边（即含水率大的一边）的每个击实试样进行渗透试验。

（3）对满足饱和渗透系数区域中的试样应进行无侧限抗压强度试验，无侧限抗压强度不应小于 150 kPa。

三、压实黏土防渗层的施工质量控制

（1）填筑施工前，应通过碾压试验确定达到施工控制指标的压实方法和碾压参数，包括含水率、压实机械类型和型号、压实遍数、速度及松土厚度等。

（2）当压实黏土防渗层位于自然地基之上时，基础层应符合现行行业标准《生活垃圾卫生填埋场防渗系统工程技术标准》（GB/T 51403—2021）的规定。

（3）当压实黏土防渗层铺于土工合成材料之上时，下卧土工合成材料应平展，并应避免碾压时被压实机械破坏。

（4）压实黏土防渗层施工应符合下列要求。

①应主要采用无振动的羊足碾分层压实，表层应采用滚筒式碾压机压实。

②松土厚度宜为 200～300 mm，压实后的填土层厚度不应超过 150 mm。

③各层应每 500 m² 取 3～5 个试样进行含水率和干密度测试。

④在后续层施工前，应将前一压实层表面拉毛，拉毛深度宜为 25 mm，可计入下一层松土厚度。

➢ **重点提示：** 泥质防水层是垃圾填埋场防渗层的常用结构形式之一，施工简便，重点掌握其膨润土掺加的试验要求规定（不能根据施工经验确定，要经过多处掺量试验确定最终掺加量）及检验项目。

考点 3 土工合成材料膨润土垫（GCL）施工★★

土工合成材料膨润土垫（GCL）是两层土工合成材料之间夹封膨润土粉末（或其他低渗透性材料），通过针刺、粘接或缝合而制成的一种复合材料，主要用于密封和防渗，如图 6-1-4 所示。

图 6-1-4 膨润土防水卷材在垃圾填埋场的应用

一、GCL 施工流程

GCL 施工工艺流程如图 6-1-5 所示。

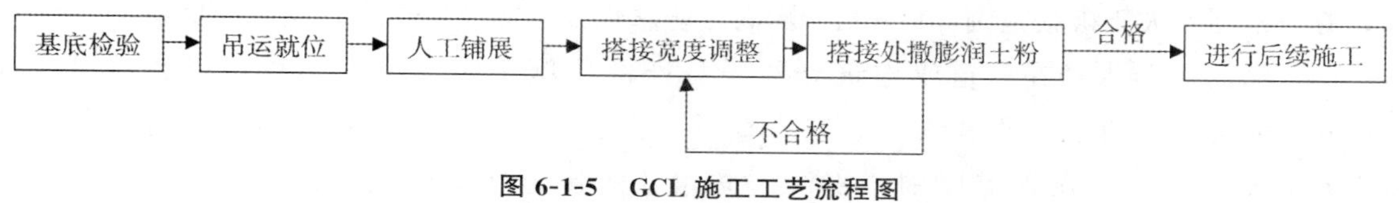

图 6-1-5 GCL 施工工艺流程图

二、质量控制要点

（一）膨润土防水毯选用

（1）用于垃圾填埋场防渗系统工程的膨润土防水毯应使用钠基膨润土防水毯，可选用天然钠基膨润土防水毯或人工钠基膨润土防水毯，应符合下列规定。

①膨润土体积膨胀度应不小于 24 mL/（2g）。

②抗拉强度应不小于 800 N/（100 mm）。

③抗剥强度应不小于 65 N/（10 cm）。

④渗透系数应小于 5×10^{-11} m/s 。

⑤抗静水压值应为 0.4 MPa/（1h），无渗漏。

（2）应根据防渗要求选用粉末形膨润土防水毯或颗粒形膨润土防水毯，防渗要求高的工程中应优先选用粉末形膨润土防水毯。

（3）应保证膨润土的平整度，并防止缺土。

（4）垃圾填埋场防渗系统工程中的膨润土防水毯应表面平整，厚度均匀，无破洞、破边现象。针刺类产品的针刺应均匀密实，并应无残留断针。

（二）膨润土防水毯施工

（1）膨润土防水毯贮存应防水和防潮，并应避免暴晒、直立与弯曲。膨润土防水毯的施工不应在雨雪天气下进行。

（2）膨润土防水毯施工应符合下列规定。

①应自然与基础层贴实，不应折皱、悬空。

②应以品字形分布，不得出现十字搭接。

③边坡施工应沿坡面铺展，边坡不应存在水平搭接。

（3）施工时，卷材宜绕在刚性轴上，借挖土机、装载机结合专用框架起吊铺设，应铺放平整无折皱，不得在地上拖拉，不得直接在其上行车，当边坡铺设膨润土防水毯时，严禁沿边坡向下自由滚落铺设。坡顶处材料应埋入锚固沟锚固。

（4）膨润土防水毯的连接应符合下列规定。

①现场铺设的连接应采用搭接。搭接膨润土防水毯应在下层膨润土防水毯的边缘 150 mm 处撒上膨润土粉状密封剂，其宽度宜为 50 mm，单位面积质量宜为 0.5 kg/m^2。当膨润土防水毯材料的一面为土工膜时，应焊接。

②膨润土防水毯及其搭接部位应与基础层贴实且无折皱和悬空。

③搭接宽度为（250±50）mm。

④局部可用钠基膨润土粉密封。

⑤坡面铺设完成后，应在底面留下不少于 2 m 的膨润土防水毯余量。

（5）膨润土防水毯铺设时，应随时检查外观有无缺陷，当发现缺陷时，应及时采取修补措施，修补范围宜大于破损范围 300 mm。膨润土防水毯如有撕裂等损伤，应全部更换。

（6）膨润土防水毯在管道或构筑立柱等特殊部位施工时，可首先裁切以管道直径加 500 mm 为边长的方块，再在其中心裁剪直径与管道直径等同的孔洞，修理边缘后使之紧密套在管道上；然后在管道周围与膨润土防水毯的接合处均匀撒布或涂抹膨润土粉。方形构筑物处的施工可参照上述方法执行。遇有贯穿物或与结构物连接处时，膨润土防水毯与周边接触处应密闭。

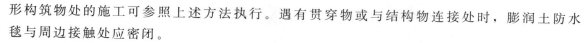

（7）在膨润土防水毯施工完成后，应采取有效的保护措施，任何人员不得穿钉鞋等在上面踩踏，车辆不得直接在上面碾压。验收以后，应做好防水、防潮保护工作。

➢ **重点提示：** 掌握 GCL 施工流程及质量控制要点，多以客观题的形式进行考查。

实战演练

［经典例题・多选］ 关于土工合成材料膨润土垫（GCL）施工质量控制要点的说法，正确的有（　　）。

A. 铺设 GCL 前，每一工作面施工前均要对基底进行修整和检验，直至合格

B. 对铺开的 GCL 进行调整，调整搭接宽度，控制在（250±50）mm 范围内

C. 拉平 GCL，确保无折皱、无悬空现象，与基础层贴实

D. GCL 应采用下压上搭接方式，避免十字搭接

E. GCL 可以安排在冬期施工

［解析］ 土工合成材料膨润土垫（GCL）施工质量控制要点如下：①填埋区基底检验合格，进行 GCL 铺设作业，每一工作面施工前均要对基底进行修整和检验；②对铺开的 GCL 进行调整，调整搭接宽度，控制在（250±50）mm 范围内，拉平 GCL，确保无折皱、无悬空现象，与基础层贴实；③掀开搭接处上层 GCL 垫，在搭接处均匀撒膨润土粉，将两层垫间密封，然后将掀开的 GCL 铺回；④边坡不应存在水平搭接；⑤GCL 须当日铺设当日覆盖，遇有雨雪天气应停止施工，并将已铺设的 GCL 覆盖好。

［答案］ ABC

考点 4　HDPE 防渗膜施工程序与焊接工艺★★★

一、HDPE 防渗膜施工程序

HDPE 防渗膜施工现场如图 6-1-6 所示。

图 6-1-6　HDPE 防渗膜施工现场

高密度聚乙烯（HDPE）膜的质量及其焊接质量是防渗层施工质量的关键，其施工程序如图 6-1-7 所示。

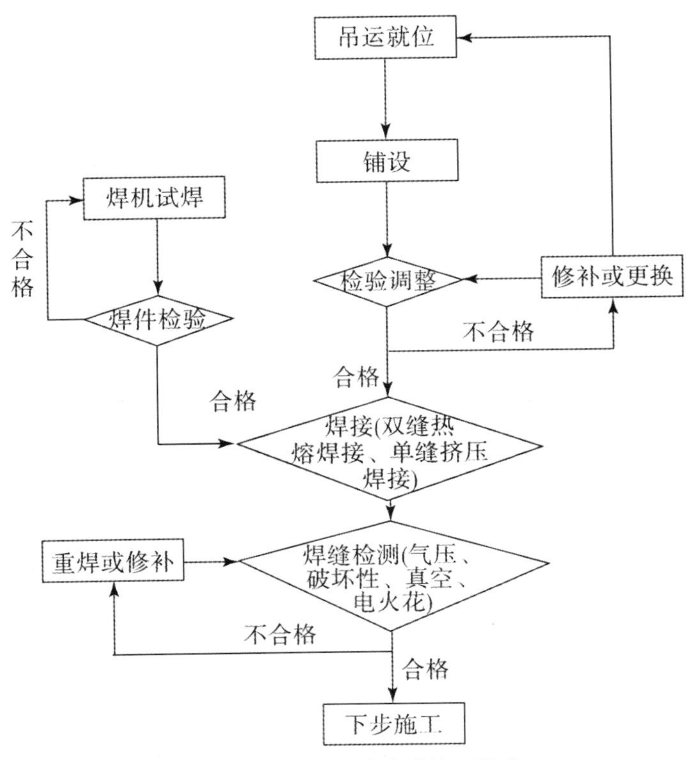

图 6-1-7 HDPE 防渗膜施工程序

二、HDPE 防渗膜焊接工艺与焊缝检测技术

(一) 两种焊接工艺比较

两种焊接工艺比较见表 6-1-2。

表 6-1-2 HDPE 防渗膜焊接工艺对比

焊接工艺	焊接工具	焊接原理	备注
双缝热熔焊接（图 6-1-8）	双轨热熔焊机	施加一定温度使 HDPE 防渗膜本体熔化	焊缝与原材料性能完全一致，厚度更大，力学性能更好
单缝挤压焊接（图 6-1-9）	单轨挤压焊机	通过单轨挤压焊机把 HDPE 焊条熔融挤出	用于糙面膜与糙面膜之间的连接、各类修补和双轨热熔焊机无法焊接的部位

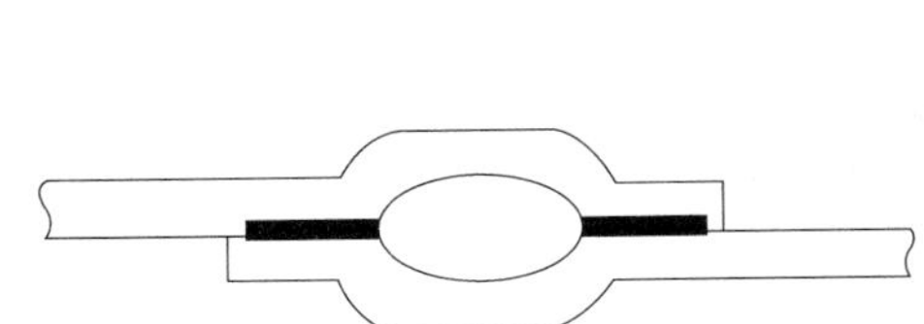

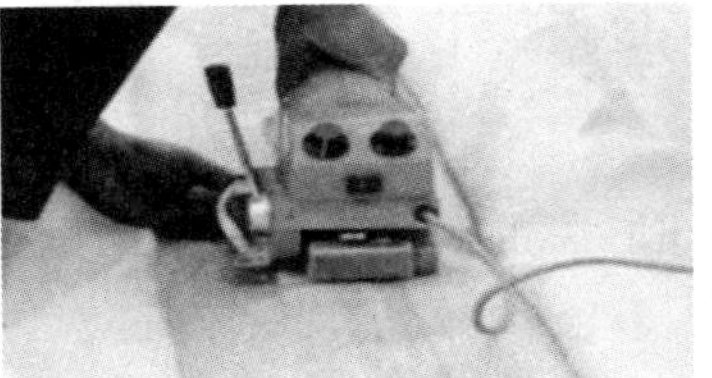

图 6-1-8 双缝热熔焊接

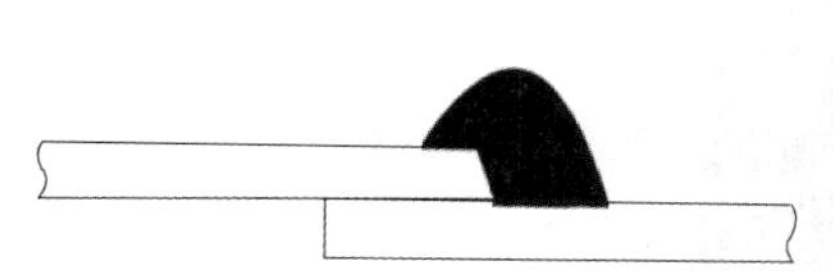

图 6-1-9　单缝挤压焊接

（二）焊缝检测技术方法

1. 非破坏性检测技术方法

HDPE 防渗膜焊缝非破坏性检测方法主要有双缝热熔焊缝气压检测法和单缝挤压焊缝的真空及电火花检测法。

（1）气压检测法用于检测焊缝的强度和气密性。热熔焊接形成的双缝焊接，应采用气压检测设备检测，气压检测原理如图 6-1-10 所示。

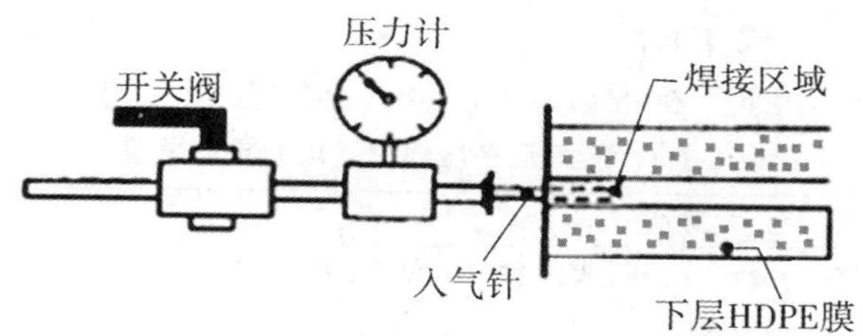

图 6-1-10　双缝热熔焊缝气压检测原理

检测方法：一条焊缝施工完毕后，将焊缝气腔加压至 250 kPa，维持 3～5 min，气压不应低于 240 kPa，然后在焊缝的另一端开孔放气，气压表指针能够迅速归零视为合格。

（2）真空检测法是传统的方法，挤压焊接所形成的单缝焊缝，应采用真空检测法检测，如图 6-1-11 所示。

图 6-1-11　真空检测法

检测方法：在 HDPE 防渗膜焊缝上涂上肥皂水，罩上 5 面密封的真空罩，用真空泵抽真空，当真空罩内气压达到 25～35 kPa 时，焊缝无任何泄漏视为合格。

（3）电火花检测法等效于真空检测法，适用于地形复杂的地段，如图 6-1-12 所示。

图 6-1-12 电火花检测法

检测方法：在挤压焊缝中预先埋设一条直径 φ0.3～φ0.5 mm 的细铜线，利用 35 kV 的高压脉冲电源探头在距离焊缝 10～30 mm 的高度进行探扫，无火花出现视为合格。

2. 破坏性测试方法（焊缝的强度）

（1）检测方法：每台焊接设备焊接一定长度，取一个破坏性试样，每个试样裁取 10 个 25.4 mm宽的标准试件，分别做 5 个剪切实验和 5 个剥离实验，进行室内实验分析（取样位置应立即修补）。每种实验 5 个试样的测试结果中应有 4 个符合相关规范要求，且平均值应达到表 6-1-3 的标准、最低值不得低于标准值的 80％方视为通过强度测试。

表 6-1-3 热熔及挤压焊缝强度判定标准值

厚度/mm	剪切		剥离	
	热熔焊/（$N \cdot mm^{-1}$）	挤压焊/（$N \cdot mm^{-1}$）	热熔焊/（$N \cdot mm^{-1}$）	挤压焊/（$N \cdot mm^{-1}$）
1.5	21.2	21.2	15.7	13.7
2.0	28.2	28.2	20.9	18.3

注：测试条件为 25 ℃，50 mm/min。

（2）如不能通过强度测试，需在测试失败的位置沿焊缝两端各 6 m 范围内重新取样测试，重复以上过程直至合格为止。对排查出有怀疑的部位用挤压焊接方式加以补强。

➢ **重点提示：**（1）高密度聚乙烯（HDPE）膜是垃圾填埋场防渗层常用的结构层，施工工序较复杂，重点掌握其工序内容。

（2）重点掌握 HDPE 防渗膜焊接工艺及对应的严密性检测方法和标准。HDPE 防渗膜焊缝是防渗的关键部位，考查频率较高。

实战演练

[2019 真题·单选] HDPE 防渗膜铺设工程中，不属于挤压焊接检测项目的是（ ）。

A. 观感检测　B. 气压检测　C. 真空检测　D. 破坏检测

[解析] 气压检测针对热熔焊接，不属于挤压焊接检测项目。

[答案] B

[2021 真题·多选] 生活垃圾填埋场 HDPE 防渗膜焊缝质量的非破坏性检测方法主要有（ ）检测法。

A. 水压　B. 气压　C. 真空　D. 电火花

E. 强度

[解析] HDPE 防渗膜焊缝非破坏性检测方法主要有双缝热熔焊缝气压检测法和单缝挤压焊缝的真空及电火花检测法。

[答案] BCD

考点 5　HDPE防渗膜施工★★★

一、HDPE防渗膜铺设的相关规定

根据《生活垃圾卫生填埋场防渗系统工程技术规范》(CJJ 113—2007)规定，相关内容归纳如下：

(1) 在铺设HDPE防渗膜之前，应检查其膜下保护层，每平方米的平整度误差不宜超过20 mm。

(2) HDPE防渗膜铺设时应符合下列要求。

①铺设应一次展开到位，不宜展开后再拖动。

②应为材料热胀冷缩导致的尺寸变化留出伸缩量。

③应对膜下保护层采取适当的防水、排水措施。

④应采取措施防止HDPE防渗膜受风力影响而破坏。

⑤HDPE防渗膜铺设过程中必须进行搭接宽度和焊缝质量控制，并按要求做好焊接和检验记录，监理必须全程监督膜的焊接和检验。

⑥施工中应注意保护HDPE防渗膜不受破坏，车辆不得直接在HDPE防渗膜上碾压。

二、HDPE防渗膜铺设施工要点

(1) 施工前做好电源线路检修、畅通，合格施工机具就位，劳动力安排就绪等一切准备工作。

(2) 铺设前对铺设面进行严格的检查，消除任何坚硬的硬块。

(3) 按照斜坡上不出现横缝的原则确定铺膜方案，所用膜在边坡顶部和底部的延长量不小于1.5 m，或符合设计要求。HDPE防渗膜斜坡铺设如图6-1-13所示。

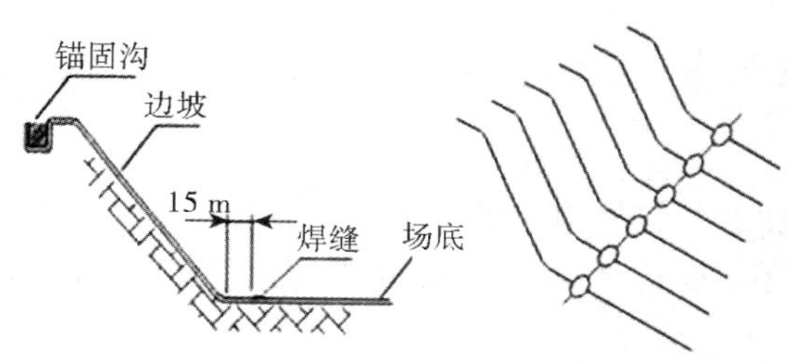

图6-1-13　HDPE防渗膜斜坡铺设

(4) 为保证填埋场基地构建面不被雨水冲坏，填埋场HDPE防渗膜铺设总体顺序一般为“先边坡后场底”，在铺设时应将卷材自上而下滚铺(图6-1-14)，并确保铺贴平整。用于铺放HDPE防渗膜的任何设备避免在已铺好的土工合成材料上面进行工作。

图6-1-14　HDPE防渗膜滚铺

(5) 铺设边坡HDPE防渗膜时，为避免HDPE防渗膜被风吹起和被拉出周边锚固沟，所

有外露的 HDPE 防渗膜边缘应及时用沙袋或者其他重物压上。

（6）施工中需要足够的临时压载物或地锚（沙袋或土工织物卷材）以防止铺设的 HDPE 防渗膜被大风吹起，避免采用会对 HDPE 防渗膜产生损坏的物品，在有大风的情况下，HDPE 防渗膜须临时锚固（图 6-1-15），安装工作应停止进行。

图 6-1-15　HDPE 防渗膜临时锚固

（7）根据焊接能力合理安排每天铺设 HDPE 防渗膜的数量，在恶劣天气来临前，减少展开 HDPE 防渗膜的数量，做到能焊多少铺多少。冬期严禁铺设。

（8）禁止在铺设好的 HDPE 防渗膜上吸烟；铺设 HDPE 防渗膜的区域内禁止使用火柴、打火机和化学溶剂或类似的物品。

（9）检查铺设区域内的每片膜的编号与平面布置图的编号是否一致，确认无误后按规定的位置，立即用沙袋进行临时锚固。

（10）铺设后的 HDPE 防渗膜在进行调整位置时不能损坏安装好的防渗膜，且在 HDPE 防渗膜调整过程中使用专用的拉膜钳。

（11）HDPE 防渗膜铺设方式应保证不会引起 HDPE 防渗膜的折叠或褶皱。HDPE 防渗膜的拱起会造成 HDPE 防渗膜的严重拉长，为了避免出现褶皱，可通过对 HDPE 防渗膜的重新铺设或通过切割和修理来解决褶皱问题。

（12）应及时填写 HDPE 防渗膜铺设施工记录表，经现场监理和技术负责人签字后存档。

三、HDPE 防渗膜试验性焊接

（1）每个焊接人员和焊接设备每天在进行生产焊接之前应进行试验性焊接。

（2）在每班或每日工作之前，须对焊接设备进行清洁、重新设置和测试，以保证焊缝质量。

（3）在监理的监督下进行 HDPE 防渗膜试验性焊接，检查焊接机器是否达到焊接要求。

（4）试焊接人员、设备、HDPE 防渗膜材料和机器配备应与生产焊接中的相同。

（5）焊接设备和人员只有成功完成试验性焊接后，才能进行生产焊接。

（6）热熔焊接试焊样品规格为 300 mm×2 000 mm，挤压焊接试焊样品规格为 300 mm×1 000 mm。

（7）试验性焊接完成后，割下 3 块 25.4 mm 宽的试块，测试撕裂强度和抗剪强度。

（8）当任何一试块没有通过撕裂和抗剪测试时，试验性焊接应全部重做。

（9）在试焊样品上标明样品编号、焊接人员编号、焊接设备编号、焊接温度、环境温度、预热温度、日期、时间和测试结果；并填写 HDPE 防渗膜试样焊接记录表，经现场监理和技术负责人签字后存档。

四、HDPE 防渗膜生产焊接

（1）通过试验性焊接后，方可进行生产焊接。

第六章

（2）在焊接过程中，要将焊缝搭接范围内影响焊接质量的杂物清除干净。

（3）在焊接过程中，要保持焊缝的搭接宽度，确保足以进行破坏性试验。

（4）除了在修补和加帽的地方外，坡度大于 1∶10 处不可有横向的接缝。

（5）边坡底部焊缝应从坡脚向场底底部延伸至少 1.5 m。

（6）操作人员要始终跟随焊接设备，观察焊机屏幕参数，如发生变化，要对焊接参数进行微调。

（7）每一片 HDPE 防渗膜要在铺设的当天进行焊接，如果采取适当的保护措施可防止雨水进入下面的地表，底部接驳焊缝，可以例外。

（8）只可使用经准许的工具箱或工具袋，设备和工具不可以放在 HDPE 防渗膜的表面。

（9）所有焊缝做到从头到尾进行焊接和修补。唯一例外的是在锚固沟的接缝，可以在坡顶下 300 mm 的地方停止焊接。

（10）在焊接过程中，如果搭接部位宽度达不到要求或出现漏焊的地方，应该在第一时间用记号笔标示，以便做出修补。

（11）需要采用挤压焊接时，在 HDPE 防渗膜焊接的地方要除去表面的氧化物，并应严格限制只在焊接的地方进行，磨平工作在焊接前不超过 1 h 进行。

（12）临时焊接不可使用溶剂或黏合剂。

（13）通常为了避免出现拱起，边坡与底部 HDPE 防渗膜的焊接应在清晨或晚上气温较低时进行。

（14）为防止大风将膜刮起、撕开，HDPE 防渗膜焊接过程中如遇到下雨，在无法确保焊接质量的情况下，应对已经铺设的膜进行冒雨焊接，等条件具备后再用单轨挤压焊机进行修补。

（15）在焊缝的旁边用记号笔清楚地标出焊缝的编号、焊接设备的编号、焊接人员的编号、焊接温度、环境温度、焊接速度（预热温度）、接缝长度、日期、时间；并填写 HDPE 防渗膜热熔（或挤压）焊接检测记录表，经现场监理和技术负责人签字后归档。

（16）每天清扫工作地点，移走和适当处理在安装 HDPE 防渗膜过程中产生的碎块，并将之放进接收器内。

➢ **重点提示：** 重点掌握 HDPE 防渗膜铺设、焊接施工技术标准要求，掌握其焊接部分的新增内容。

实战演练

[经典例题·多选] 关于 HDPE 防渗膜铺设的施工要点，下列说法正确的有（　　）。

A. 按照斜坡上不出现纵缝的原则确定铺膜方案

B. 铺设的总体顺序一般为“后边坡先场底”

C. 铺设时应将卷材自下而上滚铺

D. 施工中可采取沙袋或土工织物卷材等临时压载物来防止铺设的膜被大风吹起

E. 铺设膜的区域内禁止使用火柴和化学溶剂等

[解析] 按照斜坡上不出现横缝的原则确定铺膜方案，选项 A 错误。填埋场 HDPE 防渗膜铺设总体顺序一般为“先边坡后场底”，在铺设时应将卷材自上而下滚铺，选项 B、C 错误。

[答案] DE

第六章

[经典例题·案例节选]

背景资料：

（略）

[问题]

生产焊接后，应该在焊缝的旁边用记号笔标识出哪些内容？填写完焊接记录表后，经哪些人员签字后进行归档？

[答案]

（1）标识的内容包括焊缝的编号、焊接设备的编号、焊接人员的编号、焊接温度、环境温度、焊接速度（预热温度）、接缝长度、日期、时间等。

（2）填写完焊接记录表后，经现场监理和技术负责人签字后归档。

考点 6 HDPE 防渗膜铺设工程质量验收要求★★

一、HDPE 防渗膜材料质量的观感检验和抽样检验

（一）HDPE 防渗膜材料质量的观感检验

（1）每卷 HDPE 防渗膜卷材应标识清楚，表面无折痕、损伤，厂家、产地、性能检测报告、产品质量合格证、海运提单等资料齐全。

（2）HDPE 防渗膜除应符合国家现行标准《垃圾填埋场用高密度聚乙烯土工膜》（CJ/T 234—2006）的有关规定外，还应符合下列要求。

①厚度不应小于 1.5 mm。当防渗要求严格或垃圾堆高大于 20 m 时，厚度不应小于 2.0 mm。

②膜的幅宽不宜小于 6.0 m。

（3）HDPE 防渗膜的外观要求应符合表 6-1-4 的相关规定。

表 6-1-4 HDPE 防渗膜的外观各项指标要求

项目	要求
切口	平直，无明显锯齿现象
穿孔修复点	不允许
机械（加工）划痕	无或不明显
僵块	每平方米限于 10 个以内
气泡和杂质	不允许
裂纹、分层、接头和断头	不允许
糙面膜外观	均匀，不应有结块、缺损等现象

（二）HDPE 防渗膜材料质量的抽样检验

（1）应由供货单位和建设单位双方在现场抽样检查。

（2）应由建设单位送到国家认证的专业机构检测。

（3）每 10 000 m^2 为一批，不足 10 000 m^2 按一批计。在每批产品中，随机抽取 3 卷进行尺寸偏差和外观检查。

（4）在尺寸偏差和外观检查合格的样品中任取一卷，在距外层端部 500 mm 处裁取 5 m^2

进行主要物理性能指标检验。当有一项指标不符合要求，应加倍取样检测，仍有一项指标不合格，应认定整批材料不合格。

二、HDPE 防渗膜铺设工程施工质量的观感检验与抽样检验

（一）HDPE 防渗膜铺设工程施工质量观感检验

（1）场底、边坡基础层、锚固平台及回填材料要平整、密实，无裂缝、无松土、无积水、无裸露泉眼，无明显凹凸不平、无石头砖块，无树根、杂草、淤泥、腐殖土，场底、边坡及锚固平台之间过渡平缓。

（2）HDPE 防渗膜铺设应规划合理，边坡上的接缝须与坡面的坡向平行，场底横向接缝距坡脚线距离应大于 1.5 m。焊接、检测和修补记录标识应明显、清楚，焊缝表面应整齐、美观，不得有裂纹、气孔、漏焊和虚焊现象。HDPE 防渗膜无明显损伤、无褶皱、无隆起、无悬空现象。搭接良好，搭接宽度应符合表 6-1-5 的规定。

表 6-1-5　HDPE 防渗膜焊缝的搭接宽度及允许偏差

项目	搭接宽度/mm	允许偏差/mm	检测频率	检测方法
双缝热熔焊接	100	－20～＋20	20 m	钢尺测量
单缝挤压焊接	75	－20～＋20	20 m	钢尺测量

（二）HDPE 防渗膜铺设工程施工质量抽样检验

（1）锚固沟回填土按 50 m 取一个点检测密实度，合格率应为 100%。

（2）HDPE 防渗膜焊接质量检测应符合下列要求。

①对热熔焊接每条焊缝应进行气压检测，合格率应为 100%。

②对挤压焊接每条焊缝应进行真空检测，合格率应为 100%。

③焊缝破坏性检测，按每 1 000 m 焊缝取一个 1 000 mm×350 mm 样品做强度测试，合格率应为 100%。

（3）HDPE 防渗膜施工工序质量检测评定应按相关要求填写有关记录。

三、防渗系统工程施工完成后，在填埋垃圾前，应对防渗系统进行全面的渗漏检测，并确认合格方可投入使用

➤ **重点提示：** 重点掌握 HDPE 防渗膜的施工质量的验收项目及对应质量合格标准和要求。

实战演练

［2023 真题 · 单选］ 某生活垃圾填埋处理工程采购了 32 000 m^2 HDPE 防渗膜，应按（　　）批进行抽样。

A. 1　　B. 2

C. 4　　D. 5

［解析］ HDPE 防渗膜材料质量的抽样检验：每 10 000 m^2 为一批，不足 10 000 m^2 按一批计。在每批产品中，随机抽取 3 卷进行尺寸偏差和外观检查。

［答案］ C

第六章

[经典例题·单选] HDPE防渗膜材料质量的抽样检验，应由（　　）送到国家认证的专业机构进行抽样检测。

A. 建设单位　　B. 施工单位

C. 监理单位　　D. 供货单位

[解析] HDPE防渗膜材料质量的抽样检验，应由建设单位送到国家认证的专业机构检测。

[答案] A

考点 7 填埋区导排系统施工技术

一、卵石粒料的运送和布料

（1）运送使用小吨位（载重5 t以内）自卸汽车。

（2）在运料车行进路线防渗层上，加铺不少于两层的同规格土工布。

（3）运料车应缓慢行进，不得急停、急起；须直进、直退，严禁转弯。

（4）运料车驶入、驶出防渗层前，由专人将车辆行进方向防渗层上溅落的卵石清扫干净。

二、摊铺导排层、收集渠码砌

（1）摊铺导排层、收集渠码砌均采用人工施工。

（2）对于富裕或缺少卵石的区域，采用人工运出或补齐卵石。

（3）施工中，使用的金属工具尽量避免与防渗层接触。

三、HDPE渗沥液收集花管连接

（1）阶段划分：预热阶段、吸热阶段、加热板取出阶段、对接阶段和冷却阶段。

（2）施工工艺流程：焊机状态调试→管材准备就位（切削）→管材对正检查（端面间隙1 mm，错边不超壁厚的10%）→预热（210±10）℃→加温熔化（无压保温持续时间为壁厚的10倍）→加压对接（取出加热板，10 s内合拢焊机，逐渐加压）→保压冷却（20～30 min）。

➤ **重点提示：** 重点掌握导排花管连接施工工艺流程及导排层铺设要求，可能融入主观案例题考查。尤其是渗沥液收集花管与前文中化学建材管道施工属于同类型，可以结合到一起学习记忆。

四、施工控制要点

（1）填筑导排层卵石，宜采用小于5 t的自卸汽车，采用不同的行车路线，环形前进，间隔5 m堆料，避免压翻基底，随铺膜随铺导排层滤料（卵石）。

（2）导排层滤料需要过筛，粒径要满足设计要求。导排层所用卵石$CaCO_3$含量必须小于5%，防止年久钙化使导排层板结造成填埋区侧漏。

（3）HDPE管的直径：干管不应小于315 mm，支管不应小于200 mm。HDPE管的开孔率应保证强度要求。HDPE管的布置宜呈直线，其转弯角度应小于或等于20°，其连接处不应密封。

（4）管材或管件连接面上的污物应用洁净棉布擦净，应铣削连接面，使其与轴线垂直，并使其与对应的断面吻合。

（5）导排管热熔对接连接前，两管段各伸出夹具一定自由长度，并应校直两对应的连接件，使其在同一轴线上，错边不宜大于壁厚的10%。

第六章

（6）热熔连接保压、冷却时间，应符合热熔连接工具生产厂和管件、管材生产厂的规定，并保证冷却期间不得移动连接件或在连接件上施加外力。

（7）设定工人行走路线，防止反复踩踏 HDPE 土工膜。

考点 8 垃圾填埋场选址★

一、基本规定和要求

（1）垃圾填埋场的使用期限很长，达 10 年以上。

（2）垃圾填埋场的选址，应考虑地质结构、地理水文、运距、风向等因素。

（3）垃圾填埋场与居民区的最短距离应通过环境影响评价确定。

（4）生活垃圾填埋场应设在当地夏季主导风向的下风处。

二、生活垃圾填埋场不得建在下列地区

（1）生活饮用水水源保护区和供水远景规划区。

（2）洪泛区和泄洪道。

（3）尚未开采的地下蕴矿区和岩溶发育区。

（4）自然保护区。

（5）文物古迹区，考古学、历史学及生物学研究考察区。

➢ **重点提示：** 垃圾填埋场选址主要从地质结构、地理水文、运距、风向、环保等综合方面进行考虑，受现在环保形势的影响，此部分内容考查概率将有所增加。

实战演练

［经典例题·单选］ 生活垃圾填埋场应设在当地（　　）。

A. 春季主导风向的上风处

B. 夏季主导风向的下风处

C. 秋季主导风向的上风处

D. 冬季主导风向的下风处

［解析］ 生活垃圾填埋场应设在当地夏季主导风向的下风处。

［答案］ B

第六章

第七章

施工测量与监控量测

名师导学

本章内容为考试大纲新增内容，包含施工测量与监控量测两部分。在第一节施工测量的学习中，应侧重理解施工测量的程序及原则，掌握基本的控制桩、控制网、细部测量作业的相关要求，同时注意理解不同工程的测量作业内容。在第二节监控量测的学习中，应结合第三章城市轨道交通工程中的明挖基坑施工与喷锚暗挖（矿山）法施工两节的内容，将监控量测项目作为重点记忆内容。本章以考查客观题为主，所占分值比例在2、3分左右，建议融入施工作业程序理解记忆。

考情分析

近四年考试真题分值统计表（单位：分）

节序	节名	2023年			2022年			2021年			2020年		
		单选	多选	案例	单选	多选	案例	单选	多选	案例	单选	多选	案例
第一节	施工测量	0	2	0	1	0	0	0	2	0	0	2	0
第二节	监控量测	0	0	0	0	0	0	0	0	5	1	0	0
合计		0	2	0	1	0	0	0	2	5	1	2	0

注：2020—2023年每年有多批次考试真题，此处分值统计仅选取其中的一个批次进行分析。

第一节　施工测量

考点 1　施工测量的基本概念、常用测量仪器及测量方法★★

一、施工测量的基本概念

（一）作用与内容

（1）前提：在工程施工阶段进行，以规划和设计为依据，将图纸中的平面位置、形状和高程标定在现场的地面上，指导施工。

（2）施工测量：包括施工控制测量、构筑物的放样定线、竣工测量和变形观测等。

施工控制测量：交接桩复核、建立平面控制网和高程控制网、点位坐标传递等。

构筑物的放样定线：现场测量的主体内容，包括施工放样、轴线投测和标高传递，以及局部测图、土方测量等。

竣工测量：包括隐蔽前竣工图和单位工程竣工总图，为验收提供技术依据，为城市基础设施运行管理及改造扩建提供基础资料。

变形观测：施工期间以至运行阶段对建（构）筑物和周围环境进行的变形测量（即监控量测），以确保市政公用工程施工和使用的安全。

（3）原则：由整体到局部，先控制后细部。

（二）准备工作

施工测量准备工作如图 7-1-1 所示。

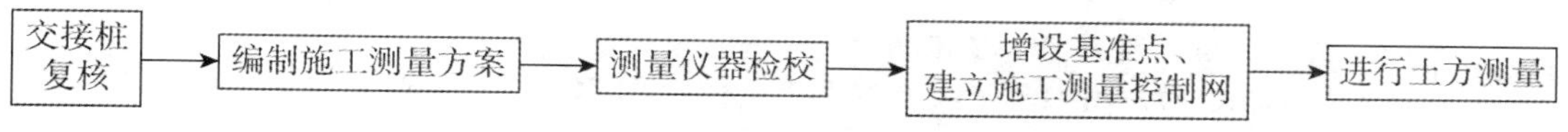

图 7-1-1　施工测量准备工作

（三）基本规定

（1）综合性工程使用不同设计文件时，施工控制网测设后，应进行平面控制网联测。

（2）应核对工程占地、拆迁范围，应在现场布测标志桩（拨地钉桩），并标出占地范围内地下构筑物位置；根据已建立平面、高程控制网进行施工布桩、放线测量。

（3）控制桩的恢复与校测按需及时进行，偏移或丢失应及时补测、钉桩。

（4）一个工程的定位桩和其相应结构的距离宜保持一致，不能保持一致时，必须在桩位上予以准确清晰标明。

（四）作业要求

（1）作业人员，应经专业培训、考核合格，持证上岗。

（2）控制桩要注意保护，经常校测，保持准确。雨后、冻融期或受到碰撞、遭遇损害，应及时校测。

（3）测量记录应按规定填写并按编号顺序保存。测量记录应做到表头完整，字迹清楚、规整，严禁擦改、涂改，必要时可斜线画掉改正，但不得转抄。

（4）应建立测量复核制度。

二、常用测量仪器及测量方法

（1）常用测量仪器如图 7-1-2 所示。

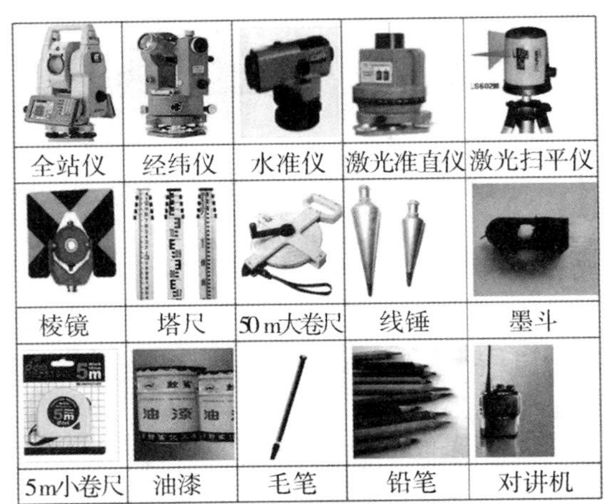

图 7-1-2 常用测量仪器

（2）常用测量仪器的功能及应用见表 7-1-1。

表 7-1-1 常用测量仪器的功能及应用

仪器	功能	工程应用
全站仪	（1）采用红外线自动数字显示距离和角度，进行精密三角高程测量以代替水准测量； （2）包含水平角观测、垂直角观测和距离观测； （3）具有水准仪、经纬仪和测距仪功能，可以取代经纬仪使用； （4）组成：接收筒、发射筒、照准头、振荡器、混频器、控制箱、电池、反射棱镜及专用三脚架等	三角高程 三维坐标
经纬仪	（1）电子经纬仪（常用）、光学经纬仪； （2）角度测量：水平角、竖直角； （3）J_2 精度，两半测回角值之差不大于±12″，可取上下两半测回角平均值	测回法
水准仪	（1）控制网水准基准点、高程测量； （2）组成：目镜、物镜、水准管、制动螺旋、微动螺旋、校正螺丝、脚螺旋及专用三脚架等	标高 高程
激光准直仪	（1）角度坐标、定向准直； （2）适用：长距离、大直径隧道或桥梁墩柱、水塔、灯柱等高耸构筑物控制测量的点位坐标传递及同心度找正测量； （3）组成：发射、接收和附件	索塔各层平台是否同心及时纠偏
卫星定位仪器	（1）组成：基准站（GPS 接收机、天线、无线电通信发射系统、电源、基准站控制器）；若干流动站（GPS 接收机、天线、无线电通信接听系统、电源、流动站控制器）；无线电通信系统； （2）功能区分：静态（三维坐标）、动态（放样）； （3）精度：厘米级；需进行坐标转换（即点校正）	地形复杂 市政工程
陀螺全站仪	（1）组成：陀螺仪、经纬仪和测距仪组合； （2）作业过程：①已知边上测定仪器常数；②在隧道内定向边上测量陀螺方位角；③仪器上井后重新测定仪器常数；④计算子午线收敛角；⑤计算隧道内定向边的坐标方位角	地下隧道 中线方位校核

（3）测回法如图 7-1-3 所示。

第七章

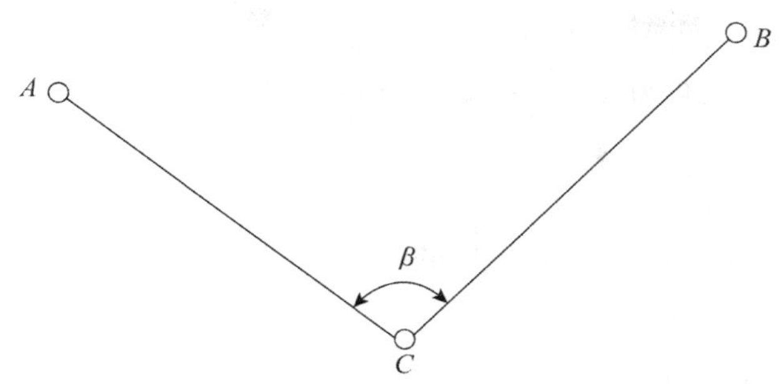

图 7-1-3　测回法

（4）高程测设如图 7-1-4 所示。

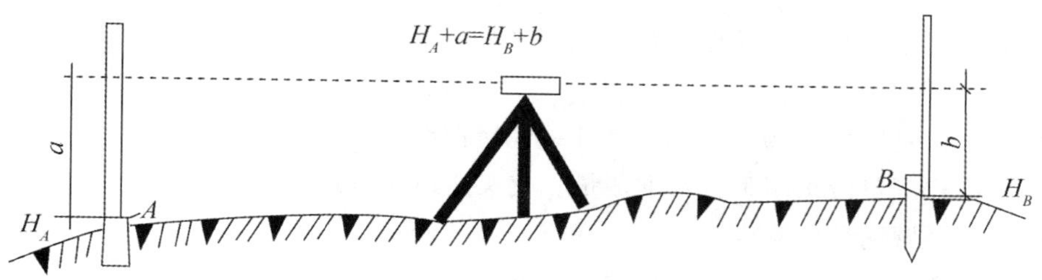

图 7-1-4　高程测设

注： A 为已知高程点，其高程已知为 H_A，B 为未知高程点，其高程未知设定为 H_B；水准测量中，水准仪视线水平，因而在 AB 两点之间安设水准仪，AB 两点分别立尺，转动水准仪目镜，可测得 A 点立尺读数为 a，B 点立尺读数为 b，利用公式 $H_A+a=H_B+b$，可以推导出位置点 B 的高程 H_B。

（5）准直仪在高耸构筑物中的应用如图 7-1-5 所示。GPS 基准站和流动站如图 7-1-6、图 7-1-7 所示。

图 7-1-5　准直仪在高耸构筑物中的应用

图 7-1-6　GPS 基准站

图 7-1-7　GPS 流动站

➤ **重点提示：** 此部分内容难度较低，注意记忆测量工作的基本原则与区分不同测量工具的应用即可。

实战演练

［**2022 真题·单选**］用于市政工程地下隧道精确定位的仪器是（　　）。

A. 平板仪　　B. 激光指向仪

C. 光学水准仪　　D. 陀螺全站仪

［**解析**］陀螺全站仪是由陀螺仪、经纬仪和测距仪组合而成的一种定向用仪器。在市政公用工程施工中经常用于地下隧道的中线方位校核，可有效提高隧道施工开挖的准确度和贯通测量的精度。

［**答案**］D

［**2018 真题·单选**］采用水准仪测量工作井高程时，测定高程为 3.460 m，后视读数为 1.360 m，已知前视测点高程为 3.580 m，前视读数应为（　　）m。

A. 0.960　　B. 1.120

C. 1.240　　D. 2.000

［解析］前视读数＝3.460＋1.360－3.580＝1.240（m）。

［答案］C

考点 2 施工测量主要内容★★

一、道路施工测量

（1）控制桩：包括起点、终点、转角点与平曲线、竖曲线的基本元素点及中桩、边线桩、里程桩、高程桩等。

（2）桩间距：直线段，10～20 m；平曲线和竖曲线，5～10 m。

（3）道路高程测量应采用附合水准测量。交叉路口、匝道出入口等不规则地段高程放线应采用方格网或等分圆网分层测定。

（4）道路中心线作平面位置及高程的控制基准。

（5）每填一层恢复一次中线、边线，并进行高程测设，距路床顶 1.5 m 范围应按设计纵、横坡放线控制。道路边线和道路中心线如图 7-1-8、图 7-1-9 所示。

（6）高填方或软土地基应按照设计要求进行沉降观测。

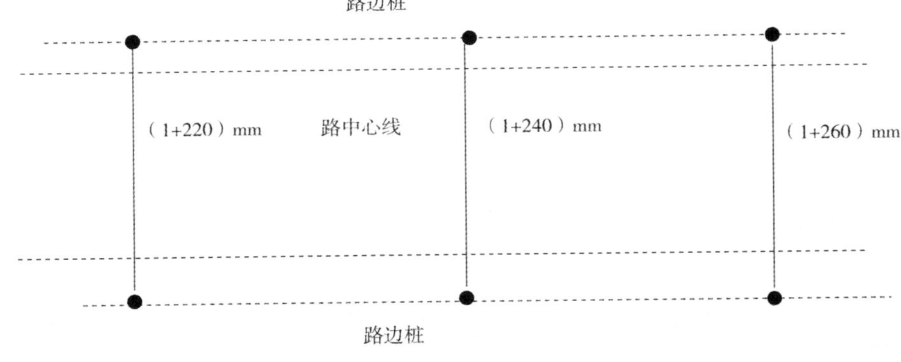

图 7-1-8　道路边线

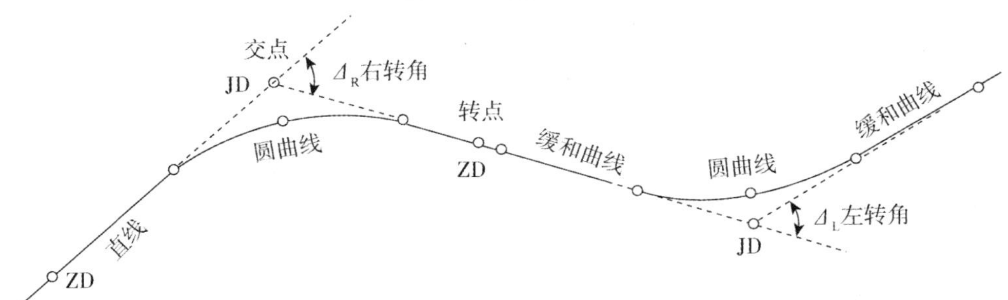

图 7-1-9　道路中心线

常见桩代号见表 7-1-2。

表 7-1-2　常见桩代号

名称	简称	汉语拼音缩写	英语缩写
交点	—	JD	IP
转点	—	ZD	TP
圆曲线起点	直圆点	ZY	BC
圆曲线中点	曲中点	QZ	MC
圆曲线终点	圆终点	YZ	EC
公切点	—	GQ	CP
第一缓和曲线起点	直缓点	ZH	TS
第一缓和曲线终点	缓圆点	HY	SC
第二缓和曲线起点	圆缓点	YH	CS
第二缓和曲线终点	缓直点	HZ	ST

➢ **补充**：施工测量的工作程序：

控制性桩点（现场交桩）→控制点恢复布设（导线点、水准点）→路基中线恢复测量→纵断面测设→横断面测设（中线、边桩）。

二、桥梁施工测量

桥梁施工测量如图 7-1-10 所示。

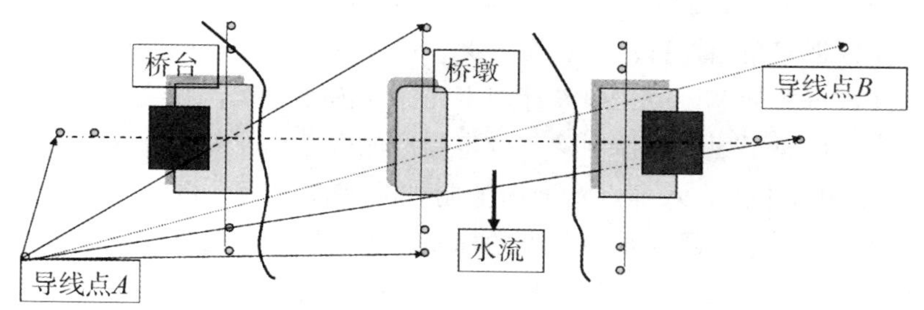

图 7-1-10　桥梁施工测量

（1）控制桩包括中桩及墩台的中心桩和定位桩等。

（2）当水准路线跨越河、湖等水体时，应采用跨河水准测量方法校核，如图 7-1-11 所示。视线离水面的高度不小于 2 m。

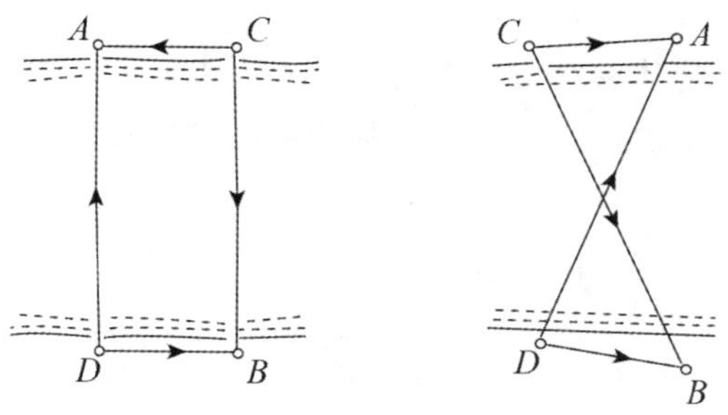

图 7-1-11　跨河水准校核

（3）桥梁基础、墩台与上部结构等各部位的平面、高程均应以桥梁中线位置及其相应的桥面高程为基准，如图 7-1-12 所示。

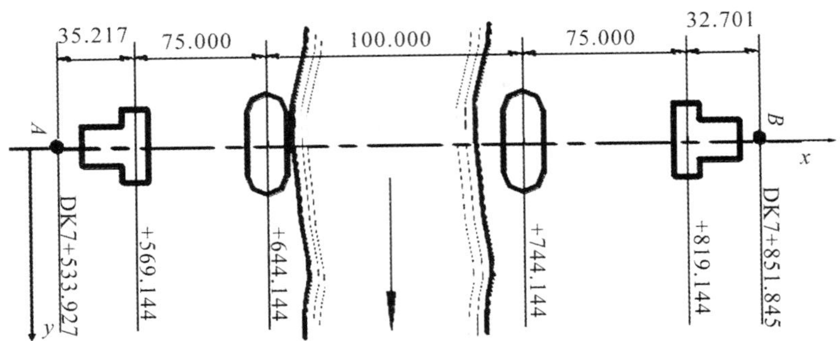

图 7-1-12　桥梁基准中线（单位：m）

（4）施工前应测量桥梁中线和各墩台的纵轴与横轴线定位桩，作为施工控制依据。

（5）支座（垫石）和梁（板）定位应以桥梁中线和盖梁中轴线为基准，依施工图尺寸进行平面施工测量，支座（垫石）和梁（板）的高程以其顶部高程进行控制。

（6）桥梁施工过程应按照设计要求进行变形观测，并保护好基点和长期观测点。

三、水厂施工测量

（1）矩形建（构）筑物应根据其轴线平面图进行施工各阶段放线；圆形建（构）筑物应根据其圆心施放轴线、外轮廓线。

（2）沿构筑物轴线方向，根据主线成果表复核无误后，分别在构筑物两侧各算出控制点，用极坐标法精确放出此控制点，在基坑上、下均布设控制点。横轴的布点原理跟纵轴一样，布设控制点时考虑到不受施工的影响，保证构筑物之间的顺利贯通。

（3）矩形水池依据四角桩设置池壁、变形缝、后浇带、立柱隔墙的施工控制网桩。对于水池各部轴线关系及各点的标高，应按照设计图事先完成内业工作，并绘制轴线与标高关系图。

（4）圆形池按水厂总平面测量控制网，设定圆形池中心线、外轮廓线及轴向控制桩（呈十字形布置）；测设专用水准点，水准点及轴向控制桩应埋设加固，根据施工图要求尺寸及标高进行内业准备。对于水池中心线及轴线各点的标高，应按照设计图事先完成内业工作，并绘制轴线与标高关系图。

（5）斜锥形底部按设计图纸尺寸，先计算底板及垫层表面的各控制点高程，绘制高程控制图，或放实物大样量出各控制点的高程及半径尺寸；设定中心桩，测定各控制点的高程桩（间距不得超过 3 m）；按各控制点的高程，支搭环形模板或混凝土饼控制成型面。

（6）明挖基坑需在适当距离外侧设置控制点（龙门桩）定位，以便随时检查开挖范围的正确性。

（7）为方便校核，应在池体中心位置搭设稳固的操作平台，并保证平台中心位置准确。

（8）为确保测量放线的精确，定期对所用基准桩点进行校核。

四、管道施工测量

管道施工测量示意图如图 7-1-13 所示。

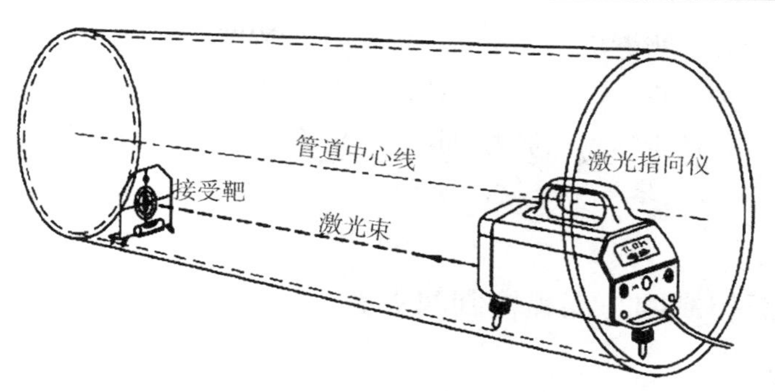

图 7-1-13　管道施工测量示意图

(1) 控制桩：起点、终点、折点、井位中心点、变坡点等。中线桩间距，对于排水管道中的宜为 10 m，给水等其他管道中的宜为 15～20 m。

(2) 检查井等附属构筑物的平面位置放线：矩形井室应以管道中心线及垂直管道中心线的井中心线为轴线进行放线；圆形井室应以井底圆心为基准进行放线；扇形井室应以圆心和夹角为基准进行放线。

(3) 排水管道工程高程应以管内底高程作为施工控制基准，给水等压力管道工程应以管道中心高程作为施工控制基准，井室等附属构筑物应以内底高程作为控制基准，控制点高程测量应采用附合水准测量。

(4) 挖槽见底前、灌注混凝土基础前、管道铺设或砌筑构筑物前，应校测管道中心及高程。

(5) 分段施工时，相邻施工段间的水准点宜布设在施工分界点附近。施工测量时，应对相邻已完成管道进行复核。

五、隧道施工测量

洞外导线通过斜井（或横洞）、竖井传递至洞内示意图如图 7-1-14 所示。

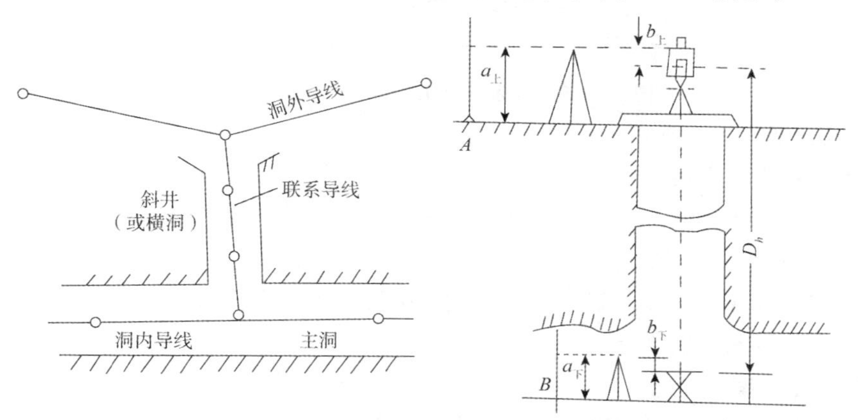

图 7-1-14　洞外导线通过斜井（或横洞）、竖井传递至洞内示意图

(1) 施工中应将地面导线测量坐标、方位、水准测量高程，通过竖井、斜井、通道等适时传递到地下，形成地下平面、高程控制网。

(2) 洞口控制点应尽可能纳入地面控制网一起平差。洞口平面控制通常分为基本导线（贯通测量用）和施工导线（施工放样用）两级。基本导线与施工导线的布设应统一设计，一般每隔 3～5 个施工导线点布设 1 个基本导线点，作为施工导线的起点，并以四等水准布设洞内高程控制。基本导线通常以同等精度独立进行两组观测，当导线点的横坐标差不超过允许误差时取用平均值。

(3) 隧道曲线段测设方法：偏角法、弦线支距法（又称为长弦纵距法）、切线支距法（又称为直角坐标法）或其他适当方法。

（4）当贯通面一侧的隧道长度进入控制范围时，应提高定向测量精度，一般可采取在贯通距离约 1/2 处通过钻孔投测坐标点或加测陀螺方位角等方法进行贯通测量。

➢ **重点提示：**此部分内容难度较低，与不同施工项目结合记忆相应测量工作，考查概率较低。

考点 3 场区平面控制网与高程控制网★★

一、平面控制网

（一）控制网类型选择

（1）控制网类型选择见表 7-1-3。

表 7-1-3 控制网类型选择

类型	适用情况
建筑方格网	场地平整的大型场区控制
三角形网	建筑场地在山区的施工控制网
导线测量控制网	扩建或改建的施工区，新建区也可采用

（2）当施工控制网与测量控制网发生联系时，应进行坐标系变换，如图 7-1-15 所示。

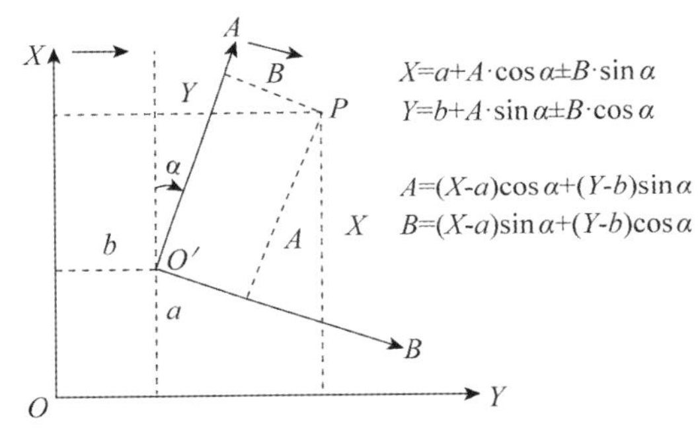

图 7-1-15 坐标系变换

（二）准备工作

（1）编制工程测量方案。

（2）办理桩点交接手续。桩点应包括：各种基准点、基准线的数据及依据、精度等级，施工单位应进行现场踏勘、复核。

（3）开工前进行内业、外业复核，复核过程中发现不符或相邻工程矛盾时，应向建设单位提出，进行查询，并取得准确结果。

（三）主要技术要求

（1）当原有控制网不能满足需要时，应在原控制网基础上适当加密控制点。等级和精度符合下列规定。

①场地大于 1 km^2 或城市综合管廊或其他重要建（构）筑物：一级及以上导线精度。

②场地小于 1 km^2 或一般性建筑区：二、三级导线精度。

（2）平面控制点有效期不宜超过一年，特殊情况下可适当延长，但应经过控制校核。

二、卫星定位

（一）适用范围

（1）卫星定位测量：二、三、四等和一、二级控制网。

（2）导线测量：三、四等和一、二、三级控制网。

（3）三角形网测量：二、三、四等和一、二级控制网。

（二）卫星定位测量控制网布设要求

（1）首级网宜联测2个以上高等级国家控制点或地方坐标系高等级控制点。

（2）各等级控制网中构成闭合环或附合路线的边数不宜多于6条。

（3）独立基线的观测总数不宜少于必要观测基线数的1.5倍。

（三）卫星定位控制测量测站作业要求

（1）天线安置的对中误差不应大于2 mm；天线高的量取应精确至1 mm。

（2）避免在接收机近旁使用无线电通信工具；避开高压线、信号接收塔、变压器等。

三、高程控制网

（一）测量等级与方法

（1）场区高程控制网系采用Ⅲ（三）、Ⅳ（四）等水准测量方法建立，大型场区应分两级布设（首级用Ⅲ，其下用Ⅳ）。小型场区可用Ⅳ等水准一次布设。

（2）在场地适当地点建立高程控制基点组（点数≥3个），点间距离50～100 m，高差应用Ⅰ等水准测定。

（3）各级水准点标桩要求坚固稳定。

①Ⅳ等水准点可利用平面控制点，点间距离随平面控制点而定。

②Ⅲ等水准点一般应单独埋设，点间距离一般以600 m（400～800 m）为宜。Ⅲ等水准点一般距离厂房或高大建筑物≥25 m，距振动影响范围以外≥5 m，距回填土边线≥15 m。

（4）水准基点组应采用深埋水准标桩。

（5）埋设两周后进行水准点的观测，要求成像清晰、稳定时进行。

（二）观测程序

1. 选点与标桩埋设

建（构）筑物高程控制水准点，可单独埋设在平面控制网标桩上，也可利用场地附近水准点，间距宜在200 m左右。

2. 水准观测

（1）Ⅲ等水准测量宜采用铟瓦水准尺，视线长度为75～100 m，观测顺序为“后→前→前→后”。

（2）Ⅳ等水准测量采用红黑两面的水准尺，视线长度不超过100 m，观测顺序为“后→后→前→前”。

3. 水准测量的平差

（1）附合在已知点上构成结点的水准网——结点平差法。

（2）只具有2、3个结点，路线比较简单——等权代替法。

（3）场区高程控制水准网（唯一高程起算点）——多边形图解平差法。

（三）主要技术要求

（1）场区控制网应布设成附合环线、路线或闭合环线。高程测量的精度不宜低于三等水准的精度。

（2）施工现场的高程控制点有效期不宜超过半年，如有特殊情况可适当延长有效期，但应经过控制校核。

(3) 矩形建(构)筑物应据其轴线平面图进行施工各阶段放线;圆形建(构)筑物应据其圆心施放轴线、外轮廓线。

➤ **重点提示:** 此部分内容难度较低,注意平面控制网与高程控制网的相关测量内容,重点掌握分类、精度与适用时长限制,理解记忆。

考点 4 竣工图编绘与实测★★

一、竣工图编绘的基本要求

竣工总图编绘完成后,应经施工单位项目技术负责人审核、会签。

二、竣工图编绘的方法和步骤

(一) 竣工图的比例尺(1∶500)

坐标系统、高程基准、图幅大小、图上注记和线条规格应与原设计图一致,图例符号应符合现行国家标准《总图制图标准》(GB/T 50103—2010)的规定。

(二) 竣工图编绘

1. 绘制竣工图的依据

(1) 设计总平面图、单位工程平面图、纵横断面图和设计变更资料。

(2) 控制测量资料、施工检查测量及竣工测量资料。

2. 根据设计资料展点成图

若原设计变更,则应根据设计变更和竣工测量资料编绘。

3. 展绘竣工图的要求

(1) 当平面布置改变超过图上面积 1/3 时,应重新绘制竣工图。

(2) 对于大型和较复杂的工程,可根据工程的密集与复杂程度,按工程性质分类编绘竣工图。

4. 根据竣工测量资料或施工检查测量资料展点成图

对凡有竣工测量资料的工程,若竣工测量成果与设计值之差不超过所规定的定位允许偏差时,按设计值编绘;否则,应按竣工测量资料编绘。

5. 展绘竣工位置时的要求

对于各种地上、地下管线,应用各种不同颜色的线体绘出其中心位置,注明转折点及井位的坐标、高程及有关说明。在没有设计变更的情况下,通过实测的建(构)筑物竣工位置应与设计原图的位置重合,但坐标及标高数据与设计值比较会有微小出入。

6. 城市桥梁工程竣工的编绘

(1) 桥面测量应沿梁中心线和两侧,并包括桥梁特征点在内,以 20～50 m 间距施测坐标和高程点。

(2) 桥梁工程竣工测量宜提交的资料:1∶500 桥梁竣工图、墩台中心间距表、桥梁中心线中桩高程一览表、竣工测量技术说明。

(三) 必须进行现场实测编绘竣工图的情况

(1) 由于未能及时提出建筑物或构筑物的设计坐标,而在现场指定施工位置的工程。

(2) 设计图上只标明工程与地物的相对尺寸而无法推算坐标和标高。

(3) 由于设计多次变更而无法查对设计资料。

(4) 竣工现场的竖向布置、围墙和绿化情况,施工后尚保留的大型临时设施。

当平面布置改变超过图上面积 1/3 时,不宜在原施工图上修改和补充,应重新绘制竣工图。

（四）竣工图的附件

（1）地下管线、地下隧道竣工纵断面图。

（2）道路、桥梁、水工构筑物竣工纵断面图。工程竣工以后，应进行有关道路路面（沿中心线）水准测量，以编绘竣工纵断面图。

（3）建（构）筑物所在场地及其附近的测量控制点布置图和坐标与高程一览表。

（4）建（构）筑物沉降、位移等变形观测资料。

（5）工程定位、检查及竣工测量的资料。

（6）设计变更文件。

（7）建（构）筑物所在场地原始地形图。

➢ **重点提示：**注意记忆竣工图编绘的前提及相关要求，大多以客观题形式考查。

实战演练

［2019 真题·单选］下列工程资料中，属于竣工图绘制依据的是（　　）。

A. 施工前场地绿化图

B. 建（构）筑物所在场地原始地形图

C. 设计变更资料

D. 建（构）筑物沉降、变形观测

［解析］绘制竣工图的依据：①设计总平面图、单位工程平面图、纵横断面图和设计变更资料；②控制测量资料、施工检查测量及竣工测量资料。

［答案］C

第二节　监控量测

考点 1　监控量测方案及项目

一、工作原则

（1）可靠性原则（最重要）。

①系统要采用技术先进、性能可靠的仪器。

②应合理设置监测点、基准点，在监测期间测点应得到良好的保护。

（2）方便实用原则。

（3）经济合理原则。

二、工作基本流程

（1）依据设计要求，进行现场情况的初始调查。

（2）编制监测方案和实施细则。

（3）依据获准的监测方案，布设控制网和测点，并取得初始监测值。

（4）现场监控量测，对数据进行整理与分析。

（5）依据有关规定，提交监控量测成果（报告）。

三、方法选择与要求

（1）通常用于变形观测的光学仪器有精密电子水准仪、静力水准仪、全站仪；机械式仪表常用的有倾斜仪、千分表、轴力计等；电测式传感器可分为电阻式、电感式、差动式和钢弦式。

(2) 监控量测精度应根据监测项目、控制值大小、工程要求、相关规定等综合确定，并应满足对监测对象的受力或变形特征分析的要求。

(3) 监控量测过程中，应做好监测点和传感器的保护工作。

(4) 应用监控量测新技术、新方法前，应与传统方法进行验证，且监测精度应符合规范的规定。

四、监控量测项目确定

监控量测分为三个等级，对明挖与盖挖法、矿山法和盾构法施工、周边环境的应测项目和选测项目做出了具体规定。工程监测等级宜根据基坑、隧道工程的自身风险等级、周边环境风险等级和地质条件监控量测复杂程度进行划分。基坑、隧道工程采用工程风险评估的方法确定，也可根据基坑设计深度、隧道埋深和断面尺寸等按表 7-2-1 进行划分。

表 7-2-1　基坑、隧道工程的自身风险等级

工程自身风险等级		等级划分标准
基坑工程	一级	设计深度≥20 m
	二级	10 m≤设计深度<20 m
	三级	设计深度<10 m
隧道工程	一级	超浅埋隧道；超大断面隧道（大于 100 m^2）
	二级	浅埋隧道；近距离并行或交叠的隧道（1 D 以内）；盾构始发与接收区段；大断面隧道（50～100 m^2）
	三级	深埋隧道；一般断面隧道（10～50 m^2）

五、监测项目

明挖法、盖挖法基坑支护结构和周围土体监测项目见表 7-2-2，矿山法隧道支护结构和周围土体监测项目见表 7-2-3，√——应测项目，○——选测项目。

表 7-2-2　明挖法、盖挖法基坑支护结构和周围土体监测项目

监测项目	工程监测等级		
	一级	二级	三级
支护桩（墙）、边坡顶部水平位移	√	√	√
支护桩（墙）、边坡顶部竖向位移	√	√	√
支护桩（墙）体水平位移	√	√	○
支护桩（墙）结构应力	○	○	○
立柱结构竖向位移	√	√	○
立柱结构水平位移	√	○	○
立柱结构应力	○	○	○
支撑轴力	√	√	√
顶板应力	○	○	○
锚杆拉力	√	√	√
土钉拉力	○	○	○
地表沉降	√	√	√
竖井井壁支护结构净空收敛	√	√	√
土体深层水平位移	○	○	○
土层分层竖向位移	○	○	○

续表

监测项目	工程监测等级		
	一级	二级	三级
坑底隆起（回弹）	○	○	○
地下水位	√	√	√
孔隙水压力	○	○	○
支护桩（墙）侧向土压力	○	○	○

表 7-2-3　矿山法隧道支护结构和周围土体监测项目

监测项目	工程监测等级		
	一级	二级	三级
初期支护结构拱顶沉降	√	√	√
初期支护结构底板竖向位移	√	○	○
初期支护结构净空收敛	√	√	√
隧道拱脚竖向位移	○	○	○
中柱结构竖向位移	√	√	○
中柱结构倾斜	○	○	○
中柱结构应力	○	○	○
初期支护结构、二次衬砌应力	○	○	○
地表沉降	√	√	√
土体深层水平位移	○	○	○
土体分层竖向位移	○	○	○
围岩压力	○	○	○
地下水位	√	√	√

六、应实施基坑工程监测的范围

（1）基坑设计安全等级为一、二级的基坑。

（2）开挖深度大于或等于 5 m 的下列基坑。

①土质基坑。

②极软岩基坑、破碎的软岩基坑、极破碎的岩体基坑。

③上部为土体，下部为极软岩、破碎的软岩、极破碎的岩体构成的土岩组合基坑。

（3）开挖深度小于 5 m，但现场地质情况和周围环境较复杂的基坑。

（4）基坑工程的现场监测应采取仪器监测与现场巡视检查相结合的方法。

考点 2　监控量测报告

一、类型与要求

现场监测资料宜包括外业观测记录、现场巡查记录、记事项目以及仪器、视频等电子数据资料。外业观测记录、现场巡查记录和记事项目应在现场直接记录在正式的监测记录表格中，监测记录表格中应有相应的工况描述。

监控量测报告应标明工程名称、监控量测单位、报告的起止日期和报告编号，并应有监控量测单位用章及项目负责人、审核人和审批人签字。

第七章

二、监测报告主要内容

（一）日报

（1）工程施工概况。

（2）现场巡查信息：巡查照片、记录等。

（3）监测项目日报表：仪器型号、监测日期、观测时间、天气情况、监测项目的累计变化值、变化速率值、控制值、监测点平面位置图等。

（4）监测数据、现场巡查信息的分析与说明。

（5）结论与建议。

（二）警情快报

（1）警情发生的时间、地点、情况描述、严重程度、施工工况等。

（2）现场巡查信息：巡查照片、记录等。

（3）监测数据图表：监测项目的累计变化值、变化速率值和监测点平面位置图。

（4）警情原因初步分析。

（5）警情处理措施建议。

（三）阶段性报告

（1）工程概况及施工进度。

（2）现场巡查信息：巡查照片、记录等。

（3）监测数据图表：监测项目的累计变化值、变化速率值、时程曲线、必要的断面曲线图、等值线图、监测点平面位置图等。

（4）监测数据、巡查信息的分析与说明。

（5）结论与建议。

（四）总结报告

（1）工程概况。

（2）监测目的、监测项目和监测依据。

（3）监测点布设。

（4）采用的仪器型号、规格和元器件标定资料。

（5）监测数据采集和观测方法。

（6）现场巡查信息：巡查照片、记录等。

（7）监测数据图表：监测值、累计变化值、变化速率值、时程曲线、必要的断面曲线图、等值线图、监测点平面位置图等。

（8）监测数据、巡查信息的分析与说明。

（9）结论与建议。

➤ **重点提示：**此部分内容难度较低，但考查频率较高，直接记忆监测项目即可，多考查客观题。

实战演练

［**2019 真题·单选**］关于明挖法和盖挖法基坑支护结构及周围岩土体监测项目的说法，正确的是（　　）。

A. 支撑轴力为应测项目　　B. 坑底隆起（回弹）为应测项目

C. 锚杆拉力为选测项目　　D. 地下水位为选测项目

[解析] 选项B，坑底隆起（回弹）为选测项目；选项C，锚杆拉力为应测项目；选项D，地下水位为应测项目。

[答案] A

[经典例题·多选] 下列一级基坑监测项目中，属于应测项目的有（　　）。

A. 支护桩（墙）体水平位移

B. 地表沉降

C. 土体深层水平位移

D. 地下水位

E. 坑底隆起（回弹）

[解析] 参照表7-2-2，选项C、E为选测项目。

[答案] ABD

第二篇

市政公用工程项目施工管理

第八章

市政公用工程项目施工管理

名师导学

市政公用工程项目施工管理共有18个小节，分别为市政公用工程施工招标投标管理、市政公用工程造价管理、市政公用工程合同管理、市政公用工程施工成本管理、市政公用工程施工组织设计、市政公用工程施工现场管理、市政公用工程施工进度管理、市政公用工程施工质量管理、城镇道路工程施工质量检查与检验、城市桥梁工程施工质量检查与检验、城市轨道交通工程施工质量检查与检验、城镇水处理场站工程施工质量检查与检验、城镇管道工程施工质量检查与检验、市政公用工程施工安全管理、明挖基坑与隧道施工安全事故预防、城市桥梁工程施工安全事故预防、市政公用工程职业健康安全与环境管理、市政公用工程竣工验收备案。这部分内容每年仅会出现3道左右的选择题，考查集中在案例题，多以道路、桥梁、轨道交通、管道工程为案例背景考查实际解决问题的能力。学习过程中可将内容分为4大部分，合同与成本管理、施工组织设计与现场管理、进度管理和质量管理，质量检查与检验的内容可结合第一部分施工技术进行对应学习，其中安全专项方案和现场管理作为重点学习内容，以理解掌握为前提，学会灵活运用。

考情分析

近四年考试真题分值统计表（单位：分）

节序	节名	2023年			2022年			2021年			2020年		
		单选	多选	案例	单选	多选	案例	单选	多选	案例	单选	多选	案例
第一节	市政公用工程施工招标投标管理	1	0	0	0	0	0	1	0	0	0	2	0
第二节	市政公用工程造价管理	0	0	0	0	0	4	0	0	0	1	0	0
第三节	市政公用工程合同管理	0	0	0	0	0	12	1	0	0	0	0	0
第四节	市政公用工程施工成本管理	1	0	0	0	2	0	0	0	0	0	0	0
第五节	市政公用工程施工组织设计	0	0	16	0	0	4	0	0	10	0	0	0

续表

节序	节名	2023 年			2022 年			2021 年			2020 年		
		单选	多选	案例	单选	多选	案例	单选	多选	案例	单选	多选	案例
第六节	市政公用工程施工现场管理	3	0	0	0	2	12	0	0	0	1	0	4
第七节	市政公用工程施工进度管理	1	0	0	1	0	0	0	0	0	0	0	0
第八节	市政公用工程施工质量管理	0	0	0	0	0	0	0	0	0	0	0	0
第九节	城镇道路工程施工质量检查与检验	0	0	4	0	0	0	0	0	0	0	0	4
第十节	城市桥梁工程施工质量检查与检验	0	0	4	1	0	0	0	0	0	1	2	0
第十一节	城市轨道交通工程施工质量检查与检验	0	0	4	0	0	0	1	0	0	0	0	0
第十二节	城镇水处理场站工程施工质量检查与检验	0	0	0	0	0	0	0	0	0	0	0	0
第十三节	城镇管道工程施工质量检查与检验	0	0	0	0	0	0	0	2	0	0	0	0
第十四节	市政公用工程施工安全管理	0	2	0	0	0	4	0	0	0	0	0	0
第十五节	明挖基坑与隧道施工安全事故预防	0	0	4	0	0	0	0	0	0	0	0	0
第十六节	城市桥梁工程施工安全事故预防	0	0	0	0	0	0	0	0	0	0	0	0
第十七节	市政公用工程职业健康安全与环境管理	0	0	0	0	0	0	0	0	0	0	0	0
第十八节	市政公用工程竣工验收备案	1	0	4	0	0	0	1	0	0	0	2	0
合计		7	2	36	2	4	36	4	2	10	3	6	8

注：2020—2023 年每年有多批次考试真题，此处分值统计仅选取其中的一个批次进行分析。

第一节　市政公用工程施工招标投标管理

考点 1 招标投标管理★

一、概述

（1）原则：公开、公平、公正、诚实信用。

（2）任何单位和个人不得以任何方式非法干涉工程施工招投标活动。施工招投标活动不受地区或者部门的限制。坚持平等准入、公正监管、开放有序、诚信守法。

（3）凡项目单项合同估算大于400万元的必须进行招标。

二、招标

（1）招标文件主要包括以下内容。

①招标公告（或投标邀请书）。

②投标人须知。

③合同主要条款。

④投标文件格式。

⑤工程量清单。

⑥技术条款。

⑦施工图纸。

⑧评定标准和方法。

⑨投标其他材料。

（2）招标方式：公开招标（公告）、邀请招标（三家以上）。

（3）招标公告：招标公告或者投标邀请书应当至少载明下列内容。

①招标人的名称和地址。

②招标项目的内容、规模、资金来源。

③招标项目的实施地点和工期。

④获取招标文件或者资格预审文件的地点和时间。

⑤对招标文件或者资格预审文件收取的费用。

⑥对投标人资质等级的要求。

（4）资格审查：包括资格预审、资格后审。

三、投标

（1）投标文件通常由商务部分、经济部分、技术部分组成。

（2）投标文件应包括的主要内容如下。

①投标函。

②投标报价。

③施工组织设计或施工方案。

④招标要求的其他文件。

（3）投标保证金。

①一般不得超过投标总价的2%，且最高不得超过50万元。投标保证金有效期应当与投

第八章

标有效期一致。

②投标人应按照招标文件要求的方式和金额，将投标保证金随投标文件提交给招标人。投标人不按招标文件要求提交投标保证金的，该投标文件将被拒绝，作废标处理。

四、电子招标投标

电子招标投标已在建设工程施工招标投标工作中全面展开，不久的将来，电子招标投标文件将全面替代传统书面招标投标文件。

（1）招标文件网上下载。

（2）现场踏勘：招标单位不再组织现场踏勘，投标单位可以根据招标文件上标明的项目地址，去拟投项目的现场自行踏勘。

（3）取消了现场答疑环节：投标单位可以在网上向招标方提出问题，招标单位将以补遗招标文件形式在网上发布，投标单位须重新下载招标补遗文件。

（4）投标：按照招标文件的要求在线上提交投标文件，不再需要打印包装。

（5）投标保证金：投标保证金主要由投标保函体现，开具投标保函主要关注如下。

①保函有效期与投标有效期一致并满足招标文件要求。

②保函的开具银行要注意满足招标文件中的要求。

（6）开标：招标方与投标方第一次的见面，投标单位拿着投标文件的密钥及招标文件要求参与开标会的资料参加开标会。

特别说明：在政府采购建设项目招标投标过程中，开标也在线上进行

（7）评标：线上进行，无纸质文件翻阅，故投标文件必须根据投标模块对照否决评审条款，逐条仔细编制，以防止由于违反否决条款的规定导致投标文件不能通过初步评审的情况出现。

实战演练

［2019 真题·单选］投标文件内容一般不包括（　　）。

A. 投标报价

B. 商务和技术偏差表

C. 合同主要条款

D. 施工方案

［解析］投标文件一般包括投标函、投标报价、施工组织设计或施工方案、招标要求的其他文件。

［答案］C

考点 2 招标条件与程序★★

一、工程施工招标条件

（1）公开招标应具备的条件包括：①招标人已依法成立；②初步设计及概算已审核批准；③招标范围、方式、组织形式等已审核批准；④资金来源已经落实；⑤有招标所需的设计图纸及技术资料。

（2）邀请招标可以进行的条件包括：①项目技术复杂或有特殊要求，只有少量几家潜在投标人可供选择；②受自然地域环境限制；③涉及国家安全、国家秘密或抢险救灾，适宜招标但不宜公开招标；④招标费用与项目价值相比不值得；⑤法律、法规规定不宜公开招标。

二、工程施工项目招标程序

招标程序与时间节点如图 8-1-1 所示。

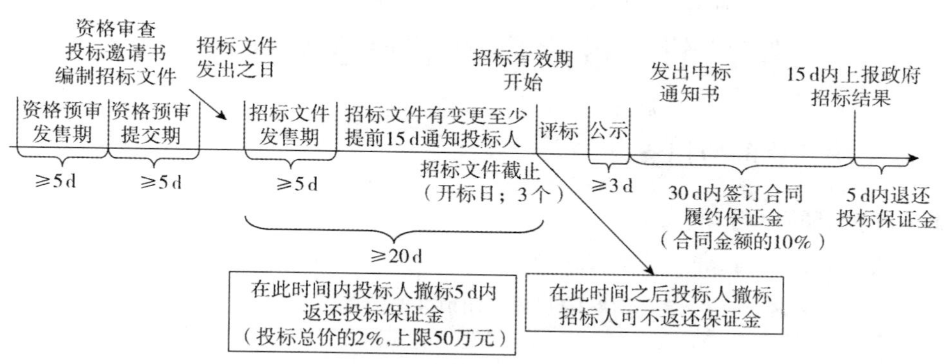

图 8-1-1　招标程序与时间节点

三、评标程序

工程项目主管部门人员和行政监督部门人员不得作为专家和评标委员会的成员参与评标。

考点 3　投标条件与程序★★

一、投标条件及投标前准备工作

（一）投标人基本条件

招标文件对投标人资格规定的条件主要有：资质要求、业绩要求、财务要求和质量安全。

（二）投标前准备工作

重要的项目或数字，如质量等级、价格、工期等如未填写，将作为无效或作废的投标文件处理。

二、标书编制程序

（一）计算报价

（1）措施项目清单可作调整。

（2）计日工按招标人在其他项目清单中列出的项目和数量，自主确定综合单价并计算计日工费用。暂列金额应按照招标人在招标控制价的其他项目费中相应列出的金额计算，不得修改和调整。

（二）投标报价策略

（1）投标报价策略：生存型、竞争型和盈利型。

（2）方法：不平衡报价法、多方案报价法、突然降价法、先亏后盈法、许诺优惠条件、争取评标奖励。

三、标书制作

投标文件打印复制后，由投标的法定代表人或其委托代理人签字或盖单位章。签字或盖章的具体要求见投标人须知前附表，包括加盖公章、法人代表签字、注册造价师签字盖专用章以及加招标文件要求的密封标志等。

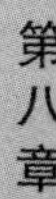

第二节　市政公用工程造价管理

考点 1 施工图预算的应用★

一、施工图预算的作用

施工图预算的作用见表 8-2-1。

表 8-2-1　施工图预算的作用

分类	作用
施工图预算对建设单位的作用	(1) 施工图预算是施工图设计阶段确定建设工程项目造价的依据，是设计文件的组成部分； (2) 施工图预算是建设单位在施工期间安排建设资金计划和使用建设资金的依据； (3) 施工图预算是招投标的重要基础，既是工程量清单的编制依据，又是标底编制的依据； (4) 施工图预算是拨付进度款及办理结算的依据
施工图预算对施工单位的作用	(1) 施工图预算是确定投标报价的依据； (2) 施工图预算是施工单位进行施工准备的依据； (3) 施工图预算是项目二次预算测算、控制项目成本及项目精细化管理的依据

二、施工图预算的编制方法

(1) 施工图预算的计价模式包括定额计价模式、工程量清单。

(2) 施工图预算编制方法如下。

①工料单价法。

②综合单价法：全费用综合单价；部分费用综合单价（未包括措施项目费、规费和税金）。

三、施工图预算的应用

(1) 招投标阶段：施工图预算可作为标底、工程量清单、投标报价的依据。

(2) 工程实施阶段：施工图预算可作为施工准备、施工组织设计时的参考；可作为成本控制、工程费用调整的依据。

考点 2 工程量清单计价的应用★★

一、工程量清单计价有关规定

(1) 全部使用国有资金投资或国有资金投资为主的建设工程发、承包，必须采用工程量清单计价。国有资金（含国家融资资金）为主的工程建设项目是指国有资金占投资总额 50%以上，或虽不足 50%但国有投资实质上拥有控股权的工程建设项目。

(2) 工程量清单应采用综合单价计价。工程量清单不论分部分项工程项目，还是措施项目，不论单价项目，还是总价项目，均应采用综合单价法计价，即包括除规费、税金以外的全部费用。

(3) 措施项目中的安全文明施工费必须按国家或省级、行业建设主管部门的规定计价，不得作为竞争性费用。

(4) 规费和税金必须按国家或省级、行业建设主管部门的规定计价，不得作为竞争性费用。

二、工程量清单计价与工程应用（工程实施阶段）

(1) 计量时，若发现工程量清单中出现漏项、工程量计算偏差，以及工程变更引起工程量的增减，应按承包人在履行合同义务过程中实际完成的工程量计算。

（2）施工中出现施工图纸（含设计变更）与工程量清单项目特征描述不符的，发、承包双方应按新的项目特征确定相应工程量清单的综合单价。

（3）因工程量清单漏项或非承包人原因的工程变更，造成增加新的工程量清单项目，其对应的综合单价按下列方法确定。

①合同中已有适用的综合单价，按合同中已有的综合单价确定。

②合同中有类似的综合单价，参照类似的综合单价确定。

③合同中没有适用或类似的综合单价，由承包人提出综合单价，经发包人确认后执行。

（4）非承包人原因引起的工程量增减，该项工程量变化在合同约定幅度以内的，应执行原有的综合单价；该项工程量变化在合同约定幅度以外的，其综合单价及措施费应予以调整。

（5）施工期内市场价格波动超出一定幅度时，应按合同约定调整工程价款；合同没有约定或约定不明确的，应按省级或行业建设主管部门或其授权的工程造价管理机构的规定调整。

（6）因不可抗力事件导致的费用，发、承包双方应按以下原则分担并调整工程价款。

①工程本身的损害、因工程损害导致第三方人员伤亡和财产损失以及运至施工现场用于施工的材料和待安装的设备的损害，由发包人承担。

②发包人、承包人人员伤亡由其所在单位负责，并承担相应费用。

③承包人的施工机械设备的损坏及停工损失，由承包人承担。

④停工期间，承包人应发包人要求留在施工现场的必要的管理人员及保卫人员的费用，由发包人承担。

⑤工程所需清理、修复费用，由发包人承担。

⑥工程价款调整报告应由受益方在合同约定时间（14 d）内向合同的另一方提出，经对方确认后调整合同价款。

（7）其他项目费用调整应按下列规定计算。

①计日工应按发包人实际签证确认的事项计算。

②暂估价中的材料单价应按发、承包双方最终确认价在综合单价中调整；专业工程暂估价应按中标价或发包人、承包人与分包人最终确认价计算。

实战演练

［经典例题·案例分析］

背景资料：

A公司中标承建某污水处理厂扩建工程，其中沉淀池采用预制装配式预应力混凝土结构。鉴于运行管理因素，在沉淀池施工前，建设单位将预制装配式预应力混凝土结构变更为现浇无粘结预应力结构，并与施工单位签订了变更协议。

项目部造价管理部门重新校对工程量清单，并对地板、池壁、无粘结预应力三个项目的综合单价及主要的措施费进行调整后报建设单位。

［问题］

根据清单计价规范，变更后的沉淀池底板、池壁、无粘结预应力的综合单价应分别如何确定？

［答案］

（1）底板：按原合同中单价执行。

（2）池壁：参考原合同中类似的项目，确定单价。

（3）无粘结预应力：原合同中没有，也没有类似的项目，双方协商。承包商报价，经监理、业主批准后执行。

第三节　市政公用工程合同管理

考点 1 施工项目合同管理★★

一、合同管理依据

（1）必须遵守《民法典》《建筑法》及有关法律法规。

（2）必须依据与承包人订立的合同条款执行，依照合同约定行使权力，履行义务。

（3）合同订立主体是发包人和承包人，由其法定代表人行使法律行为；项目负责人受承包人委托，具体履行合同的各项约定。

二、分包合同管理

（一）专业分包管理

（1）实行分包的工程，应是合同文件中规定的工程部分。

（2）分包项目招标文件的编制如下。

①依据总承包工程合同和有关规定，确定分包项目划分、分包模式、合同的形式、计价模式及材料（设备）的供应方式，是编制招标文件的基础。

②计算工程量和相应工程量费用。

③确定开工、竣工日期。

④确定工程的技术要求和质量标准。

⑤拟定合同主要条款：一般合同均分为通用条款、专用条款和协议书三部分。

（3）应经招投标程序选择合格分包方。

（二）劳务分包管理

（1）劳务分包应实施实名制管理。承包人和项目部应加强农民工及劳务管理日常工作。

（2）项目总包、分包人必须分别设置专（兼）职劳务管理员，明确劳务管理员职责；劳务管理员须参加各单位统一组织的上岗培训，地方有要求的，要实行持证上岗。

（三）分包合同履行

履行分包合同时，承包人应当就承包项目向发包人负责；分包人就分包项目向承包人负责；因分包人过失给发包方造成损失，承包人承担连带责任。

三、合同变更与评价

（1）施工过程中遇到的合同变更（工程量增减，质量及特性变更，高程、基线、尺寸等变更，施工顺序变化，永久工程附加工作、设备、材料和服务的变更等），当事人协商一致，可以变更合同，项目负责人必须掌握变更情况，遵照有关规定及时办理变更手续。

（2）承包人根据施工合同，向监理工程师提出变更申请；监理工程师进行审查，将审查结果通知承包人。监理工程师向承包人提出变更令。

（3）承包人必须掌握索赔知识，按施工合同文件有关规定办理索赔手续；准确、合理地计算索赔工期和费用。

➢ **重点提示：** 重点掌握总、分包人在合同履行时的责任、义务：承包人应当就承包项目向发包人负责；分包人就分包项目向承包人负责；因分包人过失给发包人造成损失，承包人承担连带责任。

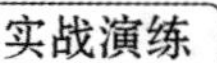

[经典例题・单选] 合同订立主体是发包方和承包人，具体履行合同各项约定的是受承包人委托的（　　）。

A. 法人　　B. 法定代表人　　C. 代理人　　D. 项目负责人

[解析] 合同订立主体是发包人和承包人，由其法定代表人行使法律行为；项目负责人受承包人委托，具体履行合同的各项约定。

[答案] D

[经典例题・多选] 一般施工合同均分为（　　）等三部分。

A. 通用条款　　B. 施工规范　　C. 协议书　　D. 验收标准

E. 专用条款

[解析] 一般施工合同均分为通用条款、专用条款和协议书三部分。

[答案] ACE

考点 2 索赔的处理原则和程序★★

一、工程索赔的处理原则

承包人索赔前提如下。

(1) 有正当索赔理由和充分证据。

(2) 必须以合同为依据。

(3) 准确、合理地记录索赔事件并计算工期、费用。

二、索赔的程序

(1) 非承包人责任导致项目拖延和成本增加，承包人必须在事件发生后的28 d内以正式函件向监理工程师提出索赔意向通知书。

(2) 在索赔申请发出的28 d内，承包人应抓紧准备索赔的证据资料，包括索赔依据、索赔天数和索赔费用。

(3) 监理工程师在收到承包人送交的索赔报告和有关资料后于28 d内给予答复，否则视为该项索赔要求已经认可。

(4) 当索赔事件持续进行时，承包人应当阶段性向监理工程师发出索赔意向通知，在索赔事件终了后28 d内，向监理工程师提出索赔的有关资料和最终索赔报告。

➤ **重点提示：** 索赔的考查较灵活，往往以具体背景为依托，主要考查索赔成立与否及可以得到的索赔量，主要根据发包、承包人的责任进行确定。

实战演练

[经典例题・单选] 发生工程变更时，应由承包人以正式函件首先向（　　）提出索赔申请。

A. 发包方负责人　　B. 业主代表

C. 监理工程师　　D. 主管发包方部门

[解析] 非承包人责任导致项目拖延和成本增加，承包人必须在事件发生后的28 d内以正式函件向监理工程师提出索赔意向通知书。

[答案] C

第八章

考点 3 索赔项目起止日期计算方法★

施工过程中的工程索赔主要是工期索赔和费用索赔。

一、延期发出图纸产生的索赔

接到中标通知书后 28 d 内，未收到监理工程师送达的图纸及其相关资料，作为承包人应依据合同提出索赔申请，接到中标通知书后第 29 d 为索赔起算日。该类项目一般只进行工期索赔。

二、恶劣气候条件导致的索赔

恶劣气候条件导致的索赔可分为工程损失索赔及工期索赔。发包方一般对在建项目进行投保，故由恶劣气候条件影响造成的工程损失可向保险机构申请损失费用；在建项目未投保时，应根据合同条款及时进行索赔。

三、工程变更导致的索赔

工程变更导致的索赔：工程施工项目已进行施工又进行变更、工程施工项目增加或局部尺寸、数量变化等引起的索赔。计算方法：承包人收到监理工程师书面工程变更令或发包人下达的变更图纸日期为起算日期，变更工程完成日为索赔结束日。

四、因承包人能力不可预见引起的索赔

由于工程投标时图纸不全，有些项目承包人无法作正确计算，因承包人能力未预见的情况开始出现的第 1 d 为起算日，终止日为索赔结束日。

五、由外部环境引起的索赔

由于外部环境影响（如征地拆迁、施工条件、用地的出入权和使用权等）引起的索赔，属发包人原因。

根据监理工程师批准的施工计划影响的第 1 d 为起算日。经发包方协调或外部环境影响自行消失日为索赔事件结束日。该类项目一般进行工期及工程机械停滞费用索赔。

六、监理工程师指令导致的索赔

监理工程师指令导致的索赔，以收到监理工程师书面指令时为起算日，按其指令完成某项工作的日期为索赔事件结束日。

索赔项目概述及内容见表 8-3-1。

表 8-3-1 索赔项目概述及内容

索赔项目	补偿内容	
	工期	费用
延期图纸	√	√
恶劣气候条件	√	
工程变更	√	√
承包方能力不可预见	√	
外部环境	√	
监理工程师指令迟延或错误	√	√

➤ **重点提示：** 熟悉上述可以导致索赔的几种情况，根据具体事件情况能够计算工期索赔和费用索赔。

实战演练

[经典例题 · 单选] 接到中标通知书后（　　）内，未收到监理工程师送达的图纸及其相关资料，承包人可向发包人提出延期发出图纸的索赔。

A. 14 d　　B. 28 d　　C. 42 d　　D. 56 d

[解析] 接到中标通知书后 28 d 内，未收到监理工程师送达的图纸及其相关资料，作为承包人应依据合同提出索赔申请，接到中标通知书后第 29 d 为索赔起算日。该类项目一般只进行工期索赔。

[答案] B

[经典例题 · 案例节选]

背景资料：

某项目部针对一个施工项目编制网络计划图，图 8-3-1（单位：d）是计划图的一部分。

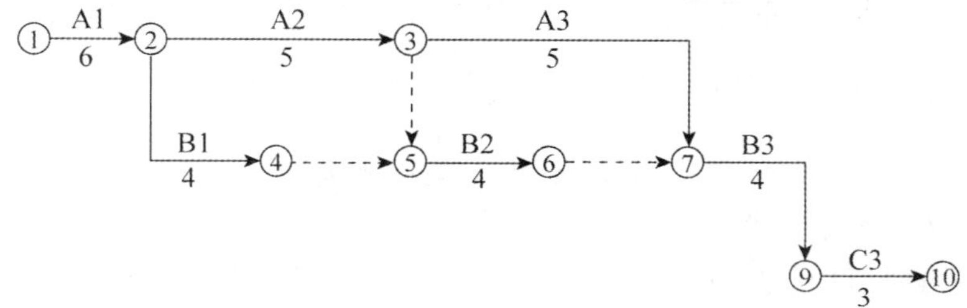

图 8-3-1　局部网络计划图

该网络计划图其余部分的计划工作及持续时间见表 8-3-2。

表 8-3-2　网络计划图其余部分的计划工作及持续时间

工作	紧前工作	紧后工作	持续时间/d
C1	B1	C2	3
C2	C1	C3	3

项目部对按上述思路编制的网络计划图进一步检查时发现有一处错误：工作 C2 必须在工作 B2 完成后，方可施工。经调整后的网络计划图由监理工程师确认满足合同工期要求，最后在项目施工中实施。

工作 A3 施工时，由于施工单位设备事故延误了 2 d。

[问题]

工作 A3 因设备事故延误的工期能否索赔？说明理由。

[答案]

如果是施工单位向建设单位索赔，工作 A3（设备事故）延误的工期不能索赔；如果是建设单位向施工单位索赔，则索赔成立。因为是施工单位的责任，且工作 A3 处在关键线路上。

完整的施工网络计划图如图 8-3-2 所示（单位：d）。

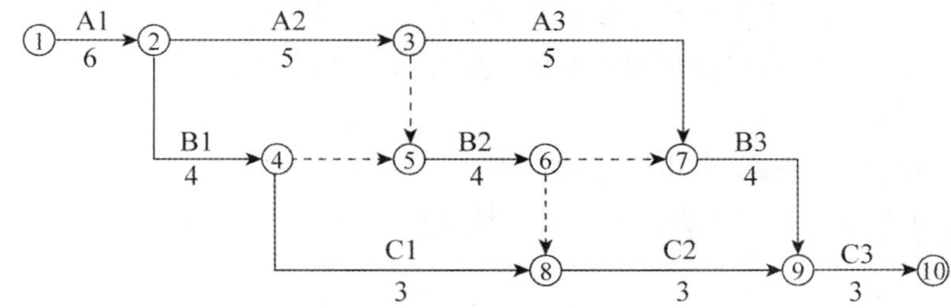

图 8-3-2　施工网络计划图

[经典例题·案例分析]

背景资料：

某建设单位和施工单位签订了某市政公用工程施工合同，合同中约定：建筑材料由建设单位提供；由于非施工单位原因造成的停工，机械补偿费为 200 元/台班，人工补偿费为 50 元/工日；总工期为 120 d；竣工时间提前奖励为 3 000 元/d，误期损失赔偿费为 5 000 元/d。

经项目监理机构批准的施工网络计划如图 8-3-3 所示（单位：d）。

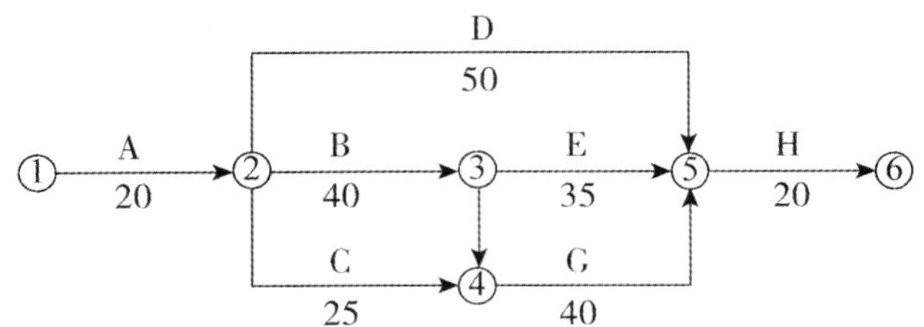

图 8-3-3　施工网络计划图

施工过程中发生如下事件：

事件一：工程进行中，建设单位要求施工单位对某一构件做破坏性试验，以验证设计参数的正确性。该试验需修建两间临时试验用房，施工单位提出建设单位应该支付该项试验费用和试验用房修建费用。建设单位认为，该试验费属建筑安装工程检验试验费，试验用房修建费属建筑安装工程措施费中的临时设施费，该两项费用已包含在施工合同价中。

事件二：建设单位提供的建筑材料经施工单位清点入库后，在专业监理工程师的见证下进行了检验，检验结果合格。其后，施工单位提出，建设单位应支付建筑材料的保管费和检验费；由于建筑材料需要进行二次搬运，建设单位还应支付该批材料的二次搬运费。

事件三：①由于建设单位要求对工作 B 的施工图纸进行修改，致使工作 B 停工 3 d（每停 1 d 影响 30 工日、10 台班）；②由于机械租赁单位调度的原因，施工机械未能按时进场，使工作 C 的施工暂停 5 d（每停 1 d 影响 40 工日、10 台班）；③由于建设单位负责供应的材料未能按计划到场，工作 E 停工 6 d（每停 1 d 影响 20 工日、5 台班）。施工单位就上述三种情况按正常的程序向项目监理机构提出了延长工期和补偿停工损失的要求。

事件四：在工程竣工验收时，为了鉴定某个关键构件的质量，总监理工程师建议采用试验方法进行检验，施工单位要求建设单位承担该项试验的费用。

该工程的实际工期为 122 d。

[问题]

1. 事件一中建设单位的说法是否正确？为什么？

2. 逐项回答事件二中施工单位的要求是否合理？说明理由。

3. 逐项说明事件三中项目监理机构是否应批准施工单位提出的索赔？说明理由并给出审批结果（写出计算过程）。

4. 事件四中试验检验费用应由谁承担？

5. 分析施工单位应该获得工期提前奖励，还是应该支付误期损失赔偿费？金额是多少？

[答案]

1. 不正确。

理由：依据《建筑安装工程费用项目组成》的规定：①建筑安装工程费（或检验试验费）中不包括构件破坏性试验费；②建筑安装工程措施费中的临时设施费不包括试验用房修建费用。

2.（1）要求建设单位支付保管费合理。

理由：依据《建设工程施工合同（示范文本）》的规定，建设单位提供的材料，施工单位负责保管，建设单位支付相应的保管费用。

（2）要求建设单位支付检验费合理。

理由：依据《建设工程施工合同（示范文本）》的规定，建设单位提供的材料，由施工单位负责检验，建设单位承担检验费用。

（3）要求建设单位支付二次搬运费不合理。

理由：二次搬运费已包含在措施费（或直接费）中。

3.（1）工作B停工3 d：应批准工期延长3 d，因属建设单位原因（或因非施工单位原因），且工作处于关键线路上；费用可以索赔。

应补偿停工损失：3×30×50＋3×10×200＝10 500（元）。

（2）工作C停工5 d：不予索赔，因属施工单位原因。

（3）工作E停工6 d：应批准工期延长1d，该停工虽属建设单位原因，但工作E有5 d总时差，停工使总工期延长1 d；费用可以索赔。

应补偿停工损失：6×20×50＋6×5×200＝12 000（元）。

4.若构件质量检验合格，由建设单位承担；若构件质量检验不合格，由施工单位承担。

5.（1）由于非施工单位原因使工作B和工作E停工，造成总工期延长4 d，工期提前120＋4－122＝2（d），施工单位应获得工期提前奖励。

（2）奖励金额：2×3 000＝6 000（元）。

考点 4 同期记录及索赔台账★

一、同期记录

（1）索赔意向书提交后，就应认真做好同期记录。每天均应有记录，并经现场监理工程师签字确认；因索赔事件造成现场损失时，还应做好现场照片、录像资料记录。

（2）同期记录的内容有：事件发生及过程中现场实际状况；现场人员、设备的闲置清单；对工期的延误；对工程损害程度；导致费用增加的项目及所用的工作人员，机械、材料数量、有效票据等。

二、最终报告

最终报告应包括以下内容。

（1）索赔申请表：填写索赔项目、依据、证明文件、索赔金额和日期。

（2）批复的索赔意向书。

（3）编制说明：索赔事件的起因、经过和结束的详细描述。

（4）附件：与本项费用或工期索赔有关的各种往来文件。

三、索赔台账

（1）索赔台账应反映索赔发生的原因，索赔发生的时间、索赔意向提交时间、索赔结束时间，索赔申请工期和费用，监理工程师审核结果，发包人审批结果等内容。

（2）对合同工期内发生的每笔索赔均应及时登记，工程完工时，其作为工程竣工资料的组成部分。

➤ **重点提示：** 低频考点，了解索赔台账的主要内容即可。

实战演练

［经典例题·多选］ 施工索赔同期记录的内容包括（　　）。

A. 人员、设备闲置清单

B. 对工期的延误

C. 对工程损害程度

D. 导致费用增加的项目

E. 计算资料

［解析］ 同期记录的内容：事件发生及过程中现场实际状况；现场人员、设备的闲置清单；对工期的延误；对工程损害程度；导致费用增加的项目及所用的工作人员，机械、材料数量、有效票据等。

［答案］ ABCD

考点 5 风险的种类及防范措施★

一、工程常见的风险种类

（1）工程项目的技术、经济、法律等方面的风险。

（2）业主资信风险。

（3）外界环境的风险。

（4）合同风险。

二、合同风险的管理与防范措施

（一）合同风险的规避

合同风险的规避：充分利用合同条款；增设保值条款；增设风险合同条款；增设有关支付条款；外汇风险的回避；减少承包人资金、设备的投入；加强索赔管理，进行合理索赔。

（二）合同风险的分散和转移

合同风险的分散和转移：向保险公司投保；向分包商转移部分风险。

（三）确定和控制风险费

确定和控制风险费：工程项目部必须加强成本控制，制定成本控制目标和保证措施。

➤ **重点提示：** 低频考点，了解合同风险的种类及防范措施即可，能够对具体防范措施进行分类。

实战演练

［经典例题·单选］ 以下选项中，属于合同风险的分散和转移的措施是（　　）。

A. 增设风险合同条款

B. 加强索赔管理

C. 向保险公司投保

D. 增设保值条款

［解析］ 合同风险的分散和转移的措施包括：向保险公司投保；向分包商转移部分风险。

［答案］ C

［2019 真题·多选］ 按照来源性质分类，施工合同风险有（　　）。

A. 技术风险

B. 项目风险

C. 地区风险

D. 商务风险

E. 管理风险

［解析］施工合同风险从风险的来源性质可分为政治风险、经济风险、技术风险、商务风险、公共关系风险和管理风险等。

［答案］ADE

第四节　市政公用工程施工成本管理

考点 1　施工成本管理原则、流程及措施★

一、施工成本管理遵循的原则

（1）实用性原则。

（2）灵活性原则。

（3）坚定性原则。

（4）开拓性原则。

二、施工成本管理的基本流程

基本流程：成本预测→成本计划→成本控制→成本核算→成本分析→成本考核。

三、施工成本管理措施

（1）加强成本管理观念。

（2）加强定额和预算管理。

（3）完善原始记录和统计工作。

（4）建立健全责任制度。

（5）建立考核和激励机制。

➢ **重点提示：** 低频考点，了解成本管理流程及措施即可。

实战演练

［2021 真题·单选］ 施工成本管理的基本流程是（　　）。

A. 成本分析→成本核算→成本预测→成本计划→成本控制→成本考核

B. 成本核算→成本预测→成本考核→成本分析→成本计划→成本控制

C. 成本预测→成本计划→成本控制→成本核算→成本分析→成本考核

D. 成本计划→成本控制→成本预测→成本核算→成本考核→成本分析

［解析］施工成本管理的基本流程：成本预测→成本计划→成本控制→成本核算→成本分析→成本考核。

［答案］C

［经典例题·单选］ 下列不属于施工成本管理遵循的原则的是（　　）。

A. 实用性原则　　B. 灵活性原则

C. 成本最低原则　　D. 开拓性原则

［解析］施工成本管理遵循的原则：①实用性原则；②灵活性原则；③坚定性原则；④开拓性原则。

［答案］C

考点 2 施工成本目标控制的原则、主要依据及方法★

一、施工成本目标控制的原则

(1) 成本最低原则。

(2) 全员成本原则。

(3) 目标分解原则。

(4) 动态控制原则。

(5) 责、权、利相结合的原则。

二、施工成本目标控制的主要依据

(1) 工程承包合同。

(2) 施工成本计划。

(3) 进度报告。

(4) 工程变更。

三、施工成本目标控制的方法

(1) 人工费的控制。

(2) 材料费的控制。

(3) 支架脚手架、模板等周转设备使用费的控制。

(4) 施工机械使用费的控制。

(5) 构件加工费和分包工程费的控制。

施工成本目标控制的方法见表 8-4-1。

表 8-4-1 施工成本目标控制的方法

方法	内容
人工费	单价低于预算价（定额外人工费、关键工序奖励）
材料费	量价分离；预算价格控制采购成本；限额领料控制消耗数量
周转设备使用费	预算控制实际（实际＝使用数×摊销价）
施工机械使用费	预算往往小于实际，合同中约定补贴
构件加工费、分包工程费	施工图预算控制合同金额

四、营业税改增值税后进项税抵扣和成本管理的关系

(1) 取得发票与采购定价的策略。（从一般纳税人企业采购材料，取得的增值税发票是按照 13%计算增值税额；从小规模纳税人企业进行采购，简易征收，征收率一般为 3%）

(2) 进项税抵扣必须取得合格的票据。

(3) 增值税专用发票必须经过认证才允许抵扣。

(4) 增值税后虚开发票的风险增加。

(5) 基础工作的规范性影响进项税额的抵扣。

第八章

实战演练

[经典例题·多选] 下列属于施工成本目标控制的主要依据有（　　）。

A. 工程承包合同　　B. 施工成本计划　　C. 进度报告　　D. 工程变更

E. 招标公告

［解析］施工成本目标控制的主要依据有工程承包合同、施工成本计划、进度报告、工程变更。

［答案］ABCD

➢ 重点提示：低频考点，简单了解即可。

考点 3 项目施工成本核算的方法★

一、项目施工成本核算

（1）项目成本核算的内容：人工费；材料费；施工机械使用费；专业分包费、其他直接费、项目部管理费等。

（2）项目施工成本核算的方法。

①表格核算法：便于操作、表格格式自由，对项目内各岗位成本的责任核算比较实用。

②会计核算法：核算严密、逻辑性强、人为调教的因素较小、核算范围较大；对核算人员的专业水平要求很高。

二、项目施工成本分析方法

（1）比较法：单一经济指标。

（2）因素分析法：连锁置换法或连环替代法。

（3）差额计算法。

（4）比率法：用两个以上指标的比例进行分析，包括相关比率、构成比率和动态比率三种。

➢ 重点提示：低频考点，了解成本核算方法即可。

第五节　市政公用工程施工组织设计

扫码听课

考点 1 施工组织设计的应用★

市政公用工程施工组织设计，是市政公用工程项目在投标、施工阶段必须提交的技术文件。

一、编制依据

（1）与工程建设有关的法律、法规、规章和规范性文件。

（2）相关规定和技术经济指标。

（3）工程施工合同文件。

（4）工程设计文件。

（5）地域条件和工程特点，工程施工范围内及周边的现场条件，气象、工程地质及水文地质等自然条件。

（6）与工程有关的资源供应情况。

（7）企业的生产能力、施工机具状况、经济技术水平等。

二、以施工内容为对象编制施工组织设计

（1）施工组织设计应包括工程概况、施工总体部署、施工现场平面布置、施工准备、施工技术方案、主要施工保证措施等基本内容。

第八章

（2）施工组织设计应由项目负责人主持编制。

（3）施工组织设计可根据需要分阶段编制。

三、分部（分项）工程应根据施工组织设计单独编制施工方案

（1）施工方案应包括工程概况、施工安排、施工准备、施工方法及主要施工保证措施等基本内容。

（2）施工方案应由项目负责人主持编制。

（3）由专业承包单位施工的分部（分项）工程，施工方案应由专业承包单位的项目技术负责人主持编制。

（4）危险性较大的分部（分项）工程施工前，应根据施工组织设计单独编制安全专项施工方案。

四、施工组织设计的审批规定

（1）施工组织设计可根据需要分阶段审批。

（2）施工组织设计应经总承包单位技术负责人审批并加盖企业公章。

五、施工方案的审批规定

（1）施工方案应由项目技术负责人审批。重点、难点分部（分项）工程的施工方案应由总承包单位技术负责人审批。

（2）由专业承包单位施工的分部（分项）工程，施工方案应由专业承包单位的技术负责人审批，并由总承包单位项目技术负责人核准备案。

六、施工组织设计动态管理规定

（1）施工作业过程中发生下列情况之一时，施工组织设计应及时修改或补充。

①工程设计有重大变更。

②主要施工资源配置有重大调整。

③施工环境有重大改变。

（2）经修改或补充的施工组织设计应按审批权限重新履行审批程序。

七、施工组织设计主要内容

（1）工程概况。

（2）施工总体部署包括主要工程目标、总体组织安排、总体施工安排、施工进度计划及总体资源配置等。

（3）施工现场平面布置。

（4）施工准备。

（5）施工技术方案（核心内容）。

（6）主要施工保证措施。

①进度保证措施。

②质量保证措施。

③安全管理措施。

④环境保护及文明施工管理措施。

⑤成本控制措施。

⑥季节性施工保证措施。

⑦交通组织措施。

⑧构（建）筑物及文物保护措施。

⑨应急措施。

➢ **重点提示：** 施工组织设计是施工的纲领性文件，历年考查重点主要集中在施工组织设计的内容、编制原则、审批程序三个方面。

实战演练

［经典例题·单选］ 市政公用工程施工组织设计应经（　　）批准。

A. 项目经理　　B. 监理工程师

C. 总承包单位技术负责人　　D. 项目技术负责人

［解析］ 市政公用工程施工组织设计应经总承包单位技术负责人批准并加盖企业公章。

［答案］ C

［2021 真题·多选］ 施工作业过程中，应及时对施工组织设计进行修改或补充的情况有（　　）。

A. 工程设计有重大变更

B. 施工主要管理人员变动

C. 主要施工资源配置有重大调整

D. 施工环境有重大改变

E. 主要施工材料供货单位发生变化

［解析］ 施工作业过程中发生下列情况之一时，施工组织设计应及时修改或补充：①工程设计有重大变更；②主要施工资源配置有重大调整；③施工环境有重大改变。

［答案］ ACD

考点 2 施工技术方案的主要内容★

施工技术方案的主要内容包括以下几点。

（1）施工方法（核心内容）。

（2）施工机械。

（3）施工组织。

（4）施工顺序。

（5）现场平面布置。

（6）技术组织措施。

➢ **重点提示：** 考频较低，了解施工方案的主要内容即可。

实战演练

［经典例题·单选］ 下列不属于施工技术方案的主要内容的是（　　）。

A. 施工方法　　B. 施工机械

C. 施工顺序　　D. 现场总平面布置图

［解析］ 施工技术方案包括施工方法、施工机械、施工组织、施工顺序、现场平面布置、技术组织措施。

［答案］ D

考点 3 两专问题★★

一、专项施工方案的编制与论证

(1) 危险性较大的分部分项工程是指建筑工程在施工过程中存在的、可能导致作业人员群死群伤或造成重大不良社会影响的分部分项工程。

(2) 施工单位应当在危险性较大的分部分项工程施工前编制专项施工方案。

(3) 对于超过一定规模的危险性较大的分部分项工程，施工单位应当组织专家对专项施工方案进行论证。专家论证前，专项施工方案应当通过施工单位审核和总监理工程师审查。

二、需要专家论证的工程范围

(一) 深基坑工程

深基坑工程：开挖深度超过 5 m（含 5 m）的基坑（槽）的土方开挖、支护、降水工程。

(二) 模板工程及支撑体系

(1) 工具式模板工程：包括滑模、爬模、飞模、隧道模等工程。

(2) 混凝土模板支撑工程：搭设高度 8 m 及以上；搭设跨度 18 m 及以上；施工总荷载（设计值）15 kN/m^2 及以上；集中线荷载（设计值）20 kN/m 及以上。

(3) 承重支撑体系：用于钢结构安装等满堂支撑体系，承受单点集中荷载 7 kN 以上。

(三) 起重吊装及安装拆卸工程

(1) 单件起吊重量在 100 kN 及以上的起重吊装工程。

(2) 起吊重量 300 kN 及以上的起重设备安装工程；搭设总高度 200 m 及以上，或搭设基础标高在 200 m 及以上的起重机械安装和拆卸工程。

(四) 脚手架工程

(1) 搭设高度 50 m 及以上落地式钢管脚手架工程。

(2) 提升高度 150 m 及以上附着式升降脚手架工程或操作平台工程。

(3) 分段架体搭设高度 20 m 及以上的悬挑式脚手架工程。

(五) 拆除、爆破工程

(1) 拆除中容易引起有毒有害气（液）体或粉尘扩散、易燃易爆事故发生的特殊建（构）筑物的拆除工程。

(2) 文物保护建筑、优秀历史建筑或历史文化风貌区影响范围内的拆除工程。

(六) 其他

(1) 跨度 36 m 及以上的钢结构安装工程。

(2) 开挖深度 16 m 及以上的人工挖孔桩工程。

(3) 水下作业工程。

(4) 重量 1 000 kN 及以上的大型结构整体提升、平移、转体等施工工艺。

(5) 采用新技术、新工艺、新材料、新设备及尚无相关技术标准的危险性较大的分部分项工程。

三、专项施工方案编制

(1) 实行施工总承包的，专项施工方案应当由施工总承包单位组织编制。其中，起重机械安装拆卸工程、深基坑工程、附着式升降脚手架等专业工程实行分包的，其专项施工方案可由

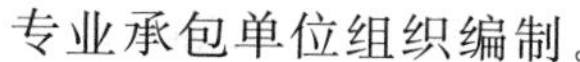

专业承包单位组织编制。

（2）专项施工方案编制应当包括：①工程概况；②编制依据；③施工计划；④施工工艺技术；⑤施工安全保证措施；⑥施工管理及作业人员配备和分工；⑦验收要求；⑧应急处置措施；⑨计算书及相关图纸。

四、专项施工方案的专家论证

（一）应出席论证会人员

（1）专家组成员。

（2）建设单位项目负责人。

（3）勘察、设计单位项目技术负责人及相关人员。

（4）总包和分包单位技术负责人或授权委派的专业技术人员、项目负责人、项目技术负责人、专项施工方案编制人员、项目专职安全生产管理人员及相关人员。

（5）监理单位项目总监理工程师及专业监理工程师。

（二）专家组构成

专家组成员不得少于5名且由符合相关专业要求的专家组成。与本项目有利害关系的人员不得以专家身份参加专家论证会。专家组对专项施工方案审查论证时，必须查看施工现场，并听取施工、监理等人员对施工方案、现场施工等情况的介绍。

（三）专家论证的主要内容

（1）专项施工方案内容是否完整、可行。

（2）专项施工方案计算书和验算依据、施工图是否符合有关标准规范。

（3）安全施工的基本条件是否满足现场实际情况，并能确保施工安全。

（四）论证报告

专家论证会后，应当形成论证报告，对专项施工方案提出通过、修改后通过或者不通过的一致意见。专家对论证报告负责并签字确认。专项施工方案经论证后不通过的，施工单位应当按照论证报告修改，并重新组织专家进行论证。

五、危大工程专项施工方案实施和现场安全管理

（1）施工单位应当根据论证报告修改完善专项施工方案，并经施工单位技术负责人签字、加盖单位公章，并由项目总监理工程师签字、加盖执业印章后，方可组织实施。危大工程实行分包并由分包单位编制专项施工方案的，专项施工方案应当由总承包单位技术负责人及分包单位技术负责人共同审核签字并加盖单位公章。

（2）施工单位应当严格按照专项施工方案组织施工，不得擅自修改专项施工方案。因规划调整、设计变更等原因确需调整的，修改后的专项施工方案应当重新组织专家进行论证。

（3）专项施工方案实施前，编制人员或者项目技术负责人应当向施工现场管理人员进行方案交底。施工现场管理人员应当向作业人员进行安全技术交底，并由双方和项目专职安全生产管理人员共同签字确认。

（4）施工单位应当在施工现场显著位置公告危大工程名称、施工时间和具体责任人员，并在危险区域设置安全警示标志。

（5）施工单位应当对危大工程施工作业人员进行登记，项目负责人应当在施工现场履

职。项目专职安全生产管理人员应当对专项施工方案实施情况进行现场监督，对未按照专项施工方案施工的，应当要求立即整改，并及时报告项目负责人，项目负责人应当及时组织限期整改。

(6) 对于按照规定需要验收的危大工程，施工单位、监理单位应当组织相关人员进行验收。验收合格的，经施工单位项目技术负责人及总监理工程师签字确认后，方可进入下一道工序。

(7) 施工单位应当按照规定对危大工程进行施工监测和安全巡视，发现危及人身安全的紧急情况，应当立即组织作业人员撤离危险区域。

(8) 危大工程发生险情或者事故时，施工单位应当立即采取应急处置措施，并报告工程所在地住房和城乡建设主管部门。建设、勘察、设计、监理等单位应当配合施工单位开展应急抢险工作。

➤ **重点提示：**专项施工方案是历年考查的重点，必须掌握以下几方面：需要编制专项施工方案的范围、专家论证的程序及要求和实施过程中的基本规定。

实战演练

[2019 真题·单选] 根据住建部《危险性较大的分部分项工程安全管理规定》，属于需要专家论证的是（　　）。

A. 起吊重量 200 kN 及以下的起重机械安装和拆除工程

B. 分段架体搭设高度 20 m 及以上的悬挑式脚手架工程

C. 搭设高度 6 m 及以下的混凝土模板支撑工程

D. 重量 800 kN 的大型结构整体顶升、平移、转体等施工工艺

[解析] 起吊重量 300 kN 及以上，或搭设总高度 200 m 及以上，或搭设基础标高在 200 m 及以上的起重机械安装和拆卸工程，需要专家论证，选项 A 错误。分段架体搭设高度 20 m 及以上的悬挑式脚手架工程，需要专家论证，选项 B 正确。混凝土模板支撑工程：搭设高度 8 m 及以上，或搭设跨度 18 m 及以上，或施工总荷载（设计值）15 kN/m^2 及以上，或集中线荷载（设计值）20 kN/m 及以上，需要专家论证，选项 C 错误。重量 1 000 kN 及以上的大型结构整体顶升、平移、转体等施工工艺，需要专家论证，选项 D 错误。

[答案] B

[2016 真题·案例节选]

背景资料：

某公司承建城市桥区泵站调蓄工程，其中调蓄池为地下式现浇钢筋混凝土结构，混凝土强度等级为 C35，池内平面尺寸为 62.0 m×17.3 m，筏板基础。场地地下水类型为潜水，埋深 6.6 m……

调蓄池结构与基坑围护断面图如图 8-5-1 所示：

第八章

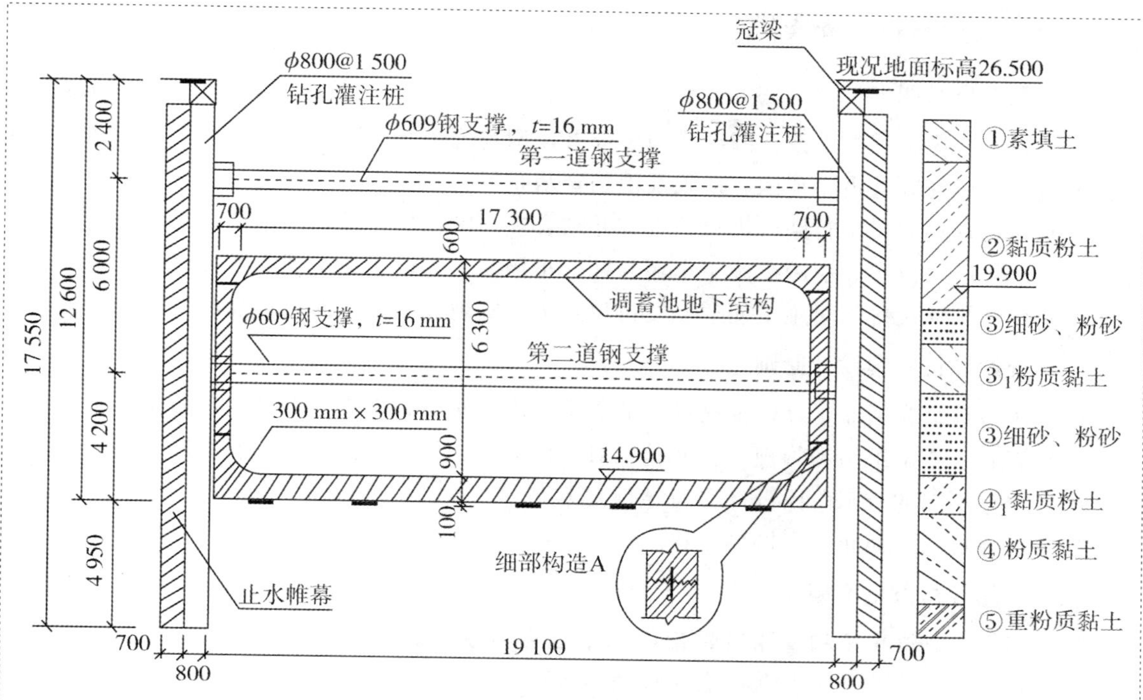

图 8-5-1　调蓄池结构与基坑围护断面图

注：图中尺寸单位：结构尺寸为 mm，高程为 m。

［问题］

1. 列式计算池顶模板承受的结构自重分布荷载 q（kN/m^2），混凝土容重 $\gamma=25$ kN/m^3；根据计算结果，判断模板支架安全专项施工方案是否需要组织专家论证？并说明理由。

2. 计算止水帷幕在地下水中的高度。

➢ **名师点拨：** 关于专项施工方案的编制及论证属于常规高频考点，考查中一般以多选题及案例题为主，答题核心为记忆范围。基础记忆点掌握牢固后，需要识别出题陷阱，有一些题目喜欢踩到界线点出题，比如桩基人工挖孔 16 m 这个数字。建议考生在选择题中节点数字尽量少选，在案例题中适当降低要求考虑。另外，本题直接给出了混凝土容重，通过乘以厚度转换成面荷载考查，可以有效地节约做题时间，注意图片信息的提取。

［答案］

1.（1）池顶板厚度为 600 mm，因此模板承受的结构自重 $q=25\times0.6=15$（kN/m^2）。

（2）需要组织专家论证。

理由：根据相关规定，施工总荷载在 15 kN/m^2 及以上时，需要组织专家论证。

2. 止水帷幕在地下水中的高度：17.55−6.60=10.95（m）。

➢ **注意：** 17.55 为左边帷幕的高程（数字 17 550），6.60 为地下水的高程（已知条件给定的）。

第八章

考点 4 交通导行★★★

扫码听课

一、现况交通调查

（1）项目部应根据施工设计图纸及施工部署，调查现场及周围的交通车行量及高峰期，预测高峰流量，研究设计占路范围、期限及围挡警示布置。

（2）应对现场居民出行路线进行核查，并结合规划围挡的设计，划定临时用地范围、施工区、办公区等出口位置，应减少施工车辆与社会车辆交叉，以避免出现交通拥堵。

（3）应对预计设置临时施工便道、便桥位置进行实地详勘，以便尽可能利用现况条件。

二、交通导行方案设计原则

（1）满足社会交通流量，保证高峰期的需求，确保车辆行人安全顺利通过施工区域。

（2）有利于施工组织和管理，且使施工对人民群众、社会经济生活的影响降到最低。

（3）根据不同的施工阶段设计交通导行方案。

（4）应与现场平面布置图协调一致。

三、交通导行方案实施

（一）获得交通管理和道路管理部门的批准后组织实施

（1）占用慢行道和便道要获得交通管理和道路管理部门的批准，按照获准的交通疏导方案修建临时施工便道、便桥。

（2）按照施工组织设计设置围挡，严格控制临时占路范围和时间。

（3）按照有关规定设置临时交通导行标志，设置路障、隔离设施。

（4）组织现场人员协助交通管理部门组织交通。

（二）交通导行措施

（1）严格划分警告区、上游过渡区、缓冲区、作业区、下游过渡区和终止区范围。

（2）统一设置各种交通标志、隔离设施、夜间警示信号。

（3）依据现场变化，及时引导交通车辆，为行人提供方便。

（三）保证措施

（1）对作业工人进行安全教育、培训和考核，并应与作业队签订《施工交通安全责任合同》。

（2）施工现场按照施工方案，在主要道路交通路口设专职交通疏导员，积极协助交通民警搞好施工和社会交通的疏导工作，减少由于施工造成的交通堵塞现象。

（3）沿街居民出入口要设置足够的照明装置，必要处搭设便桥，为保证居民出行和夜间施工创造必要的条件。

➢ **重点提示：**交通导行方案考查频率较高，主要考查方案的设计流程及具体实施的要求，并且近几年逐渐倾向于现场实际化，总体难度不大，重点掌握。

实战演练

［2016 真题 · 案例节选］

背景资料：

某公司承建城市道路改扩建工程，工程包括……道路横断面布置如图 8-5-2 所示。

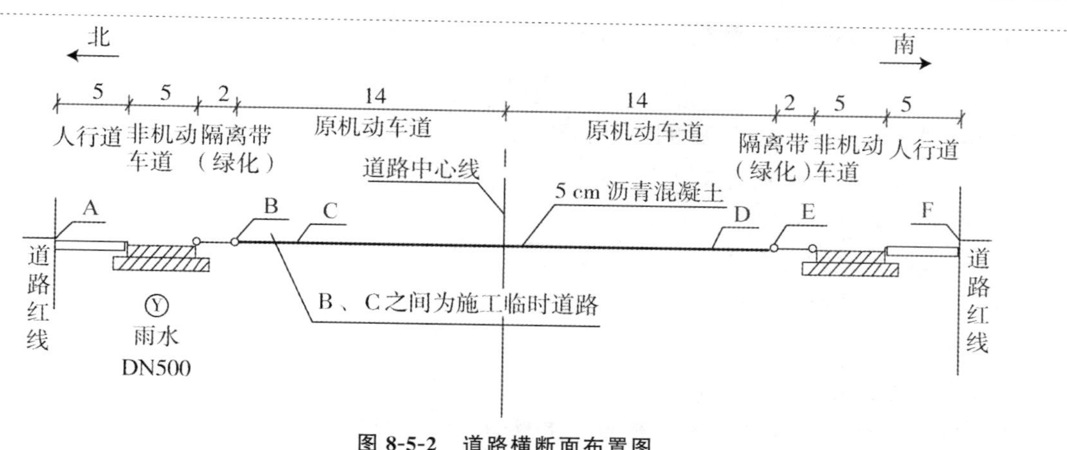

图 8-5-2　道路横断面布置图

注：图中尺寸以 m 为单位。

项目部编制的施工组织设计将工程项目划分为三个施工阶段：第一阶段为雨水主管道施工；第二阶段为两侧隔离带、非机动车道、人行道施工；第三阶段为原机动车道加铺沥青混凝土面层施工。

［问题］

用图中所示的节点代号，分别写出三个施工阶段设置围挡的区间。

➤ **名师点拨：**关于现场围挡设置，第一点注意围挡的建设及选材要求，必须采用硬质材料进行建设，第二点注意围挡的设置必须保证连续封闭，以及高度在不同城区中的要求也不同。如果是贴近现场识图类别的题目，比如本例需要考生侧重围挡跟随施工阶段的安排进行动态建设，还要考虑预留施工便道的问题。在一建的考题中也曾经考查过关于围挡的识图类题目，沿道路双侧布设，计算布设长度。

［答案］

第一个阶段，雨水主管道施工时，应当在 A 节点和 C 节点处设置施工围挡；第二个阶段，两侧隔离带、非机动车道、人行道施工时，应当在 A 节点、C 节点、D 节点和 F 节点处设置施工围挡；第三个阶段，原机动车道加铺沥青混凝土面层时，在 B 节点和 E 节点处设置施工围挡。

第六节　市政公用工程施工现场管理

考点 1　施工现场的平面布置★

市政公用工程的施工平面布置图有明显的动态特性，必须详细考虑好每一步的平面布置及其合理衔接。

施工现场平面布置的内容：

（1）既有结构：所有地上、地下建筑物、构筑物、管线等临时位置。

（2）核心区域：生产区、生活区（远离施工区）和办公区（靠近施工区）。

（3）交通组织：临时运输便道、便桥。

（4）辅助生产：加工场、材料存放场、拌和站、设备机械停放场。

（5）辅助设施：围墙（挡）与入口（至少要有两处）位置；消防设施、供配电设施、试验室、环保、绿化区域、排水设施、停车场、旗杆等。

实战演练

［经典例题・多选］施工现场管理内容包括（　　）。

A. 施工现场的平面布置与划分

B. 施工现场封闭管理

C. 施工现场的卫生管理

D. 临时设施搭设与管理

E. 劳动力管理

［解析］施工现场管理内容包括施工现场的平面布置与划分、施工现场封闭管理、施工现场场地与道路、临时设施搭设与管理和施工现场的卫生管理。

［答案］ABCD

考点 2 施工现场封闭管理★★

扫码听课

一、封闭原因

将施工现场与外界隔离，保护环境、美化市容以及确保安全。

二、围挡（墙）

（1）施工现场围挡（墙）应沿工地四周连续设置，不得留有缺口。

（2）围挡的用材应坚固、稳定、整洁、美观，宜选用砌体、金属材板等硬质材料，不宜使用彩布条、竹笆或安全网等。

（3）施工现场的围挡一般应高于 1.8 m，在市区主要道路内应高于 2.5 m，且应符合当地主管部门有关规定。

三、大门和出入口

（1）施工现场应当有固定的出入口，出入口处应设置大门。

（2）施工现场的大门应牢固美观，大门上应标有企业名称或企业标识。

（3）出入口处应当设置专职门卫保卫人员，制定门卫管理制度及交接班记录制度。

（4）施工现场的进口处应有整齐明显的“五牌一图”。

①五牌：工程概况牌、管理人员名单及监督电话牌、消防安全牌、安全生产（无重大事故）牌和文明施工牌。有些地区还要签署文明施工承诺书（泥浆不外流、轮胎不沾泥、管线不损坏、渣土不乱抛、爆破不扰民、夜间少噪声）。工程概况牌内容一般应写明工程名称、主要工程量、建设单位、设计单位、施工单位、监理单位、开竣工日期、项目负责人（经理）以及联系电话。

②一图：施工现场总平面图。可根据情况再增加其他牌图，如工程效果图、项目部组织机构及主要管理人员名单图等。

四、警示标牌布置与悬挂

（1）根据国家有关规定，施工现场入口处、施工起重机械、临时用电设施、脚手架、出入通道口、楼梯口、电梯井口、孔洞口、桥梁口、隧道口、基坑边沿、爆破物及有害危险气体和液体存放处等属于危险部位，应当设置明显的安全警示标志。

（2）安全警示标志的类型：禁止标志（红色）、警告标志（黄色）、指令标志（蓝色）、指示标志（绿色）等4种类型。

施工现场常见警示标志分类及示例见表8-6-1。

表8-6-1　施工现场常见警示标志分类及示例

位置	标志类型	示例
爆破物及有害危险气体和液体	禁止	禁止烟火、禁止吸烟
施工机具旁	警告	当心触电、当心伤手
施工现场入口处	指令	必须戴安全帽
通道口处	指示	安全通道
沟、坎、深基坑	夜间要设红灯示警	

实战演练

［**经典例题·多选**］安全警示标志的类型包括（　　）标志等4种。

A. 警告　　B. 提示

C. 指示　　D. 指令

E. 禁止

［**解析**］安全警示标志的类型包括禁止、警告、指令、指示标志等4种。

［**答案**］ACDE

考点3　现场场地与道路临时设施搭设与管理★

一、现场场地与道路

（1）施工现场应有良好的排水设施、设置排水沟及沉淀池，现场废水未经允许不得直接排入市政污水管网和河流。

（2）施工现场道路应悬挂限速标志，道路应畅通，应当有循环干道，满足运输、消防要求。

（3）主干道宽度不宜小于3.5 m，载重汽车转弯半径不宜小于15 m。

二、临时设施的种类

（1）办公设施：包括办公室、会议室和保卫传达室。

（2）生活设施：包括宿舍、食堂、厕所、淋浴室、阅览娱乐室和卫生保健室。

（3）生产设施：包括材料仓库、防护棚、加工棚和操作棚。

（4）辅助设施：包括道路、现场排水设施、围墙、大门等。

三、临时设施的搭设与管理

（1）宿舍应当选择在通风、干燥的位置，防止雨水、污水流入；不得在尚未竣工建筑物内设置员工集体宿舍。

（2）宿舍必须设置可开启式窗户，宽0.9 m、高1.2 m，设置外开门；宿舍内应保证有必要的生活空间，室内净高不得小于2.5 m，通道宽度不得小于0.9 m，每间宿舍居住人员不应超过16人，每间宿舍人均居住面积满足相关规定。

（3）宿舍内的单人床铺不得超过2层，严禁使用通铺，床铺应高于地面0.3 m，人均床铺面积不得小于1.9 m×0.9 m，床铺间距不得小于0.3 m。

(4) 白炽灯、碘钨灯和卤素灯不得用于建设工地的生产、办公室、生活区等区域的照明。

(5) 每间宿舍应配备一个灭火器材。

四、材料堆放与库存

(1) 钢筋应当堆放整齐，用方木垫起，不宜放在潮湿处和暴露在外。

(2) 砂应堆成方，石子应当按不同粒径规格分别堆放成方。

(3) 各种模板应当按规格分类堆放整齐，地面应平整坚实，叠放高度一般不宜超过1.6 m。模板上的钉子要及时拔除或敲弯。

(4) 建筑垃圾处置。

指施工单位新建、改建、扩建和拆除各类建筑物、构筑物、管网等所产生的弃土、弃料及其他废弃物。施工单位应当向城市人民政府市容环境卫生主管部门提出处置建筑垃圾申请，获得城市建筑垃圾处置核准后方可处置。不得交给个人或者未经核准从事建筑垃圾运输的单位运输。

➤ **重点提示：** 施工现场管理的考查要求考生掌握施工现场的布置，重点考查施工现场封闭管理的要求（围挡的设置要求、五牌一图的内容），属于高频考点。

实战演练

[**2022 真题·单选**] 关于施工现场职工宿舍的说法，错误的有（　　）。

A. 宿舍选择在通风、干燥的位置

B. 宿舍室内净高 2.6 m

C. 宿舍床位不足时可设置通铺

D. 每间宿舍配备一个灭火器材

E. 每间宿舍居住人员 20 人

[**解析**] 施工现场职工宿舍应当选择在通风、干燥的位置，防止雨水、污水流入；宿舍内应保证有必要的生活空间，室内净高不得小于 2.5 m，通道宽度不得小于 0.9 m，每间宿舍居住人员不应超过 16 人；宿舍内的单人铺不得超过 2 层，严禁使用通铺；每间宿舍应配备一个灭火器材。

[**答案**] CE

考点 4 环境保护管理要点★★

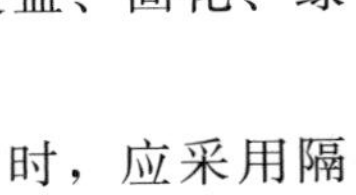

一、防治大气污染

建设单位：应当将防治扬尘污染的费用列入工程造价，并在施工承包合同中明确施工单位扬尘污染防治责任。

施工单位：应当制定具体的施工扬尘污染防治实施方案。

县级以上地方人民政府环保主管部门：组织建设监测网，开展监测，及时发布信息。

(1) 施工场地应按规定进行硬化处理；裸露场地和集中堆放的土方应采取覆盖、固化、绿化和洒水降尘措施。

(2) 使用密目式安全网对在建建筑物、构筑物进行封闭，拆除旧有建筑物时，应采用隔离、洒水等措施。

(3) 现场不得熔融沥青，严禁焚烧沥青、油毡、橡胶、塑料、皮革、垃圾以及其他产生有毒有害烟尘和恶臭气体的物质。

(4) 施工现场应根据风力和大气湿度的具体情况，进行土方回填、转运作业；沿线安排洒水车洒水降尘。

第八章

（5）施工现场混凝土搅拌场所应采取封闭、降尘措施；易飞扬的细颗粒建筑材料应密闭存放或覆盖。

（6）施工现场应设置密闭式垃圾站，施工垃圾、生活垃圾应分类存放，并及时清运（专用密闭式容器调运或传送，严禁凌空抛洒）。

（7）城区、景点、疗养区、重点文物保护及人口密集区应使用清洁能源；机具设备、车辆的尾气排放应符合国家环保排放标准要求。

二、防治水污染

县级以上人民政府环保主管部门实施统一监督管理。

（1）排水沟及沉淀池，必须防止污水、泥浆泄漏外流；污水应按规定排入市政污水管道或河流，泥浆应采用专用罐车外弃。

（2）现场存放的油料、化学溶剂等应设专门库房，地面应进行防渗漏处理。

三、防治施工噪声污染

（1）施工现场的强噪声设备宜设置在远离居民区的一侧。

（3）确需在22时至次日6时进行施工，应申请批准，并公告。

（3）夜间运料车：严禁鸣笛，装卸材料轻拿轻放。

（4）会产生噪声和振动的施工机具，应采取消声、吸声、隔声措施；禁止在夜间进行打桩作业；规定时间内不得使用噪声大的机具，如必须使用，应采用隔声棚降噪。

四、防治施工固体废弃物污染

禁止任何单位或个人向江河、湖泊、运河、渠道、水库及其最高水位线以下的滩地和岸坡等法律、法规规定禁止倾倒、堆放废弃物的地点倾倒、堆放固体废物。

（1）运输砂石、土方、渣土和建筑垃圾的车辆，出场前一律用苫布覆盖，要采取密封措施，避免泄漏、遗撒，并按指定地点倾卸。

（2）运送车辆不得装载过满；车辆出场前设专人检查，在场地出口处设置洗车池；司机在转弯、上坡时应减速慢行，避免遗撒；行驶路线应有专人检查，发现遗撒及时清扫。

五、防止施工照明污染

现场照明灯具应配备定向照明灯罩，使用前调整射角，夜间施工照明灯罩的使用率达100%。

➢ **重点提示：** 随着近几年环保形势的严峻，环境保护和文明施工考查概率将有所增加，重点掌握施工现场常见的污染形式及防治措施。

实战演练

［2023真题·单选］ 夜间施工经有关部门批准后，应协同属地（　　）进行公告。

A. 建设管理部门

B. 城市管理部门

C. 居委会

D. 派出所

［解析］ 对因生产工艺要求或其他特殊需要，确需在22时至次日6时期间进行强噪声施工的，施工前建设单位和施工单位应到有关部门提出申请，经批准后方可进行夜间施工，并协同当地居委会公告附近居民。

［答案］ C

［经典例题·案例分析］

背景资料：

某公司承建城市道路改扩建工程，主管道沟槽开挖由东向西按井段逐段进行，拟定的槽底宽度为1 600 mm、南北两侧的边坡坡度分别为1：0.50和1：0.67，采用机械挖土，人工清底；回用土存放在沟槽北侧，南侧设置管材存放区，弃土运至指定存土场地。

问题：

施工现场土方存放与运输时应采取哪些环保措施？

［答案］

(1) 现场堆放的土方应当采取覆盖、固化、绿化、洒水降尘等措施。

(2) 从事土方、渣土和施工垃圾运输车辆应采用密闭或覆盖措施；现场出入口处应采取保证车辆清洁的措施；并设专人清扫社会交通路线，或采取洒水降尘措施。

考点 5 劳务管理要点★★

总承包项目内推行劳务实名制管理。

一、管理范围

(1) 进入施工现场的建设单位、承包单位、监理单位的项目管理人员及建筑工人均纳入建筑工人实名制管理范畴。

(2) 实名制管理的内容：包括个人身份证、个人执业注册证或上岗证件、个人工作业绩、个人劳动合同或聘用合同等内容。

(3) 由招标投标代理公司负责市政公用工程项目招标投标代理的，应将监理企业和拟参与投标的施工企业的项目部领导机构报市政公用工程市场管理部门备案，未通过备案的项目部领导机构，不得进入招标投标市场。

二、管理措施

(1) 劳务企业要与劳务人员依法签订书面劳动合同，明确双方权利义务。

(2) 劳务工必须符合国家规定的用工条件，对关键岗位和特种作业人员，必须持有相应的职业（技术）资格证书或操作证书。

(3) “三无”人员不得进入现场施工。

(4) 现场一线作业人员年龄不得超过50周岁，辅助作业人员不得超过55周岁。

(5) 备案：劳务人员花名册、身份证、劳动合同文本、岗位技能证书复印件报总包方项目部备案，确保人、册、证、合同、证书相符统一。

(6) 要逐人建立劳务人员入场、继续教育培训档案。

(7) 劳务人员现场管理实名化：进场施工人员应佩戴工作卡（卡上注明姓名、身份证号、工种和所属分包企业）。

(8) 劳务企业要根据劳务人员花名册编制考勤表，每日点名考勤；逐人记录工作量完成情况，并定期制定考核表。考核表须报总包方项目部备案。

(9) 劳务企业要根据劳务人员考勤表按月编制工资发放表，并报总包方项目部备案（每月25日提供上月情况）。

(10) 劳务企业要按所在地政府要求，根据劳务人员花名册为劳务人员缴纳社会保险，并将缴费收据复印件、缴费名单报总包方项目部备案。

(11) 提高劳务队伍文化，搞好文明施工。

三、管理方法

（1）IC卡可实现的管理功能包括人员信息管理、工资管理、考勤管理和门禁管理。

（2）监督检查。

①项目部：每月一次。

检查内容：劳务管理人员身份证、上岗证；劳务人员花名册、身份证、岗位技能证书和劳动合同证书；考勤表、工资表和工资发放公示单；劳务人员岗前培训、继续教育培训记录；社会保险缴费凭证。

②总包方：每季度一次，年底综合评定，适时抽查。

➢ **重点提示**：随着施工现场管理的不断规范化，尤其对于劳务人员的管理要求越来越高，近几年考频也在不断增加，重点掌握实名制管理的内容及方法，结合案例作答。

实战演练

［经典例题·单选］不得进入施工现场的“三无”人员中，不含（　　）的人员。

A. 无身份证　　B. 无劳动合同　　C. 无居住证　　D. 无岗位证书

［解析］“三无”人员指无身份证、无岗位证书、无劳动合同的人员。

［答案］C

［2015真题·案例节选］

背景资料：

A公司中标承建小型垃圾填埋场工程。施工过程中，A公司例行检查发现，少数劳务人员所戴胸牌与人员登记不符，且现场无劳务队的管理员在场。

［问题］

2. 针对检查结果，简述对劳务人员管理的具体规定。

［答案］

2. 劳务人员管理的具体规定：

（1）劳务企业要与劳务人员依法签订书面劳动合同，明确双方权利义务。

（2）劳务工必须符合国家规定的用工条件，对关键岗位和特种作业人员，必须持有相应的职业（技术）资格证书或操作证书。

（3）“三无”人员不得进入现场施工。

（4）现场一线作业人员年龄不得超过50周岁，辅助作业人员不得超过55周岁。

（5）备案：劳务人员花名册、身份证、劳动合同文本和岗位技能证书复印件报总包方项目部备案，确保人、册、证、合同、证书相符统一。

（6）要逐人建立劳务人员入场、继续教育培训档案。

（7）劳务人员现场管理实名化：进场施工人员应佩戴工作卡（卡上注明姓名、身份证号、工种和所属分包企业）。

（8）劳务企业要根据劳务人员花名册编制考勤表，每日点名考勤；逐人记录工作量完成情况，并定期制定考核表。考核表须报总包方项目部备案。

（9）劳务企业要根据劳务人员考勤表按月编制工资发放表，并报总包方项目部备案（每月25日提供上月情况）。

（10）劳务企业要按施工所在地政府要求，根据劳务人员花名册为劳务人员缴纳社会保险，并将缴费收据复印件、缴费名单报总包方项目部备案。

（11）提高劳务队伍文化，搞好文明施工。

第七节 市政公用工程施工进度管理

考点 1 横道图的绘制★

采用横道图的形式表达单位工程施工进度计划可比较直观地反映出施工资源的需求及工程持续时间。

图 8-7-1 所示为分成两个施工段的某一基础工程施工进度计划横道图。该基础工程的施工过程：挖基槽→垫层→基础→回填。

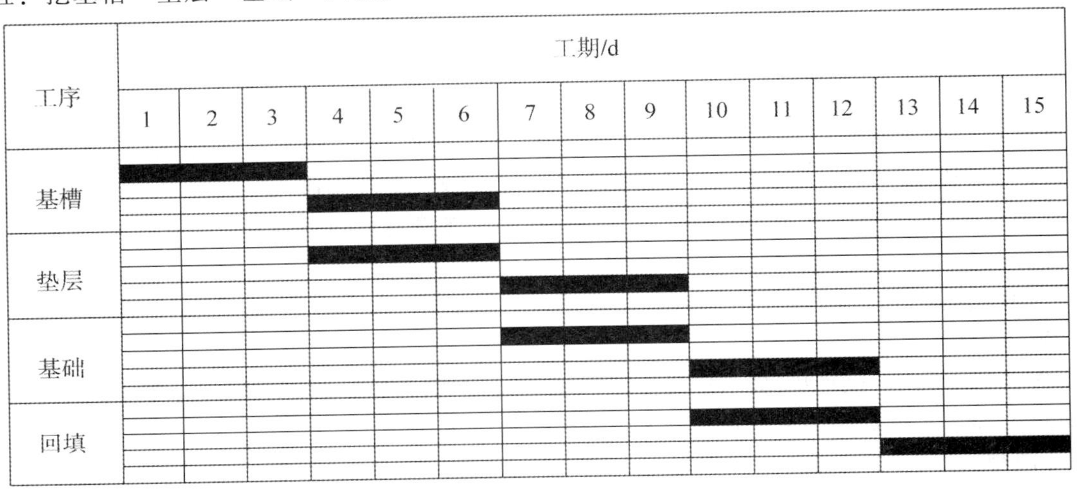

图 8-7-1 施工进度计划横道图

一、流水施工组织中可能存在的窝工或间歇

一般的流水施工是指不窝工的流水施工形式。

二、公路工程流水施工分类

(一) 按流水节拍的流水施工分类

(1) 有节拍（有节奏）流水。

①等节拍（等节奏）流水是理想化的流水，既没有窝工又没有多余间歇。

②异节拍（异节奏）流水：等步距异节拍（异节奏）流水是理想化的流水；异步距异节拍流水实际上是按照无节拍流水组织流水施工。

(2) 无节拍（无节奏）流水。

(二) 按施工段在空间分布形式的流水施工分类

按施工段在空间分布形式不同，流水施工可分为流水段法流水施工和流水线法流水施工。

三、公路工程常用的流水参数

(1) 工艺参数：施工过程数 n（工序）和流水强度 V。

(2) 空间参数：工作面、施工段 m 和施工层。

(3) 时间参数：流水节拍、流水步距和技术及组织间歇。

➢ **重点提示：**(1) 当不窝工的流水组织时，其流水步距计算是同工序各节拍值累加构成数列。

(2) 当不间歇的流水组织时，其施工段的段间间隔计算是同段各节拍值累加构成数列。

(3) 消除窝工和消除多余间歇，采用累加数列错位相减取大差的方法。

横道图的考查频率近几年有所下降，主要是由于目前施工进度多要求用双代号网络图，但要掌握横道图基本的绘图规则，具备识图能力，能够通过横道图计算工期完成向双代号网络图的转化。

实战演练

[经典例题·案例分析]

背景资料：

某施工单位承接了一 4 m×20 m 简支梁桥工程。桥梁采用扩大基础，墩身平均距离 10 m。项目为单价合同，且全部钢筋由业主提供，其余材料由施工单位自采或自购。

项目部拟就 1～3 号排架组织流水施工，各段流水节拍见表 8-7-1。

表 8-7-1　排架各段流水节拍（单位：d）

段落工序	1 号排架	2 号排架	3 号排架
扩大基础施工 (A)	10	12	15
墩身施工 (B)	15	20	15
盖梁施工 (C)	10	10	10

注：表中排架由基础、墩身和盖梁三部分组成。

根据施工组织和技术要求，基础施工完成后至少 10 d 才能施工墩身。施工期间，还发生了如下事件：

施工单位准备开始墩身施工时，由于供应商的失误，将一批不合格的钢筋运到施工现场，致使墩身施工推迟了 10 d，承包商拟就此向业主提出工期和费用索赔。

[问题]

1. 计算排架施工的流水工期（列出计算过程），并绘制流水横道图。

2. 针对发生的事件，承包商是否可以提出工期和费用索赔？说明理由。

[答案]

1. 按照"累加数列错位相减取大差"计算：

　　10　22　37
　　　　15　35　50
—）　　　　10　20　30

K_{AB}=max｛10，7，2，−50｝=10 (d)。

K_{BC}=max｛　15，25，30，−30｝=30 (d)。

所以，T=(10+30)+(10+10+10)+10=80 (d)。

流水施工横道图如图 8-7-2 所示。

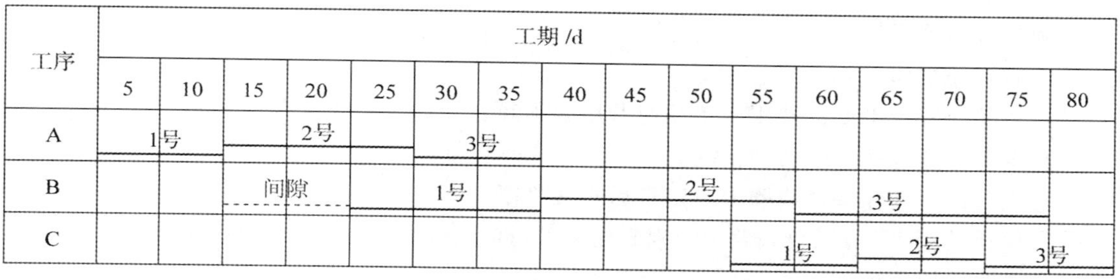

工序	工期/d															
	5	10	15	20	25	30	35	40	45	50	55	60	65	70	75	80
A		1号		2号			3号									
B			间隙			1号				2号			3号			
C												1号		2号		3号

图 8-7-2　排架流水施工横道图

2.（1）可以。

（2）理由：造成墩身施工推迟是由于业主的原因，而且该推迟会使工期延长，并会带来人员、设备的窝工，所以承包商可以提出工期和费用索赔。

考点 2 双代号网络图的计算★★★

双代号网络图表达进度计划，能揭示各项工作之间相互制约和相互依赖的关系，并能明确反映出进度计划中的主要矛盾；可采用计算软件进行计算、优化和调整。

图 8-7-3 为用双代号网络计划表示的进度计划。

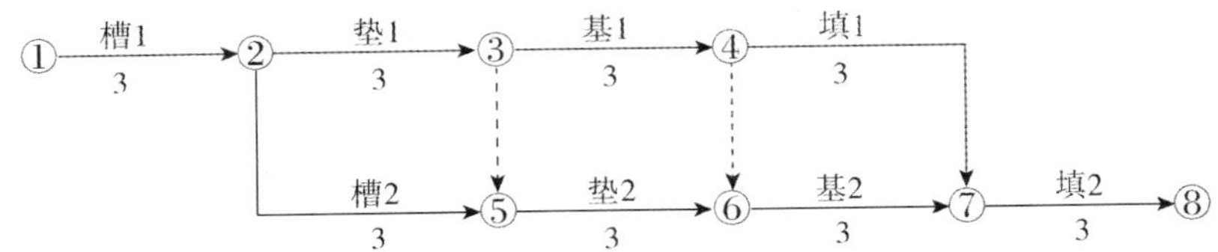

图 8-7-3　双代号网络图进度计划

（1）网络图的绘制规则：双代号网络图必须正确表述逻辑关系，注意紧前工作、紧后工作和虚工作之间的联系。双代号网络图逻辑关系示例如图 8-7-4 所示。

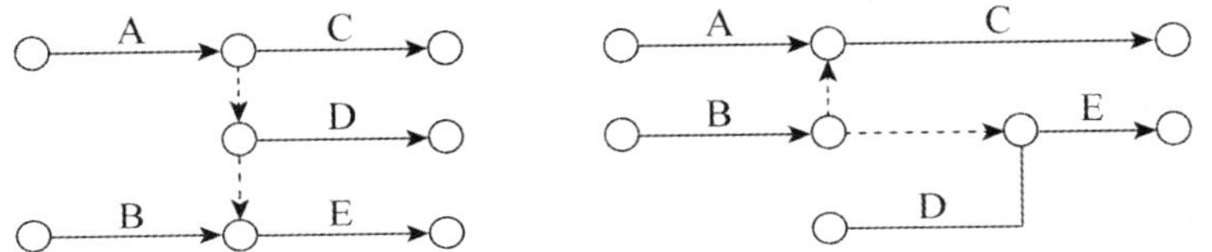

图 8-7-4　双代号网络图逻辑关系示例

（2）关键线路的判断：持续时间最长的一条线路，如图 8-7-5 所示。

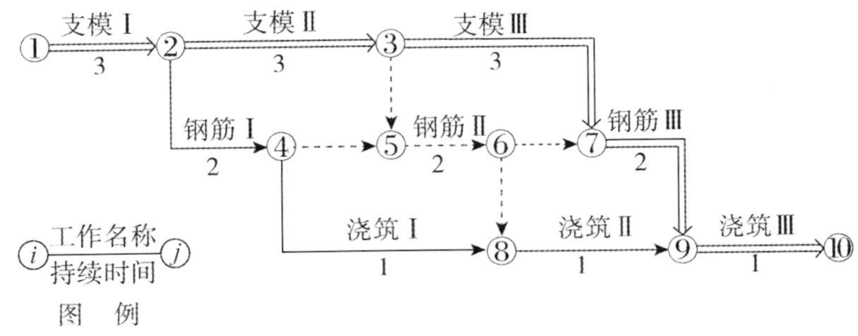

图 8-7-5　双代号网络图示例

➢ **注意：**整理口诀：沿线累加，逢圈取大。

（3）索赔前提。

①确定合同关系。

②明确责任主体。

（4）索赔内容：工期、费用（工期与费用必须经过计算，而非直接产生的延误和损失）。

（5）索赔计算包括以下两种情况。

①发生延误事件在关键线路上：定责后直接判断。

②发生延误事件不在关键线路上：判断拖延时间是否超过机动时间（通过时差体现）。

（6）总时差快速计算。

依据管理课程中“六时标注法”可以计算出总时差，但耗时较长，且计算过程复杂、容易出现错误。因而在实务解题过程中可以采取简便方法，如果线路上只有一项工作发生了延误，那么该工作的总时差：

$$TF = |通过延误工作最长的一条线路的持续时间 - 关键线路持续时间|$$

➢ **注意：**结果取绝对值。

（7）判断是否可以进行索赔。

将上述（6）中计算出的总时差 TF 与延误时间进行比较。

①如果二者相同或者总时差大于延误时间，则不能提出工期索赔。

②如果总时差小于延误时间，则可以提出工期索赔，能索赔的天数为二者的差值。

➢ **重点提示：**双代号网络图是进度的考查重点，主要考查以下几方面：工期的计算、关键线路的判断、网络图漏项补充、网络图的调整等，属于高频考点且分值较大，重点掌握。

实战演练

［**2019 真题·多选**］图 8-7-6 为某道路工程施工进度计划网络图，总工期和关键线路正确的有（　　）。

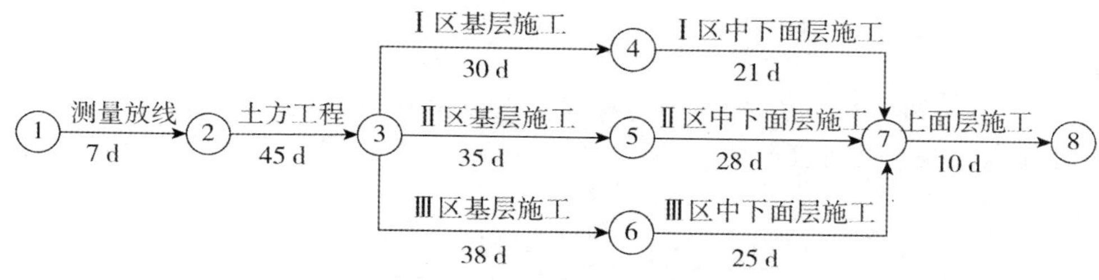

图 8-7-6　施工进度计划网络图

A. 总工期 113 d

B. 总工期 125 d

C. ①→②→③→④→⑦→⑧

D. ①→②→③→⑤→⑦→⑧

E. ①→②→③→⑥→⑦→⑧

［**解析**］根据双代号网络图，关键线路有两条，分别是①→②→③→⑤→⑦→⑧和①→②→③→⑥→⑦→⑧，总工期为关键线路的总持续时间，为 125 d。

［**答案**］BDE

［**经典例题·案例分析**］

背景资料：

某项目部将管道基槽划分为Ⅰ、Ⅱ、Ⅲ段，并组织基槽开挖、管道安装和土方回填三个施工队进行流水作业施工，根据合同工期要求绘制网络进度计划如图 8-7-7 所示。

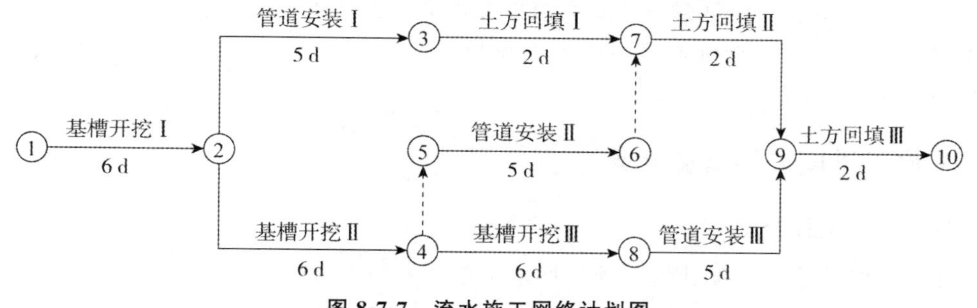

图 8-7-7　流水施工网络计划图

第八章

施工中由于业主提供的地下管线资料与实际不符，导致该项目部在管道安装Ⅰ的过程中与既有的通信管道净距不能满足施工规范要求，经设计变更程序后，对既有管线进行改移处理耽误了 3 d 工期。

[问题]

1. 请完善该双代号网络图使其逻辑关系更合理，并指出关键线路和计算工期。

2. 该项目部能提出延期索赔吗？能索赔几天？为什么？

➤ **名师点拨**：双代号网络图配合索赔问题考查，是进度管理常规的出题模式，在市政实务中尤其以逻辑关系及简单的索赔问题考查居多。如果单纯考查逻辑关系，进行补图，注意从缺失图片的前端开始进行逻辑梳理，避免漏掉内容。如果考查索赔问题，严格按照前文所列举的做题顺序，首先判断索赔时间责任方，再进行后续的索赔判断。另外特别提示，有些题目难度相对较高，可能由于前面的事件，已经导致进度计划发生了调整，而逻辑后面的事件，需要结合前一个事件的影响，按照调整后的进度计划执行，但这类题目在市政中比较少见，理解即可，注意区分题干的问法。如果只是单纯提问对进度计划的影响，则不需要考虑前后的逻辑关系。

[答案]

1. (1) 管道安装Ⅰ到管道安装Ⅱ用虚线连上（即③---------→⑤），箭头指向管道安装Ⅱ；管道安装Ⅱ到管道安装Ⅲ用虚线连上（即⑥---------→⑧），箭头指向安装Ⅲ，完善后的流水施工网络计划如图 8-7-8 所示。

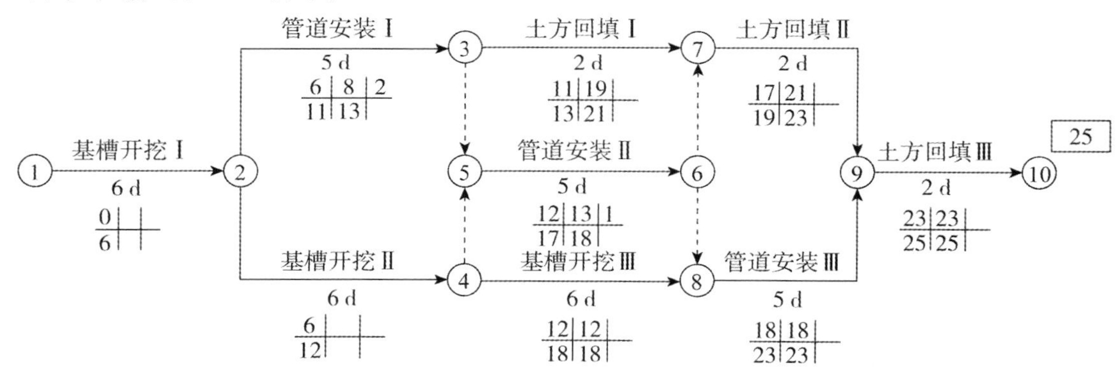

图 8-7-8　完善后的流水施工网络计划图

(2) 关键线路：①→②→④→⑧→⑨→⑩；计算工期 25 d。

2. (1) 该项目部能提出延期索赔；能索赔延期 1 d。

(2) 理由：由于业主的原因导致其在管道安装Ⅰ施工过程中工期延误 3 d，因管道安装Ⅰ不在关键线路上，经计算可知管道安装Ⅰ工作的总时差是 2 d，即该延误使总工期延后 1 d，故只能索赔 1 d。

第八章

考点 3　施工进度调控措施★★

一、总、分包工程控制

(1) 分包单位的施工进度计划必须依据承包单位的施工进度计划编制。

(2) 承包单位应将分包的施工进度计划纳入总进度计划的控制范围。

(3) 总、分包之间相互协调，处理好进度执行过程中的相关关系，承包单位应协助分包单位解决施工进度控制中的相关问题。

二、进度计划保证措施

（1）严格履行开工、延期开工、暂停施工、复工及工期延误等报批手续。

（2）在进度计划图上标注实际进度记录，并跟踪记载每个施工过程的开始日期、完成日期、每日完成数量、施工现场发生的情况和干扰因素的排除情况。

（3）进度计划应具体落实到执行人、目标和任务，并制定检查方法和考核办法。

（4）跟踪工程部位的形象进度，对工程量、总产值、耗用的人工、材料和机械台班等的数量进行统计与分析，以指导下一步工作安排；并编制统计报表。

（5）按规定程序和要求，处理进度索赔。

三、进度调整

调整内容应包括工程量、起止时间、持续时间、工作关系和资源供应。

➢ **重点提示：**能够根据具体案例制定相关进度调整措施。

实战演练

［经典例题·多选］施工进度计划在实施过程中要进行必要的调整，调整内容包括（　　）。

A. 起止时间

B. 网络计划图

C. 持续时间

D. 工作关系

E. 资源供应

［解析］施工工进度计划的调整内容包括工程量、起止时间、持续时间、工作关系和资源供应。

［答案］ACDE

考点4　施工进度计划执行情况的报告与总结★

一、工程进度报告主要内容

（1）工程项目进度执行情况的综合描述。

（2）实际施工进度图。

（3）工程变更、价格调整、索赔及工程款收支情况。

（4）进度偏差的状况和导致偏差的原因分析。

（5）解决问题的措施。

（6）计划调整意见和建议。

二、施工进度控制总结内容

（1）合同工期目标及计划工期目标完成情况。

（2）施工进度控制经验与体会。

（3）施工进度控制中存在的问题及分析。

（4）施工进度计划科学方法的应用情况。

（5）施工进度控制的改进意见。

➢ **重点提示：**考频较低，了解进度控制报告及进度控制的内容即可。

第八节　市政公用工程施工质量管理

考点 1 质量保证计划编制★

一、质量保证计划编制的原则

质量保证计划应由施工项目负责人主持编制，项目技术负责人、质量负责人和施工生产负责人应按企业规定和项目分工负责编制。

二、质量保证计划的内容

（1）明确质量目标。

（2）确定管理体系与组织机构。

（3）质量管理措施。

（4）质量控制流程。

三、质量计划实施的基本规定

（1）承包方对工程施工质量和质量保修工作向发包方负责。分包工程的质量由分包方向承包方负责。承包方对分包方的工程质量向发包方承担连带责任。分包方应接受承包方的质量管理。

（2）质量控制应实行样板制和首件（段）验收制。施工过程均应按要求进行自检、互检和专业检查。隐蔽工程、指定部位和分项工程未经检验或已经检验定为不合格的，严禁转入下道工序施工。

➢ **重点提示：** 低频考点，了解质量保证计划的内容即可。

实战演练

[经典例题·单选] 质量保证计划应由（　　）主持编制。

A. 施工项目负责人　　B. 项目总工程师

C. 总监理工程师　　D. 企业技术负责人

[解析] 质量保证计划应由施工项目负责人主持编制。

[答案] A

考点 2 质量管理与控制重点★

（1）关键工序和特殊过程：包括质量保证计划中确定的关键工序，施工难度大、质量风险大的重要分项工程。专项质量技术标准、保证措施及作业指导书。

（2）质量缺陷：制定保证措施。

（3）施工经验差的分项工程：制定专项施工方案和质量保证措施。

（4）新材料、新技术、新工艺和新设备：符合技术操作规程和质量验收标准。

（5）实行分包的分项、分部工程：制定质量验收程序和质量保证措施。

（6）隐蔽工程：实行监理的，应严格执行分项工程验收制；未实行监理的，应事先确定验收程序和组织方式。

➢ **重点提示：** 掌握质量控制重点，结合具体案例能够识别以上要点。

关于质量控制重点的设置，在考题中一般以列举类问题出现，此类问题涉及考点中所涵盖的（2）～（5）条目，可以快速识别提取。而（1）、（6）条目往往不会体现在背景资料中，需要考生结合施工工艺流程，挑选流程中的关键工序、特殊过程，注意隐蔽工程的辨识。此类问题，如果考试时没有解题思路，可以将工艺流程进行串联，也能获得一定分数。

考点 3 施工准备阶段质量管理内容★★★

扫码听课

一、组织准备

（1）组建施工组织机构。

（2）确定作业组织。

（3）施工项目部组织全体施工人员进行质量管理和质量标准的培训，并应保存培训记录。

二、技术管理的准备工作

（1）熟悉设计文件。

（2）编制能指导现场施工的实施性施工组织设计。

（3）根据施工组织，分解和确定各阶段质量目标和质量保证措施。

（4）确认分项、分部和单位工程的质量检验与验收程序、内容及标准等。

三、技术交底与培训

单位工程、分部工程和分项工程开工前，项目技术负责人对承担施工的负责人或分包方全体人员进行书面技术交底。技术交底资料应办理签字手续并归档。

四、物资准备

（1）项目负责人按质量计划中关于工程分包和物资采购的规定，经招标程序选择并评价分包方和供应商，且保存评价记录。

（2）机具设备根据施工组织设计进场，性能检验应符合施工需求。

（3）按照安全生产规定，配备足够的质量合格的安全防护用品。

五、现场准备

（1）对设计技术交底、交桩中给定的工程测量控制点进行复测。

（2）做好设计、勘测的交桩和交线工作，并进行测量放样。

（3）建设符合国家或地方标准要求的现场试验室。

（4）按照交通疏导（行）方案修建临时施工便道、导行临时交通。

（5）按施工组织设计中的总平面布置图搭建临时设施，包括：施工用房、用电、用水、用热、燃气、环境维护等。

➢ **重点提示：**准备阶段的质量管理重点掌握技术交底的程序及要求。

实战演练

[经典例题·单选] 对设计技术交底、交桩中给定的工程测量控制点进行复测，属于（　　）。

A. 组织准备　　B. 物资准备

C. 技术准备　　D. 现场准备

[解析] 对设计技术交底、交桩中给定的工程测量控制点进行复测，属于现场准备。

[答案] D

考点 4 施工过程质量控制★

一、施工质量因素控制

（1）施工人员控制。

（2）材料的质量控制。

（3）机械设备的质量控制。

二、分项工程（工序）控制

施工管理人员在每分项工程（工序）施工前应对作业人员进行书面技术交底，交底内容包括工具及材料准备、施工技术要点、质量要求及检查方法、常见问题及预防措施。

三、特殊过程控制

（1）对特殊过程的控制，除应执行一般过程控制的规定外，还应由专业技术人员编制专门的作业指导书。

（2）不太成熟的工艺或缺少经验的工序应安排试验，编制成作业指导书，并进行首件（段）验收。

（3）编制的作业指导书，应经项目部或企业技术负责人审批后执行。

四、不合格产品控制

（1）控制不合格物资进入项目施工现场，严禁不合格工序或分项工程未经处置而转入下道工序或分项工程施工。

（2）对发现的不合格产品和过程，应按规定进行鉴别、标识、记录、评价、隔离和处置。

（3）应进行不合格评审。

（4）不合格处置应根据不合格严重程度，按返工、返修，让步接收或降级使用，拒收，报废四种情况进行处理。

➢ **重点提示：** 过程质量控制主要根据案例具体内容，满足上述控制要求。通用条款，要根据具体案例具体分析。

实战演练

[经典例题·单选] 施工过程质量控制中，不包括（　　）。

A. 质量计划制定　　B. 分项工程（工序）控制

C. 特殊过程控制　　D. 不合格产品控制

[解析] 施工过程质量控制包括分项工程（工序）控制、特殊过程控制和不合格产品控制。

[答案] A

第九节　城镇道路工程施工质量检查与检验

考点 1 石灰稳定土基层★

石灰稳定土基层的材料，应符合下列规定。

（1）宜采用塑性指数 10～15 的粉质黏土、黏土，土中的有机物含量宜小于 10%。

（2）宜用1～3级的新石灰，其技术指标应符合规范要求；磨细生石灰，可不经消解直接使用，块灰应在使用前2、3 d完成消解，未能消解的生石灰应筛除，消解石灰的粒径不得大于10 mm。

（3）宜使用饮用水或不含油类等杂质的清洁中性水（pH为6～8）。

实战演练

［经典例题·单选］在拌制石灰稳定土时，宜用1～3级的新石灰，可不经消解直接使用的是（　　）。

A. 2级生石灰

B. 磨细生石灰

C. 块状生石灰

D. 粒径大于10 mm生石灰

［解析］磨细生石灰可不经消解直接使用。

［答案］B

考点 2　水泥稳定土基层★

一、材料

（1）应采用初凝时间3 h以上和终凝时间6 h以上的42.5级普通硅酸盐水泥、32.5级及以上矿渣硅酸盐水泥、火山灰质硅酸盐水泥。水泥应有出厂合格证与生产日期，复验合格方可使用。贮存期超过3个月或受潮的，应进行性能试验，合格后方可使用。

（2）宜选用粗粒土、中粒土。

（3）粒料可选用级配碎石、砂砾、未筛分碎石、碎石土、砾石和煤矸石、粒状矿渣等材料；用作基层时，粒料的最大粒径不宜超过37.5 mm；用作底基层粒料的最大粒径：城镇快速路、主干路不得超过37.5 mm；次干路及以下道路不得超过53 mm。

二、施工

（1）宜采用摊铺机摊铺，施工前应通过试验确定压实系数。

（2）水泥稳定土自拌和至摊铺完成，不得超过3 h；分层摊铺时，应在下层养护7 d后，方可摊铺上层材料。

（3）宜在水泥初凝时间到达前碾压成型。

（4）宜采用洒水养护，保持湿润，常温下成型后应经7 d养护，方可在其上铺筑面层。

实战演练

［经典例题·单选］用于水泥稳定土基层的土宜选用（　　）土。

A. 粗粒、中粒

B. 均匀系数小于5的

C. 细粒

D. 塑性指数小于8的

［解析］用于水泥稳定土基层的土宜选用粗粒土、中粒土，土的均匀系数不应小于5，宜大于10，塑性指数宜为10～17。

［答案］A

考点 3　石灰工业废渣基层★

一、拌和运输

（1）在城镇人口密集区，应使用厂拌石灰土，不得使用路拌石灰土，宜采用强制式拌和机拌和，配合比设计应遵守设计与规范要求。

(2) 应做延迟时间试验，确定混合料在贮存场（仓）存放时间及现场完成作业时间。

(3) 应采用集中拌制，运输时，应采取遮盖封闭措施防止水分损失和遗撒。

二、施工

(1) 混合料在摊铺前其含水量宜为最佳含水量±2%。摊铺中发生粗、细集料离析时，应及时翻拌均匀。

(2) 应在潮湿状态下养护，养护期视季节而定，常温下不宜少于 7 d。采用洒水养护时，应及时洒水，保持混合料湿润。

(3) 采用喷洒沥青乳液养护时，应及时在乳液面撒嵌丁料。

(4) 养护期间宜封闭交通，需通行的机动车辆应限速，严禁履带车辆通行。

实战演练

[经典例题·多选] 关于二灰混合料拌和、运输和施工的说法，正确的有（　　）。

A. 宜采用强制式拌和机拌和

B. 运输时，应采取遮盖封闭措施防止水分损失和遗撒

C. 摊铺中发生粗、细集料离析时，应及时翻拌均匀

D. 碾压应在填土含水量为自然含水量时进行

E. 应在潮湿状态下养护，常温下不宜少于 14 d

[解析] 碾压应在最佳含水率的允许范围内进行，选项 D 错误。应在潮湿状态下养护，常温下不宜少于 7 d，选项 E 错误。

[答案] ABC

考点 4 半刚性基层质量检查

石灰稳定土、水泥稳定土、石灰工业废渣（石灰粉煤灰）稳定砂砾（碎石）等无机结合料稳定基层质量检验项目主要包括：基层压实度、7 d 无侧限抗压强度等（参考施工及验收规范，主控项目还应包括原材料及级配）。

➤ **重点提示：** 考频较低，了解不同基层材料的质量标准要求即可。

考点 5 沥青混合料面层质量检验★★

根据《城镇道路工程施工与质量验收规范》(CJJ 1—2008) 可知，沥青混合料面层施工质量验收要点如下。

(1) 施工质量检测与验收一般项目包括：平整度、宽度、中线偏位、纵断面高程、横坡、井框与路面的高差、抗滑性能。

(2) 沥青混凝土面层施工质量验收主控项目：原材料、混合料、压实度、面层厚度和弯沉值。

(3) 检查验收时，应注意压实度测定中标准密度的确定，是沥青混合料拌和厂试验室马歇尔密度还是试验路钻孔芯样密度。标准密度不同，压实度要求也不同，比较而言后者要求更高。如对城镇快速路、主干路的沥青混合料面层，交工检查验收阶段的压实度代表值应达到试验室马歇尔试验密度的 96%或试验路钻孔芯样密度的 98%。

➤ **重点提示：** 高频考点，掌握沥青混合料面层质量验收的主控项目内容，与一般项目进行区分。

实战演练

［经典例题·单选］《城镇道路工程施工与质量验收规范》（CJJ 1—2008）规定，沥青混凝土面层的（　　）是主控项目。

A. 平整度、厚度和弯沉值
B. 压实度、平整度和面层厚度
C. 压实度、平整度和弯沉值
D. 压实度、面层厚度和弯沉值

［解析］沥青混凝土面层主控项目为原材料、混合料、压实度、面层厚度和弯沉值。

［答案］D

考点 6　材料与配合比★

（1）城镇快速路、主干路应采用42.5级以上的道路硅酸盐水泥或硅酸盐水泥、普通硅酸盐水泥；其他道路可采用矿渣水泥，其强度等级宜不低于32.5级。水泥应有出厂合格证（含化学成分、物理指标），并经复验合格，方可使用。不同等级、厂牌、品种和出厂日期的水泥不得混存、混用。出厂期超过三个月或受潮的水泥，必须经过试验，合格后方可使用。

（2）宜采用质地坚硬，细度模数在2.5以上，符合级配规定的洁净粗砂、中砂。使用机制砂时，还应检验砂浆磨光值，其值宜大于35，不宜使用抗磨性较差的水成岩类机制砂。海砂不得直接用于混凝土面层。淡化海砂不得用于城镇快速路、主干路、次干路施工，可用于支路。

（3）传力杆（拉杆）、滑动套材质、规格应符合规定。胀缝板宜用厚20 mm，水稳定性好，具有一定柔性的板材制作，且经防腐处理。填缝材料宜用树脂类、橡胶类、聚氯乙烯胶泥类、改性沥青类填缝材料，并宜加入耐老化剂。

实战演练

［经典例题·单选］城镇快速路、主干路、次干路的水泥混凝土面层不得采用（　　）。

A. 江砂
B. 机制砂
C. 淡化海砂
D. 河砂

［解析］城镇快速路、主干路、次干路的水泥混凝土面层不得采用淡化海砂。

［答案］C

考点 7　雨期施工质量控制★★★

一、雨期施工基本要求

（1）加强与气象部门联系，掌握天气预报，安排在不下雨时施工。

（2）调整施工步序，集中力量分段施工。

（3）做好防雨准备，在料场和拌和站搭雨棚。

（4）建立完善的排水系统，防排结合。

（5）道路工程如有损坏，及时修复。

二、路基施工

（1）对于土路基施工，要有计划地集中力量，组织快速施工，分段开挖，切忌全面开花或挖段过长。

（2）挖方地段要留好横坡，做好截水沟。坚持当天挖完、填完、压完，不留后患。

第八章

(3) 填方地段施工，应留 2%～3%的横坡整平压实，以防积水。

三、基层施工

(1) 对稳定类材料基层，摊铺段不宜过长，应坚持拌多少、铺多少、压多少、完成多少，当日碾压成型。

(2) 下雨来不及完成时，要尽快完成碾压，防止雨水渗透。未碾压的料层受雨淋后，应进行测试分析，按配合比要求重新搅拌。及时开挖排水沟或排水坑，以便尽快排除积水。

(3) 在多雨地区，应避免在雨期进行石灰土基层施工；石灰稳定中粒土和粗粒土施工时，应采用排除地表面水的措施，防止集料过分潮湿，并应保护石灰免遭雨淋。

(4) 雨期施工水泥稳定土，特别是水泥土基层时，应特别注意天气变化，防止水泥和混合料遭到雨淋。降雨时应停止施工，已摊铺的水泥混合料尽快碾压密实。路拌法施工时，应排除下承层表面水，防止集料过湿。

四、面层施工

(1) 沥青面层不允许在下雨或下层潮湿时施工。雨期应缩短施工工期，加强施工现场与气象部门和沥青拌和厂的联系，做到及时摊铺、及时完成碾压。运输车辆应有防雨措施。

(2) 水泥混凝土搅拌站应具有良好的防水条件与防雨措施。根据天气变化情况及时测定砂、石的含水量，准确控制混合料的水胶比。雨天运输混凝土时，车辆必须采取防雨措施。施工前应准备好防雨棚等防雨设施。施工中遇雨时，应立即使用防雨设施完成对已铺筑混凝土的振实成型，不应再开新作业段，并应采用覆盖等措施保护尚未硬化的混凝土面层。

➤ **重点提示：** 由于路基和基层施工受降雨影响相对较大，因此道路雨期施工时应重点掌握两者的质量控制措施。

实战演练

[经典例题·案例分析]

背景资料：

某项目部承建一城市主干路工程。该道路总长 2.6 km，其中 K0+550～K1+220 穿过农田，地表存在 0.5 m 的种植土。道路宽度为 30 m，路面结构：20 cm 石灰稳定土底基层，40 cm石灰粉煤灰稳定砂砾基层，15 cm 热拌沥青混凝土面层；路基为 0.5～1.0 m 的填土。

在农田路段路基填土施工时，项目部排除了农田积水，在原状地表土上填方 0.2 m，并按大于或等于 93%的压实度标准（重型击实）压实后达到设计路基标高。

底基层施工过程中，为了节约成本，项目部就地取土（包括农田地表土）作为石灰稳定土用土。基层施工时，因工期紧，石灰粉煤灰稳定砂砾基层按一层摊铺，并用 18 t 重型压路机一次性碾压成型。

沥青混凝土面层施工时正值雨期，项目部制定了雨期施工质量控制措施：①加强与气象部门和沥青拌和厂的联系，并根据雨天天气变化，及时调整产品供应计划；②沥青混合料运输车辆采取防雨措施。

[问题]

1. 指出农田路段路基填土施工措施中的错误，并改正。
2. 是否允许采用农田地表土作为石灰稳定土用土？并说明理由。
3. 该道路基层施工方法是否合理？并说明理由。

4. 沥青混凝土面层雨期施工质量控制措施不全，请补充。

[答案]

1. 错误之处：没有清除地表，直接在原状土上回填；压实度控制标准按≥93%控制。

正确做法：应清除地表的种植土；清表后分层回填，分层压实，该道路为主干路，路床地面 0～80 cm 范围内，土路基的压实标准（重型击实）≥95%。

2. 不允许。

理由：农田地表土是腐殖土（含有植物根系），有机质含量过高（或超过 10%），不适合作石灰稳定用土。

3. 不合理。

理由：二灰砂砾摊铺每层最大压实厚度为 20 cm，该案例中 40 cm 应分两次摊铺、碾压。

4. 还应补充的措施：集中力量分段施工；做好防雨准备；做好排水措施；快速施工、及时摊铺、及时完成碾压；下雨时立即停止施工；雨后若下层潮湿，采取措施使其干燥后再摊铺；坚持拌多少，铺多少，碾压完成多少。

考点 8　冬期施工质量控制★★★

一、冬期施工基本要求

（1）当施工现场日平均气温连续 5 d 稳定低于 5 ℃，或最低环境气温低于－3 ℃时，应视为进入冬期施工。

（2）科学合理安排施工部署，尽量将土方和土基施工项目安排在上冻前完成。

（3）在冬期施工中，既要防冻，又要快速，以保证质量。

（4）准备好防冻覆盖和挡风、加热、保温等物资。

二、路基施工

（1）采用机械为主、人工为辅的方式开挖冻土，挖到设计高程立即碾压成形。

（2）如当日达不到设计高程，下班前应将操作面刨松或覆盖，防止冻结。

（3）室外平均气温低于－5 ℃时，填土高度随气温下降而减少。

（4）城镇快速路、主干路的路基不得用含有冻土块的土料填筑。

三、基层施工

（1）石灰及石灰粉煤灰稳定土（粒料、钢渣）类基层，宜在临近多年平均进入冬期前 30～45 d停止施工，不得在冬期施工。

（2）水泥稳定土（粒料）类基层，宜在进入冬期前 15～30 d 停止施工。当上述材料养护期进入冬期时，应在基层施工时向基层材料中掺入防冻剂。

四、沥青混凝土面层

（1）城镇快速路、主干路的沥青混合料面层严禁冬期施工。次干路及其以下道路在施工温度低于 5 ℃时，应停止施工；粘层、透层、封层严禁施工。当风力达 6 级及以上时，沥青混合料面层不应施工。

（2）必须进行施工时，适当提高沥青混合料拌和、出厂及施工时的温度。运输中应覆盖保温，并应达到摊铺和碾压的温度要求。下承层表面应干燥、清洁，无冰、雪、霜等。施工中做好充分准备，采取“快卸、快铺、快平”和“及时碾压、及时成型”的方针。摊铺时间宜安排在一日内气温较高时进行。

五、水泥混凝土面层

(1) 搅拌站应搭设工棚或其他挡风设备，混凝土拌和物的浇筑温度不应低于 5 ℃。

(2) 当昼夜平均气温在 0～5 ℃时，应将水加热至 60 ℃（不得高于 80 ℃）后搅拌；必要时还可以加热砂、石，但不宜高于 50 ℃，且不得加热水泥。

(3) 混凝土拌和料的温度应不高于 35 ℃。拌和物中不得使用带有冰、雪的砂、石料，可加入经优选确定的防冻剂、早强剂，搅拌时间适当延长。

(4) 混凝土板浇筑前，基层应无冰冻、不积冰雪，摊铺混凝土温度不应低于 5 ℃。

(5) 尽量缩短各工序时间，快速施工。成型后，及时覆盖保温层，减缓热量损失，混凝土面层的最低温度不应低于 5 ℃。

(6) 混凝土板弯拉强度低于 1 MPa 或抗压强度低于 5 MPa 时，严禁受冻。

(7) 养护时间不少于 28 d。

考点 9 高温期施工质量控制

水泥混凝土面层高温期施工措施如下。

(1) 严控混凝土的配合比，保证其和易性，必要时可适当掺加缓凝剂，特高温时段混凝土拌和可掺加降温材料（如冰水）。尽量避开气温过高的时段，一般选择早晨与晚间施工。

(2) 加强拌制、运输、浇筑、抹面等各工序衔接，尽量使运输和操作时间缩短。

(3) 加设临时罩棚，避免混凝土面板遭日晒，减少蒸发量，及时覆盖，加强养护，多洒水，保证正常硬化过程。

(4) 采用洒水覆盖保湿养护时，应控制养护水温与混凝土面层表面的温差不大于 12 ℃，不得采用冰水或冷水养护以免造成骤冷而导致表面开裂。

(5) 高温期水泥混凝土路面切缝宜比常温施工提早。

实战演练

[经典例题·多选] 沥青混凝土面层如必须进行冬期施工时，应做到（　　）。

A. 适当提高沥青混合料拌和、出厂及施工温度

B. 摊铺时间宜安排在一天内气温较高时进行

C. 碾压完成后应及时覆盖保温

D. 应快卸、快铺、快平，及时碾压成型

E. 下承层表面应清洁、干燥，无冰、雪、霜等

[解析] 沥青混凝土面层如必须进行冬期施工时，应做到适当提高沥青混合料拌和、出厂及施工温度；摊铺时间宜安排在一天内气温较高时进行；应快卸、快铺、快平，及时碾压成型；下承层表面应清洁、干燥，无冰、雪、霜等。

[答案] ABDE

➢ **重点提示：** 由于面层施工和基层施工受低温影响相对较大，因此道路冬期施工重点掌握两者的质量控制措施。

第十节　城市桥梁工程施工质量检查与检验

考点 1　孔口高程及钻孔深度的误差★

（1）孔深测量应采用丈量钻杆的方法，取钻头的2/3长度处作为孔底终孔界面，不宜采用测绳测定孔深。

（2）对于端承桩钻孔的终孔高程应以桩端进入持力层深度为准，不宜以固定孔深的方式终孔。因此，钻孔到达桩端持力层后应及时取样鉴定，确定钻孔是否进入桩端持力层。

考点 2　孔径误差★

（1）孔径误差主要是由于作业人员疏忽错用其他规格的钻头，或因钻头陈旧，磨损后直径偏小所致。

（2）对于直径800～1 200 mm的桩，钻头直径比设计桩径小30～50 mm是合理的。每根桩开孔时，应验证钻头规格，实行签证手续。

扫码听课

考点 3　钻孔垂直度不符合规范要求★

（1）场地平整度和密实度差，钻机安装不平整或钻进过程发生不均匀沉降，导致钻孔偏斜。

（2）钻杆弯曲、钻杆接头间隙太大，造成钻孔偏斜。

（3）钻头翼板磨损不一，钻头受力不均，造成偏离钻进方向。

（4）钻进中遇到软硬土层交界面或倾斜岩面时，钻压过高使钻头受力不均，造成偏离钻进方向。

考点 4　塌孔与缩径★

塌孔与缩径产生的原因基本相同，主要由地层复杂、钻进速度过快、护壁泥浆性能差、成孔后放置时间过长没有灌注混凝土等原因造成。

考点 5　水下混凝土灌注和桩身混凝土质量问题★★

扫码听课

水下灌注混凝土示意图如图8-10-1所示。

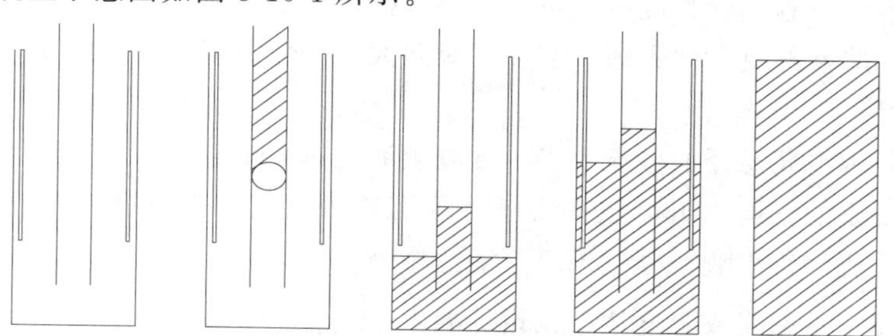

图 8-10-1　水下灌注混凝土示意图

一、初灌时埋管深度达不到规范要求

规范规定，灌注导管底端至孔底的距离应为0.3～0.5 m，初灌时导管首次埋深应不小于1.0 m。在计算混凝土的初灌量时，除计算桩长所需的混凝土量外，还应计算导管内积存的混

凝土量。

二、灌注混凝土时堵管

（一）灌注混凝土时发生堵管的原因分析

灌注混凝土时发生堵管主要由灌注导管破漏、灌注导管底距孔底深度太小、完成二次清孔后灌注混凝土的准备时间太长、隔水栓不规范、混凝土配制质量差、灌注过程中灌注导管埋深过大等原因引起。

（二）预防措施

（1）灌注导管在安装前应有专人负责检查。

（2）导管使用前应进行水密承压和接头抗拉试验，严禁用气压试验。水密试验水压不应小于孔内水深1.5倍的压力。

（3）灌注导管底部至孔底的距离应为300～500 mm，在灌浆设备的初灌量足够的条件下，应尽可能取大值。隔水栓直径和椭圆度应符合使用要求，其长度应不大于200 mm。

（4）完成第二次清孔后，应立即开始灌注混凝土，若因故推迟灌注混凝土，应重新进行清孔。

三、灌注混凝土过程中钢筋骨架上浮

（一）主要原因

（1）混凝土初凝和终凝时间太短，使孔内混凝土过早结块，当混凝土面上升至钢筋骨架底时，结块的混凝土托起钢筋骨架。

（2）清孔时孔内泥浆悬浮的砂粒太多，混凝土灌注过程中砂粒回沉在混凝土面上，形成较密实的砂层，并随孔内混凝土逐渐升高，当砂层上升至钢筋骨架底部时便托起钢筋骨架。

（3）混凝土灌注至钢筋骨架底部时，灌注速度太快，造成钢筋骨架上浮。

（二）预防措施

除认真清孔外，当灌注的混凝土面距钢筋骨架底部1 m左右时，应降低灌注速度。当混凝土面上升到骨架底口4 m以上时，提升导管，使导管底口高于骨架底部2 m以上，然后恢复正常灌注速度。

四、桩身混凝土夹渣或断桩

桩身混凝土夹渣或断桩主要原因分析如下。

（1）初灌混凝土量不够，造成初灌后埋管深度太小或导管根本就没有进入混凝土。

（2）混凝土灌注过程拔管长度控制不准，导管拔出混凝土面。

（3）混凝土初凝和终凝时间太短，或灌注时间太长，使混凝土上部结块，造成桩身混凝土夹渣。

（4）清孔时孔内泥浆悬浮的砂粒太多，混凝土灌注过程中砂粒回沉在混凝土面上，形成沉积砂层，阻碍混凝土的正常上升，当混凝土冲破沉积砂层时，部分砂粒及浮渣被包入混凝土内。严重时可能造成堵管事故，导致混凝土灌注中断。

五、桩顶混凝土不密实或强度达不到设计要求

桩顶混凝土不密实或强度达不到设计要求的主要原因是超灌高度不够（高出设计标高0.5～1 m）、混凝土浮浆太多、孔内混凝土面测定不准。

➢ **重点提示：**掌握钻孔灌注桩在施工过程中常见的几种质量事故，理解其产生的原因，掌握质量事故的控制措施，适合主观题的考查。

实战演练

[2022 真题·单选] 钻孔灌注桩水下浇混凝土发生堵管，（　　）不是导致堵管的原因。

A. 导管破漏　　B. 导管埋深过大

C. 隔水栓不规范　　D. 混凝土坍落度偏大

[解析] 灌注混凝土时发生堵管主要由灌注导管破漏、灌注导管底距孔底深度太小、完成二次清孔后灌注混凝土的准备时间太长、隔水栓不规范、混凝土配制质量差、灌注过程中灌注导管埋深过大等原因引起。

[答案] D

[经典例题·单选] 钻孔灌注桩初灌水下混凝土时，导管首次埋入混凝土的深度不应小于（　　）m。

A. 0.7　　B. 0.8　　C. 0.9　　D. 1.0

[解析] 钻孔灌注桩初灌水下混凝土时，导管首次埋入混凝土的深度不应小于1.0 m。

[答案] D

第十一节　城市轨道交通工程施工质量检查与检验

本节内容已融入技术部分，故在此不再列举。

第十二节　城镇水处理场站工程施工质量检查与检验

考点 1　混凝土结构水处理构筑物质量验收主控项目★

（1）水处理构筑物结构类型、结构尺寸以及预埋件、预留孔洞、止水带等规格、尺寸应符合设计要求。

（2）混凝土强度符合设计要求；混凝土抗渗、抗冻性能符合设计要求。

（3）混凝土结构外观无严重质量缺陷。

（4）构筑物外壁不得渗水。

（5）构筑物各部位以及预埋件、预留孔洞、止水带等的尺寸、位置、高程、线形等的偏差，不得影响结构性能和水处理工艺的平面布置、设备安装、水力条件。

➢ **重点提示：** 低频考点，了解混凝土结构水处理构筑物质量验收主控项目内容即可。

实战演练

[2016 真题·单选] 不属于混凝土结构水处理构筑物质验收主控项目的是（　　）。

A. 结构类型和结构尺寸符合设计要求

B. 混凝土结构外观无严重质量缺陷

C. 构筑物外观不得渗水

D. 结构表面应光洁平顺、线形流畅

[解析] 本题考查混凝土结构水处理构筑物施工质量检查与验收知识，选项D不是主控项目。

[答案] D

考点 2 构筑物变形缝质量验收主控项目★

（1）构筑物变形缝的止水带、柔性密封材料等的产品质量保证资料应齐全，每批的出厂质量合格证明书及各项性能检验报告应符合规定和设计要求。

（2）止水带位置应符合设计要求；安装固定稳固，无孔洞、撕裂、扭曲、褶皱等现象。

（3）先行施工一侧的变形缝结构端面应平整、垂直，混凝土或砌筑砂浆应密实，止水带与结构咬合紧密；端面混凝土外观严禁出现严重质量缺陷，且无明显一般质量缺陷。

➢ **重点提示：**低频考点，了解水处理构筑物变形缝质量验收的基本内容即可。

考点 3 给水排水混凝土构筑物防渗漏措施

一、设计应考虑的主要措施

（1）合理增配构造配（钢）筋，提高结构抗裂性能。构造配筋应尽可能采用小直径、小间距。全断面的配筋率不小于0.3%。

（2）避免结构应力集中。避免结构断面突变产生的应力集中，当不能避免断面突变时，应做局部处理，设计成逐渐变化的过渡形式。

（3）按照设计规范要求，设置变形缝或结构单元。如果变形缝超出规范规定的长度时，应采取有效的防开裂措施。

二、施工应采取的措施

（一）一般规定

（1）给水排水构筑物施工时，应按“先地下后地上、先深后浅”的顺序施工，并应防止各构筑物交叉施工时相互干扰。对建在地表水水体中、岸边及地下水位以下的构筑物，其主体结构宜在枯水期施工。

（2）对沉井和构筑物基坑施工降水、排水，应对其影响范围内的原有建（构）筑物和拟建水池进行沉降观测，必要时采取防护措施。

（二）混凝土原材料与配合比

（1）严格控制混凝土原材料质量：砂和碎石要连续级配，含泥量不能超过规范要求。水泥宜为质量稳定的普通硅酸盐水泥。外加剂和掺合料必须性能可靠，有利于降低混凝土凝固过程的水化热。

（2）使混凝土配合比有利于减少和避免裂缝出现，在满足混凝土强度、耐久性和工作性能要求的前提下，宜适当减少水泥用量和水用量，降低水胶比中的水灰比；通过使用外加剂改善混凝土性能，降低水化热峰值。

（3）热期浇筑水池，应及时更换混凝土配合比，且严格控制混凝土坍落度。抗渗混凝土宜避开冬期和热期施工，减少温度裂缝产生。

（三）模板支架（撑）安装

（1）模板支架、支撑应符合施工方案要求，在设计、安装和浇筑混凝土过程中，应采取有效的措施保证其稳固性，防止沉陷性裂缝的产生。

（2）后浇带处的模板及支架应独立设置。

（四）浇筑与振捣

（1）避免混凝土结构内外温差过大：降低混凝土的入模温度，且不应大于25℃，使混凝

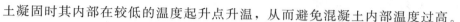

土凝固时其内部在较低的温度起升点升温，从而避免混凝土内部温度过高。

（2）控制入模坍落度，做好浇筑振捣工作：在满足混凝土运输和布放要求前提下，要尽可能减小入模坍落度，混凝土入模后，要及时振捣，并做到既不漏振，也不过振。重点部位还要做好二次振捣工作。

（3）合理设置后浇带：对于大型给水排水混凝土构筑物，合理地设置后浇带有利于控制施工期间的较大温差与收缩应力，减少裂缝。设置后浇带时，要遵循“数量适当，位置合理”的原则。

第十三节　城镇管道工程施工质量检查与检验

考点 1　工程质量验收的规定★

一、工程质量验收分为“合格”和“不合格”

不合格的不予验收，直到返修、返工合格为止。经过返修仍不能满足安全使用要求的工程，严禁验收。

二、工程质量验收按分项、分部、单位工程划分

（1）分项工程包括下列内容。

①沟槽、模板、钢筋、混凝土（垫层、基础、构筑物）、砌体结构、防水、止水带、预制构件安装、检查室、回填土等土建分项工程。

②管道安装、焊接、无损检验、支架安装、设备及管路附件安装、除锈及防腐、水压试验、管道保温等安装分项工程。

③换热站、中继泵站的建筑和结构部分等的质量验收按相关规定的要求划分。

（2）分部工程可按长度划分为若干个部位，当工程规模较小时，可不划分。

（3）单位工程为具备独立施工条件并能形成独立使用功能的工程，可为一个或几个设计阶段的工程。

三、验收评定应符合下列要求

（1）分项工程符合下列两项要求者为验收“合格”。

①主控项目的合格率应达到100%。

②一般项目的合格率不应低于80%，且不符合规范要求的点，其最大偏差应在允许偏差的1.5倍之内。

（2）凡达不到合格标准的分项工程，必须返修或返工，直到合格为止。

（3）分部工程的所有分项工程均为合格，则该分部工程为合格。

（4）单位工程的所有分部工程均为合格，则该单位工程为合格。

➤ **重点提示：** 低频考点，了解燃气、供热管道施工质量检查与验收的单位划分及合格依据。

实战演练

［经典例题·多选］工程质量验收分为（　　）。

A. 优

B. 良

C. 中

D. 合格

E. 不合格

［解析］工程质量验收分为合格和不合格。

［答案］DE

考点 2 燃气管道质量检查与验收★

一、回填质量应符合的规定

（1）管道主体安装检验合格后，沟槽应及时回填，但需留出未检验的安装接口。回填前，必须将槽底施工遗留的杂物清除干净。

（2）回填土压实后，应分层检查密实度，沟槽各部位的密实度应符合下列要求。

①对Ⅰ、Ⅱ区部位，密实度不应小于90%。

②对Ⅲ区部位，密实度应符合相应地面对密实度的要求。

燃气管道回填土断面示意图如图8-13-1所示。

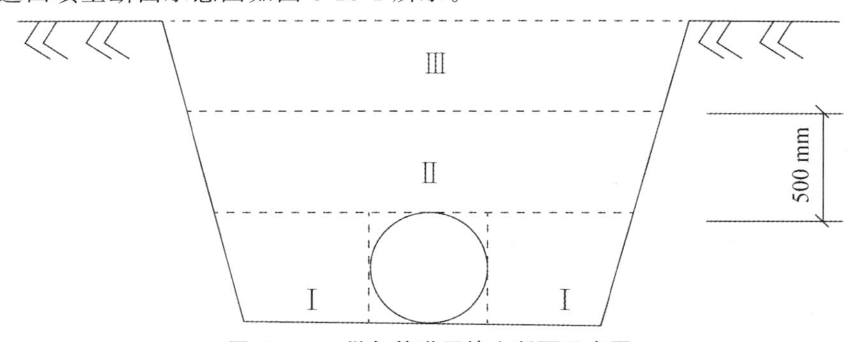

图8-13-1 燃气管道回填土断面示意图

二、燃气管道及附件的防腐应符合的规定

新建的下列燃气管道必须采用外防腐层辅以阴极保护系统的腐蚀控制措施。

（1）设计压力大于0.4 MPa的燃气管道。

（2）公称直径大于或等于100 mm，且设计压力大于或等于0.01 MPa的燃气管道。

（3）埋设前应对防腐层进行100%的外观检查，防腐层表面不得出现气泡、破损、裂纹、剥离等缺陷，不符合质量要求的应返工至合格。

三、燃气管道焊接质量检验

（1）不应在管道焊缝上开孔。管道开孔边缘与管道焊缝的间距不应小于100 mm。当无法避开时，应对以开孔中心为圆心，1.5倍开孔直径为半径的圆中所包容的全部焊缝进行100%射线照相检测。

（2）管道焊接完成后，进行强度试验及严密性试验之前，必须对所有焊缝进行外观检查和焊缝内部质量检验，外观检查应在内部质量检验前进行。

（3）焊缝内部质量的抽样检验应符合下列要求。

①管道内部质量的无损探伤数量，应按设计规定执行。当设计无规定时，抽查数量不应少于焊缝总数的15%，且每个焊工不应少于一个焊缝。抽查时，应侧重抽查固定焊口。

②对穿越或跨越铁路、公路、河流、桥梁、有轨电车及敷设在套管内的管道环向焊缝，必须进行100%的射线照相检验。

③当抽样检验的焊缝全部合格时，则此次抽样所代表的该批焊缝应为全部合格；当抽样检验出现不合格焊缝时，对不合格焊缝返修后，按下列规定扩大检验范围。

a. 每出现一道不合格焊缝，应再抽检两道该焊工所焊的同一批焊缝，按原检测方法进行检验。

b. 如第二次抽检仍出现不合格焊缝，则应对该焊工所焊全部同批的焊缝按原检测方法进行检验。对出现的不合格焊缝必须进行返修，并应对返修的焊缝按原检测方法进行检验。

c. 同一焊缝的返修次数不应超过 2 次，根部缺陷只允许返修 1 次。

四、法兰连接应符合的规定

（1）法兰与管道组对应符合下列要求：法兰端面应与管道中心线相垂直，其偏差值可采用角尺和钢尺检查，当管道公称直径小于或等于 300 mm 时，允许偏差值为 1 mm；当管道公称直径大于 300 mm 时，允许偏差值为 2 mm。

（2）法兰应在自由状态下安装连接，应符合下列要求。

①法兰连接时应保持平行，其偏差不得大于法兰外径的 1.5‰，且不得大于 2 mm，不得采用紧螺栓的方法消除偏斜。

②法兰连接应保持同一轴线，其螺孔中心偏差不宜超过孔径的 5%，并应保证螺栓自由穿入。

③螺栓紧固后应与法兰紧贴，不得有楔缝。需要加垫片时，每一个螺栓所加垫片每侧不应超过 1 个。

④法兰直埋时，必须对法兰和紧固件按管道相同的防腐等级进行防腐。

五、管道附件和设备安装应符合的规定

（1）阀门、排水器及补偿器等在正式安装前，应按其产品标准要求单独进行强度和严密性试验，经试验合格的设备、附件应做好标记，并应填写试验记录。

（2）阀门、补偿器及调压器等设施严禁参与管道的清扫。

（3）管道附件、设备安装完成后，应与管线一起进行严密性试验。

（4）阀门安装应符合的规定如下。

①安装有方向性要求的阀门时，阀体上的箭头方向应与燃气流向一致。

②法兰或螺纹连接的阀门应在关闭状态下安装，焊接阀门应在打开状态下安装。焊接阀门与管道连接焊缝宜采用氩弧焊打底。

③安全阀应垂直安装，在安装前必须经法定检验部门检验并铅封。

（5）补偿器安装规定。填料式补偿器安装应符合下列要求。

①填料式补偿器应与管道保持同心，不得歪斜。

②导向支座应保证运行时自由伸缩，不得偏离中心。

➢ **重点提示：** 重点掌握燃气管道回填质量规定中回填区域的划分及对应的密实度要求，掌握管道焊接质量的检验要求，适合案例题的考查。

实战演练

［经典例题·单选］ 城市燃气管道回填Ⅱ区，密实度至少达到（　　）。

A. 90%　　B. 93%　　C. 95%　　D. 97%

［解析］ 城市燃气管道回填Ⅰ、Ⅱ区部位，密实度不应小于 90%；对Ⅲ区部位，密实度应符合相应地面对密实度的要求。

［答案］ A

考点 3 城镇供热管道施工质量检查与验收★

一、管沟及检查室砌体结构质量应符合的规定

（1）砌筑方法应正确，不应有通缝；砂浆应饱满，配合比应符合设计要求。

（2）清水墙面应保持清洁，刮缝深度应适宜，勾缝应密实、深浅一致，横竖缝交接处应平整。

（3）砌体的允许偏差及检验方法应符合规定，其中，砂浆抗压强度和砂浆饱满度为主控项目。

二、卷材防水应符合的规定

（1）卷材及其胶黏剂应具有良好的耐水性、耐久性、耐刺穿性、耐腐蚀性和耐菌性。

（2）长边搭接宽度不小于 100 mm，短边搭接宽度不小于 150 mm。

（3）变形缝应使用经检测合格的橡胶止水带，不得使用再生橡胶止水带。

三、钢筋工程质量应符合的规定

根据《混凝土结构工程施工质量验收规范》（GB 50204—2015）可知，钢筋工程质量应符合的规定如下。

（1）主控项目：钢筋的力学性能和重量偏差，机械连接接头、焊接接头的力学性能，受力钢筋的品种、级别、规格、数量、连接方式、弯钩和弯折等。

（2）检查方法：检查产品合格证、出厂检验报告、进场复验报告、接头力学性能试验报告；观察；钢尺检查。

四、混凝土质量应符合的规定

（1）主控项目：基础垫层高程、混凝土抗压强度、构筑物混凝土抗压强度、混凝土抗渗等。

（2）检查方法：通过复测及查看检验报告进行检查。

五、回填质量应符合的规定

（1）回填土时沟槽内应无积水，不得回填淤泥、腐殖土及有机物质。

（2）不得回填碎砖、石块、大于 100 mm 的冻土块及其他杂物。

（3）回填土的密实度应逐层进行测定，设计无规定时，宜按回填土部位划分，回填土的密实度应符合下列要求。

①胸腔部位（Ⅰ区内）不应小于 95%。

②结构顶上 500 mm 范围（Ⅱ区内）不应小于 87%。

③Ⅲ区不应小于 87%，或应符合道路、绿地等对地面回填的要求。

④直埋管线胸腔部位、Ⅱ区的回填材料应按设计要求执行或填砂夯实。回填土部位划分示意图如图 8-13-2 所示。

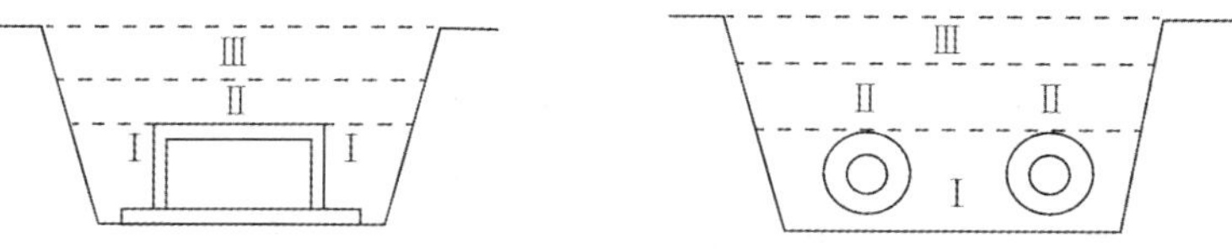

图 8-13-2 回填土部位划分示意图

六、管道支、吊架安装质量应符合的规定

管道支、吊架安装的允许偏差及检验方法，见表 8-13-1。

表 8-13-1　管道支、吊架安装的允许偏差及检验方法

序号	项目		允许偏差/mm	检验方法
1	支、吊架中心点平面位置		0～25	用钢尺测量
2	△支架标高		−10～0	用水准仪测量
3	两个固定支架间的其他支架中心线	距固定支架每 10 m 处	0～5	用钢尺测量
		中心处	0～25	用钢尺测量

注：表中带△为主控项目，其余为一般项目。

七、管道、管件安装质量检验应符合的规定

管道、管件安装允许偏差及检验方法，见表 8-13-2、表 8-13-3。

表 8-13-2　管道安装允许偏差及检验方法

序号	项目	允许偏差及质量标准/mm			检验频率		检验方法
					范围	点数	
1	△高程	±10			50 m	—	用水准仪测量，不计点
2	中心线位移	每 10 m 不超过 5，全长不超过 30			50 m	—	挂边线用钢尺量，不计点
3	立管垂直度	每 1 m 不超过 2，全高不超过 10			每根	—	用垂线，用钢尺量，不计点
4	△对口间隙	壁厚	间隙	偏差	每 10 个口	1	用焊口检测器量取最大偏差值，计 1 点
		4～9	1.5～2.0	±1.0			
		≥10	2.0～3.0	−2.0～+1.0			

注：表中带△为主控项目，其余为一般项目。

表 8-13-3　管件安装对口间隙允许偏差及检验方法

项目	允许偏差及质量标准/mm			检验频率		检验方法
				范围	点数	
△对口间隙	壁厚	间隙	偏差	每 1 个口	2	用焊口检测器量取最大偏差值，计 1 点
	4～9	1.0～1.5	±1.0			
	≥10	1.5～2.0	−1.5～+1.0			

注：表中带△为主控项目。

八、压力表安装应符合的规定

（1）压力表宜安装内径不小于 10 mm 的缓冲管。

（2）压力表和缓冲管之间应安装阀门，蒸汽管道安装压力表时不得用旋塞阀。

九、防腐和保温工程应符合的规定

（1）防腐材料在运输、储存和施工过程中应采取防止变质和污染环境的措施。涂料应密封保存，不得遇明火和曝晒。

（2）涂料的涂刷层数、涂层厚度及表面标记等应按设计规定执行，设计无规定时，应符合下列规定。

①涂刷层数、厚度应符合产品质量要求。

②涂料的耐温性能、抗腐蚀性能应按供热介质温度及环境条件进行选择。

（3）保温材料的品种、规格、性能等应符合设计和环保要求，产品应具有质量合格证明

文件。

(4) 保温材料应按下列要求进行检验。

①预制直埋保温管的复验项目应包括保温管的抗剪切强度、保温层的厚度、密度、压缩强度、吸水率、闭孔率、导热系数及外护管的密度、壁厚、断裂伸长率、拉伸强度、热稳定性。

②按工程要求可进行现场抽检。

(5) 保护层应做在干燥、经检查合格的保温层表面上，应确保各种保护层的严密性和牢固性。

(6) 保护层质量检验应符合下列规定。

①缠绕式保护层应裹紧，搭接部分应为 100～150 mm，不得有松脱、翻边、褶皱和鼓包等缺陷，缠绕的起点和终点应采用镀锌钢丝或箍带捆扎结实，接缝处应进行防水处理。

②保护层表面应平整、光洁，轮廓整齐，镀铸钢丝头不得外露，抹面层不得有疏松和裂缝。

③金属保护层不得有松脱、翻边、豁口、翘缝和明显的凹坑。保护层的环向接缝应与管道轴线保持垂直。纵向接缝应与管道轴线保持平行。保护层的接缝方向应与设备、管道的坡度方向一致。保护层的不圆度不得大于 10 mm。

十、对焊接工程质量检查与验收

(一) 焊接质量检验项目及次序

(1) 对口质量检验。

(2) 外观质量检验。

(3) 无损探伤检验。

(4) 强度和严密性试验。

(二) 对口质量检验项目

(1) 对口质量应检验坡口质量、对口间隙、错边量和纵焊缝位置。

(2) 不宜在焊缝及其边缘上开孔。当必须在焊缝上开孔或开孔补强时，应对开孔直径 1.5 倍或开孔补强板直径范围内的焊缝进行射线或超声检测，确认焊缝合格后，方可进行开孔。

(三) 焊缝无损探伤检测应符合的规定

(1) 焊缝无损探伤检测应由有资质的检测单位完成。

(2) 无损检测人员应按国家特种设备无损检测人员考核的相关规定取得资格。

(3) 宜采用射线探伤。当采用超声波探伤时，应采用射线探伤复检，复检数量应为超声波探伤数量的 20%。角焊缝处的无损检测可采用磁粉或渗透探伤。

(4) 当使用两种无损探伤方法进行检验时，只要有一种检验不合格，该道焊缝即判定为不合格。

(5) 无损检测数量应符合设计的要求，当设计未规定时，应符合下列规定。

①干线管道与设备、管件连接处和折点处的焊缝应进行 100%无损探伤检测。

②穿越铁路、高速公路的管道在铁路路基两侧各 10 m 范围内，穿越城市主要道路的不通行管沟在道路两侧各 5 m 范围内，穿越江、河、湖等的管道在岸边各 10 m 范围内的焊缝应进行 100%无损探伤检测。

③不具备强度试验条件的管道焊缝，应进行 100%无损探伤检测。

④现场制作的各种承压设备、管件，应进行100%无损探伤检测。

⑤每个焊工不应少于一个焊缝。

(6) 当无损探伤抽样检验出现不合格焊缝时，对不合格焊缝返修后，应按规定扩大检验范围（同燃气管道）。

（四）固定支架安装的检查项目

(1) 固定支架位置。

(2) 固定支架结构情况（钢材型号、材质、外形尺寸、焊接质量等）。

(3) 固定支架混凝土浇筑前情况（支架安装相对位置，上、下生根情况，垂直度等）。

(4) 固定支架混凝土浇筑后情况（支架相对位置、垂直度、防腐情况等）。

➢ **重点提示：** 重点掌握供热管道回填质量规定中回填区域的划分及对应密实度要求，掌握管道对接及焊接质量的检验要求，适合考查案例题。

实战演练

[经典例题·多选] 城市热力管道对口质量应检验（　　）。

A. 坡口质量　　B. 对口间隙

C. 错边量　　D. 焊缝表面质量

E. 纵焊缝位置

[解析] 城市热力管道对口质量应检验坡口质量、对口间隙、错边量和纵焊缝位置。

[答案] ABCE

[经典例题·多选] 城市热力管道焊接质量检验有（　　）。

A. 对口质量检验　　B. 外观质量检验

C. 渗透探伤检验　　D. 无损探伤检验

E. 强度和严密性试验

[解析] 城市热力管道焊接质量检验有对口质量检验、外观质量检验、无损探伤检验、强度和严密性试验。

[答案] ABDE

考点 4　回填前的准备工作及回填作业★

柔性管道是指在外荷载作用下变形显著，在市政公用工程中通常指采用钢管、柔性接口的球墨铸铁管和化学建材管等管材敷设的管道。

一、准备工作

(1) 管内径大于800 mm的柔性管道，回填施工时应在管内设竖向支撑。中小管道应采取防止管道移动的措施。

(2) 试验段长度应为一个井段或不少于50 m；按照施工方案的回填方式进行现场试验，以便确定压实机具和施工参数；因工程因素变化改变回填方式时，应重新进行现场试验。

二、回填作业

（一）回填

(1) 管道两侧和管顶以上500 mm范围内的回填材料，应由沟槽两侧对称运入槽内，不得直接扔在管道上；回填其他部位时，应均匀运入槽内，不得集中推入。

（2）管基有效支承角范围应采用中、粗砂填充密实，与管壁紧密接触，不得用土或其他材料填充。

（3）管道回填时间宜选一昼夜中气温最低时段，从管道两侧同时回填，同时夯实。

（4）管道回填从管底基础部位开始到管顶以上 500 mm 范围内，必须采用人工回填方式；管顶 500 mm 以上部位，可用机械从管道轴线两侧同时夯实；每层回填高度应不大于 200 mm。

（二）压实

（1）管道两侧和管顶以上 500 mm 范围内胸腔夯实，应采用轻型压实机具，管道两侧压实面的高差不应超过 300 mm。

（2）压实时，管道两侧应对称进行，且不得使管道位移或损伤。

（3）同一沟槽中有双排或多排管道但基础底面的高程不同时，应先回填基础较低的沟槽。

➤ **重点提示：** 重点掌握柔性管道回填质量规定中对回填及压实作业的要求（重点从控制施工过程中管道变形的角度考虑）。适合考查案例题。

实战演练

[经典例题·单选] 关于柔性管道回填的说法，错误的是（　　）。

A. 柔性管道的沟槽回填质量控制是柔性管道工程施工质量控制的关键

B. 现场试验段主要用于确定压实机具和施工参数

C. 在设计的管基有效支承角范围必须用中粗砂、黏土填充密实，与管壁紧密接触

D. 管道回填从管底基础部位开始到管顶以上 500 mm 范围内，必须采用人工回填

[解析] 在设计的管基有效支承角范围必须用中、粗砂填充密实，与管壁紧密接触，不得用土或其他材料填充，选项 C 错误。

[答案] C

考点 5 柔性管道变形检测与超标处理★★

柔性管道回填至设计高程时，应在 12～24h 内测量并记录管道变形率。

（1）钢管或球墨铸铁管道变形率超过 2%，但不超过 3%时；化学建材管道变形率超过 3%，但不超过 5%时，均应采取下列处理措施。

①挖出回填材料至露出管径的 85%处，管道周围应人工挖掘以避免损伤管壁。

②挖出管节局部有损伤时，应进行修复或更换。

③重新夯实管道底部的回填材料。

④选用适合回填材料按《给水排水管道工程施工及验收规范》（GB 50268—2008）第 4.5.11 条的规定重新回填施工，直至达到设计高程。

⑤按本条规定重新检测管道的变形率。

（2）钢管或球墨铸铁管道的变形率超过 3%时，化学建材管道变形率超过 5%时，应挖出管道并会同设计单位研究处理。

➤ **重点提示：** 考频较低，了解管道变形检测与超标处理的基本要求即可。

考点 6 柔性管道回填土压实度要求

柔性管道沟槽回填部位与压实度示意图如图 8-13-3 所示。

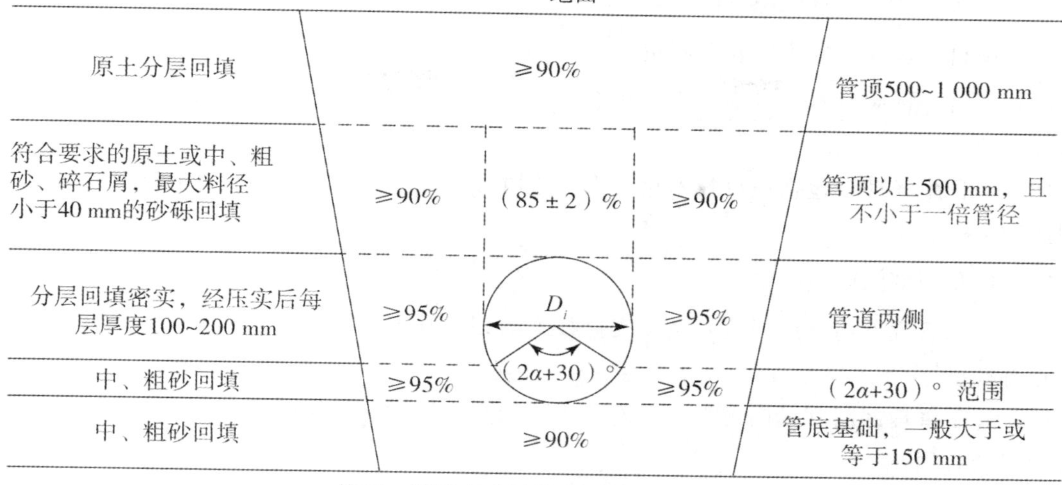

图 8-13-3　柔性管道沟槽回填部位与压实度示意图

➢ **重点提示：** 掌握柔性管道回填质量规定中对于回填区域的划分及对应压实度要求，与燃气及供热管道进行对比记忆。

第十四节　市政公用工程施工安全管理

考点 1　施工安全风险识别与预防措施

一、施工安全风险的识别

施工安全风险识别的方法：故障类型及影响分析（FMEA）、预计危险分析（PHA）、危险与可操作性分析（HAZOP）、事故树分析（ETA）、人的可靠性分析（HRA）等。

二、施工安全风险的预防措施

市政公用工程项目部可以从以下步骤来考虑施工安全风险的预防措施。

（1）对危险源与不利环境因素进行分析，确定本工程的重大危险源与不利环境因素。

（2）根据本工程的重大危险源与不利环境因素来确定本工程危险性较大的分部分项工程。

（3）编制本工程危险性较大的分部分项工程专项施工方案。

实战演练

[2019 真题·单选] 安全风险识别方法不包括（　　）。

A. 故障类型及影响分析

B. 预计危险分析

C. 事故树分析

D. 突发性事故模拟

[解析] 安全风险识别方法包括：故障类型及影响分析、预计危险分析、危险与可操作性分析、事故树分析、人的可靠性分析等。

[答案] D

第八章

考点 2 安全管理职责的确定

一、项目负责人员的主要安全职责

（1）项目经理应对本项目安全生产负总责，并负责项目安全生产管理活动的组织、协调、考核和奖惩。

（2）项目副经理（包括项目技术负责人）应对分管范围内的职能部门（或岗位）安全生产管理活动负责。

二、各职能部门职责

（1）技术管理部门（或岗位）负责安全技术的归口管理，提供安全技术保障，并控制其实施的相符性。

（2）施工管理部门（或岗位）负责安全生产的归口管理，组织落实生产计划、布置、实施活动的安全管理。

（3）材料管理部门（或岗位）负责物资和劳防用品的安全管理。

（4）动力设备管理部门（或岗位）负责机具设备和临时用电的安全管理。

（5）安全管理部门（或岗位）负责安全管理的检查、处理的归口管理。

（6）其他管理部门（或岗位）分别负责对人员、分包单位的安全管理，以及安全宣传教育、安全生产费用、消防、卫生防疫、劳动保护、环境保护、文明施工等的管理。

三、落实方法

（1）项目经理作为项目部安全生产第一责任人批准项目管理层、各职能部门（或岗位）的安全管理职责并予以发布。

（2）按照本项目部的安全生产管理网络图的安全生产隶属关系，实施由上一级作为交底人，本部门（或岗位）作为被交底人的各级、各层次的安全职责的交底手续，交底人与被交底人在责任书分别签字予以确认。

（3）项目经理主持并发布本项目部的安全生产责任制考核与奖罚标准，依照安全生产管理网络的隶属关系，定期实施上一级对下一级的各级安全责任制考核，并作为实施奖罚的依据。

考点 3 项目施工风险控制与资源配置

一、项目施工风险控制策划的内容和方法

由项目技术负责人会同项目安全总监和其他相关施工、安全、质量、技术、材料设备等岗位人员组成专项施工方案编制小组，必要时可邀请专业分包和劳务分包单位有关人员参加。其工作流程如下。

（1）综合学习经公司审批通过的施工组织（总）设计，细化本工程项目施工工艺和工序，充分利用新工艺、新技术使施工流程更科学、合理、安全。

（2）针对本工程项目的施工组织（总）设计，列出本工程项目危险性较大的分部分项工程和需由专家进行论证的危大工程清单（以下简称清单）。

（3）根据“清单”内容，由项目技术负责人根据各位编制小组成员的施工业务专长和安全控制策划能力组成若干小组承担“清单”中各项危大工程专项施工方案的编写任务。其中专项施工方案的主体安全施工内容由专业施工技术人员编制，相关安全控制与事故预防方案（安全技术措施）可由安全、材料设备、质量等管理人员编制，以充分发挥各类管理人员的专长，最

大程度地保证专项施工方案的编制质量。

（4）需由专家进行论证的危大工程专项施工方案应按住房和城乡建设部、交通运输部、地方建设行政主管部门的有关规定组织专家论证，对专家论证中提出的各项意见和建议做出认真落实修改后形成正式方案。

二、编制资源配置计划的方法

相关资源配置计划可由项目副经理负责，由项目技术负责人，技术、施工管理，材料管理、动力设备管理、安全管理、其他管理部门（或岗位）人员组成编制小组并实施分工。

（1）安全生产法律法规、标准规范、规章制度、操作规程由各岗位人员收集，项目技术负责人负责汇总形成有效文件清单。

（2）施工技术与工艺由项目技术负责人负责，技术、施工等管理岗位人员汇总整理后形成文件，应重点要求尽可能采取能降低安全风险的施工技术与工艺。

（3）技术、管理人员、分包单位和作业班组的选择与配置由项目副经理、技术负责人负责，要求注意以下方面的选择条件。

①在各类管理人员的选择与配置中，对专职安全员的要求如下。

a. 当市政工程合同价在 5 000 万元以下时应配置 1 名及以上专职安全员。当配置人员为 1 名时，必须要求该人员具有施工现场综合性的安全管理知识和技能。

b. 当市政工程合同价在 5 000 万元以上，1 亿元以下时应配置 2 名及以上专职安全员。配置人员为 2 名时，可要求 1 名人员具有现场安全管理与监控的技能，另 1 名人员具有项目安全、文明施工资料管理及安全教育与培训管理和内部协调的能力。

c. 当市政工程合同价在 1 亿元以上时，应配置 3 名及以上专职安全员。配置人员为 3 名时，可要求 1 名人员具有现场综合安全管理与监控的技能（安全部门主管），1 名人员具有安全检查与安全验收的技能，1 名人员具有项目安全、文明资料及安全教育与培训管理的能力。

②对作业单位（含作业班组）的选择要求是曾具有担任类似施工任务的业绩且自身具有良好的安全管理能力。

（4）物资、设施、设备、检测器具和劳防用品的配置，由项目副经理、技术负责人负责，技术、施工管理，材料管理、动力设备管理、安全管理等岗位人员按岗位职责分工编制汇总后形成文件清单，内容体现符合性、适用性、有效性和安全性等要求。

（5）安全生产费用的编制由项目副经理负责，施工、预算、安全、文明施工、材料等岗位人员按岗位职责分工编制汇总后形成文件清单。

考点 4　安全教育培训与分包队伍管理

一、安全教育培训

（一）安全教育培训的内容

（1）项目部各类管理人员安全教育培训的考试与继续教育培训。

（2）各类进场的特种作业人员的安全继续教育培训。

（3）新进场各类作业人员的三级安全教育培训。

（4）施工全过程中的经常性安全教育、季节性安全教育以及其他安全教育等。

（二）安全教育培训的方法

针对各类管理人员安全教育证书（如建造师的 B 证、安全员的 C 证等）的有效性，项目部负责安全教育培训岗位人员应建立起台账，对证书有效期提前两个月设置警示提醒标志，一旦得到警示就及时与该持证人员联系，安排其及时参加安全继续教育培训，使证书的有效性得以延续。一旦施工中有该类人员离岗，必须及时收集新上岗人员有关安全教育证书，并验证其有效性。

二、分包队伍控制与管理要点

（一）项目部对分包队伍的审核内容

（1）营业执照、资质证书和安全生产许可证是否有效，其资质证书所许可的承包范围是否和该工程发包内容相符。

（2）前三年来的安全生产业绩。

（3）以往承担类似工程项目的业绩和安全质量标准化考评结果。

（二）依法登记分包合同、签订安全生产协议等文件、明确双方的安全生产责任和义务

（1）与专业分包队伍不能签订劳务分包合同；同样与劳务分包队伍不能签订专业分包合同。

（2）安全生产协议与分包队伍进场安全生产总交底中应明确以下要求。

①根据分包合同的造价，应明确以下要求。

a. 专业分包队伍提供相应数量专职安全员进场。

b. 劳务分包队伍按劳务工程量以及施工过程中在场劳务人员人数（按 50 人以下配置 1 名专职安全员；50～200 人配置 2 名专职安全员；200 人以上配置 3 名及以上专职安全员且不得少于工程施工人员总人数的 5‰的配备标准）。

②在分包合同中应对安全生产、文明施工费用进行界定，明确数额、实施方以及操作流程。

③在分包方进场安全生产总交底中应针对合同施工内容补充填写针对性的交底，专业分包队伍补充其承担的危大工程的风险与预防控制措施，劳务分包队伍补充其承担的作业工种的各类安全技术操作规程和相应的劳务作业过程中的风险与预防控制措施。

（三）对分包队伍实施管理的要点

（1）组织审核、审批分包单位的施工组织设计和专项施工方案。

①专业分包单位应根据合同界定的分包标的，组织相关人员编制施工组织设计和专项施工方案，完成本单位内对该方案的审批流程后提交总承包单位审批。

②总承包单位审核通过，再提交项目监理单位审核批准后方可实施。

③如需有局部修改、完善的意见时，必须对原方案作进一步修改后再次提交直至审批通过。

④如有原则性的重大修改意见则需重新编制，再进入下一步审批流程。

（2）确认分包单位进入项目部班组及从业人员的资格并进行针对性的安全教育培训和安全施工交底，形成双方签字认可的记录。分包单位内部的安全教育培训和安全施工交底应由其自行实施，总包要关注并督促其实施，必要时可索取其有关记录存档。

（3）对分包单位进场的物资、设施、设备的安全状态进行验收。

（4）对分包单位的安全生产、文明施工费用的使用情况进行监督、检查。

（5）对分包单位的安全生产、文明施工的管理活动进行监督、检查和定期考核。

考点 5 安全技术交底与安全验收

一、安全技术交底

（1）施工前项目部的技术负责人应组织相关岗位人员依据风险控制措施要求，组织对专业分包单位、施工作业班组安全技术交底并形成双方签字的交底记录。

（2）安全技术交底包括下列内容。

①施工部位、内容和环境条件。

②专业分包单位、施工作业班组应掌握的相关现行标准规范、安全生产、文明施工规章制度和操作规程。

③资源的配备及安全防护、文明施工技术措施。

④动态监控以及检查、验收的组织、要点、部位及节点等相关要求。

⑤与之衔接、交叉的施工部位或工序的安全防护及文明施工技术措施。

⑥潜在事故应急措施及相关注意事项。

（3）施工要求发生变化时应对安全技术交底内容进行变更并补充交底。

二、安全验收

（1）安全验收应分阶段按以下要求实施。

①施工作业前，对安全施工的作业条件验收。

②危险性较大的工程、其他重大危险源工程以及设施、设备施工过程中，对可能给下一道工序造成影响的节点进行过程验收。

③物资、设施、设备和检测器具在投入使用前进行使用验收。

④建立必要的安全验收标识。未经安全验收或安全验收不合格的安全设施，不得进入后续工序或投入使用。

（2）总包项目部应在作业班组或专项工程分包单位自验合格的基础上，组织相关职能部门（或岗位）实施安全验收，风险控制措施编制人员或技术负责人应参与验收。必要时，应根据规定委托有资质的机构检测合格后，再组织实施安全验收。

考点 6 安全检查与应急预案

一、安全检查

（一）施工安全检查内容

施工安全检查包括施工全过程中的资源配置、人员活动、实物状态、环境条件、管理行为等内容。

（二）施工安全检查方法

（1）实行总承包施工的，应在分包项目部自查的基础上，由总包项目部组织实施施工安全检查。

（2）各类安全检查。

①综合安全检查可每月组织一次，由项目经理（或项目副经理、项目技术负责人）带领，组织项目部各职能部门（或岗位）负责人参加，对项目现场当时施工的资源配置、人员活动、实物状态、环境条件、管理行为等进行全方位的安全检查。

②专项安全检查可在特定的时间段进行，也可与季节性安全检查一并实施。可由项目部各

职能部门（或岗位）负责人组织专业人员实施。

③季节性安全检查是随特定季节开展的专项安全检查。可由项目部专职安全、劳动保护岗位人员组织相关分包队伍、班组人员实施。

④特定条件下的安全检查，可随国家、地方及企业各上级主管部门的具体要求进行，带有较明显的形势要求。由项目负责人组织实施。

⑤专业分包队伍、班组每日开展安全巡查，活动由分包队伍负责人、班组长实施。

⑥项目部每周开展一次安全巡查活动，由项目部指定当周安全值岗人员组织实施。

⑦项目部所属上级企业每月开展一次安全巡查活动，由企业分管安全生产负责人或安全主管部门负责人组织实施。

（三）安全检查后的整改和复查

（1）项目部对检查中发现的安全隐患，应落实相关职能部门（或岗位）、分包单位、班组实施整改，整改告知单上应明确整改时间、人员和措施要求并分类记录，作为安全隐患排查的依据。

（2）对检查中发现的不合格情况，还应要求被查方采取纠正并预防同类情况再次发生的措施。

（3）对于外来的整改要求，项目部应及时向提出整改要求的相关方反馈整改情况和结果。

（4）整改的有效性应经提出整改要求的相关方复查确认，通过后方可进行后续工序施工或使用。

二、动态监控

（1）项目部应依据风险控制要求，对易发生生产安全事故的部位、环节的作业活动实施动态监控。

（2）方式：旁站监控、远程监控等。

（3）由项目部副经理、项目技术负责人负责安排施工、安全、技术、设备等岗位人员落实各自安全生产职责范围内的监控人员；监控人员应熟悉相关专业的操作规程和施工安全技术并持本单位培训合格考核证上岗，配备人数应满足实际需要。

（4）当监控人员发现重大险情（或险兆）以及违反风险控制措施要求的情况时，应立即制止，必要时可责令暂时停止施工作业，组织作业人员撤离危险区域并向项目经理报告。

三、应急和事故处理

（1）由本项目技术负责人任组长，吸收有关职能部门与岗位人员组成编制工作小组，结合专项施工方案前期的重大危险源和危险性较大分部分项工程的辨识与评估，参照本公司综合应急预案和专项应急预案文本并结合本工程、本项目实际，细化制定本项目部的综合应急预案和专项应急预案。

（2）项目经理应依据应急预案，结合现场实际，配备应急物资，开展事故应急预案的培训与演练，并在事故发生时立即启动实施。

①应急物资（包含应急救援队伍）的配置：项目部本身有能力配置的资源储备；上级公司与行业系统可借用、依靠的资源储备；邻近工程所在地的社会资源储备。

②建立资源储备清单，包括类别、名称、数量、贮存地点、联系电话等，并建立经常性的沟通与联络。

③应急预案的培训与演练。

（3）在事故应急预案演练或应急抢险实施后，项目部应对事故应急预案的可操作性和有效性进行评价，必要时进行修订。

（4）本项目工程发生事故（或险兆）时，项目部应当第一时间启动应急响应，按照预案要求组织力量进行救援，并按照规定将事故（险兆）信息及应急响应启动情况报告上级公司，再由上级公司报告项目工程所在地县级以上人民政府应急管理部门和其他负有安全生产监督管理职责的部门。项目部的应急抢险活动应在应急预案框架内实施。

（5）事故发生后，项目部应配合查清事故原因，处理责任人员、教育从业人员，吸取事故教训，落实整改和防范措施。

四、考核与奖惩

（1）总承包项目部应建立本工程项目部的安全生产考核和奖惩办法。

①对分包项目部，应在工程承包合同或安全生产协议书条款中明确按总包安全生产考核和奖惩办法进行考核。

②对各管理层人员，可在安全生产责任制交底书上确认。

（2）总承包项目部和分包项目部应根据安全生产考核奖惩办法，分别对各自的职能部门（或岗位）施工班组安全生产职责的履行情况进行考核。

五、项目安全管理体系的审核和改进

（1）项目部应定期分类汇总安全检查中发现的问题，排查、确定多发和重大的安全隐患，制定纠正和预防的措施，进行专项治理。

（2）项目部应委托具有资格的人员组成审核组，在各重要施工阶段对安全生产管理体系建立和运行的符合性、有效性进行审核。

①审核分内部审核和外部审核两种，项目部所属公司负责实施内部审核，审核机构受委托实施外部审核。审核机构应具有独立的法人资格。

②建设行政主管部门、公司、项目部及其他相关方，在下列情况下宜委托审核机构对项目部进行外部审核。

a. 项目部管理能力不足。

b. 项目部及其所属公司审核能力不足。

c. 工程特殊，需要外部提供技术支持。

d. 工程发生特殊意外情况，如项目安全生产事故频发或发生较大及以上事故等。

③审核组对审核发现的不合格及相应的不符合审核准则的事实应进行处置，并提出改进要求，包括分析原因，制定、实施并跟踪验证相应的纠正措施。项目部按具体要求实施整改。

④内部审核应出具审核报告，外部审核通过应出具认证证书，报告和证书的有效期不大于12个月。

⑤每个施工现场安全管理体系审核不应少于一次，审核通过后，该项目应定期进行监督审核。监督审核与前一次审核的时间间隔一般不宜大于6个月。当项目安全管理体系发生重大变化时，应重新进行审核。

⑥审核过程应保证记录清晰、资料完整。

⑦公司应掌控下属工程项目部的安全管理体系审核情况，酌情作为对其安全考核的依据之一。

第十五节　明挖基坑与隧道施工安全事故预防

本节已融入技术部分，故在此不再列举。

第十六节　城市桥梁工程施工安全事故预防

考点 1　沉入桩施工安全控制要点★

一、混凝土桩制作

（1）钢筋码放时，整捆码垛高度不宜超过 2 m，散捆码垛高度不宜超过 1.2 m。

（2）加工成型的钢筋笼、钢筋网和钢筋骨架等应水平放置，码放高度不得超过 2 m，码放层数不宜超过 3 层。

二、桩的吊运、堆放

混凝土桩支点应与吊点在一条竖直线上，堆放层数不宜超过 4 层。钢桩堆放层数不得超过 3 层。

考点 2　钻孔灌注桩施工安全控制要点★★

一、场地要求

旱地区域地基应平整、坚实；浅水区域应采用筑岛方法施工；深水河流中必须搭设水上作业平台，作业平台应根据施工荷载、水深、水流、工程地质状况进行施工设计，其高程应比施工期间的最高水位高 700 mm 以上。

二、钻孔施工

（1）不得在高压线下施工。施工现场附近有电力架空线路时，施工中应设专人监护，确认高压线线路与钻机的安全距离符合表 8-16-1 的规定。

表 8-16-1　高压线线路与钻机的安全距离表

电压	1 kV 以下	1～10 kV	35～110 kV
安全距离/m	4	6	8

（2）钻孔应连续作业。相邻桩之间净距小于 5 m 时，邻桩混凝土强度达 5 MPa 后，方可进行钻孔施工，或间隔钻孔施工。

（3）泥浆沉淀池周围应设防护栏杆和警示标志。

三、钢筋笼制作与安装

加工好的钢筋笼应水平放置，堆放场地应平整、坚实。码放高度不得超过 2 m，码放层数不宜超过 3 层。

➤ **重点提示：** 桩基础安全施工的考查主要集中在钻孔灌注桩，注意钻孔施工在高压线下的规定（一建案例曾涉及）。

实战演练

[经典例题·单选] 加工成型的钢筋笼、钢筋网和钢筋骨架等应水平放置，(　　)。

A. 码放高度不得超过 2 m，码放层数不宜超过 2 层

B. 码放高度不得超过 2 m，码放层数不宜超过 3 层

C. 码放高度不得超过 3 m，码放层数不宜超过 2 层

D. 码放高度不得超过 3 m，码放层数不宜超过 3 层

[解析] 加工成型的钢筋笼、钢筋网和钢筋骨架等应水平放置，码放高度不得超过 2 m，码放层数不宜超过 3 层。

[答案] B

第十七节　市政公用工程职业健康安全与环境管理

考点　项目职业健康安全管理与环境管理★

一、建立项目职业健康安全管理体系

(1) 管理体系建立要求：由总承包单位负责策划建立。

(2) 管理目标：项目部或项目总承包单位负责制定并确保项目的职业健康安全目标。

(3) 项目负责人（经理）是项目职业健康安全生产第一责任人，对安全生产负全面领导责任。

二、管理体系与过程控制

(一) 安全风险控制措施计划制定与评审

(1) 目的：改善项目劳动作业条件，防止工伤事故，预防职业病和职业中毒。

(2) 种类：职业健康安全技术措施、工业卫生安全技术措施、辅助房屋及设施和安全宣传教育设施。

(3) 编制审批：项目负责人（经理）主持，经有关部门批准后，由专职安全管理人员进行现场监督实施。

(二) 项目职业健康安全过程控制

(1) 控制重点：施工过程中人的不安全行为、物的不安全状态、作业环境的不安全因素和管理缺陷。

(2) 安全生产“六关”：措施关、交底关、教育关、防护关、检查关和改进关。

三、识别本工程项目的安全技术方面的设施

(1) 各类施工机械及电气设备等传动部分的防护装置及安全装置。

(2) 电刨、电锯、砂轮等小型机具上的防护装置，有碎片、屑末、液体飞出及有裸露导电体等处所安设的防护装置。

(3) 各类起重机上的各种防护装置。

(4) 机械设备上为安全而设的信号装置，以及在操作过程中为安全而设的信号装置。

(5) 锅炉、压力容器、压缩机械及各种有爆炸危险的机器设备的安全装置和信号装置。

(6) 各种运输机械上的安全启动和迅速停车装置。

第八章

(7) 电气设备的防护性接地或接零以及其他防触电设施。
(8) 施工区域内危险部位所设置的标志、信号和防护设施。
(9) 在高处作业时为避免工具等物体坠落伤人以及防止人员坠落而设置的工具箱或安全网。
(10) 防火防爆所必需的防火间距、消防设施等。
(11) 在水上作业时设置的安全绳(带)、安全网、防护栏、救生衣(圈)、船等。
(12) 在有毒有害作业环境中设置的监测装置和防护用品。

四、提供职业卫生方面设施

(1) 为保持空气清洁或使温度符合职业卫生要求而安设的通风换气装置和采光、照明设施。
(2) 为消除粉尘危害和有毒物质而设置的除尘设备和消毒设施。
(3) 防治辐射、热危害的装置及隔热、防暑、降温设施。
(4) 为改善劳动条件而铺设的各种垫板。
(5) 为职业卫生而设置的对原材料和加工材料消毒的设施。
(6) 减轻或消除工作中的噪声及振动的设施。
(7) 为消除有限空间空气含氧量不达标或有毒有害气体超标而设置的设施。
(8) 为消除土地扬尘对环境影响而设置的空中喷雾、地面洒水、地表覆盖的设施。
(9) 夜间施工为防止工地照明对周边造成光污染的设施。

五、建立环境管理体系的要求

(1) 建立并保持环境管理体系。
(2) 策划制定本项目的环境管理模式,并实施。
(3) 应严格贯彻执行本企业环境方针。
(4) 识别环境因素,判别影响程度,针对全过程展开评估。
①向空气的排放——扬尘、噪声、光、废(毒)气污染。
②向水体的排放——泥浆、废水、废油等污染。
③向土壤的排放——建筑垃圾、废水、废油等污染。
④对地方或社区的环境问题的互相影响。
(5) 制定并实施本项目环境管理方案。

➢ **重点提示:** 了解职业卫生方面的设施要求,能够根据具体案例补充其设施设置要求或者纠正错误的做法。

实战演练

[经典例题·单选] 下列不属于职业健康安全管理采取的措施是(　　)。

A. 采取通风换气装置和采光、照明设施

B. 采取隔热、防暑、降温设施

C. 采取除尘设备和消毒设施

D. 搭设遮阳棚

[解析] 职业健康安全管理采取的措施包括:①为保持空气清洁或使温度符合职业卫生要求而安设的通风换气装置和采光、照明设施;②为消除粉尘危害和有毒物质而设置的除尘设备和消毒设施;③防治辐射、热危害的装置及隔热、防暑、降温设施;④为职业卫生而设置的对原材料和加工材料消毒的设施;⑤减轻或消除工作中的噪声及振动的设施。

[答案] D

第十八节　市政公用工程竣工验收备案

考点 1 施工质量验收规定★★

一、施工质量验收程序

（1）检验批及分项工程应由监理工程师组织施工单位项目专业质量（技术）负责人等进行验收。

（2）分部工程应由总监理工程师组织施工单位项目负责人和项目技术、质量负责人等进行验收；地基与基础、主体结构分部工程的勘察、设计单位工程项目负责人也应参加相关分部工程验收。

（3）单位工程完工后，施工单位应自行组织有关人员进行自检，总监理工程师应组织专业监理工程师对工程质量进行竣工预验收，对存在的问题，应由施工单位及时整改。整改完毕后，由施工单位向建设单位提交工程竣工报告，申请工程竣工验收。

（4）单位工程中的分包工程完工后，分包单位应对所承包的工程项目进行自检，并应按相关规范规定的程序进行验收。验收时，总包单位应派人参加。分包单位应将所分包工程的质量控制资料整理完整后，提交总包单位，并应由总包单位统一归入工程竣工档案。

（5）建设单位收到工程竣工报告后，应由建设单位（项目）负责人组织施工（含分包单位）、设计、勘察、监理等单位（项目）负责人进行单位工程验收。

二、施工质量验收基本规定

（1）检验批的质量应按主控项目和一般项目验收。

（2）工程质量的验收均应在施工单位自检合格的基础上进行。

（3）隐蔽工程在隐蔽前应由施工单位通知监理工程师进行验收，并应形成验收文件，验收合格后方可继续施工。

（4）参加工程施工质量验收的各方人员应具备规定的资格。

（5）涉及结构安全的试块、试件以及有关材料，应按规定进行见证取样检测。

（6）承担见证取样检测及有关结构安全、使用功能等项目的检测单位应具备相应资质。

（7）工程的观感质量应由验收人员通过现场检查，并应共同确认。

➢ **重点提示：** 熟悉不同验收单位的验收程序（由谁组织）及质量验收的基本规定。

实战演练

［2023 真题·单选］ 单位工程完工后，应组织相关人员对工程质量进行竣工预验收的是（　　）。

A. 建设单位项目负责人

B. 施工单位项目负责人

C. 设计单位项目负责人

D. 总监理工程师

［解析］ 单位工程完工后，施工单位应自行组织有关人员进行自检，总监理工程师应组织专业监理工程师对工程质量进行竣工预验收，对存在的问题，应由施工单位及时整改。

［答案］ D

第八章

[经典例题·单选] 检验批及分项工程应由（　　）组织施工单位项目专业质量（技术）负责人等进行验收。

A. 项目经理

B. 项目技术负责人

C. 总监理工程师

D. 监理工程师

[解析] 检验批及分项工程应由监理工程师组织施工单位项目专业质量（技术）负责人等进行验收；分部工程验收应由总监理工程师组织实施；单位工程验收应由建设单位组织实施。

[答案] D

考点 2 质量验收合格的依据与退步验收规定★

一、质量验收合格的依据

检验批合格→分项工程合格→分部（子分部）工程合格→单位（子单位）工程合格。

二、质量验收不合格的处理（退步验收）规定

（1）经返工返修或经更换材料、构件、设备等的验收批，应重新进行验收。

（2）经有相应资质的检测单位检测鉴定能够达到设计要求的验收批，应予以验收。

（3）经有相应资质的检测单位检测鉴定达不到设计要求，但经原设计单位验算认可能够满足结构安全和使用功能要求的验收批，可予以验收。

（4）经返修或加固处理的分项工程、分部（子分部）工程，虽然外形尺寸改变但仍能满足结构安全和使用功能要求，可按技术处理方案文件和协商文件进行验收。

（5）通过返修或加固处理仍不能满足结构安全或使用功能要求的分部（子分部）工程、单位（子单位）工程，严禁验收。

➢ **重点提示：** 低频考点，熟悉质量验收合格的依据，了解退步验收的规定即可。

考点 3 工程竣工报告★

（1）办理竣工验收签证书、竣工验收证书必须有建设单位、监理单位、设计单位及施工单位的签字方可生效。

（2）工程竣工报告由施工单位编制，在工程完工后提交建设单位。

（3）在施工单位自行检查验收合格基础上，申请竣工验收。

（4）工程竣工报告应包含的主要内容如下。

①工程概况。

②施工组织设计文件。

③工程施工质量检查结果。

④符合法律法规及工程建设强制性标准情况。

⑤工程施工履行设计文件情况。

⑥工程合同履约情况。

➢ **重点提示：** 低频考点，了解工程竣工报告的主要内容即可。

考点 4　工程档案编制要求与工程竣工备案规定★

一、工程档案编制要求

（一）工程资料管理的有关规定

（1）基本规定：工程资料应为原件，应随工程进度同步收集、整理并按规定移交。

（2）分类：基建文件、监理资料和施工资料。

（二）施工资料管理

1. 基本规定

总承包工程项目，由总承包单位负责汇集，并整理所有有关施工材料；分包单位应主动向总承包单位移交有关施工资料。

2. 提交企业进行保管的施工资料

企业保管的施工资料包括：施工管理资料、施工技术文件、物资资料、测量监测资料、施工记录、验收资料、质量评定资料等全部内容。

3. 移交建设单位保管的施工资料

移交建设单位保管的施工资料包括：竣工图表；施工图纸会审记录；设计变更和技术核定单；材料、构件的质量合格证明；隐蔽工程检查验收记录；工程质量评定和质量事故处理记录，工程测量复检及预验记录、工程质量检验评定资料、功能性试验记录等；主体结构和重要部位的试件、试块、材料试验、检查记录；永久性水准点的位置、构造物在施工中的测量定位记录；其他技术决定；设计变更通知单、洽商记录；工程竣工验收报告与验收证书。

（三）工程档案资料编制要求

（1）所有竣工图均应加盖竣工图章。

（2）利用施工图改绘竣工图，必须标明变更修改依据；凡施工图结构、工艺、平面布置等有重大改变，或变更部分超过图面1/3的，应当重新绘制竣工图。

二、工程竣工备案的有关规定

（一）竣工验收备案基本规定

施工单位自检→总监理工程师组织专业监理工程师预验收→施工单位整改→施工单位向建设单位工程提交竣工报告→建设单位组织施工（含分包）单位、设计单位、勘察单位、监理单位等进行单位工程验收。

1. 验收前

（1）建设单位必须在竣工验收7个工作日前，将验收的时间、地点及验收组名单书面通知工程质量监督机构。

（2）建设单位组织施工（含分包）单位、设计单位、勘察单位、监理单位等进行单位工程验收。

2. 验收后

（1）工程质量监督机构：竣工验收之日起5个工作日内，向备案机关提交工程质量监督报告。

（2）建设单位：自工程竣工验收合格之日起15个工作日内，提交竣工验收报告，向工程所在地县级以上人民政府建设行政主管部门（备案机关）备案。备案前必须向城建档案馆报送一套符合规定的建设工程档案。

（二）竣工验收备案应提供的资料

（1）基建文件。

（2）质量报告：勘察单位质量检查报告、设计单位质量检查报告、施工单位工程竣工报告和监理单位工程质量评估报告。

（3）认可文件。

（4）质量验收资料。

（5）其他文件。

➤ **重点提示：** 掌握工程档案编制要求的一般规定，重点考查总分包之间对于资料的一些责任问题。

实战演练

[经典例题·单选] 竣工验收前建设单位应请（　　）对施工技术资料进行预验收。

A. 城建主管部门　　B. 当地城建档案部门

C. 监理单位　　D. 质量监督部门

[解析] 竣工验收前建设单位应请当地城建档案部门对施工技术资料进行预验收。

[答案] B

[经典例题·单选] 建设单位必须在竣工验收（　　）个工作日前，将验收的时间、地点及验收组名单书面通知负责监督该工程的工程质量监督机构。

A. 15　　B. 10

C. 7　　D. 5

[解析] 建设单位必须在竣工验收7个工作日前，将验收的时间、地点及验收组名单书面通知负责监督该工程的工程质量监督机构。

[答案] C

考点 5　工程竣工验收报告★

工程竣工验收报告应由建设单位编制。

（1）竣工验收报告的主要包括如下内容。

①工程概况。

②建设单位执行基本建设程序情况。

③对工程勘察、设计、施工、监理等方面的评价。

④工程竣工验收时间、程序、内容和组织形式。

⑤工程竣工验收意见。

（2）各单位提交的竣工质量报告见表8-18-1。

表8-18-1　各单位提交的竣工质量报告

参建单位	提交报告
建设单位	竣工验收报告
施工单位	工程竣工报告
勘察、设计单位	质量检查报告
监理单位	质量评估报告
质量监督机构	工程监督报告

➤ **重点提示：** 注意工程竣工验收报告应由建设单位编制，了解竣工验收报告的主要内容。

第三篇

市政公用工程项目施工相关法规与标准

第九章

市政公用工程项目施工相关法规与标准

名师导学

市政公用工程项目施工相关法规与标准分为三节：第一节市政公用工程项目施工相关法律规定；第二节市政公用工程项目施工相关标准；第三节二级建造师（市政公用工程）注册执业管理规定及相关要求。该部分主要内容为部分法律相关条文，内容不多，考查分值也不多，多以选择题的形式出现，且考查的均为基础性知识。建议在学习之初，通读掌握，冲刺阶段仅针对重点内容进行强化记忆即可，如城市道路管理和城市绿化管理的有关规定。

考情分析

近四年考试真题分值统计表（单位：分）

节序	节名	2023 年			2022 年			2021 年			2020 年		
		单选	多选	案例	单选	多选	案例	单选	多选	案例	单选	多选	案例
第一节	市政公用工程项目施工相关法律规定	0	0	0	0	0	4	0	0	0	0	0	0
第二节	市政公用工程项目施工相关标准	0	0	0	1	0	0	0	0	0	0	0	0
第三节	二级建造师（市政公用工程）注册执业管理规定及相关要求	0	0	0	0	0	0	0	0	0	0	0	0
合计		0	0	0	1	0	4	0	0	0	0	0	0

注：2020—2023 年每年有多批次考试真题，此处分值统计仅选取其中的一个批次进行分析。

第一节　市政公用工程项目施工相关法律规定

扫码听课

考点 1《城市道路管理条例》规定★★

根据《城市道路管理条例》的规定，相关内容归纳如下。

（1）因工程建设需要占用、挖掘道路，或者跨越、穿越道路架设、增设管线设施，应当事先征得道路主管部门的同意；影响交通安全的，还应当征得公安机关交通管理部门的同意。未经市政工程行政主管部门和公安交通管理部门批准，任何单位或个人不得占用或者挖掘城镇道路。

（2）因特殊情况需要临时占用城市道路的，须经市政工程行政主管部门和公安交通管理部门批准，方可按照规定占用。

（3）因工程建设需要挖掘城市道路的，应当提交城市规划部门批准签发的文件和有关设计文件，经市政工程行政主管部门和公安交通管理部门批准，方可按照规定挖掘。

（4）未按照批准的位置、面积、期限占用或者挖掘城镇道路，或者需要移动位置、扩大面积、延长时间，未提前办理变更审批手续的，由市政工程行政主管部门或者其他有关部门责令限期改正，可以处以 2 万元以下的罚款；造成损失的，应当依法承担赔偿责任。

（5）施工作业单位应当在经批准的路段和时间内施工作业，并在距离施工作业地点来车方向安全距离处设置明显的安全警示标志，采取防护措施；施工作业完毕，应当迅速清除道路上的障碍物，消除安全隐患，经道路主管部门和公安机关交通管理部门验收合格，符合通行要求后，方可恢复通行。

（6）对未中断交通的施工作业道路，应当由公安机关交通管理部门负责加强交通安全监督检查，维护道路交通秩序。

（7）未经批准，擅自挖掘道路、占用道路施工或者从事其他影响道路交通安全活动的，由道路主管部门责令停止违法行为，并恢复原状，可以依法给予罚款；致使通行的人员、车辆及其他财产遭受损失的，依法承担赔偿责任。

（8）道路施工作业或者道路出现损毁，未及时设置警示标志、未采取防护措施，或应当设置交通信号灯、交通标志、交通标线而没有设置或者应当及时变更交通信号灯、交通标志、交通标线而没有及时变更，致使通行的人员、车辆及其他财产遭受损失的，负有相关职责的单位应当依法承担赔偿责任。

➤ **重点提示：** 掌握施工中涉及临时占用城市道路的审批手续，必须经市政工程行政主管部门和公安交通管理部门批准，并且严格按照批准的方案实施。

实战演练

［经典例题·单选］ 任何单位，必须经（　　）和公安交通管理部门批准，才能按规定占用和挖掘城市道路。

A. 当地建设管理部门　　B. 市政工程行政主管部门

C. 市政工程养护部门　　D. 当地建设行政主管部门

［解析］ 未经市政工程行政主管部门和公安交通管理部门批准，任何单位或个人不得占用或者挖掘城市道路。

［答案］ B

第九章

考点 2　保护城市绿地的规定★

依据《城市绿化条件》，相关规定归纳如下。

（1）任何单位和个人都不得擅自改变城市绿化规划用地性质或者破坏绿化规划用地的地形、地貌、水体和植被。

（2）任何单位和个人都不得擅自占用城市绿化用地；占用的城市绿化用地，应当限期归还。因建设或者其他特殊需要临时占用城市绿化用地，须经城市人民政府城市绿化行政主管部门同意，并按照有关规定办理临时用地手续。

➢ **重点提示：**掌握施工中涉及临时占用城市绿化用地的审批手续，须经城市人民政府城市绿化行政主管部门同意，并按照有关规定办理临时用地手续。

考点 3　保护城市的树木花草和绿化设施的规定★

依据《城市绿化条件》，相关规定归纳如下。

任何单位和个人都不得损坏城市树木花草和绿化设施。

砍伐城市树木，必须经城市人民政府城市绿化行政主管部门批准，并按照国家有关规定补植树木或者采取其他补救措施。

➢ **重点提示：**掌握施工中涉及城市树木花草和绿化设施的审批手续，须经城市人民政府城市绿化行政主管部门批准，并按照国家有关规定补植树木或者采取其他补救措施。

实战演练

[经典例题·单选] 因建设或其他原因需要临时占用城市绿化用地时，须经城市人民政府（　　）部门同意，办理临时用地手续。

A. 绿化规划　　B. 园林绿化

C. 绿化管理　　D. 绿化行政主管

[解析] 任何单位和个人都不得擅自占用城市绿化用地；占用的城市绿化用地，应当限期归还。因建设或者其他特殊需要临时占用城市绿化用地时，须经城市人民政府城市绿化行政主管部门同意，并按照有关规定办理临时用地手续。

[答案] D

第二节　市政公用工程项目施工相关标准

考点 1　城镇道路工程施工过程技术管理的基本规定★

（1）城镇道路施工中必须建立安全技术交底制度，并对作业人员进行相关的安全技术教育与培训。作业前主管施工技术人员必须向作业人员进行详尽的安全交底，并形成文件。

（2）城镇道路施工中，前一分项工程未经验收合格严禁进行后一分项工程施工。

（3）人机配合土方作业，必须设专人指挥。机械作业时，配合作业人员严禁处在机械作业和走行范围内。配合人员在机械走行范围内作业时，机械必须停止作业。

（4）沥青混合料面层不得在雨、雪天气及环境最高温度低于 5 ℃时施工。

实战演练

［2022 真题·单选］市政工程施工前，主管施工技术人员必须进行详尽安全交底的对象是（　　）。

A. 施工员　　　　B. 质量员

C. 作业人员　　　　D. 安全员

［解析］作业前主管施工技术人员必须向作业人员进行详尽的安全交底，并形成文件。

［答案］C

考点 2 城镇道路工程施工开放交通的规定★

（1）热拌沥青混合料路面应待摊铺层自然降温至表面温度低于 50 ℃后，方可开放交通。

（2）水泥混凝土路面在面层混凝土弯拉强度达到设计强度且填缝完成前不得开放交通。

（3）当面层混凝土弯拉强度未达到 1 MPa 或抗压强度未达到 5 MPa 时，必须采取防止混凝土受冻的措施，严禁混凝土受冻。

（4）铺砌面层完成后，必须封闭交通，并应湿润养护，当水泥砂浆达到设计强度后，方可开放交通。

考点 3 城市桥梁工程施工质量验收的规定★

依据《城市桥梁工程施工与质量验收规范》（CJJ 2—2008），相关规定归纳如下。

（1）工程施工质量应符合本规范和相关专业验收规范的规定。

（2）工程施工应符合工程勘察、设计文件的要求。

（3）参加工程施工质量验收的各方人员应具备规定的资质。

（4）工程质量的验收均应在施工单位自行检查评定的基础上进行。

（5）隐蔽工程在隐蔽前，应由施工单位通知监理工程师和相关单位进行隐蔽验收，确认合格后，形成隐蔽验收文件。

（6）监理应按规定对涉及结构安全的试块、试件、有关材料和现场检测项目，进行平行检测、见证取样并确认合格。

（7）检验批的质量应按主控项目和一般项目进行验收。

（8）对涉及结构安全和使用功能的分部工程应进行抽样检测。

（9）承担见证取样检测及有关结构安全检测的单位应具有相应的资质。

（10）工程的外观质量应由验收人员通过现场检查共同确认。

➢ **重点提示：**掌握桥梁质量验收的基本规定，案例中经常涉及错项的考查。

考点 4 喷锚暗挖法隧道施工的规定★

隧道采用钻爆法施工时，必须事先编制爆破方案，报城市主管部门批准，并经公安部门同意后方可实施。

➢ **重点提示：**掌握爆破方案的审批程序，通用条款，其他专业中涉及爆破施工亦是如此。

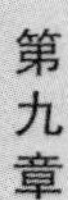

考点 5 地下铁道工程施工质量验收的规定★

地下铁道工程质量验收应注意以下事项。

(1) 采用明挖法质量验收应包括基坑围护、地基处理和结构部分。

(2) 采用盖挖法应包括围护结构、铺盖体系、地基处理、主体结构和内部结构部分。

(3) 采用矿山法应包括地层超前支护及加固、土石方工程、初支结构、钢筋混凝土主体结构工程和附属结构工程部分。

(4) 轻型井点降水工程的抽水系统不应漏水、漏气。

(5) 集水明排工程应检查排水沟的断面、坡度以及集水坑(井)数量。

(6) 地下防水工程应按设计文件要求确定的防水等级进行验收,并应符合以下要求。

①地下车站、区间机电设备集中区段的防水等级应为一级,不应有渗漏,结构表面应无湿渍。

②区间隧道及连接通道附属的结构防水等级应为二级,顶部不应有滴漏,其他部位不应有漏水,结构表面可有少量湿渍。

(7) 防水层施工、验收完成前,应保持地下水位稳定在施工作业面以下 0.5 m。

考点 6 给水排水构筑物工程所用材料、产品的规定★

给水排水构筑物工程所用的原材料、半成品、成品等产品的品种、规格、性能必须满足设计要求,其质量必须符合国家有关规定的标准;接触饮用水的产品必须符合有关卫生性能要求。严禁使用国家明令淘汰、禁用的产品。

考点 7 水池气密性试验的要求★

一、试验要求

(1) 需进行满水试验和气密性试验的池体,应在满水试验合格后,再进行气密性试验。

(2) 工艺测温孔的加堵封闭、池顶盖板的封闭、安装测温仪、测压仪及充气截门等均已完成。

(3) 所需的空气压缩机等设备已准备就绪。

二、水池气密性试验合格标准

(1) 试验压力宜为池体工作压力的 1.5 倍。

(2) 24 h 的气压降不超过试验压力的 20%。

➢ **重点提示:** 低频考点,了解水池气密性的试验要求及合格标准即可。

实战演练

[经典例题·多选] 关于水池气密性的试验要求,符合规范的有( )。

A. 需进行满水试验和气密性试验的池体,应在满水试验合格后,再进行气密性试验

B. 工艺测温孔的加堵封闭、池顶盖板的封闭

C. 测温仪、测压仪及充气截门等均已安装完成

D. 试验压力宜为池体工作压力的 1.25 倍

E. 24 h 的气压降不超过试验压力的 20%

[解析] 需进行满水试验和气密性试验的池体,应在满水试验合格后,再进行气密性试验,选项 A 错误。试验压力宜为池体工作压力的 1.5 倍,选项 D 错误。

[答案] BCE

考点 8 给水排水管道工程施工质量控制的规定★

给水排水管道工程质量控制应符合下列规定。

(1) 各分项工程应按照施工技术标准进行质量控制，每分项工程完成后，必须进行检验。

(2) 相关各分项工程之间，必须进行交接检验，所有隐蔽分项工程必须进行隐蔽验收，未经检验或验收不合格不得进行下道分项工程。

考点 9 给水排水管道沟槽回填的要求★★

(1) 压力管道水压试验前，除接口外，管道两侧及管顶以上回填高度不应小于 0.5 m；水压试验合格后，应及时回填沟槽的其余部分。

(2) 无压管道在闭水或闭气试验合格后应及时回填。

➤ **重点提示：** 区分压力管道和无压管道沟槽回填的区别。

实战演练

[经典例题·单选] 压力管道水压试验前，除接口外，管道两侧及管顶以上回填高度不应小于（　　）。

A. 0.5 m　　B. 0.4 m

C. 0.3 m　　D. 0.2 m

[解析] 压力管道水压试验前，除接口外，管道两侧及管顶以上回填高度不应小于 0.5 m。

[答案] A

考点 10 给水排水管道内外防腐蚀技术要求

(1) 管体的内外防腐层宜在工厂内完成，现场连接的补口按设计要求处理。

(2) 水泥砂浆内防腐层可采用机械喷涂、人工抹压、拖筒或离心预制法施工。

(3) 工厂预制时，在运输、安装、回填土过程中，不得损坏水泥砂浆内防腐层。

(4) 管道端点或施工中断时，应预留搭搓。

(5) 水泥砂浆抗压强度符合设计要求，且不低于 30 MPa。

(6) 采用人工抹压法施工时，应分层抹压。

(7) 水泥砂浆内防腐层成形后，应立即将管道封堵，终凝后进行潮湿养护；普通硅酸盐水泥砂浆养护时间不应少于 7 d，矿渣硅酸盐水泥砂浆不应少于 14 d；通水前应继续封堵，保持湿润。

考点 11 供热管道焊接施工单位应具备的条件★★

(1) 有负责焊接工艺的焊接技术人员、检查人员和检验人员。

(2) 有符合焊接工艺要求的焊接设备且性能稳定可靠。

(3) 有保证焊接工程质量达到标准的措施。

(4) 焊工应持有效合格证，并应在合格证准予的范围内焊接。施工单位应对焊工进行资格审查，并按该规范规定填写焊工资格备案表。

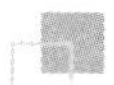

考点 12 直埋保温接头的规定★

直埋保温管接头的保温和密封应符合下列规定。

(1) 接头保温的工艺应有合格的检验报告。

(2) 接头保温的结构、保温材料的材质和厚度应与预制直埋管相同。

(3) 接头保温施工应在工作管强度试验合格、沟内无积水、非雨天的条件下进行，当雨、雪天施工时应采取防护措施。

(4) 当管段被水浸泡时，应清除被浸湿的保温材料后方可进行接头保温。

(5) 接头处的钢管表面应干净、干燥。

(6) 有监测系统的预制保温管，监测系统应与管道安装同时进行；在安装接头处的信号线前，应清除保温管两端潮湿的保温材料；接头处的信号线应在连接完毕并检测合格后进行接头保温。

(7) 接头外护层安装完成后，必须全部进行气密性检验并应合格；气密性检验应在结构外护管冷却到 40 ℃以下进行；气密性检验的压力应为 0.02 MPa，保压时间不应小于 2 min，压力稳定后应采用涂上肥皂水的方法检查，无气泡为合格。

(8) 应采用发泡机发泡，发泡后应及时密封发泡孔。

(9) 接头外观不应出现过烧、鼓包、翘边、褶皱或层间脱离等缺陷。

(10) 管道在穿套管之前应完成结构保温施工，在穿越套管时不得损坏直埋热水管的保温层及外护管。

➤ **重点提示：**(1) 重点掌握对于供热管道焊接施工单位的要求，对于其他专业的施工单位要求类似，做到举一反三。

(2) 直埋保温接头的规定属于低频考点，了解上述直埋保温管接头的保温和密封的基本规定即可。

实战演练

[**2015 真题·单选**] 关于城镇供热直埋保温接头的说法，错误的是（　　）。

A. 一级管网现场安装的 85%的接头应进行气密性检验

B. 接头的保温和密封应在接头焊接检验合格后方可进行

C. 预警线断路后，短路检测应在接头安装完毕后进行

D. 外观检验是质量验收主控项目

[**解析**] 一级管网的现场安装的接头密封应进行 100%的气密性检验，二级管网的现场安装的接头密封应进行不少于 20%的气密性检验，选项 A 错误。

[**答案**] A

[**经典例题·多选**] 供热管道焊接施工单位应有负责焊接工艺的焊接（　　）。

A. 技术人员　　B. 负责人

C. 检查人员　　D. 焊工

E. 检验人员

[**解析**] 供热管道焊接施工单位应有负责焊接工艺的焊接技术人员、检查人员和检验人员。

[**答案**] ACE

考点 13 钢管焊接人员应具备的条件★★

（1）承担燃气钢质管道、设备焊接的人员，必须具有锅炉压力容器、压力管道特种设备操作人员资格证（焊接）焊工合格证书。

（2）在证书的有效期及合格范围内从事焊接工作。

（3）间断焊接时间超过 6 个月的，再次上岗前应复审抽考。

（4）当使用的安装设备发生变化时，应针对该设备操作要求进行专门培训。

（5）超过 55 周岁的焊工，由发证机关决定是否重新考试。

➢ **重点提示：** 重点掌握对于钢管焊接人员的要求，对于其他专业的施工人员要求类似，做到举一反三。

实战演练

［**经典例题·单选**］承担燃气钢质管道、设备焊接的人员，不能上岗的条件是（　　）。

A. 具有锅炉压力容器、压力管道特种设备操作人员资格证（焊接）焊工合格证书

B. 焊接范围在证书注明的合格范围内

C. 证书在有效期内

D. 间断焊接时间超过 6 个月

［**解析**］间断焊接时间超过 6 个月，再次上岗前应复审抽考。

［**答案**］D

考点 14 聚乙烯燃气管道连接的要求★

聚乙烯管材与管件、阀门的连接应采用热熔对接或电熔连接方式，不得采用螺纹连接或粘接，不得采用明火加热连接；聚乙烯管材与金属管道或金属附件连接时，应采用钢塑转换管件连接或法兰连接，当采用法兰连接时，宜设置检查井；聚乙烯管材、管件和阀门的连接在下列情况下应采用电熔连接。

（1）级别不同（PE80 与 PE100）。

（2）熔体质量流动速率差值大于等于 0.5 g/（10 min）（190 ℃，5 kg）。

（3）焊接端部标准尺寸比（SDR 值）不同。

（4）公称外径小于 90 mm 或壁厚小于 6 mm。

➢ **重点提示：** 电熔连接质量较好，能够保证不同级别、不同熔体流动速率的聚乙烯原料制造的管材或管件，不同标准尺寸比（SDR 值）的聚乙烯燃气管道的焊接质量。

实战演练

［**经典例题·单选**］下列聚乙烯燃气管道中，非必须采用电熔连接的是（　　）。

A. 不同级别的聚乙烯原料制造的管材或管件

B. 不同熔体流动速率的聚乙烯原料制造的管材或管件

C. 不同标准尺寸比（SDR 值）的聚乙烯燃气管道

D. 直径 90 mm 以上的聚乙烯燃气管材或管件

［**解析**］对不同级别、不同熔体流动速率的聚乙烯原料制造的管材或管件，不同标准尺寸比（SDR 值）的聚乙烯燃气管道连接时，必须采用电熔连接。

［**答案**］D

第三节　二级建造师（市政公用工程）注册执业管理规定及相关要求

考点 1　二级建造师注册执业规模标准★

（1）二级建造师可以执业中、小型项目。

（2）一般而言合同额大于等于 3 000 万元的项目属于大型项目；大于等于 1 000 万元小于 3 000 万元的属于中型项目；小于 1 000 万元的属于小型项目。

（3）另外，交通安全设施 500 万元，机电设备安装 1 000 万元，庭院工程 1 000 万元，绿化工程 500 万元是大、中型项目的分界点。

➤ **重点提示：** 注意大、中型项目金额的分界点，能够根据具体案例判断是否属于二级建造师注册执业规模。

实战演练

［经典例题·多选］ 市政公用工程专业二级注册建造师可以承接单项工程合同额 500 万元以下的工程项目是（　　）。

A. 中型交通安全防护工程

B. 中型机电设备安装工程

C. 中型绿化工程

D. 中型管道工程

E. 中型污水处理厂

［解析］ 市政公用工程专业二级注册建造师可以承接单项工程合同额——交通安全防护工程小于 500 万元、机电设备安装工程小于 1 000 万元、庭院工程小于 1 000 万元、绿化工程小于 500 万元的工程项目。

［答案］ AC

考点 2　二级建造师注册执业范围★

（1）城镇道路属于公路工程专业执业范围。

（2）轻轨轨道铺设属于铁路工程专业执业范围。

（3）住宅区的采暖工程属于建筑专业执业范围。

（4）长输管线工程不属于市政公用工程的范畴。

（5）园林中的古建筑修缮属于建筑专业执业范围。

➤ **重点提示：** 了解二级建造师的注册执业范围。

实战演练

［2019 真题·单选］ 下列工程中，属于市政公用工程二级建造师执业范围的是（　　）。

A. 古建筑工程

B. 燃气长输管线工程

C. 采暖工程

D. 城镇燃气混气站工程

［解析］ 城市供热工程包括热源、管道及其附属设施（含储备场站）的建设与维修工程，不包括采暖工程。城市燃气工程包括气源、管道及其附属设施（含调压站、混气站、气化站、压缩天然气站、汽车加气站）的建设与维修工程，但不包括长输管线工程，选项 D 正确。

［答案］ D

［经典例题·单选］城市供热工程不包括（　　）的建设与维修。

A. 热源

B. 管道及其附属设施

C. 储备场站

D. 采暖工程

［解析］城市供热工程不包括采暖工程的建设与维修。

［答案］D

考点 3 注册建造师签章的规定★

（1）分包工程施工管理文件应当由分包企业注册建造师签章。分包企业签署质量合格的文件上，必须由担任总包项目负责人的注册建造师签章。

（2）修改注册建造师签字并加盖执业印章的工程施工管理文件，应当征得所在企业同意后，由注册建造师本人进行修改；注册建造师本人不能进行修改的，应当由企业指定同等资格条件的注册建造师修改，并由其签字并加盖执业印章。

➢ **重点提示**：了解二级注册建造师签章的基本规定。

实战演练

［经典例题·单选］分包企业签署质量合格的文件上，必须由（　　）的注册建造师签章。

A. 分包企业

B. 担任总包项目负责人

C. 担任分包企业质量负责人

D. 担任总包项目质量负责人

［解析］分包工程施工管理文件应当由分包企业注册建造师签章。分包企业签署质量合格的文件上，必须由担任总包项目负责人的注册建造师签章。

［答案］B

附　　录

技术部分考点汇总

模块一：城镇道路工程

（1）路基施工、基层施工和面层施工。

（2）季节性施工质量保证措施。

模块二：城市桥梁工程

（1）下部结构：桩基础施工。

（2）上部结构：装配式、支架法和悬臂法。

（3）管涵、箱涵。

模拟三：城市轨道交通工程

（1）明挖基坑。

（2）喷锚暗挖：开挖、加固支护、衬砌和防水。

模块四：城镇水处理场站工程

（1）现浇水池。

（2）沉井施工。

（3）满水试验。

模块五：城市管道工程

（1）给水排水：开槽和不开槽。

（2）供热：连接、附件。

（3）燃气：连接、穿越和附件。

模块六：生活垃圾填埋处理工程

（1）填埋处理工程：泥质防水层、GCL 垫和 HDPE 防渗膜。

（2）渗沥液收集倒排系统施工：导排层铺设、导排层压实和收集花管连接。

模块七：施工测量与监控量测

（1）施工测量：测量仪器、测量程序、控制网和竣工测量。

（2）监控量测项目：明挖基坑和隧道施工。

管理部分模块划分

模块一：施工组织设计、总平面布置图、现场临时工程

一、施工组织设计

（1）施工组织设计内容。

（2）施工组织设计编制审批流程。

编制：项目负责人主持。

审核：项目经理部技术负责人、企业技术管理部门。

批准：企业技术负责人、总监和业主。

二、总平面布置图（生产、生活、办公和其他辅助）

总平面布置原则如下。

（1）尽可能减少施工用地。

（2）材料避免二次搬运。

（3）尽量减少各工种干扰。

（4）减少临时设施搭设，尽可能利用原有建筑物。

（5）方便生产和生活，办公用房靠近施工现场，福利设施应在生活区范围之内，并远离施工区。

三、现场临时工程

（1）现场设置（封闭管理、围挡设置）。

①选址要求。

②大门及出入口：工程简介牌；施工平面图；安全生产操作规程牌；文明施工牌；消防保卫牌；廉政监督牌。

③警示警告标志标牌。

④排水设施、场地硬化处理和便道。

（2）环境保护和文明施工。

①防治大气污染、固体废弃物。

②防治水污染。

③防治施工噪声污染。

模块二：合同

（1）变更流程、变更估价。

（2）施工合同索赔（28 d）。

①索赔前提：正当理由和充分证据；合同为依据；准确计算工期、费用。

②索赔项目概述见附表。

附表　索赔项目概述

索赔项目	补偿内容	
	工期	费用
延期图纸	√	√
恶劣气候条件	√	

续表

索赔项目	补偿内容	
	工期	费用
工程变更	√	√
承包方能力不可预见	√	
外部环境	√	
监理工程师指令迟延或错误	√	√

（3）合同责任。

模块三：进度管理

一、网络计划图

解题思路如下。

（1）关键线路的判断：沿线累加，逢圈取大。

（2）索赔前提如下。

①合同关系。

②明确责任主体。

（3）索赔计算：工期、费用。

①在关键线路上：定责后直接判断。

②不在关键线路上：判断拖延时间是否超过机动时间。

（4）总时差快速计算。

二、横道图

（1）流水节拍：某施工过程的施工班组在一个施工段上完成施工任务所需时间。

（2）流水步距：相邻各专业工作队在保证施工顺序、满足连续施工、最大限度搭接和保证工程质量要求下，相继投入施工的最小时间的间隔。（累加错位相减）

（3）技术间隔时间。

（4）无窝工＝流水步距和＋最后一道工序的节拍和＋要求间隔和。

模块四：成本计算问题

（1）综合单价确定。

①相同。

②相似。

③全新。

（2）工程量变化超过合同约定幅度（按照合同约定）。

（3）市场价格变化超过合同约定幅度（按照合同约定）。

（4）进度款、预付款和预付款扣回计算（按照合同约定）。

模块五：质量管理

分析思路：人机料法环。人（施工技术及管理人员）；机（机械）；料（材料进场检验及存放、使用）；法（施工方法、技术措施）；环（自然环境与现场环境）。

（1）质量控制关键点。

①关键工序和特殊过程。

②质量缺陷。

③施工经验较差的分项工程。

④新材料、新技术、新工艺和新设备。

⑤实行分包的分项、分部工程。

⑥隐蔽工程。

(2) 技术交底与培训。

(3) 隐蔽工程验收。重新检查后果(前提是施工单位自检合格)。

①未通知监理已覆盖。

②通知监理进行验收。

(4) 质量检查与检验:重点记忆检验项目。

模块六:安全管理

分析思路:人物环管。人(施工技术人员持证上网、管理人员匹配);物(材料、设备管理);环(自然环境与现场环境);管(管理人员、管理措施和管理责任)。

(1) 危险源识别、专项施工方案及论证和应急预案。

(2) 专项施工方案、专家论证、安全技术交底和专项施工方案的落实。"两专"问题范围识别。

(3) 专家论证要求。

①专家组:5名及以上符合相关专业要求的专家。项目参建各方的人员不得以专家身份参加论证会。

②出席论证会人员:专家组成员;建设单位项目负责人或技术负责人;监理单位项目总监理工程师及相关人员;施工单位安全负责人、技术负责人和项目负责人;勘察、设计单位技术负责人。

(4) 个人安全防护、现场安全设施与管理。

(5) 特种设备安全控制。

参考文献

［1］中华人民共和国住房和城乡建设部. 城市道路工程设计规范（2016 年版）：CJJ 37—2012［S］. 北京：中国建筑工业出版社，2016.

［2］中华人民共和国住房和城乡建设部. 城镇道路路面设计规范：CJJ 169—2012［S］. 北京：中国建筑工业出版社，2012.

［3］中华人民共和国交通运输部. 公路土工试验规程：JTG 3430—2020［S］. 北京：人民交通出版社，2021.

［4］中华人民共和国住房和城乡建设部. 城镇道路工程施工与质量验收规范：CJJ 1—2008［S］. 北京：中国建筑工业出版社，2008.

［5］中华人民共和国住房和城乡建设部. 混凝土结构工程施工质量验收规范：GB 50204—2015［S］. 北京：中国建筑工业出版社，2015.

［6］中华人民共和国住房和城乡建设部. 城市桥梁工程施工与质量验收规范：CJJ 2—2008［S］. 北京：中国建筑工业出版社，2009.

［7］中华人民共和国住房和城乡建设部. 地下铁道工程施工质量验收标准：GB/T 50299—2018［S］. 北京：中国建筑工业出版社，2018.

［8］中华人民共和国住房和城乡建设部. 建筑基坑支护技术规程：JGJ 120—2012［S］. 北京：中国建筑工业出版社，2012.

［9］中华人民共和国住房和城乡建设部. 建筑与市政工程地下水控制技术规范：JGJ 111—2016［S］. 北京：中国建筑工业出版社，2017.

［10］中华人民共和国住房和城乡建设部. 地下工程防水技术规范：GB 50108—2008［S］. 北京：中国计划出版社，2009.

［11］中华人民共和国住房和城乡建设部. 盾构法隧道施工及验收规范：GB 50446—2017［S］. 北京：中国建筑工业出版社，2017.

［12］中华人民共和国住房和城乡建设部. 给水排水管道工程施工及验收规范：GB 50268—2008［S］. 北京：中国建筑工业出版社，2009.

［13］中华人民共和国住房和城乡建设部. 城镇供热直埋热水管道技术规程：CJJ/T 81—2013［S］. 北京：中国建筑工业出版社，2014.

［14］中华人民共和国住房和城乡建设部. 城镇供热管网工程施工及验收规范：CJJ 28—2014［S］. 北京：中国建筑工业出版社，2014.

［15］中华人民共和国国家质量监督检验检疫总局. 机械设备安装工程施工及验收通用规范：GB 50231—2009［S］. 北京：中国计划出版社，2009.

［16］中华人民共和国住房和城乡建设部. 生活垃圾渗沥液处理技术规范：CJJ 150—2010［S］. 北京：中国建筑工业出版社，2011.

［17］中华人民共和国住房和城乡建设部. 生活垃圾卫生填埋处理技术规范：GB 50869—2013［S］. 北京：中国建筑工业出版社，2014.

［18］中华人民共和国交通运输部. 公路桥涵施工技术规范：JTG/T 3650—2020［S］. 北京：人民交通出版社，2020.

亲爱的读者：

如果您对本书有任何 **感受、建议、纠错**，都可以告诉我们。我们会精益求精，为您提供更好的产品和服务。

祝您顺利通过考试！

扫码参与调查

建造师考试研究中心